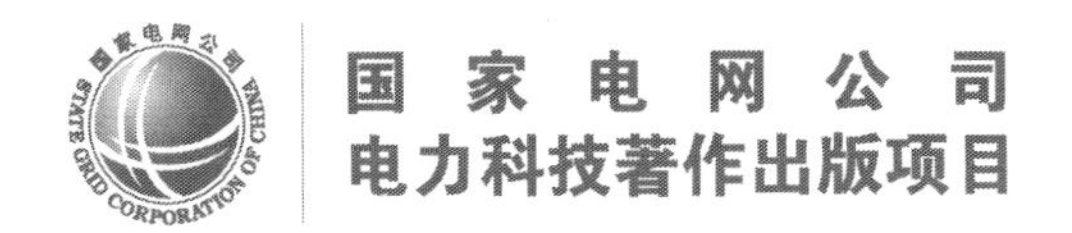

智能配电网态势感知与利导

Smart Power Distribution Network Situation Awareness and Orientation

王守相 著

内 容 提 要

本书为国家电网公司电力科技著作出版项目。

本书比较系统全面地阐述了智能配电网态势感知与利导的概念、内涵、组成体系和关键技术。重点从智能配电网的态势觉察、态势理解、态势预测和态势利导四个方面进行了详细论述。在智能配电网态势觉察方面，重点介绍了配电网状态估计、量测优化配置和用户侧非侵入式负荷监测；在智能配电网态势理解方面，重点研究了非侵入式用户负荷辨识与分解、用户负荷特性分析、用户节电的大数据分析、配电网三相仿射潮流分析与分布式电源不确定性追踪、配电网谐波潮流分析与谐波源不确定性追踪、配电网分布式电源接纳能力分析、基于大数据和深度学习的配电网电能质量扰动分析；在智能配电网态势预测方面，主要提出了负荷需求预测、分布式电源输出功率预测的预测模型和方法；在智能配电网态势利导方面，主要介绍了含储能有源配电网的优化运行与协调调度、区域多微网系统协调优化调度、配电网电压优化控制、配电网灵活性资源优化调度。

本书可作为高等院校电气工程专业研究生教材，也可作为能源、电气等相关领域的科技工作者、工程技术人员和高年级本科生的参考书籍。

彩色插图

注：为更好地呈现书中插图，提升读者的阅读体验，本书部分插图配有彩色矢量图，可扫码查看。

图书在版编目（CIP）数据

智能配电网态势感知与利导/王守相著．—北京：中国电力出版社，2020.12（2022.6 重印）
国家电网公司电力科技著作出版项目
ISBN 978-7-5198-5196-5

Ⅰ.①智…　Ⅱ.①王…　Ⅲ.①智能控制—配电系统—研究　Ⅳ.①TM727

中国版本图书馆 CIP 数据核字（2020）第 241902 号

出版发行：中国电力出版社
地　　址：北京市东城区北京站西街 19 号（邮政编码 100005）
网　　址：http://www.cepp.sgcc.com.cn
责任编辑：乔　莉（010-63412535）
责任校对：黄　蓓　朱丽芳
装帧设计：郝晓燕
责任印制：吴　迪

印　　刷：北京传奇佳彩数码印刷有限公司
版　　次：2020 年 12 月第一版
印　　次：2022 年 6 月北京第三次印刷
开　　本：787 毫米×1092 毫米　16 开本
印　　张：15.5
字　　数：285 千字
定　　价：76.00 元

前　言

配电网直接面向终端用户，其性能直接关系到供电质量和用户的用电体验，因而在电力系统中具有举足轻重的地位。经济和社会发展对配电网高可靠和高质量供电提出了越来越高的要求，而越来越多的风电、光伏等分布式电源和电动汽车等新兴负荷大量接入配电网，其间歇性特征对配电网安全、稳定运行产生了重要影响。为了提高配电网感知和应对各种不确定性扰动的能力，配电网态势感知与利导技术应运而生，其分为态势觉察、态势理解、态势预测、态势利导四个层面，层层递进，即通过对配电网外部环境和内部状态信息的快速全面获取及数据的挖掘和分析，开展对配电网及其组成设备当前运行状态的评估和未来运行状态的预测，实现对各类扰动事件可能造成的影响的准确预警，并提前做出有效的应对部署。

第 1 章为概述，介绍了配电网态势感知与利导思想的提出背景，阐释了智能配电网态势感知与利导的概念、内涵、组成体系和关键技术。智能电网与能源互联网的发展大势带动了智能配电网的发展，由于面临越来越多的不确定性扰动和冲击的影响，配电网弹性受到关注，而智能配电网态势感知与利导是提高配电网弹性的关键技术和有力手段。

第 2 章介绍智能配电网态势觉察技术。通过在配电网合理安装和优化配置数据采集、量测和监控装置，以提高配电网状态的可观性。本章重点介绍配电网状态估计、配电网量测装置优化配置和用户侧非侵入式负荷监测。

第 3 章介绍智能配电网态势理解技术。重点研究了非侵入式用户负荷辨识与分解、用户负荷特性分析、用户节电的大数据分析、配电网三相仿射潮流分析与分布式电源不确定性追踪、配电网谐波潮流分析与谐波源不确定性追踪、配电网分布式电源接纳能力分析、基于大数据和深度学习的配电网电能质量扰动分析。

第 4 章介绍智能配电网态势预测技术。本章主要针对负荷需求预测、分布式电源输出功率预测给出其预测模型和方法。

第 5 章介绍智能配电网态势利导技术。主要技术包括含储能有源配电网的优化运行与协调调度、区域多微网系统协调优化调度、配电网电压优化控制、配电网灵活性资源优化调度等。

本书是作者及所指导的博士、硕士研究生多年科研成果的总结。该成果得到了国家自然科学基金项目（51377115，51361135704，52077149）等的资助。

参与本书内容撰写的有：赵倩宇、张娜、韩亮、梁栋、陈思佳、王洪坤、王凯、陈海文、郭陆阳、刘琪、王璇、周凯、崔晓坤、张颖、刘响、吴志佳、邓欣宇等。

智能配电网态势感知与利导涉及的技术内容广泛，本书只是撷取了其中部分内容予以讨论，恰如沧海之一粟，难免挂一漏万。书中不当之处，敬请批评指正。

作　者

2020年10月于天津大学

目　录

前言

第 1 章　概述 …… 1

1.1　智能电网与能源互联网 …… 1

1.2　智能配电网 …… 2

1.3　态势感知与利导思想的提出及其在智能配电网的应用 …… 3

参考文献 …… 9

第 2 章　智能配电网态势觉察 …… 10

2.1　配电网状态估计 …… 10

2.2　配电网量测优化配置 …… 26

2.3　非侵入式用户负荷监测 …… 42

参考文献 …… 46

第 3 章　智能配电网态势理解 …… 48

3.1　非侵入式用户负荷辨识和分解 …… 48

3.2　用户负荷特性分析及平台构建 …… 69

3.3　配电网三相仿射潮流分析与分布式电源不确定性追踪 …… 96

3.4　配电网谐波潮流分析与谐波源不确定性追踪 …… 107

3.5　配电网分布式电源接纳能力分析 …… 122

3.6　基于大数据和深度学习的配电网电能质量扰动分析 …… 131

参考文献 …… 140

第 4 章　智能配电网态势预测 …… 142

4.1　配电网负荷需求预测 …… 142

4.2　分布式电源输出功率预测 …… 160

参考文献 …… 182

第 5 章　智能配电网态势利导 …… 183

5.1　含储能有源配电网的优化运行与协调调度 …… 183

5.2　配电网区域多微网系统协调优化调度 …… 201
5.3　有源配电网电压优化控制 …… 212
5.4　配电网灵活性资源优化调度 …… 227
参考文献 …… 241

第1章 概 述

1.1 智能电网与能源互联网

人类历史上的每一次工业革命都是以能源变革为驱动力。第一次工业革命是以蒸汽为动力，第二次工业革命是以电力为动力，其根本特征是随着发电机和电动机的发明和广泛使用，使电力逐步取代了蒸汽作为主要的动力来源。第三次工业革命则是以计算机和信息技术为动力。当前，我们正处于互联网与可再生能源相结合为动力，以智能化和数字化为特征的第四次工业革命[1]的浪潮中，可再生能源革命也称绿色技术革命，成为未来新型工业化道路的关键性选择。可再生能源革命是一场旨在从根本上解决人类能源和环境问题的革命。第四次工业革命与前三次工业革命存在的一个重大差别是，前三次工业革命是用机器替代体力劳动，而第四次工业革命是用机器替代脑力劳动，并通过替代脑力劳动在更大程度上替代体力劳动。因此，“智能化”能相对更准确地反映第四次工业革命的新特征。

在工业革命方兴未艾的大背景下，人类社会对电力的需求持续增长。世界电网经历了从传统电网到现代电网，从孤立电网到跨区、跨国大型互联电网的跨越式发展阶段，进入以智能电网（Smart Grid）为标志的新的发展阶段。智能电网是电网的智能化，是建立在集成的、高速双向通信网络的基础上，通过先进的传感和测量技术、先进的设备技术、先进的控制方法以及先进的决策支持系统技术的应用，实现电网的可靠、安全、经济、高效、环境友好的目标[2-4]。智能电网由智能输电、智能变电、智能配电和智能用电等部分组成。智能电网是一个高度自动化并广泛分布的能量交换网络，它将一个集中式的、由生产者控制的网络，转变成大量分布式辅助集中式的、与更多的消费者互动的网络。其特点是电力和信息的双向流动性，同时将分布式计算和通信的优势引入电网。智能电网最早起源于美国电科院2001年提出的智能电网技术，目的是通过该技术的发展、集成和应用，促进电力基础设施的转型，以更加经济高效地提供安全、高质量和可靠的电力供应和服务[5]。欧洲于2005年成立了智能电网欧洲技术论坛，对欧洲的智能电网发展战略进行研讨。我国学界较早就对智能电网开展了国际跟踪研究，2009年6月由余贻鑫院士发起，在天津大学举办的国内第一届智能电网研究学术论坛是国内智能电网研究的一个里程碑事件，发展智能电网开始成为国内学界和工业界的广泛共识。智能电网是未来实现我国能源转型的关键，通过智能电网体系建设，全面提升电力系统智能化水平，对促进清洁能源开发消纳，推动能源生产和消费方式根本性变革具有重要意义。经过近十几年的发展，我国智能电网的相关技术和实践逐渐走在世界前列。

随着智能电网的高度发展，能源互联网的理念逐渐深入人心。能源互联网是以分布式可再生能源为主要一次能源并配以大规模分布式储能，利用先进的分布式电源与储能技术、电力电子技术、智能能量管理技术、智能故障管理技术、可靠安全通信技术和系统规划分析技术等，实现电力网络与其他能源系统紧密耦合的多网络复杂系统。能源互联网的实现依赖于能量流和信息流从基础设施到运行控制的高度融合，通过数据信息的实时采集和控制策略的实时部署实现能源互联和高效利用。美国是能源互联网概念的提出者，强调信息通信互联技术（Information Communication Technology，ICT）与能源系统的深度融合，是其概念的典型特征。美国能源互联网示范工程的建设起步较早，主要通过示范工程有针对性地研究测试与能源互联网相关的需求侧响应技术、微电网技术、分布式电源接入技术以及储能技术等。德国2000年制定的能源转型政策的目标是使全德国的能源利用更加“环保、经济、安全”，这奠定了德国构建能源互联网的基础。德国联邦经济和技术部在智能电网的基础上启动了“E-Energy以ICT为基础的未来能源系统”促进计划[6]，提出了打造新型能源网络的目标，并于2008年选择了多个试点地区在智能发电、智能输配电、智能消费和智能储能等方面开展为期4年的E-Energy技术创新促进计划，开发和示范能源互联网领域的关键技术与商业模式，成为实践能源互联网最早的国家。我国也在国家能源局支持下成立了国家能源互联网产业联盟等机构，积极推动能源互联网的建设。

1.2 智能配电网

配电网是由多种元件和设施所组成的用以变换电压和直接向终端用户分配电能的一个电力网络系统。由于直接面向终端用户，配电网的性能优劣直接关系到供电质量和用户的用电体验，因而在电力系统中配电网具有举足轻重的重要地位，越来越受到重视。同时，经济和社会发展对用电需求的快速增长，也对配电网的建设和发展提出了越来越高的要求。

传统的配电网中，除了柴油发动机、不间断电源（Uninterruptible Power Supply，UPS）等部分应急电源外，很少存在用户侧的电源，电能主要来自上级输电网。随着能源需求和环境保护的压力日益增加，可再生能源发电受到越来越多的重视，尤其是利用各种分散存在的能源，包括太阳能、生物质能、小型风能、小型水能、天然气等进行发电供能的分布式发电（Distributed Generation，DG）技术受到人们的关注。分布式电源通常直接接入配电网，也可以与储能装置等配合组成微网（也称微电网）接入配电网。另外，电动汽车、柔性可控负荷等多元负荷也开始大量接入配电网，它们的规模化接入必然会对配电网规划与运行产生深远的影响。随着越来越多的分布式电源接入，传统配电网已成为有源配电网（Active Distribution Network，ADN）。有源配电网作为电力公司和用户所共同面对的网络对象，是包含了大量分布式电源、储能装置和多元负荷的集电能收集、传输、存储和分配为一体的新型电力交换网络。为了应对新形势下有源配电网的挑战而采取主动技术和管理手段的配电网，称为主动配电网，既包括配电主网采取的主动技术措施，也包括微网及其他用户积极参与的需求侧响应等技术内容。为了应对有源配电网的挑战，在智能电网的大背景下，人们提出了智能配电网（Smart Distribution Grid，SDG）的理念来推动新型配电网的技术发展。“Smart”本身既具有灵活、高效的含义，也具有智能化的含义。智能配电网作为智能电网的核心环节，是随着智能电网的提出而不断发展起来的。智能配电网是全面体现了高度的灵活性、主动性、经济性、安全性和可靠性的高级配电网。就如智能机器人的发展那样，智能配电网的发展是一个永无止境的、不断动态发展和完善的过程[4]。

1.3　态势感知与利导思想的提出及其在智能配电网的应用

早在距今2500多年前，我国春秋时期的《孙子兵法》一书就从军事角度提出了态势感知和利导的思想。书中谋攻篇讲到“知彼知己，百战不殆”。兵势篇则强调造势，适应和利用已形成的“势”，追求形成有利的“势”。始计篇既强调通过“索其情”制定计划的重要性，也强调因势利导，“计利以听，乃为之势，以佐其外。势者，因利而制权也”，即制定临机应变的策略以朝向己方有利的方向发展。对其予以总结就是“索其情，知其态，循其势，因利而制权，因势而利导”。这不但包含了态势感知的重要内涵，还体现了态势利导的重要思想。

所谓“态势感知”（Situation Awareness，SA）是指在特定时空下，对动态环境中各元素或对象的觉察（Perception）、理解（Comprehension）以及对未来状态的预测（Projection），分别对应“索其情”“知其态”“循其势”。态势感知主要分为三级：一级态势感知为态势觉察，即所谓“索其情”，本质上是数据或信息收集，即监测和获取系统内部和外部环境中的重要数据或信息；二级态势感知为态势理解，即所谓“知其态”，本质上是通过数据分析获得深层认识或知识，即整合采集或者觉察到的数据和信息，分析数据中的对象及其行为和对象间的相互关系，进行态势评估；三级态势感知为态势预测，即所谓“循其势”，本质上是对获得知识的应用，即基于对环境信息的觉察和理解，预测未来的发展趋势。而态势呈现（Visualization），也称态势可视化，是在态势觉察的基础上，结合了态势理解和态势预测的结果，对系统当前和未来态势的一个直观展示。态势利导（Situation Orientation，SO）则是在态势感知的基础上，实现对系统状态朝向有利方向的动态灵活调整和控制，即所谓“因利而制权，因势而利导”。在整个过程中，态势感知和态势利导需不断动态交互。

态势感知目前已在军事、航空、计算机网络安全、智能交通等领域得到了广泛应用。

对于战场、网络安全等对抗情景下的态势感知，重点是对外部威胁因素的感知。而对于智能交通、电力系统等主要要求自身安全稳定运行的系统的态势感知，重点是实现外部扰动因素对自身运行态势的影响的感知。配电网态势感知是指通过对负荷预测数据、气象数据及各类量测数据等的挖掘和分析，对系统及各类电气设备当前的运行状态进行评估，并对系统未来的运行状态进行预测，从而对各类扰动事件可能造成的影响进行准确预警以提前做出部署。

当前配电网面临越来越多的不确定性扰动和冲击的影响。国内外的一些大停电事故表明，建设一个能应对各种扰动的坚强智能配电网是当前的迫切需求，这里的“坚强”包含了既健壮又具有弹性的含义。配电网应对不确定性变化或扰动的能力称为配电网弹性，它包含两层含义：一是配电网能够灵活调整以适应条件变化，即柔性或灵活性；二是配电网在极端条件下，部分功能失效仍能继续生存并适应新的激励信号，且能够从灾变或故障中快速恢复，即韧性。弹性反映了配电网面对条件变化和新需求的灵活性、适应性和快速恢复能力。坚强、智能的配电网应具有感知力、适应力、抵抗力和恢复力四个弹性特征。

1）感知力：配电网应具备对网络、设备、用户、外部运行环境的感知能力，不但能及时觉察扰动发生，而且能在扰动发生前后，对扰动可能带来的影响进行快速分析和准确研判。

2）适应力：配电网应具有灵活可控的调度资源和拓扑结构，以适应扰动造成的运行状态的波动。

3）抵抗力：配电网对扰动带来的物理破坏应具有一定的抵抗能力。

4）恢复力：配电网在扰动造成破坏后应具有快速恢复系统性能的能力。

借鉴迪利亚科（DyLiacco）的电力系统安全性构想图，构建如图 1 - 1 所示的智能配电网在各种不确定性扰动下的状态转移和弹性控制过程示意图。图中虚线表示扰动带来的状态转移过程，实线表示配电网弹性控制过程。无扰动时，配电网正常运行，处于弹性裕度充足的灵活适应态；扰动发生后，配电网抵抗扰动影响，弹性裕度减小，处于弹性不足态，通过储能充放电调度、系统拓扑结构调整等预防性适应控制措施能使系统从弹性不足态回归到灵活适应态。随着扰动的持续或增强，配电网运行状态将可能进一步恶化，造成系统运行约束破坏，导致部分设备停运，但未发生大范围停电，此时配电网处于紧急抵抗态。在紧急抵抗态下通过紧急投入备用电源或紧急切除柔性负荷等弹性紧急控制措施，对系统运行状

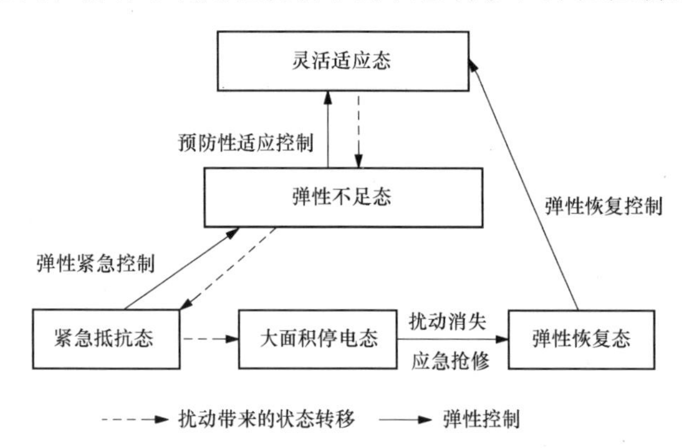

图 1 - 1　智能配电网的状态转移与弹性控制过程

态进行校正则能重新进入弹性不足的正常运行状态。若扰动继续增强，且配电网无法抵抗和适应扰动的影响，则系统可能大规模失去负荷，进入大面积停电态。随着扰动消失，通过应急抢修、移动电源或移动储能等弹性恢复控制手段，使配电网重新进入正常运行状态。

构建有效的智能配电网态势感知体系，增强对配电网的态势感知能力已成为当前的一个研究热点。配电网的态势感知宜聚焦于实时感知配电网的各种不确定性因素的变化，如负荷随机需求响应、电动汽车无序接入、分布式电源间歇性输出功率、外部灾害因素等，强调各参与方（包括电网公司、售电公司、虚拟电厂、微网、分布式电源、电动汽车、一般用户）之间的互动与博弈。通过态势感知可实现对配电网运行态势的全面准确掌控，在态势感知基础上进行态势利导，为提高复杂配电网的调度控制水平提供有力支撑。

能源互联网背景下的智能配电网是一个综合计算、网络和物理环境的复杂信息物理系统（Cyber - physical Systems，CPS），不但输送电能，还感知和传输信息，并对信息进行存储、管理、分析和控制应用。同时，采用分布式实时控制与智能处理等先进技术，实现人机物的交互与协同。智能配电网运行人员要在动态的复杂环境中，基于当前环境的连续变化情况，准确地对配电网的运行态势做出决策，就需要构建一个系统化、集成化、层次化的态势感知模型，对配电网运行的多元信息进行集成，以实现对系统运行态势的感知和潜在的、未知的安全风险的超前预测，并进行态势的呈现，在此技术上实现态势的利导。

为了适应复杂配电网的运行要求，使配电网运行从被动应对逐步转向主动智能防控，智能配电网态势感知与利导要求做到：

1）能对配电网进行实时或近实时的态势感知，快速可靠地感知配电网运行状态。

2）态势感知系统应具有自学习和自适应能力，能够智能化准确地判断出系统所处的状态。

3）具有超前预测功能，即在事件发生之前进行预测，实现电网运行态势的智能化告警，以做到事前防范；能够检测和预防配电网事故，并能够高精度地预判出未知和潜在的电网运行风险，提高对电网运行的掌控能力。

4）能够动态灵活调整和控制配电网的运行状态，为配电网运行管理人员制定运行策略和防御措施，使系统状态朝向有利方向发展。

智能配电网态势感知与利导的示意图如图 1 - 2 所示。通过量测和通信，实现对系统的态势觉察，然后在配电网调度中心将经过态势理解和态势预测的结果进行态势呈现。最后，在态势理解和态势预测的基础上，通过态势利导实现配电网调度员和系统与智能设备间的双向互动和相互作用。态势利导的结果产生新的态势觉察，如此周而复始，形成一个闭循环。

智能配电网态势感知与利导从态势觉察、态势理解、态势预测、态势呈现、态势利导等方面逐层递进，如图 1 - 3 所示。

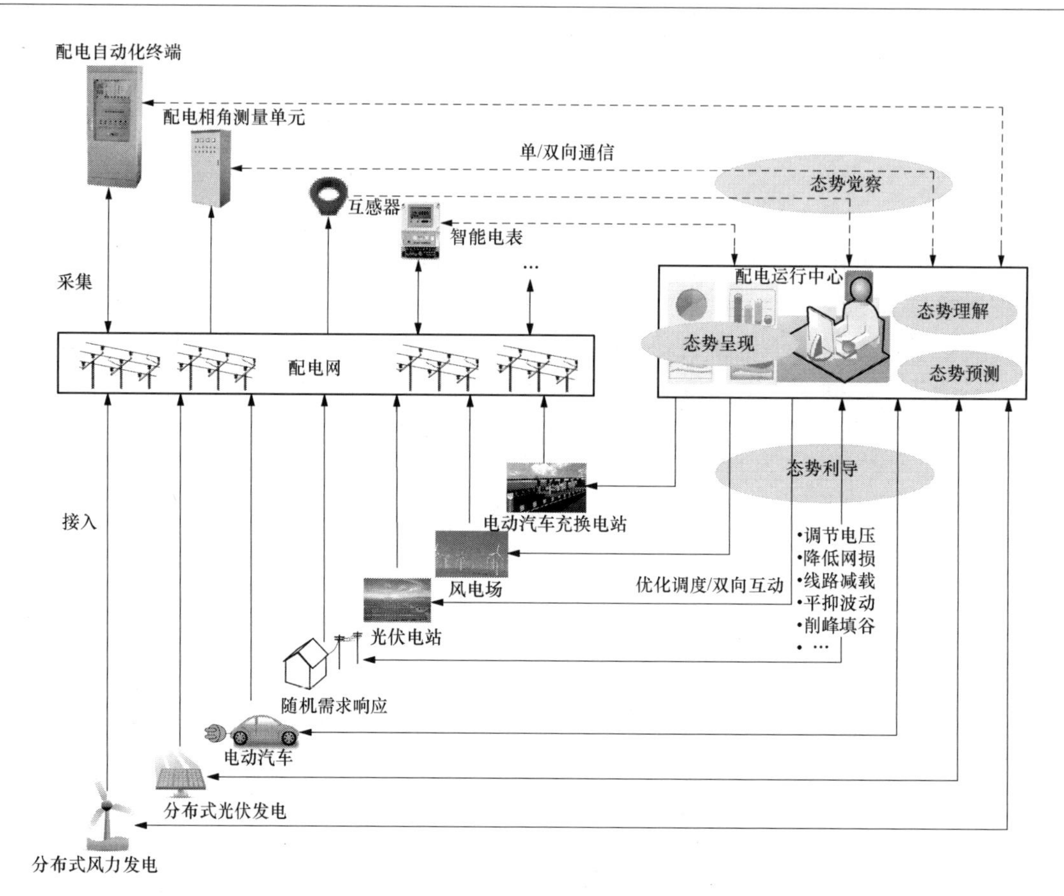

图 1-2　智能配电网态势感知和态势利导示意图

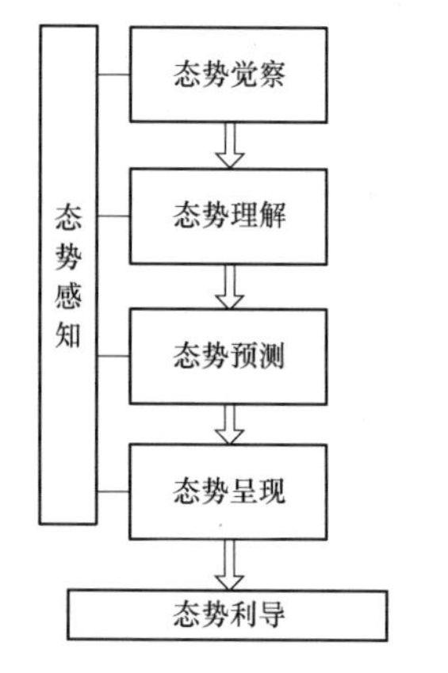

图 1-3　智能配电网态势感知与利导层次架构

1. 智能配电网态势觉察

智能配电网态势觉察是通过在配电网合理安装和优化配置数据采集、量测和监控装置，以获取所需要的数据，提高配电网状态的可观性，具体包括配电网多类型量测装置优化配置、用户侧非侵入式负荷监测、配电网状态估计、台区拓扑分析、大数据与云平台系统配置、多类型通信系统（含先进 5G 系统）的优化配置与数据传输共享等。

现场运行数据是智能配电网态势感知的基础，量测与控制系统主要完成多元数据的采集，为态势的理解与评估、预测做准备。但是，配电网规模大、结构复杂，数据采集和监控设备的全面覆盖难以实现，配电网相较于输电网，量测严重不足。因此，对于配电网而言，如何利用有限的资金投入实现最优的量测配置，以尽可能提高系统的可观性，为配电网的状态估计打下坚实的基础，就显得尤其重要。所以配电网态势觉察技术的核心就是根据不同的实际需求，兼顾配电网实际运行情况，综合考虑状态估计精度、可观性、可靠性、经济性、鲁棒性和信息安全等多影响因素，实现量测终端的优化配置和规划，通过多类设备的混合配置，实现量测的灵活配置和方便部署，建设强健有效的高级量测系统。

2. 智能配电网态势理解

态势理解是对配电网的负荷特性、稳态运行特性、经济性、灵活性、生存能力、供电能力、负荷接入能力、分布式电源接纳能力、电能质量等进行评估分析，获取采集数据中所蕴含的知识。

态势理解技术主要包括负荷辨识与分解、负荷特性分析、用户用电行为分析、中低压配电网拓扑分析、含分布式电源的配电网三相潮流计算、含分布式电源的配电网三相状态估计、配电网的韧性分析、配电网的灵活性分析、配电网的大数据与云计算技术等。其中，配电网潮流计算和状态估计是配电网其他高级功能，如安全评估、网络重构、故障隔离与供电恢复、无功优化的基础工具。配电网韧性分析主要衡量配电网在自然灾害中对关键负荷的支撑和恢复能力。配电网灵活性分析是指，评估配电网在经济约束和运行约束下，在某一时间尺度内快速而有效地优化调配现有资源，快速响应电网功率变化、控制电网关键运行参数的能力。配电网中大量接入风电、光伏等间歇性电源具有低可控性、强随机性和不确定性特征，必须针对间歇性电源带来的随机性和不确定性条件做专门考虑和处理。随着电网结构的日趋复杂及规模的扩大，配电网各集成系统产生的数据急剧增加，实时信息的处理量非常巨大，需要处理海量数据信息，分布式电源的大量引入、电动汽车的快速发展、配电相角测量单元接入，必将会为智能配电网的大数据资源池注入更多的数据流。在庞大的时变电力运行数据中，如何对数据进行筛选、整理、融合、挖掘，获得实时、高效、高精度的电网信息，并深入挖掘其内在隐含知识，是态势感知技术应用的重要研究内容。

3. 智能配电网态势预测

态势预测是针对配电网中的各种变化因素，如负荷、分布式电源、电动汽车等的变化进行预测，并对系统的安全风险进行评估与预警等，目的是了解配电网的发展态势。

态势预测技术主要包括多能负荷分层分级预测、计及不确定性的分布式电源输出功率预测、计及随机性的电动汽车分区分布充电预测、配电网安全风险预警等。在态势预测时，需要考虑实际控制运行特性及时空相关性的负荷、分布式电源、电动汽车等的建模和参数辨识方法，并计及不确定性对其产生的影响。加强配电网的多能负荷预测，有助于及时掌握配电网运行态势，发现异常供电和潜在故障，从而加强配电网的管理，提高安全经济运行水平。随着分布式电源并网容量的不断增加，其间歇性、随机性给电力系统调度运行带来的风险和对电能质量的影响越发凸显。对分布式发电功率进行准确迅速的预测，可以使电力调度人员预测并模拟未来电网运行轨迹的发展，以灵活应对未来电网运行状态的变化，保证电力系统的稳定运行和供电可靠性。电动汽车接入电网不仅增加了电网的用电负荷，更重要的是电动汽车用动力电池可作为分布式储能单元，具有一定的可控性并能够向电网反向馈电。电动汽车充电负荷受多种因素影响，其时间、空间分布具有较大的随机性，预测难度较大。对电动汽车充电负荷建模与仿真计算涉及动力电池的充电特性、电动汽车用户随机的用车行为、充电方式等多种因素。目前电动汽车负荷时空分布预测的建模方法仍然比较粗糙，对电动汽车的出行分布预测、充电频率和充电场所多样性等考虑并不细致，忽视了充电负荷在时空上的随机性，预测方法尚不成熟。随着电动汽车充电负荷预测研究的进一步深入，综合考虑时空分布将成为研究的趋势。

4. 智能配电网态势呈现

态势呈现，也称态势可视化，是配电网态势感知可视化发展的高级阶段。电网态势感知的可视化是一个从底层数据到抽象信息，再到获取高层知识的过程。人眼对图形的敏感度大大高于对数据的敏感度，通过传统的文本形式，无法直观地将结果呈现给用户。可视化技术通过将大量的、抽象的数据以图形的方式表现，形成态势分析报告和综合电网态势图，以不同可视化图形表示不同电网状态，使调度人员能直观了解电网安全状况和变化趋势，提高决策效率。因此，研究汇集各类信息的态势可视化技术和平台，意义十分重大。

目前，国内外的电力系统可视化研究的主要领域为能量管理系统（Energy Management System，EMS）。Power World公司作为美国电力系统可视化的先驱，提出了智能电网态势管理概念模型、概念设计以及态势图构成模型，形成了可监视当前态、反演历史动态态势及预测未来动态态势的态势可视化框架，同时针对基于负荷地理分布信息的配电网地理接线图负荷密集、线路交叉导致态势图形复杂化的问题进行了研究。

与输电网相比，配电网规模的不断扩大和态势感知的迫切性对可视化技术提出了许多新要求。配电网拓扑变化频繁，态势图形不再是静态的接线图，如何借助于计算机图形理论和技术，形成基于快速拓扑识别的动态态势结构是重要的研究方向。此外，如何将基于不同数据源数据显示方法进行有机的结合，确定态势显示的统一规范，提高显示的实时性，增大系统可显示的规模，增强人机交互的可操作性等都是可视化技术需要进一步解决的问题。

5. 智能配电网态势利导

态势利导是在态势感知的基础上，实现对配电网状态朝向有利方向的动态灵活调整和控制。

智能配电网态势利导的关键是如何实现调度人员、调度系统与智能设备和多元用户的协同互动，明确各自在态势利导中的分工以及相互合作和相互支撑。智能配电网的态势利导主要包括有源配电网的优化运行与协调调度、区域多微网系统协调优化调度、配电网电压无功优化控制、配电网灵活性资源优化调度等。

配电网量测信息少，信息质量不高，实际中难以实现智能调度，因此目前大多借助经验进行调度，或处于“盲调”状态。配电网的优化调度是对含分布式电源、微电网、储能装置、电动汽车充放电设施等灵活性资源和对象的复杂配电网进行调度，通过运行信息的全景化、配电网评估的定量化、调度决策的精细化、运行控制的自动化，实现配电网中网络、电源、负荷的协调运行，保证配电网持续、安全、可靠运行。配电网的优化调度模型与传统电网的优化调度相比，不论控制变量、约束条件还是目标函数都发生了深刻变化。配电网优化调度的控制变量不仅包括可控分布式发电单元，而且包括兼具充放电特性的储能系统以及配电网中的联络开关，配电网优化调度策略的目标函数不再以某一时刻网损最小或发电成本最低为目标，而是应该对整个调度周期的运行成本进行优化。

智能配电网区别于传统配电网的一大显著特征在于所接入的部分分布式发电单元、储能单元以及微网单元等对于配电网运行人员来说是可控的，这将赋予配电网调度运行更加丰富的内容。随着多种分布式电源的大量接入、用户与电网的双向互动、各种新型可控单元的广泛应用，配电网主动性增强，调度资源愈发丰富，运行方式日趋复杂。可控负荷将成为电网调节和消纳新能源的重要手段，电网和负荷将形成真正的互动。与电网友好的可控常规负荷及微网、储能、电动汽车、需求响应等，均成为能够适应电网调控需求的柔性负荷，从而使配电网和负荷均具备柔性特征，通过与具有良好调节和控制性能的柔性电源的协调配合，将共同向可预测、可调控的方向发展。

参考文献

[1] 克劳斯·施瓦布．第四次工业革命：转型的力量［M］．李菁，译．北京：中信出版社，2016.

[2] 余贻鑫，栾文鹏．智能电网述评［J］．中国电机工程学报，2009，29（34）：1-8.

[3] 鞠平，周孝信，陈维江，等．“智能电网+”研究综述［J］．电力自动化设备，2018，38（5）：1-11.

[4] 蔡声霞，王守相，王成山，等．智能电网的经济学视角思考［J］．电力系统自动化，2009，33（20）：13-16.

[5] EPRI. Profiling and mapping of intelligent grid R&D programs，1014600［R］. Palo Alto，CA and EDF R&D，Clamart，France：EPRI，2006.

[6] Federal Ministry of Economics and Technology. E-energy，paving the way toward an internet of energy［R］. Berlin，2009.

[7] 王守相，梁栋，葛磊蛟．智能配电网态势感知和态势利导关键技术［J］．电力系统自动化，2016，40（12）：2-8.

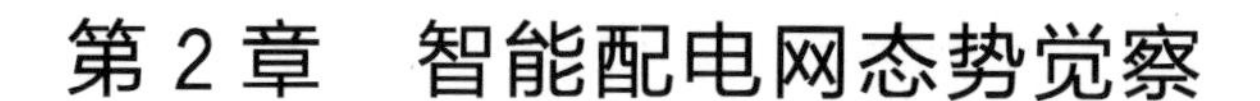

第 2 章　智能配电网态势觉察

智能配电网态势觉察是通过在配电网合理安装和优化配置数据采集、量测和监控装置，以提高配电网状态的可观性。本章重点介绍配电网状态估计、配电网量测优化配置和用户侧非侵入式负荷监测。

2.1　配电网状态估计

配电网状态估计是一种利用量测数据的相关性和冗余度，应用计算机技术，采用数学处理方法对量测数据进行处理，以提高数据的可靠性与完整性，有效获得配电网实时状态信息的方法。利用数量有限且存在不同程度误差的量测数据估计出完整可靠的系统状态，是配电网状态估计的主要目的。状态估计具有连通电网数据与高级应用的作用，当前在配电系统中尚缺少状态估计的实际广泛采用，其已成为制约智能配电系统中整个高级配电应用功能实现的瓶颈。

由于配电系统具有明显区别于输电系统的特点，例如系统中配置的量测数目相对不足，经常出现单相或者两相运行的不平衡运行状态，线路中电阻与电抗比值变化范围大等，因此输电系统中比较成熟的状态估计算法在配电系统中的适用性并不好，且配电网状态估计必须能够处理三相不平衡的运行情况。

2.1.1　基于支路电流的配电网三相状态估计

传统电力系统的状态估计多采用基于节点电压的方法，以节点电压作为系统状态变量。配电系统状态估计也可以采用基于节点电压的方法，但一般要结合配电系统三相不平衡等特点。除了基于节点电压的方法外，配电系统状态估计更经常地采用基于支路电气量的方法，它们又可以分为基于支路电流的方法和基于支路功率的方法，分别以支路电流和支路功率作为系统状态变量。所有这些配电系统状态估计方法一般都建立在基本加权最小二乘法的基础之上。基于支路电流的配电系统状态估计算法，简称支路电流法，该方法以支路电流作为状态量，通过量测变换，将各种量测都变换成等值的复电流量测，在计算时有着与配电系统前推回代潮流算法类似的前推回代计算过程。极坐标下基于支路电流的配电系统状态估计模型[1]具有下述优点：①量测方程可实现三相的自然解耦，从而极大提高了计算速度；②可处理所有类型的量测。

1. 加权最小二乘法状态估计

配电系统量测方程为

$$\boldsymbol{z}=\boldsymbol{h}(\boldsymbol{x})+\boldsymbol{v} \tag{2-1}$$

式中：$\boldsymbol{x}$ 为 $2n\times1$ 支路电流状态向量，n 为支路数；$\boldsymbol{z}$ 为 $m\times1$ 量测向量，m 为量测数；$\boldsymbol{v}$ 为 $m\times1$ 量测误差向量；$\boldsymbol{h}(\cdot)$ 为 $m\times1$ 非线性量测函数。

加权最小二乘状态估计的估计准则为

$$\hat{\boldsymbol{x}}=\underset{x}{\operatorname{argmin}}J(\boldsymbol{x})=[\boldsymbol{z}-\boldsymbol{h}(\boldsymbol{x})]^{\mathrm{T}}\boldsymbol{R}^{-1}[\boldsymbol{z}-\boldsymbol{h}(\boldsymbol{x})] \tag{2-2}$$

式中：$\boldsymbol{R}$ 为量测误差协方差矩阵。

令目标函数对 $\boldsymbol{x}$ 的偏导为零，即

$$\frac{\partial J(\boldsymbol{x})}{\partial \boldsymbol{x}}=-\boldsymbol{H}^{\mathrm{T}}(\boldsymbol{x})\boldsymbol{R}^{-1}[\boldsymbol{z}-\boldsymbol{h}(\boldsymbol{x})]=\boldsymbol{0} \tag{2-3}$$

式中：$\boldsymbol{H}(\boldsymbol{x})=\partial\boldsymbol{h}(\boldsymbol{x})/\partial\boldsymbol{x}$ 为 $m\times n$ 阶量测雅可比矩阵或设计矩阵。

在 $\boldsymbol{x}^k$ 附近将 $\boldsymbol{h}(\boldsymbol{x})$ 进行泰勒展开，忽略二次以上的非线性项后，得到正规方程

$$\boldsymbol{G}(\boldsymbol{x}^k)\Delta\boldsymbol{x}^{k+1}=\boldsymbol{H}^{\mathrm{T}}(\boldsymbol{x}^k)\boldsymbol{R}^{-1}[\boldsymbol{z}-\boldsymbol{h}(\boldsymbol{x}^k)] \tag{2-4}$$

式中：$\Delta\boldsymbol{x}^{k+1}=\boldsymbol{x}^{k+1}-\boldsymbol{x}^k$，$\boldsymbol{G}(\boldsymbol{x}^k)=\boldsymbol{H}^{\mathrm{T}}(\boldsymbol{x}^k)\boldsymbol{R}^{-1}\boldsymbol{h}(\boldsymbol{x}^k)$ 为增益矩阵，其逆矩阵 $\boldsymbol{G}^{-1}(\boldsymbol{x})$ 为状态估计误差协方差矩阵。

对正规方程进行迭代求解，迭代格式为

$$\begin{cases}\boldsymbol{x}^{k+1}=\boldsymbol{x}^k+\Delta\boldsymbol{x}^k\\ \Delta\boldsymbol{x}^k=\boldsymbol{G}(\boldsymbol{x}^k)^{-1}\boldsymbol{H}^{\mathrm{T}}(\boldsymbol{x}^k)\boldsymbol{R}^{-1}[\boldsymbol{z}-\boldsymbol{h}(\boldsymbol{x}^k)]\end{cases} \tag{2-5}$$

配电系统中含有很多零注入节点，含等式约束的加权最小二乘状态估计可视为如下优化问题

$$\begin{aligned}&\min J(\boldsymbol{x})=[\boldsymbol{z}-\boldsymbol{h}(\boldsymbol{x})]^{\mathrm{T}}\boldsymbol{R}^{-1}[\boldsymbol{z}-\boldsymbol{h}(\boldsymbol{x})]\\ &\text{s.t. } \boldsymbol{c}(\boldsymbol{x})=\boldsymbol{0}\end{aligned} \tag{2-6}$$

式中：$\boldsymbol{c}(\boldsymbol{x})=\boldsymbol{0}$ 为非线性零注入功率量测方程约束。

采用拉格朗日乘子法改写为

$$L(\boldsymbol{x},\boldsymbol{\lambda})=[\boldsymbol{z}-\boldsymbol{h}(\boldsymbol{x})]^{\mathrm{T}}\boldsymbol{R}^{-1}[\boldsymbol{z}-\boldsymbol{h}(\boldsymbol{x})]+\boldsymbol{\lambda}^{\mathrm{T}}\boldsymbol{c}(\boldsymbol{x}) \tag{2-7}$$

式中：$\boldsymbol{\lambda}$ 为拉格朗日乘子向量。

令函数对 $\boldsymbol{x}$、$\boldsymbol{\lambda}$ 的偏导为零，即

$$\begin{cases}\dfrac{\partial L(\boldsymbol{x},\boldsymbol{\lambda})}{\partial\boldsymbol{x}}=-\boldsymbol{H}^{\mathrm{T}}(\boldsymbol{x})\boldsymbol{R}^{-1}[\boldsymbol{z}-\boldsymbol{h}(\boldsymbol{x})]+\boldsymbol{C}(\boldsymbol{x})^{\mathrm{T}}\boldsymbol{\lambda}=\boldsymbol{0}\\[2ex] \dfrac{\partial L(\boldsymbol{x},\boldsymbol{\lambda})}{\partial\boldsymbol{\lambda}}=\boldsymbol{c}(\boldsymbol{x})=\boldsymbol{0}\end{cases} \tag{2-8}$$

式中：$\boldsymbol{C}(\boldsymbol{x})$ 为零注入功率量测对应的雅可比矩阵。

然后每次迭代求解如下正规方程

$$\begin{pmatrix}\boldsymbol{H}^{\mathrm{T}}\boldsymbol{R}^{-1}\boldsymbol{H} & \boldsymbol{C}^{\mathrm{T}}\\ \boldsymbol{C} & \boldsymbol{0}\end{pmatrix}\begin{pmatrix}\Delta\boldsymbol{x}\\ \boldsymbol{\lambda}\end{pmatrix}=\begin{pmatrix}\boldsymbol{H}^{\mathrm{T}}\boldsymbol{R}^{-1}\Delta\boldsymbol{z}\\ \Delta\boldsymbol{c}\end{pmatrix} \tag{2-9}$$

2. 配电系统量测方程和雅可比矩阵构造

采用极坐标下基于支路电流的配电系统状态估计模型，选择支路电流幅值和相角作为状态变量，可实现支路量测方程雅可比矩阵三相解耦。以配电线路为例，其 Π 型等效电路如图 2-1 所示。

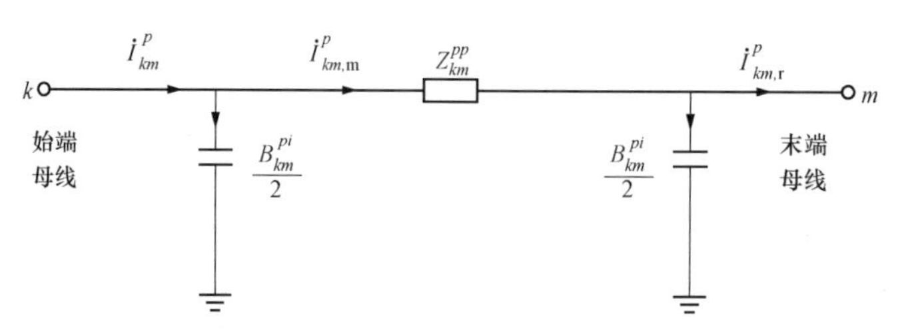

图 2-1　配电线路 Π 型等效电路

线路中部流经的电流为

$$\begin{aligned}\dot{I}^p_{km,\mathrm{m}} &= \dot{I}^p_{km} - \sum_{i=A}^{C}\dot{U}^i_k(\mathrm{j}B^{pi}_{km}/2)\\ &= I^p_{km}\cos\alpha^p_{km} + \sum_{i=A}^{C}[(B^{pi}_{km}/2)U^i_k\sin\delta^i_k]\\ &\quad +\mathrm{j}\{I^p_{km}\sin\alpha^p_{km} - \sum_{i=A}^{C}[(B^{pi}_{km}/2)U^i_k\cos\delta^i_k]\}\end{aligned} \tag{2-10}$$

线路末端电流为

$$\begin{aligned}\dot{I}^p_{km,\mathrm{r}} &= \dot{I}^p_{km} - \sum_{i=A}^{C}(\dot{U}^i_k+\dot{U}^i_m)(\mathrm{j}B^{pi}_{km}/2)\\ &= I^p_{km}\cos\alpha^p_{km} + \sum_{i=A}^{C}[(B^{pi}_{km}/2)(U^i_k\sin\delta^i_k+U^i_m\sin\delta^i_m)]\\ &\quad +\mathrm{j}\{I^p_{km}\sin\alpha^p_{km} - \sum_{i=A}^{C}[(B^{pi}_{km}/2)(U^i_k\cos\delta^i_k+U^i_m\cos\delta^i_m)]\}\end{aligned} \tag{2-11}$$

式中：U^i_k、δ^i_k 为节点 k 的 i 相电压幅值、相角；I^p_{km}、α^p_{km} 为支路 $k-m$ 的 p 相电流幅值、相角。

（1）支路功率量测。

从母线 k 到母线 m 的 p 相功率可表示为

$$P^p_{km}+\mathrm{j}Q^p_{km} = \dot{U}^p_k(\dot{I}^p_{km})^* = U^p_kI^p_{km}[\cos(\delta^p_k-\alpha^p_{km})+\mathrm{j}\sin(\delta^p_k-\alpha^p_{km})] \tag{2-12}$$

式中：P^p_{km}、Q^p_{km} 为支路 $k-m$ 的 p 相支路始端有功、无功功率。

通过分开虚实部，有功和无功支路量测方程可以表示为

$$\begin{cases}P^p_{km} = U^p_kI^p_{km}\cos(\delta^p_k-\alpha^p_{km})\\ Q^p_{km} = U^p_kI^p_{km}\sin(\delta^p_k-\alpha^p_{km})\end{cases} \tag{2-13}$$

因此，对应的雅可比矩阵的元素为

$$
\begin{aligned}
h_{\mathrm{I}}^{\mathrm{PFlow}} &= \frac{\partial P_{km}^{p}}{\partial I_{st}^{q}} = \begin{cases} U_k^p \cos(\delta_k^p - \alpha_{km}^p), (km = st, p = q) \\ 0, 其他 \end{cases} \\
h_{\alpha}^{\mathrm{PFlow}} &= \frac{\partial P_{km}^{p}}{\partial \alpha_{st}^{q}} = \begin{cases} U_k^p I_{km}^p \sin(\delta_k^p - \alpha_{km}^p), (km = st, p = q) \\ 0, 其他 \end{cases} \\
h_{\mathrm{I}}^{\mathrm{QFlow}} &= \frac{\partial Q_{km}^{p}}{\partial I_{st}^{q}} = \begin{cases} U_k^p \sin(\delta_k^p - \alpha_{km}^p), (km = st, p = q) \\ 0, 其他 \end{cases} \\
h_{\alpha}^{\mathrm{QFlow}} &= \frac{\partial Q_{km}^{p}}{\partial \alpha_{st}^{q}} = \begin{cases} -U_k^p I_{km}^p \cos(\delta_k^p - \alpha_{km}^p), (km = st, p = q) \\ 0, 其他 \end{cases}
\end{aligned} \tag{2-14}
$$

(2) 注入功率量测。

母线 k 的 p 相功率可表示为上游支路功率减所有下游支路功率，即

$$
\begin{aligned}
P_k^p + \mathrm{j}Q_k^p &= \dot{U}_k^p \Big(\sum_{i=1}^{m} \dot{I}_{ik,\mathrm{r}}^p - \sum_{m+1}^{n} \dot{I}_{ki}^p \Big)^* \\
&= \dot{U}_k^p \sum_{i=1}^{m} \Big[\dot{I}_{ik}^p - \sum_{l=A}^{C} (\dot{U}_k^l + \dot{U}_i^l)(\mathrm{j}B_{ik}^{pl}/2) \Big]^* \\
&\quad - U_k^p \sum_{i=m+1}^{n} I_{ki}^p [\cos(\delta_k^p - \alpha_{ki}^p) + \mathrm{j}\sin(\delta_k^p - \alpha_{ki}^p)]
\end{aligned} \tag{2-15}
$$

式中：P_k^p、Q_k^p为节点k 的 p 相注入有功、无功功率；母线 1，…，m 是母线k 的上游母线；母线 $m+1$，…，n 是母线k 的下游母线。

通过分开虚实部，注入有功功率和无功功率的量测方程可以分别表示为

$$
\begin{aligned}
P_k^p &= U_k^p \sum_{i=1}^{m} I_{ik}^p \cos(\delta_k^p - \alpha_{ik}^p) - U_k^p \sum_{i=m+1}^{n} I_{ki}^p \cos(\delta_k^p - \alpha_{ki}^p) \\
&\quad + \mathrm{Re}\Big\{ \dot{U}_k^p \sum_{i=1}^{m} \Big[- \sum_{l=A}^{C} (\dot{U}_k^l + \dot{U}_i^l)(\mathrm{j}B_{ik}^{pl}/2) \Big]^* \Big\} \\
Q_k^p &= U_k^p \sum_{i=1}^{m} I_{ik}^p \sin(\delta_k^p - \alpha_{ik}^p) - U_k^p \sum_{i=m+1}^{n} I_{ki}^p \sin(\delta_k^p - \alpha_{ki}^p) \\
&\quad + \mathrm{Im}\Big\{ \dot{U}_k^p \sum_{i=1}^{m} \Big[- \sum_{l=A}^{C} (\dot{U}_k^l + \dot{U}_i^l)(\mathrm{j}B_{ik}^{pl}/2) \Big]^* \Big\}
\end{aligned} \tag{2-16}
$$

上游支路对应的雅可比矩阵的元素为

$$
\begin{aligned}
h_{\mathrm{I}}^{\mathrm{PInj}} &= \frac{\partial P_k^p}{\partial I_{ik}^q} = \begin{cases} U_k^p \cos(\delta_k^p - \alpha_{ik}^p), (p = q) \\ 0, (p \neq q) \end{cases} \\
h_{\alpha}^{\mathrm{PInj}} &= \frac{\partial P_k^p}{\partial \alpha_{ik}^q} = \begin{cases} U_k^p I_{ik}^p \sin(\delta_k^p - \alpha_{ik}^p), (p = q) \\ 0, (p \neq q) \end{cases} \\
h_{\mathrm{I}}^{\mathrm{QInj}} &= \frac{\partial Q_k^p}{\partial I_{ik}^q} = \begin{cases} U_k^p \sin(\delta_k^p - \alpha_{ik}^p), (p = q) \\ 0, (p \neq q) \end{cases} \\
h_{\alpha}^{\mathrm{QInj}} &= \frac{\partial Q_k^p}{\partial \alpha_{ik}^q} = \begin{cases} -U_k^p I_{ik}^p \cos(\delta_k^p - \alpha_{ik}^p), (p = q) \\ 0, (p \neq q) \end{cases}
\end{aligned} \tag{2-17}
$$

下游支路对应的雅可比矩阵的元素为

$$
\begin{aligned}
h_{\mathrm{I}}^{\mathrm{PInj}} &= \frac{\partial P_k^p}{\partial I_{ki}^q} = \begin{cases} -U_k^p \cos(\delta_k^p - \alpha_{ki}^p), (p = q) \\ 0, (p \neq q) \end{cases} \\
h_{\alpha}^{\mathrm{PInj}} &= \frac{\partial P_k^p}{\partial \alpha_{ki}^q} = \begin{cases} -U_k^p I_{ki}^p \sin(\delta_k^p - \alpha_{ki}^p), (p = q) \\ 0, (p \neq q) \end{cases} \\
h_{I}^{\mathrm{QInj}} &= \frac{\partial Q_k^p}{\partial I_{ki}^q} = \begin{cases} -U_k^p \sin(\delta_k^p - \alpha_{ki}^p), (p = q) \\ 0, (p \neq q) \end{cases} \\
h_{\alpha}^{\mathrm{QInj}} &= \frac{\partial Q_k^p}{\partial \alpha_{ki}^q} = \begin{cases} U_k^p I_{ki}^p \cos(\delta_k^p - \alpha_{ki}^p), (p = q) \\ 0, (p \neq q) \end{cases}
\end{aligned}
\tag{2-18}
$$

基于支路电流的状态估计算法对支路潮流量测、电流幅值量测、电压幅值量测和功率注入量测的更详细处理方法详见文献[1,2]。

2.1.2 含分布式电源的辐射状和弱环状配电网三相状态估计算法

1. 分布式电源在状态估计中的处理

分布式电源在配电系统中的应用越来越广泛，配电网状态估计中有必要考虑对分布式电源量测的处理。

配电系统中的分布式电源节点类型主要分为四种[2]：①有功功率和无功功率均恒定的PQ节点；②有功功率和电压幅值恒定的PV节点；③有功功率和电流幅值恒定的PI节点；④有功功率恒定，无功功率与电压水平有关的P-Q(V) 节点。在状态估计中，依据每种分布式电源的输出功率情况和运行特点，确定它们的量测信息、量测函数的表达形式，将它们应用到估计计算中。接下来重点分析不同节点类型的分布式电源的量测量如何选择、量测函数表达形式、雅可比矩阵元素的构成以及初始化时的处理方法[3]。为了更好地应用基于支路电流的配电系统状态估计算法，便于各个量测量的表达，可以将分布式电源作为一个新的节点通过一段短线路接入配电网中，相当于由一个 n 节点的网络变为 $n+1$ 节点的网络，该线路可以设置为零损耗，两端电压相同。

(1) PQ节点类型。

这种类型的分布式电源在状态估计算法中被看作负荷值为负值、电流流向母线的节点，其视在功率计算公式为

$$
S = -P \pm \mathrm{j}Q \tag{2-19}
$$

对于系统中的一个分布式电源，如果它向配电系统传输有功功率和无功功率，它的视在功率可以表示为 $S=-P-\mathrm{j}Q$；如果它向配电系统传输有功功率，同时要从系统获得无功功率（类似感应风力发电机的分布式电源），它的视在功率可以表示为 $S=-P+\mathrm{j}Q$。

分布式电源会形成流入它所在的节点的注入电流，电流值的计算公式为

$$
\dot{I}_{\mathrm{Injt\_PQ}} = \left(\frac{S_i}{\dot{U}_i}\right)^* \tag{2-20}
$$

式中：$\dot{U}_i$ 是分布式电源安装节点 i 的复电压。

这个电流在估计计算的过程中要参与迭代，用来求解系统的支路电流。

在进行状态估计计算时，对安装在节点 i 处的该类型分布式电源，选择其有功和无功功率作为量测量

$$\begin{cases} P_i = -P \\ Q_i = -Q \end{cases} \tag{2-21}$$

下面推导这些量测量的函数表达形式。假定分布式电源量测安装在节点 e，系统中与这个节点相连接的支路数目为 f，支路 1，2，…，g 的功率流向节点 e，支路 $g+1$，$g+1$，…，$f-1$，f 的功率从节点 e 流出，则该类型分布式电源用支路电流和节点电压表示的量测函数公式为

$$\begin{aligned} P_e^p + \mathrm{j}Q_e^p = & \dot{U}_e^p \sum_{i=1}^{g} \left[\dot{I}_{ie}^p - \sum_{s=A}^{C} (\dot{U}_e^s + \dot{U}_i^s)(\mathrm{j}B_{ie}^{ps}/2) \right]^* \\ & - U_e^p \sum_{i=g+1}^{f} I_{ei}^p [\cos(\delta_e^p - \alpha_{ei}^p) + \mathrm{j}\sin(\delta_e^p - \alpha_{ei}^p)] \end{aligned} \tag{2-22}$$

根据系统中的线路是否与分布式电源有关联，含有该类型分布式电源的雅可比矩阵中相关元素的三种表达形式如下：

1）线路与分布式电源所在的节点相关，且线路电流的方向是流向该分布式电源的安装节点，则

$$\frac{\partial P_e^p}{\partial I_{ie}^q} = \begin{cases} U_e^p \cos(\delta_e^p - \alpha_{ie}^p), (p = q) \\ 0, (p \neq q) \end{cases} \tag{2-23}$$

$$\frac{\partial P_e^p}{\partial \alpha_{ie}^q} = \begin{cases} U_e^p I_{ie}^p \sin(\delta_e^p - \alpha_{ie}^p), (p = q) \\ 0, (p \neq q) \end{cases} \tag{2-24}$$

$$\frac{\partial Q_e^p}{\partial I_{ie}^q} = \begin{cases} U_e^p \sin(\delta_e^p - \alpha_{ie}^p), (p = q) \\ 0, (p \neq q) \end{cases} \tag{2-25}$$

$$\frac{\partial Q_e^p}{\partial \alpha_{ie}^q} = \begin{cases} -U_e^p I_{ie}^p \cos(\delta_e^p - \alpha_{ie}^p), (p = q) \\ 0, (p \neq q) \end{cases} \tag{2-26}$$

2）线路与分布式电源所在的节点相关，且线路电流的方向是流出该分布式电源的安装节点，则

$$\frac{\partial P_e^p}{\partial I_{ei}^q} = \begin{cases} -U_e^p \cos(\delta_e^p - \alpha_{ei}^p), (p = q) \\ 0, (p \neq q) \end{cases} \tag{2-27}$$

$$\frac{\partial P_e^p}{\partial \alpha_{ei}^q} = \begin{cases} -U_e^p I_{ei}^p \sin(\delta_e^p - \alpha_{ei}^p), (p = q) \\ 0, (p \neq q) \end{cases} \tag{2-28}$$

$$\frac{\partial Q_e^p}{\partial I_{ei}^q} = \begin{cases} -U_e^p \sin(\delta_e^p - \alpha_{ei}^p), (p = q) \\ 0, (p \neq q) \end{cases} \tag{2-29}$$

$$\frac{\partial Q_e^p}{\partial \alpha_{ei}^q} = \begin{cases} U_e^p I_{ei}^p \cos(\delta_e^p - \alpha_{ei}^p), (p = q) \\ 0, (p \neq q) \end{cases} \tag{2-30}$$

3）线路与分布式电源所在的节点不相关，则

$$\frac{\partial P_e^p}{\partial I_{mn}^q} = 0 \tag{2-31}$$

$$\frac{\partial P_e^p}{\partial \alpha_{mn}^q}=0 \tag{2-32}$$

$$\frac{\partial Q_e^p}{\partial I_{mn}^q}=0 \tag{2-33}$$

$$\frac{\partial Q_e^p}{\partial \alpha_{mn}^q}=0 \tag{2-34}$$

状态估计算法进行初始化时，该类型分布式电源与系统中普通的节点注入功率量测基本上是一样的，不同点在于这种分布式电源的负荷值是负值。

(2) PV 节点类型。

这种类型的分布式电源通常是经由电压控制型的逆变器接入配电系统的，其特点是有功功率和电压幅值是恒定的，所以在分析过程中通常将这类分布式电源处理为 PV 节点。

在进行状态估计计算时，对安装在节点 i 处的该类型分布式电源，选择其有功功率和电压幅值作为量测量

$$\begin{cases} P_i=-P \\ U_i=U \end{cases} \tag{2-35}$$

如果在计算过程中，安装有 PV 节点类型的分布式电源的节点电压幅值不等于设定的电压幅值，则需要该节点注入一定量的电流来调节该节点的无功功率，使该节点的电压幅值达到预先的设定值。

在 PV 节点上的等效注入电流增量和注入电流分别为

$$\Delta \dot{I}_{\mathrm{Injt\_PV}}^k=X^{-1}\left|\Delta U^k\right| \angle(\pi/2+\delta_{\mathrm{V}}^k) \tag{2-36}$$

$$\dot{I}_{\mathrm{In\_PV}}^k=\dot{I}_{\mathrm{In\_PV}}^{k-1}+\Delta \dot{I}_{\mathrm{Injt\_PV}}^k \tag{2-37}$$

式中：$\Delta U^k=\left|U^k\right|-U_s$，其中 U^k 是经过第 k 次迭代之后分布式电源接入节点的电压；δ_{V}^k 是经过第 k 次迭代之后分布式电源接入节点的电压相角值；U_s 是估计计算开始就给定的分布式电源接入节点的电压值；X 是节点自电抗。

这个增加的等效电流在估计计算中要参与迭代，用来求解系统的支路电流。

该类型分布式电源量测的有功功率 P_i 的量测函数表达式和雅可比矩阵元素的求解过程可以参照前面分析的 PQ 节点类型的分布式电源的有功功率的求解方法，而 U_i 的表示方式与节点电压幅值量测略有不同，下面来分析这种量测。

假设 PV 节点类型分布式电源安装在节点 e 上，节点 e 通过 f 条支路与根节点相连，则节点 e 的电压可以表示为

$$\dot{U}_e^p=\dot{U}_0^p-\sum_{i=1}^{n+1} \sum_{q=A}^{C} \dot{I}_{(i-1,i),m}^q Z_{i-1,i}^{pq} \tag{2-38}$$

令 $\dot{U}_e^p=U_{e\_\mathrm{re}}^p+\mathrm{j}U_{e\_\mathrm{im}}^p$，则这个电压幅值量测可以根据式 (2-39)、式 (2-40) 用系统中的状态变量表示

$$U_{e\_\mathrm{re}}^p=U_0^p \cos\delta_0^p-\sum_{i=1}^{n+1} \sum_{q=A}^{C}\left[\left(I_{i-1,i}^q \cos\alpha_{i-1,i}^q+\sum_{s=A}^{C} \frac{B_{i-1,i}^{qs}}{2} U_{i-1}^s \sin\delta_{i-1}^s\right) Z_{i-1,i}^{pq} \cos\theta_{i-1,i}^{pq}\right.$$

$$-\left(I_{i-1,i}^{q}\sin\alpha_{i-1,i}^{q}-\sum_{s=A}^{C}\frac{B_{i-1,i}^{qs}}{2}U_{i-1}^{s}\cos\delta_{i-1}^{s}\right)Z_{i-1,i}^{pq}\sin\theta_{i-1,i}^{pq}] \tag{2-39}$$

$$U_{e\_\mathrm{im}}^{p}=U_{0}^{p}\sin\delta_{0}^{p}-\sum_{i=1}^{n+1}\sum_{q=A}^{C}\left[\left(I_{i-1,i}^{q}\cos\alpha_{i-1,i}^{q}+\sum_{s=A}^{C}\frac{B_{i-1,i}^{qs}}{2}U_{i-1}^{s}\sin\delta_{i-1}^{s}\right)Z_{i-1,i}^{pq}\sin\theta_{i-1,i}^{pq}\right.$$

$$-\left(I_{i-1,i}^{q}\sin\alpha_{i-1,i}^{q}-\sum_{s=A}^{C}\frac{B_{i-1,i}^{qs}}{2}U_{i-1}^{s}\cos\delta_{i-1}^{s}\right)Z_{i-1,i}^{pq}\cos\theta_{i-1,i}^{pq}] \tag{2-40}$$

根据系统中的线路是否出现在分布式电源到系统根节点的路径上，含有这种类型分布式电源的雅可比矩阵中的相关元素将有两种表达形式：

1）线路位于分布式电源安装节点到系统根节点的路径上，则

$$\frac{\partial U_{e}^{p}}{\partial I_{i-1,i}^{q}}=-\cos\delta_{e}^{p}Z_{i-1,i}^{pq}\cos(\alpha_{i-1,i}^{q}+\theta_{i-1,i}^{pq})-\sin\delta_{e}^{p}Z_{i-1,i}^{pq}\sin(\alpha_{i-1,i}^{q}+\theta_{i-1,i}^{pq}) \tag{2-41}$$

$$\frac{\partial U_{e}^{p}}{\partial \alpha_{i-1,i}^{q}}=-\cos\delta_{e}^{p}I_{i-1,i}^{q}Z_{i-1,i}^{pq}\sin(\alpha_{i-1,i}^{q}+\theta_{i-1,i}^{pq})-\sin\delta_{e}^{p}I_{i-1,i}^{q}Z_{i-1,i}^{pq}\cos(\alpha_{i-1,i}^{q}+\theta_{i-1,i}^{pq}) \tag{2-42}$$

2）线路不位于分布式电源安装节点到系统根节点的路径上，则

$$\frac{\partial U_{e}^{p}}{\partial I_{i-1,i}^{q}}=0 \tag{2-43}$$

$$\frac{\partial U_{e}^{p}}{\partial \alpha_{i-1,i}^{q}}=0 \tag{2-44}$$

因为该类型分布式电源的无功功率是有一定的调节范围的，当系统中存在这种分布式电源时，计算过程中就要检测它的无功功率是否超过了它的设定范围。这种类型的分布式电源的无功功率计算式为

$$Q_{\mathrm{V\_PV}}^{k}=\mathrm{Im}[\dot{U}^{k}(\dot{I}_{\mathrm{in\_PV}}^{k-1}+\Delta\dot{I}_{\mathrm{Inj\_PV}}^{k})^{*}]+Q_{\mathrm{load}}^{k} \tag{2-45}$$

一旦通过式（2-45）计算得到的分布式电源的无功功率超过了系统的设定范围，就根据计算结果将其转变成有功、无功功率均恒定的 PQ 节点类型的分布式电源，这样就可以用前面介绍的分布式电源的求解方法来处理这种分布式电源。在求解计算的过程中，有一点需要注意，如果后续计算中该分布式电源安放节点的电压幅值超出了它的设定范围，则要把它再变换到 PV 类型。

该类型分布式电源的初始化相对简单，主要是求解分布式电源所在支路的补偿电流，使得该电流值能够刚好与分布式电源上连接的负荷等效。

（3）PI 节点类型。

这种类型的分布式电源通常是经由电流控制型的逆变器接入配电系统的，其特点是有功功率和电流幅值是恒定的，所以在分析过程中通常将这类分布式电源处理为 PI 节点。

在进行状态估计计算时，对安装在节点 i 处的该类型分布式电源，选择其有功功率和电流幅值作为量测量，即

$$\begin{cases}P_{i}=-P\\I_{(i-1)i,\mathrm{r}}=I\end{cases} \tag{2-46}$$

该类型分布式电源的无功功率可以通过分布式电源接入节点电压、电流幅值和有功功率计算得到，所以在状态估计计算中可以将这种类型的分布式电源变换为相应的PQ节点类型。假设估计过程中经过第 k 次迭代后分布式电源接入节点的有功、无功功率分别用 P 和 Q^k 表示，则

$$Q^k = \sqrt{|I|^2 |U^k|^2 - P^2} \tag{2-47}$$

PI节点类型分布式电源提供的等效注入电流可以通过式（2-48）求解，这个电流在估计计算中要参与迭代，用来求解系统的支路电流，即

$$\dot{I}^k_{\text{Inj\_PI}} = \left(\frac{-P - jQ^k}{\dot{U}^k}\right)^* \tag{2-48}$$

该类型分布式电源量测的有功功率 P_i 的量测函数表达式和雅可比矩阵元素的求解过程可以参照前面分析的PQ节点类型的分布式电源的有功功率的求解方法；而 $I_{(i-1)i,\text{r}}$ 的表示方式与支路电流幅值量测略有不同，接下来分析这种量测。

假设该电流幅值量测所在支路的始端节点为 m，末端节点为 e，则其系统 p 相电流的量测函数为

$$I^p_{me\_\text{re}} = I^p_{me}\cos\alpha^p_{me} + \sum_{i=A}^{C}(B^{pi}_{me}/2)(U^i_m\sin\delta^i_m + U^i_e\sin\delta^i_e) \tag{2-49}$$

$$I^p_{me\_\text{im}} = I^p_{me}\sin\alpha^p_{me} - \sum_{i=A}^{C}(B^{pi}_{me}/2)(U^i_m\cos\delta^i_m + U^i_e\cos\delta^i_e) \tag{2-50}$$

根据系统中的线路是否为分布式电源所在的支路，含有这种分布式电源的雅可比矩阵中相关元素会有两种表达形式：

1）系统中的线路位于分布式电源所在的支路，则

$$\frac{\partial I^p_{me,\text{r}}}{\partial I^q_{nt}} = \begin{cases}\cos\alpha^p_{me,\text{r}}\cos\alpha^p_{me} + \sin\alpha^p_{me,\text{r}}\sin\alpha^p_{me}, (p = q)\\ 0, (p \neq q)\end{cases} \tag{2-51}$$

$$\frac{\partial I^p_{me,\text{r}}}{\partial \alpha^q_{nt}} = \begin{cases}-\cos\alpha^p_{me,\text{r}} I^p_{me}\sin\alpha^p_{me} + \sin\alpha^p_{me,\text{r}} I^p_{me}\cos\alpha^p_{me}, (p = q)\\ 0, (p \neq q)\end{cases} \tag{2-52}$$

其中

$$I^p_{me,\text{r}} = \sqrt{(I^p_{me\_\text{re}})^2 + (I^p_{me\_\text{im}})^2}$$

2）系统中的线路不在分布式电源所在的支路，则

$$\frac{\partial I^p_{me,\text{r}}}{\partial I^q_{nt}} = 0 \tag{2-53}$$

$$\frac{\partial I^p_{me,\text{r}}}{\partial \alpha^q_{nt}} = 0 \tag{2-54}$$

该类型分布式电源在初始化时就经过 $Q = \sqrt{|I|^2 |U^0|^2 - P^2}$ 得到它的无功功率，所以一开始就作为PQ节点类型的分布式电源来处理，但是它在后续的迭代中一直保持着电流幅值恒定的特点来参与到支路电流的计算中。

（4）P-Q(V) 节点类型。

异步发电机的特点是没有励磁装置，不能够自己进行电压调节，只能通过配电系统中

无功功率提供的磁场来实现这一功能，所以它要从配电系统中吸取一定的无功功率，该无功功率是发电机转差率 s 与分布式电源接入节点的电压 U 的函数。综合考虑这些因素，这种发电机不能处理为PV节点类型的分布式电源，适合采用P-Q(V)模型来表示。

在进行状态估计计算时，对安装在节点 i 处的该类型分布式电源，选择其有功功率作为系统的量测量，即

$$P_i = -P \tag{2-55}$$

这种分布式电源量测的有功功率 P_i 的量测函数表达式和雅可比矩阵元素的求解过程可以参照前面分析的PQ类型的分布式电源的有功功率的求解方法。

对该类分布式电源进行初始化时，需要知道它的视在功率和注入电流。因为分布式电源的有功功率是已知的，而无功功率又是设备转差率和分布式电源安装处节点电压的函数，所以接下来着重分析异步发电机的无功功率。

因为这类分布式电源要从配电系统中获得无功功率，为了能够尽可能地降低系统传输无功功率的损耗，一般采用就地补偿，即把并联电容器组接入发电机处。

发电机的转差率 s 和它吸收的无功功率 Q_{DG} 计算式为

$$s = \frac{r(U_{DG}^2 - \sqrt{U_{DG}^4 - 4x_\sigma^2 P^2})}{2Px_\sigma^2} \tag{2-56}$$

$$Q_{DG} = \frac{r^2 + x_\sigma(x_m + x_\sigma)s^2}{rx_m s}P \tag{2-57}$$

式中：P 是该类型分布式电源的有功功率；U_{DG} 是分布式电源接入节点的电压幅值；x_σ 是该发电机的定子与转子的电抗和；x_m 是发电机励磁电抗；r 是发电机的转子电阻。

如果一个异步发电机安装有并联电容器组，则该发电机的功率因数 λ 计算式为

$$\lambda = \frac{P}{\sqrt{P^2 + (Q_C - Q_{DG})^2}} \tag{2-58}$$

式中：Q_C 是电容器组提供的无功补偿功率；P 是该异步发电机的有功功率；Q_{DG} 是它从配电系统中吸收的无功。

电容器组的投入量直接影响着发电机的功率因数 λ，可以通过调节它的自动分组投切数，达到使 λ 在一定要求范围内变动的目的。如果要使 λ 从 λ_1 提高到 λ_2，电容器组要提供的无功功率计算式为

$$Q_C = P\left(\sqrt{\frac{1}{\lambda_1^2} - 1} - \sqrt{\frac{1}{\lambda_2^2} - 1}\right) \tag{2-59}$$

假设 Q_{N_unit} 是额定电压下电容器组的单位容量，则需要投入的电容器组的数目可由式(2-60)求出，在实际计算中，根据公式求得的组数一般是小数，所以电容器投入组数 n 取比这个小数大的整数，即

$$n = \left\lceil \frac{Q_C}{Q_{N\_unit}} \right\rceil \tag{2-60}$$

在分布式电源接入节点的电压为 U_{DG} 时，电容器组输出的无功功率为

$$Q_{\mathrm{C}} = nQ_{\mathrm{N\_unit}} \frac{U_{\mathrm{DG}}^2}{U_{\mathrm{N}}^2} \tag{2-61}$$

异步发电机的无功功率分为两部分，一是从配电系统中得到的无功功率，二是电容器补偿的无功功率，这两部分无功功率的差值即为发电机的无功功率。第 k 次迭代求得的视在功率为

$$\dot{S}^k = -P_{\mathrm{DG}} + \mathrm{j}(Q_{\mathrm{DG}}^k - Q_{\mathrm{C}}^k) \tag{2-62}$$

式中：Q_{DG}^k是第 k 次迭代中从配电系统中吸收的无功功率；Q_{C}^k是第 k 次迭代中电容器组的无功功率补偿。

该类型分布式电源提供的等效注入电流可以通过式（2-63）求解，这个电流在估计计算中要参与迭代，用来求解系统的支路电流，即

$$\dot{I}_{\mathrm{Inj\_PQV}}^k = \left(\frac{\dot{S}^k}{\dot{U}^k}\right)^* \tag{2-63}$$

2. 弱环状配电系统状态估计算法

配电系统在设计时一般设计成环网，而在运行时通常是开环，并且系统呈辐射状结构。一般情况下，配电系统中供电的电源数目为一个，通常把它作为系统的平衡节点或者根节点来处理。在系统出现功率平衡的需求、系统中的负荷切换或者系统运行发生故障时，辐射状的配电系统就有可能在短时间内以弱环网的状态运行。本节主要讨论如何对弱环状配电系统进行状态估计。

在潮流计算中，对弱环状配电系统的处理方法主要分为两类，一类是不解环类算法，一类是解环类算法。借鉴潮流计算的方法，在进行状态估计时利用支路电流不变原理把环网打开，变换为辐射状系统。图 2-2 为支路电流不变原理图。

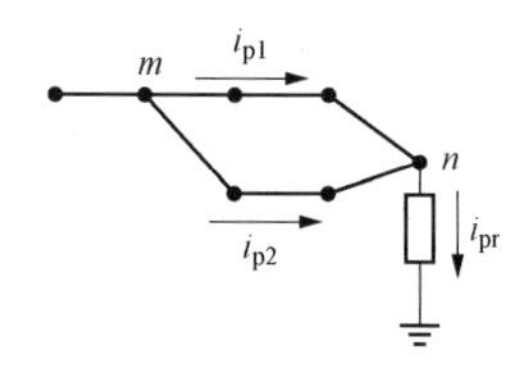

图 2-2 支路电流不变原理图

无论是否从公共节点 n 处将弱环网解环，式（2-64）均成立，即

$$i_{\mathrm{pr}} = i_{\mathrm{p1}} + i_{\mathrm{p2}} \tag{2-64}$$

从公共节点 n 处打开弱环网后，节点 n 变为 $n1$、$n2$ 两个节点，假设这两个节点的电压分别为 $\dot{U}_{n1}$ 和 $\dot{U}_{n2}$。

在迭代计算过程中，要保证 $\dot{U}_{n1}$ 和 $\dot{U}_{n2}$ 这两点的电压幅值与相角的差值在一定范围内，需将这两个条件作为附加的迭代条件添加到状态估计算法中。如果电压幅值和相角的差值在一定的范围内，并且满足其他迭代收敛条件，则停止迭代，得到状态估计结果；如果差值不在一定范围内，就要对这两个节点的电压进行修正，修正过程如下：

1）找到系统中环路的起始节点 m。

2）计算环路电流

$$\dot{I}_{\mathrm{loop}} = \frac{\dot{U}_{n1} - \dot{U}_{n2}}{Z_{\mathrm{loop}}} \tag{2-65}$$

式中：Z_{loop}为环路上各支路阻抗之和。

3）修正环路中每个支路的电流，如果支路 i 位于从节点 m 到节点 $n1$ 的路径上，则修正后的支路电流为

$$\dot{I}_i = \dot{I}_i + \dot{I}_{\text{loop}} \tag{2-66}$$

如果支路 i 位于从节点 m 到节点 $n2$ 的路径上，则修正后的支路电流为

$$\dot{I}_i = \dot{I}_i - \dot{I}_{\text{loop}} \tag{2-67}$$

4）根据电路的基本定律更新节点 $n1$、$n2$ 的电压 $\dot{U}_{n1}$ 和 $\dot{U}_{n2}$。

3. 含分布式电源的辐射状和弱环状配电系统三相状态估计算法流程

因为配电系统中的各种类型的分布式电源量测和一般量测的性质大致相同，所以其雅可比矩阵元素的排列原则可以参考其他量测。三相状态估计算法的雅可比矩阵如图 2-3 所示。考虑 PV 节点类型的分布式电源在计算过程中可能存在无功功率超过限定范围的情况，一旦出现这种情况，分布式电源量测要进行转换，雅可比矩阵中的元素也要相应地发生变化。

$$\begin{bmatrix} \begin{matrix} H^{\text{AA}} \\ H^{\text{AA}}_{\text{DG}} \end{matrix} & 0 & 0 \\ 0 & \begin{matrix} H^{\text{BB}} \\ H^{\text{BB}}_{\text{DG}} \end{matrix} & 0 \\ 0 & 0 & \begin{matrix} H^{\text{CC}} \\ H^{\text{CC}}_{\text{DG}} \end{matrix} \end{bmatrix}$$

图 2-3　三相状态估计算法的雅可比矩阵

含分布式电源的辐射状和弱环状配电系统三相状态估计算法的步骤如下：

1）读取配电系统的参数信息，例如节点信息、量测信息、分布式电源信息和环路信息等，计算系统的关联矩阵。

2）如果系统中存在环网，利用支路电流不变原理将环网打开，初始化系统的状态变量（系统支路电流和节点电压的幅值和相角）。

3）设置迭代次数 $k=1$。

4）计算系统中的 PV 类型的量测的数目，如果数目是零，则转到步骤 5）；如果数目大于零，则计算该分布式电源所在节点的无功功率，判断无功功率是否超过设定的范围，如果超过，则将 PV 节点转换为相应的 PQ 节点；如果没有越限，则进行下一步。

5）构造系统的量测矩阵 Z 和权系数矩阵 R，计算系统的量测矩阵、雅可比矩阵和配电系统状态变量的修正量。

6）判断配电系统状态变量的修正量是否达到收敛条件，如果达到了收敛条件，则停止计算，输出系统的状态变量。如果没有达到收敛条件且没有达到最大迭代次数，则转到下一步；如果达到最大迭代次数，则该算法不收敛。

7）修正系统中各相支路的状态变量，利用前推计算各节点的电压；判断环路打开之后的两节点 $\dot{U}_{n1}$ 和 $\dot{U}_{n2}$ 的幅值和相角的差值是否在一定范围内，如果在一定范围内，则转到步骤 4）；如果差值不在一定的范围内，则转到下一步。

8）计算 $\dot{U}_{n1}$ 和 $\dot{U}_{n2}$ 这两节点电压的平均值和环路电流，修正支路电流，并重新计算节点电压，转到步骤 4）。

整个算法的流程图如图 2-4 所示。

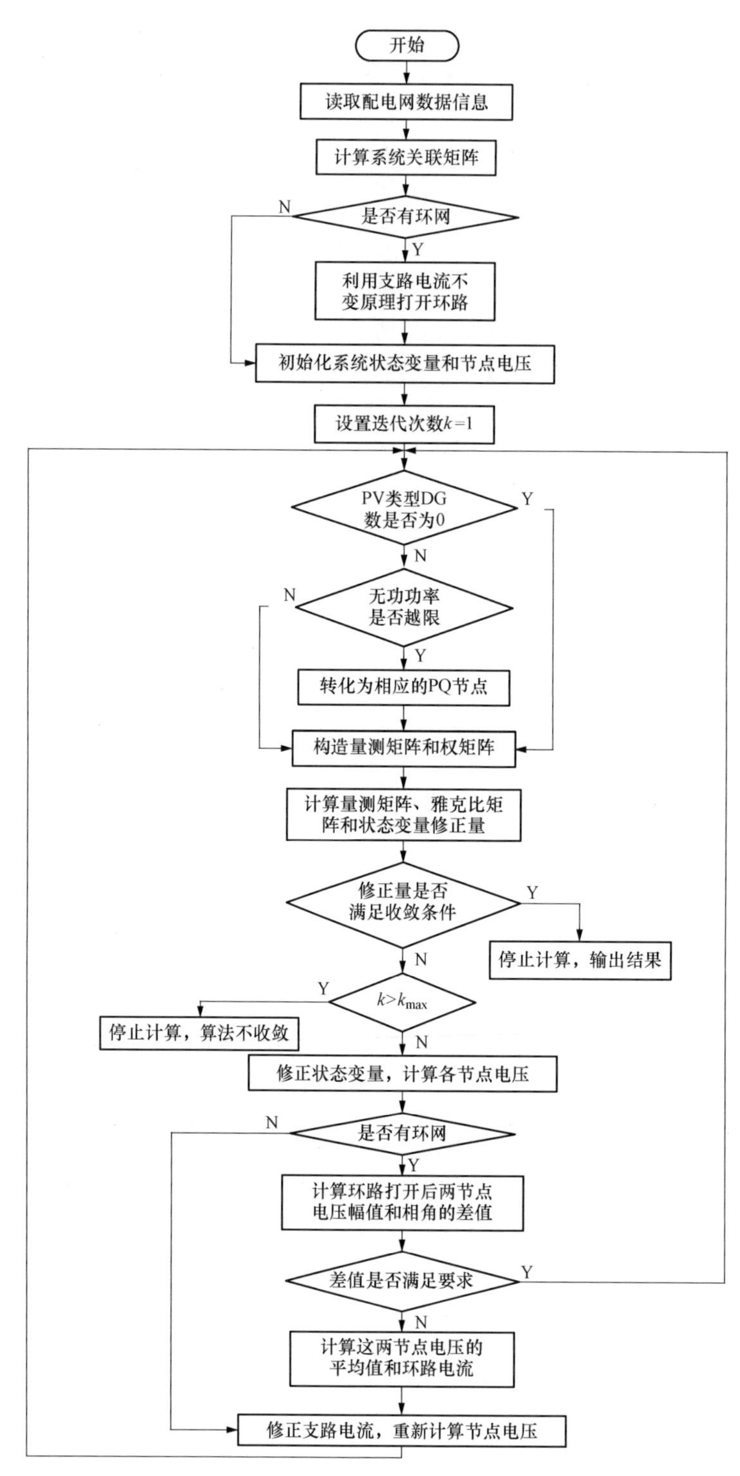

图 2-4　含分布式电源的辐射状和弱环状配电网三相状态估计算法流程图

4. 算例分析

选择改造的IEEE 13节点测试系统和伊利诺伊理工大学智能校园网（IIT Microgrid）的第三个环路为算例测试所提出的状态估计算法。

在状态估计算法中，变量的估计误差可以用系统的量测误差的协方差矩阵［$\boldsymbol{E}=(\boldsymbol{H}^{T}\boldsymbol{R}^{-1}\boldsymbol{H})^{-1}$］的主对角线元素表示，其数值越大，表示估计值与实际值的偏差越大。所以本小节用误差协方差矩阵的迹 $trace(\boldsymbol{E})$ 代表状态估计的精度，$trace(\boldsymbol{E})$ 的值越小，状态估计结果越准确。

在算法中，选择节点电压幅值量测、支路电流幅值量测以及支路有功功率和无功功率量测作为系统的实时量测，选择节点的注入功率量测为系统伪量测。实际系统中的量测，在传输过程中可能会存在误差，为了模拟这一情况，在系统中的所有量测上添加随机误差。在本小节中，实时量测的权值设为0.1，量测误差设为0.03；伪量测的权值设为0.01，量测误差设为0.5。接下来用算例来分析PQ、PV、PI这三种节点类型的分布式电源对辐射状和弱环状配电系统状态估计的影响。

（1）改造的IEEE 13节点测试系统算例。

图2-5是经IEEE 13节点测试系统算例改造的11节点算例的接线图。

在测试中，PV节点类型的分布式电源的最大输出无功功率设定为有功功率的2倍，分布式电源接入节点的电压幅值允许有0.003V的偏差。

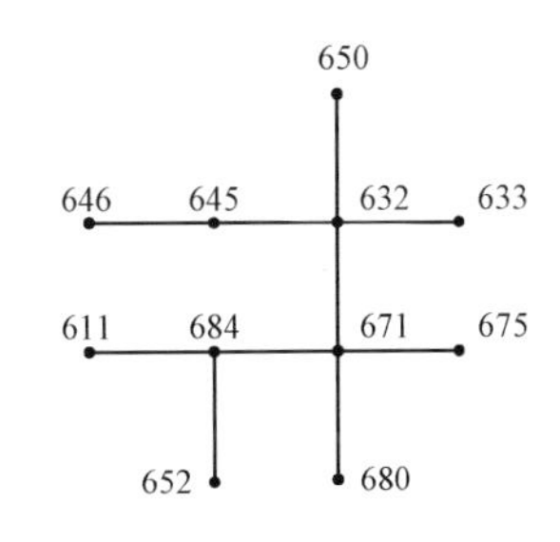

图2-5 改造的配电系统11节点系统接线图

测试方案一：

分析配电系统有无分布式电源时的系统状态估计的精度大小。把这三种类型的分布式电源依次放置在系统中的675节点上，误差协方差矩阵的迹的大小见表2-1。

表2-1 状态估计误差协方差矩阵的迹

类型	无分布式电源	PQ类型	PV类型	PI类型
迹值	139.033	120.853	120.167	138.058

由表2-1可知，系统中有分布式电源存在时，状态估计精度比无分布式电源时高。这是因为分布式电源的加入提高了系统的冗余度，系统量测的冗余度提高使得估计结果能够更真实反映系统状态，状态估计结果更好。

测试方案二：

分析辐射状配电系统中在不同的节点接入分布式电源时系统状态估计精度情况。分别在系统中的675、671、632节点接入分布式电源，误差协方差矩阵的迹的大小见表2-2。

表 2-2　分布式电源安装在系统不同位置时误差协方差矩阵的迹

类型	632 节点	671 节点	675 节点
PQ 类型	121.203	121.128	120.853
PV 类型	127.041	124.196	120.167
PI 类型	138.677	138.628	138.058

由表 2-2 可知，分布式电源安装在配电系统的馈线末端，远离系统的根节点时，它的量测数据能获得更好的状态估计结果。推测其原因，分布式电源离根节点越近，受其影响的系统节点数越多，致使系统状态估计的误差结果就越大。

测试方案三：

分析弱环状配电系统中加入分布式电源对系统状态估计精度的影响。假设图 2-5 中的 675 节点和 633 节点相连构成弱环网。下面分析系统中有无分布式电源和分布式电源安装在系统中的不同位置时配电系统状态估计精度情况。将分布式电源依次分别接在 671、680、632 节点上，假设环路打开后形成的两节点的电压差值限值为 10^{-4}V，误差协方差矩阵的迹的大小见表 2-3。

表 2-3　弱环状配电系统中分布式电源安装在不同位置时误差协方差矩阵的迹

类型	671 节点	680 节点	632 节点
PQ 类型	119.950	120.018	120.682
PV 类型	124.863	120.996	120.660
PI 类型	143.549	143.895	146.889
无分布式电源	147.58	147.58	147.58

由表 2-3 可知，所提出的状态估计算法也适用于弱环状配电系统，并且系统中有分布式电源存在时，状态估计精度比无分布式电源时高。

(2) IIT 校园微网算例。

图 2-6 为 IIT 校园微网测试算例的接线图。

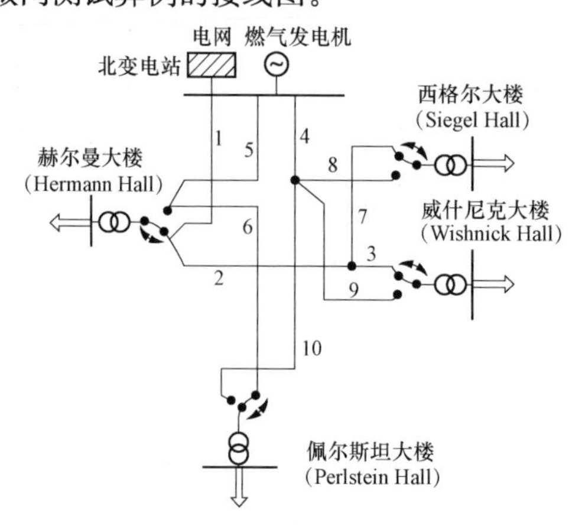

图 2-6　IIT 校园微网测试算例接线图

测试方案一：

分析配电系统有无分布式电源时的系统状态估计的精度大小。选择图 2-7 所示的一种辐射状的接线形式来测试。

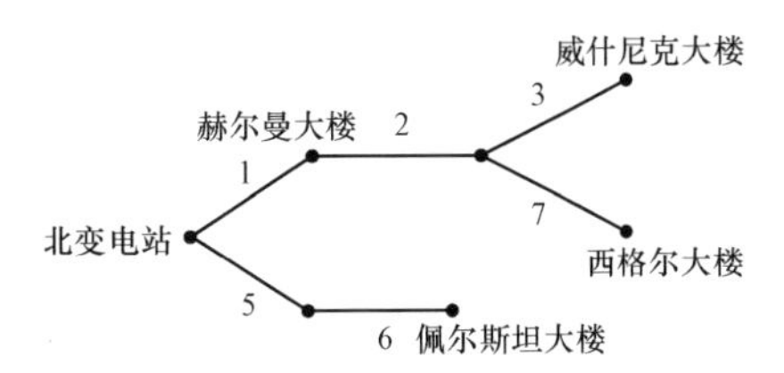

图 2-7　辐射状系统的接线图

将这三种类型的分布式电源依次安装在系统中的赫尔曼大楼节点上，误差协方差矩阵的迹的大小见表 2-4。

表 2-4　状态估计误差协方差矩阵的迹

类型	无分布式电源	PQ 类型	PV 类型	PI 类型
迹值	258.292	215.247	214.763	253.373

由表 2-4 可知，系统中有分布式电源存在时，状态估计精度比无分布式电源时高。

测试方案二：

分析辐射状配电系统中在不同的节点接入分布式电源时系统状态估计精度情况。分别在系统中的赫尔曼大楼、佩尔斯坦大楼节点和西格尔大楼节点接入分布式电源，误差协方差矩阵的迹的大小见表 2-5。

表 2-5　分布式电源安装在系统不同位置时误差协方差矩阵的迹

类型	西格尔大楼节点	佩尔斯坦大楼节点	赫尔曼大楼
PQ 类型	211.734	211.737	215.247
PV 类型	211.553	213.072	214.763
PI 类型	252.271	252.874	253.373

由表 2-5 可知，分布式电源位置越靠近末节点，状态估计精度越高。

测试方案三：

分析弱环状配电系统中加入分布式电源对系统状态估计精度的影响。图 2-6 所示的系统的第三个环网的接线形式如图 2-8 所示。

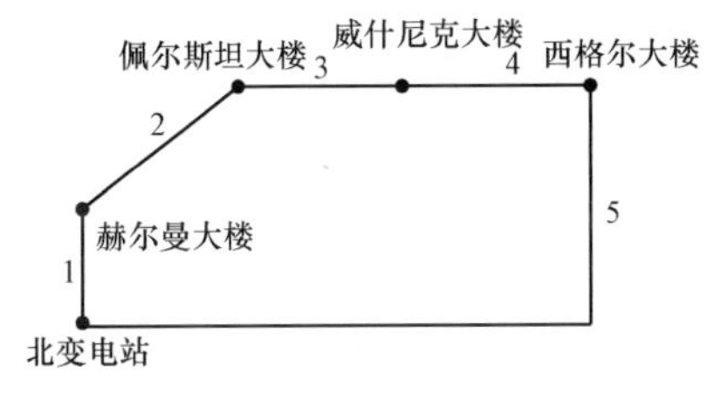

图 2-8　弱环状配电系统接线图

下面分析系统中有无分布式电源和分布式电源安装在不同位置时系统状态估计精度情况。将分布式电源依次接入赫尔曼大楼、佩尔斯坦大楼和西格尔大楼的节点，假设环路打开后形成的两节点的电压差值限值为 10^{-4}V，误差协方差矩阵的迹的值见表 2-6。

表 2-6　弱环状配电系统中分布式电源安装在不同位置时误差协方差矩阵的迹

类型	西格尔大楼节点	佩尔斯坦大楼节点	赫尔曼大楼节点
PQ 类型	204.422	196.039	207.667
PV 类型	194.272	195.320	199.225
PI 类型	230.227	226.748	234.072
无分布式电源	241.186	241.186	241.186

由表 2-6 可知，所提出的状态估计算法也适用于弱环状配电系统，并且系统中有分布式电源存在时，状态估计精度比无分布式电源时高。

2.2　配电网量测优化配置

配电网的可靠、灵活、高效运行需要可靠、完整、一致的电网数据提供支撑，要实现对配电网实时状态的准确感知，必须配置一定数量的实时量测装置。这些量测装置包括智能电表、配电量测终端、配电相角测量单元（DPMU）等。其中配电量测终端又包括馈线终端（Feeder Terminal Unit，FTU）、配电终端（Distribution Terminal Unit，DTU）、配变终端（Transformer Terminal Unit，TTU）等。

通过量测优化配置可以实现配电网可观测性提升和状态估计精度提高的目的。本节首先以可观测性提升为目标，建立配电网三相鲁棒量测优化配置模型，可保证任一量测缺失情况下该网络仍然可观测，从而降低配电网的不可观测风险；然后，以状态估计精度提高为目标，建立配电网三相量测优化配置的混合整数非线性规划模型，在保证计算精度的同时大幅提高计算速度。

2.2.1　可观测性分析与关键数据辨识

对配电系统实时运行状态的准确感知离不开状态估计，而网络可观测是状态估计正常运行的必要前提。本节在极坐标下基于支路电流的配电系统状态估计模型的基础上，提出一种有功/无功解耦的配电系统三相可观测性分析和关键数据辨识方法[4]。所提方法实现了有功/无功解耦计算，且无需迭代计算，可一次性快速辨识出不可观测支路和关键量测数据，极大降低了计算量，提高了计算速度。

1. *有功/无功解耦可观测性分析*

（1）基于支路电流的配电系统可观测性定义。

通过将传统可观测性定义中的支路功率替换为支路电流，可以得到基于支路电流的可观测性定义：若所有支路电流可以通过现有的量测计算得到，则称网络可观测。若存在某一支路的电流幅值计算值为非零值，则说明必定存在至少一个非零量测值。对于一个可观测的电网，所有量测均为零必定推知所有支路电流幅值计算值均为零；反之，对于不可观测的电网，所有量测均为零时却存在部分支路电流幅值计算值非零，这些非零电流支路称为不可观测支路。

(2) 解耦和非迭代可观测性分析方法

若网络不可观测，正规方程进行三角分解后变为

$$\left(\begin{array}{ccc|ccc} \times & \cdots & \times & \times & \cdots & \times \\ & \ddots & \vdots & \vdots & \ddots & \vdots \\ & & \times & \times & \cdots & \times \\ \hline & & & & & \\ & & & & \mathbf{0} & \\ & & & & & \end{array}\right)\left(\begin{array}{c} \Delta \boldsymbol{x}_{\mathrm{a}} \\ \hline \Delta \boldsymbol{x}_{\mathrm{b}} \end{array}\right)=\left(\boldsymbol{b}\right) \tag{2-68}$$

式中，右端向量 $\boldsymbol{b}$ 等于 $\boldsymbol{z}-\boldsymbol{H}^{\mathrm{T}}\boldsymbol{R}^{-1}\boldsymbol{h}(\boldsymbol{x})$ 或 $-\boldsymbol{H}^{\mathrm{T}}\boldsymbol{R}^{-1}\boldsymbol{h}(\boldsymbol{x})$（所有量测为零时），系数矩阵经行变换后右下三角矩阵对角元素为零主元。

传统的输电网可观测性分析方法为：①将三角分解中遇到的零主元替换为 1；②将零主元对应的右端向量元素替换为连续整数，如 $(0,\ 1,\ \cdots)^{\mathrm{T}}$；③求解新的正规方程组。

但考虑基于支路电流的配电系统状态估计模型的正规方程中待求解向量为状态变量的修正量而非状态变量自身，提出一种新的处理方法：①将所有节点初始电压置为 $U_0\angle 0°$，所有支路初始电流置为 $I_0\angle 0°(I_0\neq 0)$；②将三角分解中遇到的零主元替换为 1，对应的右端向量元素替换为 0；③求解新的正规方程组。由新的处理方法得

$$\left(\begin{array}{ccc|ccc} \times & \cdots & \times & \times & \cdots & \times \\ & \ddots & \vdots & \vdots & \ddots & \vdots \\ & & \times & \times & \cdots & \times \\ \hline & & & 1 & & \\ & & & & \ddots & \\ & & & & & 1 \end{array}\right)\left(\begin{array}{c} \Delta \boldsymbol{x}_{\mathrm{a}} \\ \hline \Delta \boldsymbol{x}_{\mathrm{b}} \end{array}\right)=\left(\begin{array}{c} \boldsymbol{b}_{\mathrm{a}} \\ \mathbf{0} \end{array}\right) \tag{2-69}$$

这相当于在零主元节点增加关键量测，保证了正规方程的可解性，使得零主元支路的电流修正量为零，从而保证零主元支路电流幅值保持其初始的非零值，而可观测支路的电流幅值则通过迭代计算修正为零。

1）理论证明。所提的数值可观测性分析方法可实现：①正规方程组 P/Q 解耦，仅需计算 P 部分；②一次性求解正规方程组，无需迭代。证明过程如下：

第一次迭代中，对节点电压和支路电流初始化后，雅可比矩阵中对应支路功率量测和节点注入量测的元素计算公式如下

$$h_{\mathrm{I}}^{\mathrm{PFlow(0)}}=\frac{\partial P_{km}^{p}}{\partial I_{st}^{q}}=\begin{cases}U_0,(km=st,p=q)\\0,其他\end{cases}\qquad h_{\mathrm{I}}^{\mathrm{PInj(0)}}=\frac{\partial P_{k}^{p}}{\partial I_{ik/ki}^{q}}=\begin{cases}\pm U_0,(p=q)\\0,其他\end{cases}$$
$$h_{\alpha}^{\mathrm{PFlow(0)}}=\frac{\partial P_{km}^{p}}{\partial \alpha_{st}^{q}}=\begin{cases}0,(km=st,p=q)\\0,其他\end{cases}\qquad h_{\alpha}^{\mathrm{PInj(0)}}=\frac{\partial P_{k}^{p}}{\partial \alpha_{ik/ki}^{q}}=\begin{cases}0,(p=q)\\0,其他\end{cases}$$
$$h_{\mathrm{I}}^{\mathrm{QFlow(0)}}=\frac{\partial Q_{km}^{p}}{\partial I_{st}^{q}}=\begin{cases}0,(km=st,p=q)\\0,其他\end{cases}\qquad h_{\mathrm{I}}^{\mathrm{QInj(0)}}=\frac{\partial Q_{k}^{p}}{\partial I_{ik/ki}^{q}}=\begin{cases}0,(p=q)\\0,其他\end{cases}$$
$$h_{\alpha}^{\mathrm{QFlow(0)}}=\frac{\partial Q_{km}^{p}}{\partial \alpha_{st}^{q}}=\begin{cases}-U_0I_{km}^{p},(km=st,p=q)\\0,其他\end{cases}\qquad h_{\alpha}^{\mathrm{QInj(0)}}=\frac{\partial Q_{k}^{p}}{\partial \alpha_{ik/ki}^{q}}=\begin{cases}\mp U_0I_{ik/ki}^{p},(p=q)\\0,其他\end{cases}\tag{2-70}$$

式中：k、m、s、t 为节点编号；p、q 为相位标注。

可见，将 U_0 提出后所有雅可比矩阵元素均为整数。此外，在初始电压和电流条件下雅可比矩阵实现了 PQ 解耦，即

$$\boldsymbol{H}=\begin{bmatrix}\boldsymbol{H}_{\mathrm{PI}} & 0\\0 & \boldsymbol{H}_{\mathrm{Q\alpha}}\end{bmatrix}\tag{2-71}$$

正规方程组中第 i 个方程为

$$(g_{i,1}\quad\cdots\quad g_{i,2n-1}\quad g_{i,2n})\begin{bmatrix}\Delta x_1\\\vdots\\\Delta x_{2n-1}\\\Delta x_{2n}\end{bmatrix}=b_i\tag{2-72}$$

根据公式 $\boldsymbol{G}=\boldsymbol{H}^{\mathrm{T}}\boldsymbol{R}^{-1}\boldsymbol{H}$ 得增益矩阵 $\boldsymbol{G}$ 元素 g_{kt}，可表示为雅可比矩阵 $\boldsymbol{H}$ 第 k、t 列向量的加权内积，即

$$g_{it}=\sum_{j=1}^{m}h_{ji}r_j^{-1}h_{jt}\tag{2-73}$$

根据公式 $\boldsymbol{b}=\boldsymbol{z}-\boldsymbol{H}^{\mathrm{T}}\boldsymbol{R}^{-1}\boldsymbol{h}(\boldsymbol{x})$ 及 $\boldsymbol{z}=\boldsymbol{0}$ 可得右端向量 $\boldsymbol{b}$ 元素 b_i 为

$$b_i=\sum_{j=1}^{m}h_{ji}r_j^{-1}[-h_j(\boldsymbol{x})]\tag{2-74}$$

由此，正规方程组的每个方程左右端可分别写为

$$\begin{cases}左边=\sum\limits_{t=1}^{n}g_{it}\Delta x_t=\sum\limits_{t=1}^{n}\sum\limits_{j=1}^{m}h_{ji}r_j^{-1}h_{jt}\Delta x_t=\sum\limits_{j=1}^{m}h_{ji}r_j^{-1}\sum\limits_{t=1}^{n}h_{jt}\Delta x_t\\右边=b_i=\sum\limits_{j=1}^{m}h_{ji}r_j^{-1}[-h_j(\boldsymbol{x})]\end{cases}\tag{2-75}$$

由于正规方程组存在唯一解，因此由式（2-75）必定推知

$$\sum_{t=1}^{n}h_{jt}\Delta x_t=-h_j(\boldsymbol{x})\tag{2-76}$$

根据量测类型、量测方程、雅可比矩阵元素，对式（2-76）分析如下：

a）若量测 j 为支路功率量测，则式（2-69）变为

$$\begin{aligned}&\text{PFlow:}\quad U_0\Delta I^{\text{Flow}}=-U_0 I^{\text{Flow}(0)}\cos 0^\circ \rightarrow \Delta I^{\text{Flow}}=-I^{\text{Flow}(0)}\\&\text{QFlow:}\quad -U_0 I^{\text{Flow}(0)}\cos 0^\circ\Delta\alpha^{\text{Flow}}=0 \rightarrow \Delta\alpha^{\text{Flow}}=0\end{aligned}\tag{2-77}$$

式中：$I^{\text{Flow}(0)}$为第 1 次迭代时支路功率量测 j 所在支路的支路电流幅值状态变量值；ΔI^{Flow}、$\Delta\alpha^{\text{Flow}}$为支路功率量测 j 对应的支路电流幅值和相角状态变量修正量。

由式（2-77）可见，配置功率量测的支路电流幅值在第 1 次迭代中即被修正为零。

b）若量测 j 为节点注入功率量测，则式（2-69）变为

$$\begin{aligned}&\text{PInj:}\quad U_0\left(\Delta I_{\text{up}}^{\text{Inj}}-\sum_{i=1}^{d_j}\Delta I_{\text{down},i}^{\text{Inj}}\right)\cos 0^\circ=-U_0\left(I_{\text{up}}^{\text{Inj}(0)}-\sum_{i=1}^{d_j}I_{\text{down},i}^{\text{Inj}(0)}\right)\cos 0^\circ\\&\text{QInj:}\quad U_0\left(-I_{\text{up}}^{\text{Inj}(0)}\Delta\alpha_{\text{up}}^{\text{Inj}}+\sum_{i=1}^{d_j}I_{\text{down},i}^{\text{Inj}(0)}\Delta\alpha_{\text{down},i}^{\text{Inj}}\right)\cos 0^\circ=0\rightarrow\Delta\alpha_{\text{up}}^{\text{Inj}}=\Delta\alpha_{\text{down},i}^{\text{Inj}}=0\end{aligned}\tag{2-78}$$

式中：$I_{\text{up}}^{\text{Inj}(0)}$、$I_{\text{down},i}^{\text{Inj}(0)}$为第 1 次迭代时注入功率量测 j 所在节点的上游支路、第 i 条下游支路对应的支路电流幅值状态变量值；$\Delta I_{\text{up}}^{\text{Inj}}$、$\Delta\alpha_{\text{up}}^{\text{Inj}}$为注入功率量测 j 所在节点的上游支路对应的支路电流幅值和相角状态变量修正量；$\Delta I_{\text{down},i}^{\text{Inj}}$、$\Delta\alpha_{\text{down},i}^{\text{Inj}}$为注入功率量测 j 所在节点的第 i 条下游支路对应的支路电流幅值和相角状态变量修正量；d_j 为注入功率量测 j 对应的节点下游支路数。

正规方程组存在唯一解，由此可推知支路电流相角修正量必定为零向量，即正规方程组 Q 部分在第 1 次迭代计算后即可满足收敛条件，且支路电流相角保持为零，从而正规方程组的 PQ 解耦特性在迭代计算中始终保持。此外，$\boldsymbol{H}_{\text{PI}}$元素保持不变，使得 P 部分雅可比矩阵 $\boldsymbol{H}_{\text{PI}}$和增益矩阵 $\boldsymbol{G}_{\text{PI}}$变为常数矩阵。

在第 2 次迭代中，将修正后的状态变量代入量测方程，得到量测量的计算值如下

$$\left\{\begin{aligned}&h^{\text{PFlow}(1)}(\boldsymbol{x}_1)=U_0 I^{\text{Flow}(1)}\cos 0^\circ=U_0\left(I^{\text{Flow}(0)}+\Delta I^{\text{Flow}}\right)\cos 0^\circ=0\\&h^{\text{PInj}(1)}(\boldsymbol{x}_1)=U_0\left(I_{\text{up}}^{\text{Inj}(1)}-\sum_{i=1}^{d_j}I_{\text{down},i}^{\text{Inj}(1)}\right)\cos 0^\circ\\&\qquad=U_0\left[\left(I_{\text{up}}^{\text{Inj}(0)}+\Delta I_{\text{up}}^{\text{Inj}}\right)-\sum_{i=1}^{d_j}\left(I_{\text{down},i}^{\text{Inj}(0)}+\Delta I_{\text{down},i}^{\text{Inj}}\right)\right]\cos 0^\circ\\&\qquad=U_0\left[\left(\Delta I_{\text{up}}^{\text{Inj}}-\sum_{i=1}^{d_j}\Delta I_{\text{down},i}^{\text{Inj}}\right)+\left(I_{\text{up}}^{\text{Inj}(0)}-\sum_{i=1}^{d_j}I_{\text{down},i}^{\text{Inj}(0)}\right)\right]\cos 0^\circ=0\end{aligned}\right.\tag{2-79}$$

式中：$I^{\text{Flow}(1)}$为第 2 次迭代时支路功率量测 j 所在支路的支路电流幅值状态变量值；$I_{\text{up}}^{\text{Inj}(1)}$、$I_{\text{down},i}^{\text{Inj}(1)}$为第 2 次迭代时注入功率量测 j 所在节点的上游支路、第 i 条下游支路对应的支路电流幅值状态变量值。

可见，在第 2 次迭代中，正规方程组右端向量变为零向量（$\boldsymbol{z}=\boldsymbol{0}$），因此解得状态变量修正量必定为零向量，满足收敛条件，意味着第 2 次迭代计算无需执行。

综上可证，所提方法可实现 PQ 解耦计算，计算时仅需求解 P 部分正规方程组，且可一次性求得方程组的解，无需迭代计算。

2）算法流程。所提可观测性分析方法可实现三相自然解耦，在 A、B、C 相配电网的算法流程如下：

a）形成初始增益矩阵 $\boldsymbol{G}$ 并进行三角分解，判断该相网络是否可观测，若三角分解中没有零主元出现，则该相网络可观测，执行状态估计；否则该相网络不可观测，执行下一步。

b）将所有节点电压置 $U_0\angle 0°$，所有支路电流置 $I_0\angle 0°(I_0\neq 0)$，所有量测置零，权重置 1。

c）更新 $\boldsymbol{H}_{\mathrm{PI}}$ 和 $\boldsymbol{h}_{\mathrm{PI}}(\boldsymbol{x})$，计算 $\boldsymbol{G}_{\mathrm{PI}}$ 和正规方程右端向量 $-\boldsymbol{H}_{\mathrm{PI}}^{\mathrm{T}}\boldsymbol{R}_{\mathrm{PI}}^{-1}\boldsymbol{h}_{\mathrm{PI}}(\boldsymbol{x})$。

d）对 $\boldsymbol{G}_{\mathrm{PI}}$ 执行三角分解，将零主元置 1，对应的右端向量置 0。

e）求解 PI 部分正规方程组，根据解向量修正状态变量。

f）移除所有非零电流幅值支路，可得所有可观测岛。

g）执行量测配置算法，恢复该相网络可观测性。

2. 有功/无功解耦关键数据辨识

对于配电系统，没有类似输电系统的解耦线性直流状态估计模型，若直接应用传统方法进行分析，则由于量测雅可比矩阵存在 PQ 耦合且迭代计算，计算量较大。为此，基于前述可观测性分析方法的思想，提出一种 PQ 解耦和不需迭代计算的关键数据辨识方法：①将所有节点电压置 $U_0\angle 0°$，所有支路电流置 $I_0\angle 0°(I_0\neq 0)$，所有有功功率量测置 P_0（例如连续正整数），所有无功功率量测置零，所有量测权重置 1；②执行状态估计计算，根据标准化残差确定关键量测 $Cmeas$ 和关键量测组 $Cset$。

（1）理论证明

所提出的关键数据辨识方法可实现：①正规方程组 PQ 解耦，仅需计算 P 部分；②一次性求解正规方程组，无须迭代。证明过程如下：

由 $\boldsymbol{b}=\boldsymbol{z}-\boldsymbol{H}^{\mathrm{T}}\boldsymbol{R}^{-1}\boldsymbol{h}(\boldsymbol{x})$，右端向量 $\boldsymbol{b}$ 的元素 b_k 可写为

$$b_k=\sum_{j=1}^{m}h_{ji}r_j^{-1}[z_j-h_j(\boldsymbol{x})] \tag{2-80}$$

正规方程组每个方程左右两端分别写为

$$\begin{cases}\text{左边}=\sum\limits_{t=1}^{n}g_{it}\Delta x_t=\sum\limits_{t=1}^{n}\sum\limits_{j=1}^{m}h_{ji}r_j^{-1}h_{jt}\Delta x_t=\sum\limits_{j=1}^{m}h_{ji}r_j^{-1}\sum\limits_{t=1}^{n}h_{jt}\Delta x_t\\ \text{右边}=b_i=\sum\limits_{j=1}^{m}h_{ji}r_j^{-1}[z_j-h_j(\boldsymbol{x})]\end{cases} \tag{2-81}$$

正规方程组存在唯一解，因此由式（2-81）必定推得

$$\sum_{t=1}^{n}h_{jt}\Delta x_t=z_j-h_j(\boldsymbol{x}) \tag{2-82}$$

根据量测类型、量测方程、雅可比矩阵元素，对式（2-82）分析如下：

a）若量测 j 为支路功率量测，则式（2-82）变为

$$\begin{aligned}&\text{PFlow:}\quad U_0\Delta I^{\text{Flow}}=z_j-U_0I^{\text{Flow}(0)}\cos0^\circ\rightarrow I^{\text{Flow}(0)}+\Delta I^{\text{Flow}}=z_j/U_0\\&\text{QFlow:}\quad -U_0I^{\text{Flow}(0)}\cos0^\circ\cdot\Delta\alpha^{\text{Flow}}=0\rightarrow\Delta\alpha^{\text{Flow}}=0\end{aligned}\tag{2-83}$$

b）若量测 j 为节点注入功率量测，则式（2-82）变为

$$\begin{aligned}&\text{PInj:}\quad U_0\left(\Delta I_{\text{up}}^{\text{Inj}}-\sum_{i=1}^{d_j}\Delta I_{\text{down},i}^{\text{Inj}}\right)\cos0^\circ=z_j-U_0\left(I_{\text{up}}^{\text{Inj}(0)}-\sum_{i=1}^{d_j}I_{\text{down},i}^{\text{Inj}(0)}\right)\cos0^\circ\\&\text{QInj:}\quad U_0\left(-I_{\text{up}}^{\text{Inj}(0)}\Delta\alpha_{\text{up}}^{\text{Inj}}+\sum_{i=1}^{d_j}I_{\text{down},i}^{\text{Inj}(0)}\Delta\alpha_{\text{down},i}^{\text{Inj}}\right)\cos0^\circ=z_j-0=0\\&\qquad\rightarrow\Delta\alpha_{\text{up}}^{\text{Inj}}=\Delta\alpha_{\text{down},i}^{\text{Inj}}=0\end{aligned}\tag{2-84}$$

由以上分析可知：①正规方程组 Qα 部分在第一次迭代计算后即可满足收敛条件；②正规方程组的 PQ 解耦特性在迭代计算中始终保持；③ $\boldsymbol{H}_{\text{PI}}$和 $\boldsymbol{G}_{\text{PI}}$为常数矩阵。

在第 2 次迭代中，将修正后的状态变量代入量测方程，得到量测量的计算值如下

$$\begin{cases}h^{\text{PFlow}(1)}(\boldsymbol{x}_1)=U_0I^{\text{Flow}(1)}\cos0^\circ=U_0\left(I^{\text{Flow}(0)}+\Delta I^{\text{Flow}}\right)\cos0^\circ=z_j\\h^{\text{PInj}(1)}(\boldsymbol{x}_1)=U_0\left(I_{\text{up}}^{\text{Inj}(1)}-\sum_{i=1}^{d_j}I_{\text{down},i}^{\text{Inj}(1)}\right)\cos0^\circ\\\qquad=U_0\left[\left(I_{\text{up}}^{\text{Inj}(0)}+\Delta I_{\text{up}}^{\text{Inj}}\right)-\sum_{i=1}^{d_j}\left(I_{\text{down},i}^{\text{Inj}(0)}+\Delta I_{\text{down},i}^{\text{Inj}}\right)\right]\cos0^\circ\\\qquad=U_0\left[\left(\Delta I_{\text{up}}^{\text{Inj}}-\sum_{i=1}^{d_j}\Delta I_{\text{down},i}^{\text{Inj}}\right)+\left(I_{\text{up}}^{\text{Inj}(0)}-\sum_{i=1}^{d_j}I_{\text{down},i}^{\text{Inj}(0)}\right)\right]\cos0^\circ=z_j\end{cases}\tag{2-85}$$

由此可见，在第 2 次迭代中正规方程组右端向量变为零向量，因此解得状态变量修正量必定为零向量，满足收敛条件，意味着第 2 次迭代计算无须执行。

综上可证，所提方法可实现 PQ 解耦计算，仅需求解 P 部分正规方程组；可一次性求得方程组的解，无须迭代计算。

（2）算法流程。

所提出的关键数据辨识方法可实现三相自然解耦，在 A、B、C 相配电网的算法流程如下：

1）将所有节点电压置 $U_0\angle0^\circ$，所有支路电流置 $I_0\angle0^\circ(I_0\neq0)$，所有有功功率量测置 P_0（如连续正整数），权重置 1。

2）计算 $\boldsymbol{H}_{\text{PI}}$、$\boldsymbol{h}_{\text{PI}}(\boldsymbol{x})$、$\boldsymbol{G}_{\text{PI}}$和正规方程右端向量 $\boldsymbol{z}_{\text{PI}}-\boldsymbol{H}_{\text{PI}}^{\text{T}}\boldsymbol{R}_{\text{PI}}^{-1}\boldsymbol{h}_{\text{PI}}(\boldsymbol{x})$。

3）求解 PI 部分正规方程组，根据解向量修正状态变量。

4）计算残差灵敏度矩阵 $\boldsymbol{E}_{\text{PI}}$，残差向量 $\boldsymbol{r}_{\text{P}}$ 和标准化残差向量 $\boldsymbol{r}_{\text{PN}}$。

5）若 $\boldsymbol{r}_{\text{PN},i}=0$，则量测 i 为 $Cmeas$，标准化残差相等的量测组成 $Cset$。

3. 可观测性分析和关键数据辨别方法算例分析

下面将所提出的可观测性分析和关键数据辨识方法分别应用于改造的 IEEE 13 节点算例和中国南方电网（CSG）67 节点配电系统中。为便于分析采取如下处理：

1）忽略所有电压调节器、变压器、开关设备及相应的馈线段和节点。

2）将沿线分布的负荷均匀分配给馈线段两端节点。

3）所有负荷均等效转换为 Y 连接的恒功率 PQ 型节点。

（1）改造的 IEEE 13 节点配电系统。

改造的 IEEE 13 节点配电系统三相不平衡，存在单相、两相、三相线路，图 2-9 显示了算例系统的两种三相不平衡的量测配置 MC(i) 和 MC(ii)。

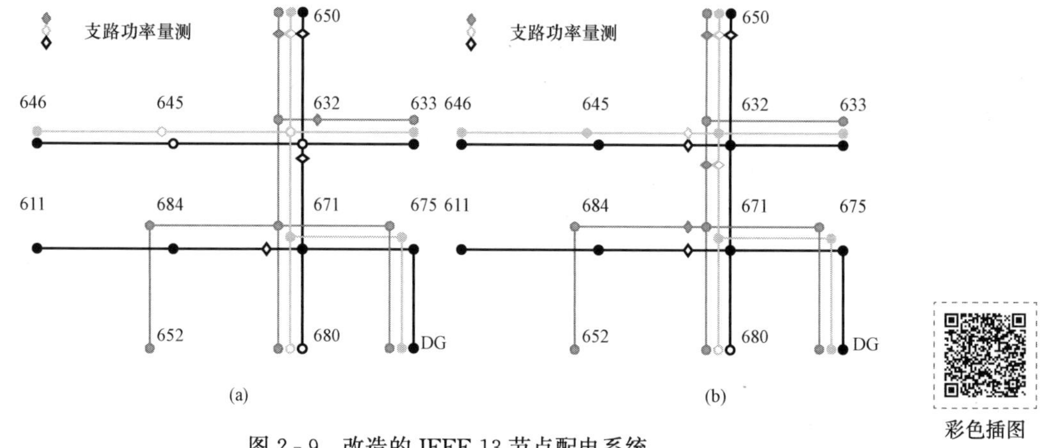

图 2-9 改造的 IEEE 13 节点配电系统

（a）量测配置 MC(i)；（b）量测配置 MC(ii)

1）可观测性分析测试。采用 MC(i) 测试所提出的可观测性分析方法，不可观测支路计算结果见表 2-7。对于该小规模算例系统，其不可观测支路可根据基尔霍夫电流定律（Kirchhoff Current Law，KCL）分析拓扑得到，从而对算法计算结果进行验证。以 A 相网络支路 671-684 为例，该支路上的功率量测 PQ(a，671-684）无法通过对节点 671 和 684 应用 KCL 计算得到，因此该支路不可观测，验证了所提方法计算结果，其他支路可同样得到分析验证。然而当网络规模增大时，由于组合特性和缺失全局信息，拓扑分析方法变得非常困难。

表 2-7　　改造的 IEEE 13 节点配电系统可观测性分析和关键数据辨识结果

	A 相	B 相	C 相
MC（i）不可观测支路	632-671，671-684	632-645	632-645
MC（ii）关键量测	PQ(a，671，675，901)	PQ(b，671，675，901)	PQ(c，632，633，671，675，650-632，901)
MC（ii）关键量测组	PQ(a，684，652) PQ(a，632，633，632-671)	PQ(b，645，646) PQ(b，632，633，632-671)	PQ(c，645，646) PQ(c，611，684)

该方法的思想为首先根据支路功率量测形成支路量测岛，然后通过节点注入功率量测进行量测岛合并。不同量测配置情况下 A 相网络的可观测岛划分结果如图 2-10 所示。

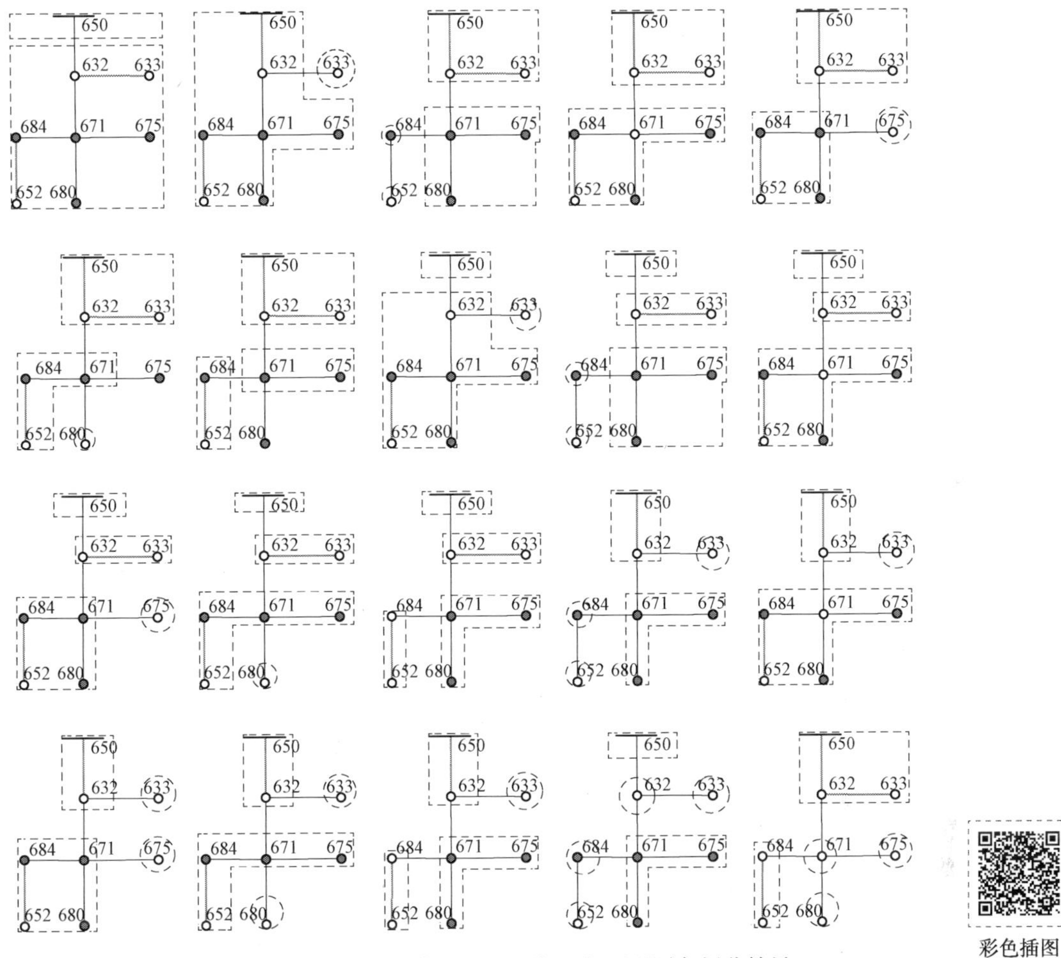

彩色插图

图 2-10　改造的 IEEE 13 节点配电系统 A 相可观测岛划分结果

2）关键数据辨识和数值计算测试。采用 MC（*ii*）测试所提出的关键数据辨识方法，关键量测和关键量测组计算结果见表 2-7，传统方法和所提方法的标准化残差向量计算结果见表 2-8。由表可见，传统方法直接应用于配电网时存在较大的数值计算误差，根据标准化残差得到的候选关键量测组需要进一步根据量测相关系数确定；而所提方法得到的同一关键量测组内量测的标准化残差严格相等，无须进一步确认。例如，通过分析可知失去量测 PQ(a，652) 或 PQ(a，684) 时 A 相网络仍然可观测，但同时失去时网络将不可观测，因而这两个量测应位于同一个关键量测组中，其正则化残差相等。由表 2-8 可见，应用传统方法得到的这两个量测的标准化残差为不相等的 0.577 844 和 0.577 949，而应用所提方法得到的标准化残差均为－2.886 751，数值精度更高。

表 2-8　所提方法和传统方法量测标准化残差对比

A相量测	传统方法	所提方法	B相量测	传统方法	所提方法	C相量测	传统方法	所提方法
P(a，650-632)	−0.994 686	−7.500 000	P(b，650-632)	−1.541 850	−17.281 975	P(c，671-684)	−0.577 779	−2.309 401
P(a，671-684)	−0.577 865	2.886 751	P(b，671)	0.000 000	0.000 000	P(c，632-645)	−0.577 009	5.773 503
P(a，671)	0.000 000	0.000 000	P(b，675)	0.000 000	0.000 000	P(c，633)	0.000 000	0.000 000
P(a，675)	0.000 000	0.000 000	P(b，901)	0.000 000	0.000 000	P(c，671)	0.000 000	0.000 000
P(a，901)	0.000 000	0.000 000	P(b，632-645)	0.221 549	13.747 727	P(c，675)	0.000 000	0.000 000
P(a，652)	0.577 844	−2.886 751	P(b，645)	0.958 466	−1.673 320	P(c，632)	0.000 000	0.000 000
P(a，684)	0.577 949	−2.886 751	P(b，646)	0.958 565	−1.673 320	P(c，650-632)	0.000 000	0.000 000
P(a，632-671)	1.000 077	7.500 000	P(b，632-671)	1.546 450	17.281 975	P(c，901)	0.000 000	0.000 000
P(a，632)	1.000 077	7.500 000	P(b，632)	1.546 450	17.281 975	P(c，645)	0.577 212	−5.773 503
P(a，633)	1.000 159	7.500 000	P(b，633)	1.546 978	17.281 975	P(c，646)	0.577 281	−5.773 503
						P(c，684)	0.577 841	2.309 401
						P(c，611)	0.577 970	2.309 401

（2）CSG 67 节点配电系统。

图 2-11 所示 CSG 67 节点配电系统是广东金融高新区配电网的一部分。该系统含 3 条馈线 67 节点，其中节点 1、21、41 为变电站节点，节点 91～95 分别为微网、微型燃气轮机、风力发电机、光伏发电、储能节点，均处理为 PQ 节点。

1）可观测性分析测试。图 2-11 中显示了网络初始量测配置 MC（*i*），网络中各相支路功率量测和节点注入功率量测数均为 43 和 26，各相量测冗余度均为 1.03。不可观测支路计算结果见表 2-9。由表可见，尽管量测冗余度大于 1，在各相网络中仍然存在不可观测支路。

2）关键数据辨识测试。在 10 个节点 3、5、14、15、25、31、35、46、50、53 补充注入功率量测，形成新的量测配置 MC（*ii*）；进一步，在所有节点配置三相节点注入功率量测，形成量测配置 MC（*iii*）；MC（*ii*）与 MC（*iii*）的关键量测和关键量测组见表 2-9。

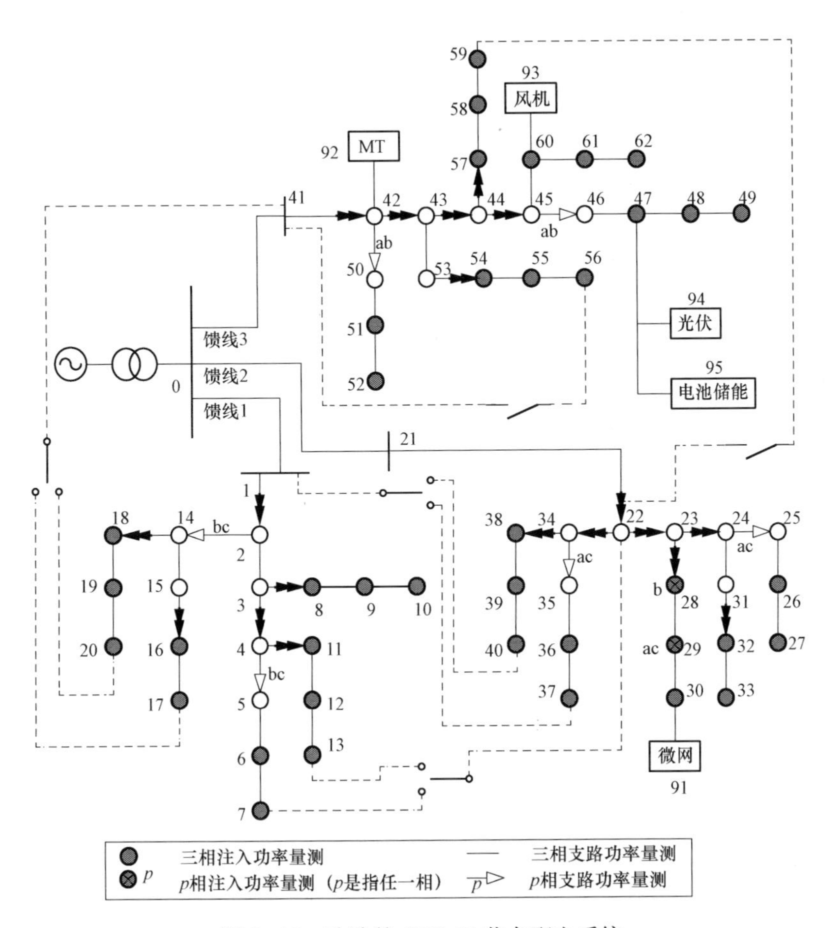

图 2-11　改造的 CSG 67 节点配电系统

彩色插图

表 2-9　　CSG 67 节点配电系统可观测性分析和关键数据辨识结果

	A 相	B 相	C 相
MC（*i*）不可观测支路	2-3，4-5，2-14，14-15，24-31，43-53	2-3，24-25，34-35，14-15，24-31，43-53	2-3，42-50，45-46，14-15，24-31，43-53
MC（*ii*）关键量测	*PQ*（a，3，5，6，7，14，15，29，30，31，53，60，61，62，1-2，3-4，21-22，22-23，23-24，23-28，22-34，41-42，42-43，43-44，44-45，93，91，92）	*PQ*（b，3，25，26，27，29，30，31，35，36，37，53，60，61，62，1-2，3-4，21-22，22-23，23-24，23-28，22-34，41-42，42-43，43-44，44-45，91，92，93）	*PQ*（c，3，29，30，31，46，47，48，49，50，51，52，53，60，61，62，1-2，3-4，21-22，22-23，23-24，23-28，22-34，41-42，42-43，43-44，44-45，91，92，93，94，95）

续表

	A相	B相	C相
MC（*ii*）关键量测组	*PQ*(a，8，9，10) *PQ*(a，11，12，13) *PQ*(a，16，17) *PQ*(a，18，19，20) *PQ*(a，25，26，27) *PQ*(a，32，33) *PQ*(a，35，36，37) *PQ*(a，38，39，40) *PQ*(a，46，47，48，49，94，95) *PQ*(a，50，51，52) *PQ*(a，54，55，56) *PQ*(a，57，58，59)	*PQ*(b，5，6，7) *PQ*(b，8，9，10) *PQ*(b，11，12，13) *PQ*(b，14，15) *PQ*(b，16，17) *PQ*(b，18，19，20) *PQ*(b，32，33) *PQ*(b，38，39，40) *PQ*(b，46，47，48，49，94，95) *PQ*(b，50，51，52) *PQ*(b，57，58，59) *PQ*(b，54，55，56)	*PQ*(c，5，6，7) *PQ*(c，8，9，10) *PQ*(c，11，12，13) *PQ*(c，14，15) *PQ*(c，16，17) *PQ*(c，18，19，20) *PQ*(c，25，26，27) *PQ*(c，32，33) *PQ*(c，35，36，37) *PQ*(c，38，39，40) *PQ*(c，54，55，56) *PQ*(c，57，58，59)
MC（*iii*）关键量测	—	—	—
MC（*iii*）关键量测组	*PQ*(a，2，3，14，15) *PQ*(a，4，5，6，7) *PQ*(a，8，9，10) *PQ*(a，11，12，13) *PQ*(a，16，17) *PQ*(a，18，19，20) *PQ*(a，24，31) *PQ*(a，25，26，27) *PQ*(a，28，29，30，91) *PQ*(a，32，33) *PQ*(a，35，36，37) *PQ*(a，38，39，40) *PQ*(a，42，92) *PQ*(a，43，53) *PQ*(a，46，47，48，49，94，95) *PQ*(a，50，51，52) *PQ*(a，54，55，56) *PQ*(a，57，58，59) *PQ*(a，45，60，61，62，93)	*PQ*(b，2，3) *PQ*(b，5，6，7) *PQ*(b，8，9，10) *PQ*(b，11，12，13) *PQ*(b，14，15) *PQ*(b，16，17) *PQ*(b，18，19，20) *PQ*(b，24，25，26，27，31) *PQ*(b，28，29，30，91) *PQ*(b，32，33) *PQ*(b，34，35，36，37) *PQ*(b，38，39，40) *PQ*(b，42，92) *PQ*(b，43，53) *PQ*(b，46，47，48，49，94，95) *PQ*(b，50，51，52) *PQ*(b，54，55，56) *PQ*(b，57，58，59) *PQ*(b，45，60，61，62，93)	*PQ*(c，2，3) *PQ*(c，5，6，7) *PQ*(c，8，9，10) *PQ*(c，11，12，13) *PQ*(c，14，15) *PQ*(c，16，17) *PQ*(c，18，19，20) *PQ*(c，24，31) *PQ*(c，25，26，27) *PQ*(c，28，29，30，91) *PQ*(c，32，33) *PQ*(c，35，36，37) *PQ*(c，38，39，40) *PQ*(c，42，50，51，52，92) *PQ*(c，43，53) *PQ*(c，54，55，56) *PQ*(c，57，58，59) *PQ*(c，45，46，47，48，49，60，61，62，93，94，95)

3）计算性能测试。将 1～6 个 CSG 67 节点算例系统并列，形成 67、134、201、268、335、402 节点的不同规模算例系统，以对所提可观测性分析和关键数据辨识方法计算性能进行测试。测试环境为安装了 64 位 Linux 系统和 Core 2 Duo 3.0 GHz 处理器、2GB RAM 的台式机，不同规模系统的计算时间见表 2-4。由表可见，PQ 耦合方法计算时间随系统规模增大呈指数增长，而 PQ 解耦方法计算用时远小于 PQ 耦合方法；此外，由于需要额外计算量测标准化残差，关键数据辨识用时多于可观测性分析。

需要注意，对于三相不平衡的配电系统，其量测分相配置，因此需要对三相网络分别进行计算，表 2-10 中列出的时间均为三相计算总用时。由表可见，所提方法计算时间非常快，满足实时应用的要求。

表 2-10　不同规模配电系统可观测性分析和关键数据辨识计算时间

方法		不同规模算例系统计算时间（s）					
		67	134	201	268	335	402
可观测性分析	PQ 耦合方法	0.08	0.46	1.52	3.78	6.67	11.94
	PQ 解耦方法	0.02	0.12	0.31	0.62	1.10	1.90
关键数据辨识	PQ 耦合方法	2.53	20.13	71.81	223.57	403.96	890.74
	PQ 解耦方法	0.13	0.91	2.96	8.40	17.09	28.74

2.2.2　面向状态估计精度提高的三相量测优化配置

1. 状态估计精度指标

在加权最小二乘（WLS）状态估计中，若 $\boldsymbol{x}_0$ 充分接近估计值 $\hat{\boldsymbol{x}}$，则有一步修正公式为

$$\hat{\boldsymbol{x}} = \boldsymbol{x}_0 + \Delta\boldsymbol{x} = \boldsymbol{x}_0 + \boldsymbol{G}^{-1}(\boldsymbol{x}_0)\boldsymbol{H}^{\mathrm{T}}(\boldsymbol{x}_0)\boldsymbol{R}^{-1}[\boldsymbol{z} - \boldsymbol{h}(\boldsymbol{x}_0)] \tag{2-86}$$

令式中的 $\boldsymbol{x}_0$ 等于状态真值 $\boldsymbol{x}$，则状态估计误差为

$$\tilde{\boldsymbol{x}} = \boldsymbol{x} - \hat{\boldsymbol{x}} = -\boldsymbol{G}^{-1}(\boldsymbol{x})\boldsymbol{H}^{\mathrm{T}}(\boldsymbol{x})\boldsymbol{R}^{-1}[\boldsymbol{z} - \boldsymbol{h}(\boldsymbol{x})] \tag{2-87}$$

状态估计误差协方差矩阵为

$$\begin{aligned}\boldsymbol{E}(\tilde{\boldsymbol{x}}\,\tilde{\boldsymbol{x}}^{\mathrm{T}}) &= \boldsymbol{E}(\{\boldsymbol{G}^{-1}(\boldsymbol{x})\boldsymbol{H}^{\mathrm{T}}(\boldsymbol{x})\boldsymbol{R}^{-1}[\boldsymbol{z} - \boldsymbol{h}(\boldsymbol{x})]\}\{\boldsymbol{G}^{-1}(\boldsymbol{x})\boldsymbol{H}^{\mathrm{T}}(\boldsymbol{x})\boldsymbol{R}^{-1}[\boldsymbol{z} - \boldsymbol{h}(\boldsymbol{x})]\}^{\mathrm{T}}) \\ &= \boldsymbol{E}[\boldsymbol{G}^{-1}(\boldsymbol{x})\boldsymbol{H}^{\mathrm{T}}(\boldsymbol{x})\boldsymbol{R}^{-1}\boldsymbol{w}\boldsymbol{w}^{\mathrm{T}}\boldsymbol{R}^{-1}\boldsymbol{H}(\boldsymbol{x})\Sigma(\boldsymbol{x})] = \boldsymbol{G}^{-1}(\boldsymbol{x})\end{aligned} \tag{2-88}$$

由于真值未知，近似用估计值 $\boldsymbol{x}$，则

$$\boldsymbol{E}(\tilde{\boldsymbol{x}}\,\tilde{\boldsymbol{x}}^{\mathrm{T}}) \approx \boldsymbol{G}^{-1}(\hat{\boldsymbol{x}}) = [\boldsymbol{H}^{\mathrm{T}}(\hat{\boldsymbol{x}})\boldsymbol{R}^{-1}\boldsymbol{H}(\hat{\boldsymbol{x}})]^{-1} \tag{2-89}$$

$\boldsymbol{G}(\boldsymbol{x})$ 为增益矩阵或 Fisher 信息矩阵（FIM），其逆矩阵 $\boldsymbol{G}^{-1}(\boldsymbol{x})$ 为状态估计误差协方差矩阵，其对角元素（状态估计误差方差）表示量测系统可能达到的估计效果，是评价量测系统配置质量的重要指标。

量测估计误差为

$$\tilde{z} = h(\boldsymbol{x}) - h(\hat{\boldsymbol{x}}) = \boldsymbol{H}(\hat{\boldsymbol{x}})\Delta\boldsymbol{x} = \boldsymbol{H}(\hat{\boldsymbol{x}})(\boldsymbol{x}-\hat{\boldsymbol{x}}) \tag{2-90}$$

量测估计误差协方差矩阵为

$$\begin{aligned} \boldsymbol{E}\{\tilde{z}\,\tilde{z}^{\mathrm{T}}\} &= \boldsymbol{E}\{[\boldsymbol{H}(\hat{\boldsymbol{x}})(\boldsymbol{x}-\hat{\boldsymbol{x}})][\boldsymbol{H}(\hat{\boldsymbol{x}})(\boldsymbol{x}-\hat{\boldsymbol{x}})]^{\mathrm{T}}\} \\ &= \boldsymbol{E}[\boldsymbol{H}(\hat{\boldsymbol{x}})(\boldsymbol{x}-\hat{\boldsymbol{x}})(\boldsymbol{x}-\hat{\boldsymbol{x}})^{\mathrm{T}}\boldsymbol{H}^{\mathrm{T}}(\hat{\boldsymbol{x}})] = \boldsymbol{H}(\hat{\boldsymbol{x}})\boldsymbol{G}^{-1}(\hat{\boldsymbol{x}})\boldsymbol{H}^{\mathrm{T}}(\hat{\boldsymbol{x}}) \\ &= \boldsymbol{H}(\hat{\boldsymbol{x}})\,[\boldsymbol{H}^{\mathrm{T}}(\hat{\boldsymbol{x}})\boldsymbol{R}^{-1}\boldsymbol{H}(\hat{\boldsymbol{x}})]^{-1}\boldsymbol{H}^{\mathrm{T}}(\hat{\boldsymbol{x}}) \end{aligned} \tag{2-91}$$

量测估计误差方差矩阵的对角元素（量测估计误差方差）应当小于量测误差方差矩阵 $\boldsymbol{R}$ 的对角元素，表明状态估计可以提高量测数据的精度，即出现了滤波效果。

通常选择 FIM 矩阵逆矩阵的合适标量函数作为状态估计精度评价指标，如 FIM 逆矩阵的行列式、迹或最大特征值等。这些指标是对状态估计置信椭球不同角度的量化评价，如 FIM 逆矩阵的行列式表征置信椭球的体积，FIM 逆矩阵的迹表征置信椭球各坐标轴方向半径的平方和。这里采用 FIM 逆矩阵的迹作为状态估计精度评价指标，将其称为状态估计误差总方差。

2. 建模思路及数学模型

（1）建模思路。

某时刻系统的真实运行状态取决于该系统所有负荷节点的负荷大小，此时所有可能的可观测的量测配置方案通过 WLS 状态估计均可以得到系统真实状态的无偏估计，即 Monte Carlo 仿真时，所有量测配置方案的状态估计误差的期望相同，而不同量测配置方案的状态估计误差总方差互不相同。假设在某时刻 t 系统的真实状态为 $\boldsymbol{y}(t)$，两种量测配置方案为 C_1 和 C_2，其估计状态分别为 $\boldsymbol{y}_1(t)$ 和 $\boldsymbol{y}_2(t)$，假设 C_1 较 C_2 估计精度更高，则有

$$\begin{cases} E[\boldsymbol{y}_1(t)] = E[\boldsymbol{y}_2(t)] = \boldsymbol{y}(t) \\ Var[\boldsymbol{y}_1(t)] < Var[\boldsymbol{y}_2(t)] \end{cases} \tag{2-92}$$

式中：$E(\ )$ 和 $Var(\ )$ 分别表示系统状态的期望和估计误差总方差。

在不同时刻，系统的真实状态处于缓慢变化的准稳态下，但不同量测配置方案的精度相对情况不变，在其他时刻方案 C_1 的状态估计精度仍然较 C_2 更高，即不同量测配置的状态估计精度相对情况与不同时刻的系统状态无关。

基于上述假设，从任意一致的系统真实状态出发，寻求使状态估计误差总方差最小的量测配置方案。

（2）数学模型。

对于三相不对称辐射状配电系统，具有 n_p 个节点、n_p-1 条支路的 p 相网络，除根节点电压幅值量测外，可配置 n_p-1 个节点电压幅值量测、n_p-1 个支路功率量测、n_p-1 个支路电流幅值量测，每相共计 $3(n_p-1)$ 个实时量测，$p=\mathrm{A,B,C}$。

将所有量测分为两类：

1）基本量测。以负荷预测数据、负荷估计数据或电费计量系统固定时限（如 15min）记录的电表数据作为基本的伪量测，以保证网络的可观测性和增益矩阵的正定性，考虑其

实时性差、精度较低因而赋予较低的权重。$\boldsymbol{H}_{\mathrm{B}}$和$\boldsymbol{R}_{\mathrm{B}}$为与基本量测对应的雅可比矩阵、量测误差协方差矩阵，FIM矩阵为

$$\boldsymbol{G}_{\mathrm{B}} = \boldsymbol{H}_{\mathrm{B}}^{\mathrm{T}}\boldsymbol{R}_{\mathrm{B}}^{-1}\boldsymbol{H}_{\mathrm{B}} \tag{2-93}$$

2）待选量测。以所有可能配置的实时量测作为待选量测，赋予较高的权重，$\boldsymbol{H}_{\mathrm{M}}$为与待选量测对应的雅可比矩阵。以实时量测的权重乘以其决策变量，得到新的每相量测误差协方差矩阵为

$$\boldsymbol{R}_{\mathrm{M}}^{-1}(\boldsymbol{x}) = \mathrm{diag}[r_1^{-1}x_1,\cdots,r_{3(n-1)}^{-1}x_{3(n-1)}] \tag{2-94}$$

式中，为书写简便省略了代表相位的下标p。由式（2-94）可见，当某量测的决策变量为0时，其权重变为0，相当于量测系统中不含该量测。

每相FIM矩阵为

$$\boldsymbol{G}_{\mathrm{M}}(\boldsymbol{x}) = \boldsymbol{H}_{\mathrm{M}}^{\mathrm{T}}\boldsymbol{R}_{\mathrm{M}}^{-1}(\boldsymbol{x})\boldsymbol{H}_{\mathrm{M}} \tag{2-95}$$

由此，量测配置模型描述如下

$$\begin{cases}\min \mathit{Trace} \sum\limits_{p=A}^{C}\boldsymbol{G}_p^{-1}(\boldsymbol{x}_p) \\ \mathrm{s.\,t.}\ n_{\mathrm{A}}(\boldsymbol{x}_{\mathrm{A}}) + n_{\mathrm{B}}(\boldsymbol{x}_{\mathrm{B}}) + n_{\mathrm{C}}(\boldsymbol{x}_{\mathrm{C}}) = N_{\mathrm{M}}\end{cases} \tag{2-96}$$

式中

$$\boldsymbol{G}_p^{-1}(\boldsymbol{x}_p) = [\boldsymbol{G}_{\mathrm{B},p} + \boldsymbol{G}_{\mathrm{M},p}(\boldsymbol{x}_p)]^{-1},(p = \mathrm{A,B,C}) \tag{2-97}$$

上两式中：$\boldsymbol{x}_p$为系统状态变量，可取任意系统运行点的支路复电流；N_{M}为设定的量测数量；$\boldsymbol{x}$为二进制决策变量（向量）。

模型中对FIM矩阵$\boldsymbol{G}(\boldsymbol{x})$求逆过程分为两步：①进行Cholesky分解$\boldsymbol{G}(\boldsymbol{x})=\boldsymbol{L}^{\mathrm{T}}(\boldsymbol{x})\boldsymbol{L}(\boldsymbol{x})$；②对上三角矩阵$\boldsymbol{L}^{\mathrm{T}}(\boldsymbol{x})$和下三角矩阵$\boldsymbol{L}(\boldsymbol{x})$分别求逆。对称正定矩阵的Cholesky分解如下

$$\begin{cases}L_{ii}(\boldsymbol{x}) = \left[g_{ii}(\boldsymbol{x}) - \sum\limits_{k=0}^{i-1}L_{ik}^2(\boldsymbol{x})\right]^{1/2} \\ L_{ji}(\boldsymbol{x}) = \dfrac{1}{L_{ii}(\boldsymbol{x})}\left[g_{ij}(\boldsymbol{x}) - \sum\limits_{k=0}^{i-1}L_{ik}(\boldsymbol{x})L_{jk}(x)\right],(j = i+1,i+2,\cdots,N-1)\end{cases} \tag{2-98}$$

按顺序$i=0,1,\cdots,N-1$执行上式，可见右端出现的L在需要时已经确定了，$\boldsymbol{L}$的元素均可用$\boldsymbol{x}$表示出来。三角矩阵$\boldsymbol{L}^{\mathrm{T}}(\boldsymbol{x})$与$\boldsymbol{L}(\boldsymbol{x})$的逆矩阵元素也可用$\boldsymbol{x}$表示出来。

3. 算例测试

采用C++调用非线性规划软件LocalSolver对模型进行求解。LocalSolver是基于局部搜索的启发式商业优化软件，可求解组合优化以及线性、非线性问题。在混合整数规划标准问题库MIPLIB中的一些经典难题测试中，LocalSolver的最新版本得到了较CPLEX和Gurobi更好的解。对改造的IEEE 13节点算例进行了如下仿真测试。

改造的IEEE 13节点配电系统三相不平衡，A、B、C三相网络的节点数、支路数、可配置的总量测数见表2-11。

表 2-11　　算　例　概　况

相别	A相	B相	C相	三相
节点数	8	8	10	26
支路数	7	7	9	23
实时量测数	21	21	27	69

设定量测数量 N_M 为 1～69，计算各量测数量下的最优配置方案，每次计算时间设定为1min，状态估计误差总方差随设定量测数量变化曲线如图 2-12 所示。N_M为 1～10 时的计算结果见表 2-12。由计算结果可见，量测配置结果中首先出现支路功率量测，不含其他类型量测，这是由于成对的支路功率量测包含了幅值和相角信息，对估计精度改善影响最大。随着配置的支路功率量测数量增加，状态估计误差总方差迅速下降；量测数量到 23 时，所有支路功率量测均已配置，从 24 开始出现支路电流幅值量测，支路电流幅值量测由于仅包含幅值信息，无法提供相角信息，对状态估计精度改善很小，可作为支路功率量测的补充；量测数量到 46 时，所有支路电流幅值量测均已配置，从 47 开始出现节点电压幅值量测，但状态估计误差总方差不变，这是由于电压与电流之间的弱电气关系，节点电压幅值类型量测对估计精度基本无影响。

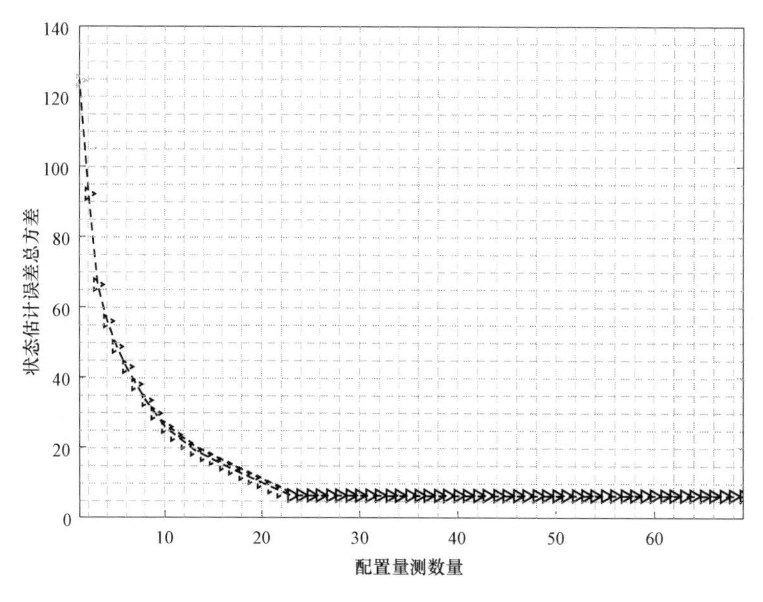

图 2-12　状态估计误差总方差

将多个不同的系统运行状态代入模型重新求解，得到的量测配置结果相同，验证了模型的正确性。

表2-12　改造的IEEE 13节点算例量测配置结果

N_M	A相量测配置	B相量测配置	C相量测配置
1	—	—	PQ(c,650-632)
2	PQ(a,650-632)	—	PQ(c,650-632)
3	PQ(a,650-632)	PQ(b,650-632)	PQ(c,650-632)
4	PQ(a,650-632)	PQ(b,650-632)	PQ(c,650-632) PQ(c,632-671)
5	PQ(a,650-632)	PQ(b,650-632) PQ(b,632-671)	PQ(c,650-632) PQ(c,632-671)
6	PQ(a,650-632) PQ(a,632-671)	PQ(b,650-632) PQ(b,632-671)	PQ(c,650-632) PQ(c,632-671)
7	PQ(a,650-632) PQ(a,632-671)	PQ(b,650-632) PQ(b,632-671)	PQ(c,650-632) PQ(c,632-671) PQ(c,671-684)
8	PQ(a,650-632) PQ(a,632-671) PQ(a,671-684)	PQ(b,650-632) PQ(b,632-671)	PQ(c,650-632) PQ(c,632-671) PQ(c,671-684)
9	PQ(a,650-632) PQ(a,632-671) PQ(a,671-684)	PQ(b,650-632) PQ(b,632-671)	PQ(c,650-632) PQ(c,632-671) PQ(c,632-645) PQ(c,671-684)
10	PQ(a,650-632) PQ(a,632-671) PQ(a,671-684)	PQ(b,650-632) PQ(b,632-671) PQ(b,632-645)	PQ(c,650-632) PQ(c,632-671) PQ(c,632-645) PQ(c,671-684)

为对最优配置方案进行验证，设计量测配置方案1～3，见表2-13。所有实时量测和负荷伪量测加3%、20%和5%、50%两种情形的高斯随机误差。对于1000个时刻的系统运行状态，各量测配置方案的状态估计误差总方差如图2-13所示。由图可见，尽管由于量测具有不确定性，状态估计误差总方差偶尔出现离群值，但总体上看状态估计精度由高到低依次为：方案1、方案2、方案3。

表2-13　量测配置方案设计

方案	A相量测配置	B相量测配置	C相量测配置
1	PQ(a，650-632)	PQ(b，650-632) PQ(b，632-671)	PQ(c，650-632) PQ(c，632-671)
2	PQ(a，650-632) PQ(a，632-671)	PQ(b，650-632)	PQ(c，650-632) PQ(c，632-671)
3	PQ(a，650-632) PQ(a，632-671)	PQ(b，650-632) PQ(b，632-671)	PQ(c，650-632)

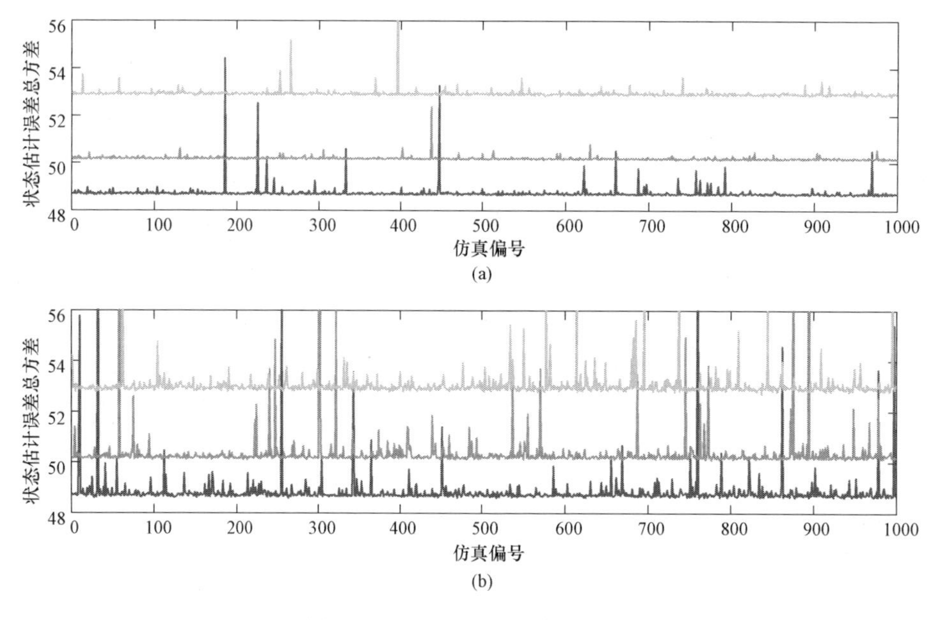

彩色插图

图 2-13 Monte Carlo 仿真结果

(a) 蒙特卡洛仿真（量测波动 3%，20%）；(b) 蒙特卡洛仿真（量测波动 5%，50%）

由计算结果可得如下结论：

1）优先配置支路功率量测，其次为支路电流幅值量测和节点电压幅值量测；对于基于支路电流的状态估计器，可适当优先配置支路电流幅值量测。

2）量测优先配置于靠近馈线首端的位置，在此基础上尽量均匀配置在馈线上。

3）量测优先配置于三相健全的支路。

2.3 非侵入式用户负荷监测

非侵入式负荷监测（Non-invasive Load Monitoring，NILM）通过在用户外部安装的监测装置，实时监控用户各用电设备的类别、运行状态与耗电情况等信息，是智能配电网的重要组成部分。NILM 为负荷预测、需求响应、用户用电行为分析等提供了重要数据支撑，同时，其监测结果对用户分析自身用电行为、合理安排用电计划及开展节能减排等活动均具有重要意义。

图 2-14 所示为非侵入式负荷监测原型系统的总体架构与工作流程，原型系统的主要用途是算法验证及各项功能的实现，达到实用化则需对各组成部分进行深度完善与升级。以下对各组成部分进行详细介绍。

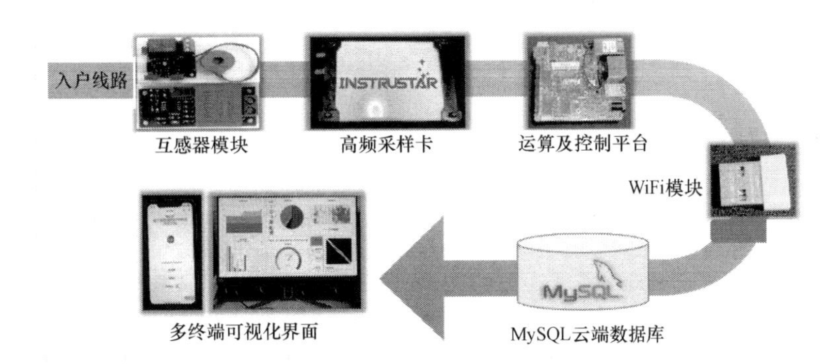

图2-14　非侵入式负荷监测系统的总体架构与工作流程

2.3.1　装置设计

1. 数据采集装置

由于负荷所接的电压、电流属于电网一次侧信号，难以直接对其进行采集，因此采用电压与电流互感器对电压与电流进行转换。其中，电压互感器选用ZMPT101B电压互感器模块，能够测量250V以内的交流电压，对应的模拟输出范围可调节；电流互感器选用HWCT004电流互感器模块，能够测量50A以内的交流电流，对应的模拟输出范围可调节。以上两种互感器模块集成了信号调理与运算放大电路，能够对信号精确采样并适当补偿，其输出端可直接与数据采集卡相连。两种互感器模块的电路原理如图2-15所示。

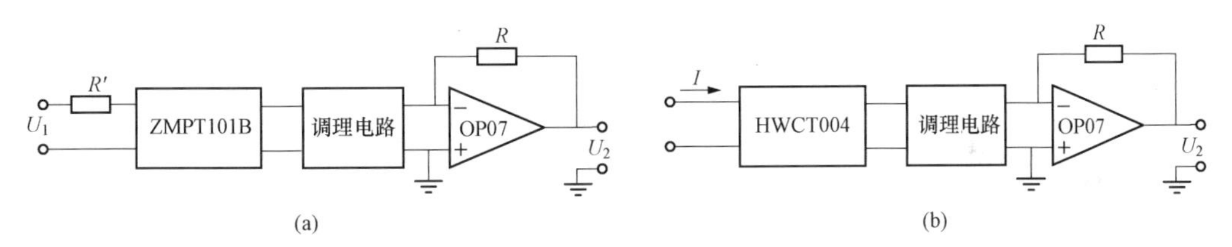

图2-15　两种互感器模块的电路原理图

（a）电压互感器模块；（b）电流互感器模块

数据采集方面采用ISDS205A型高频信号采集卡。该采集卡能以100kHz以上的采样频率同时采集两个通道的模拟信号，并通过USB的方式将其传输给上位机。该采集卡支持多种采样模式并提供了多种基于动态链接库（DLL）的API接口，可灵活地对其功能进行二次开发，使用Python编程语言调用其API接口实现数据实时采集及上传的功能。对该数据采集卡定制的工作流程如图2-16所示。

2. 数据处理及控制装置

程序控制、数据存储及运算平台选用Intel公司的UP2 Board开发板，该开发板采用了Intel x86架构的赛扬N3350处理器，支持Windows、Linux与Android等多种操作系统，同时支持各种通信协议与外围设备，是较为理想的实验与开发平台。在开发板上部署基于Python编程语言的主程序，负责初始化、数据采集、运算及结果上传等环节，其工作流程如图2-17所示。

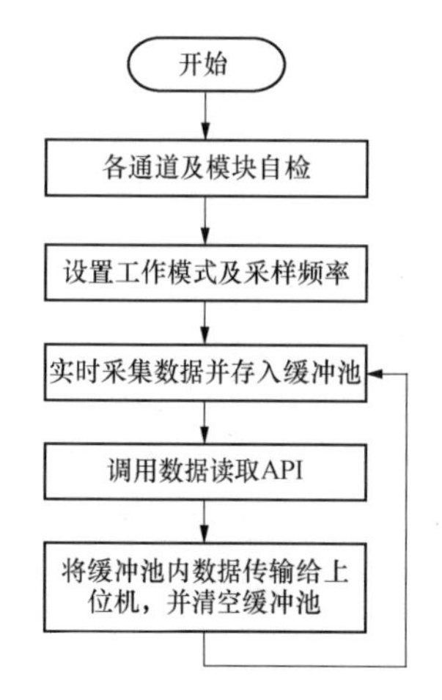

图 2-16　数据采集卡工作流程

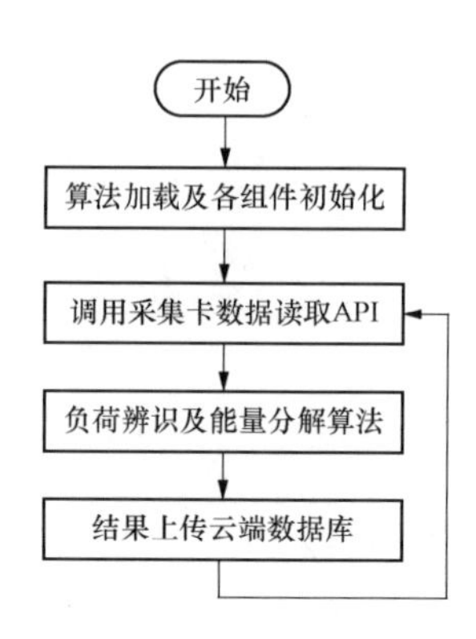

图 2-17　开发板中主程序的工作流程

2.3.2　云端数据库设计

数据库是按照数据结构来组织、存储和管理数据的仓库，由于 NILM 系统需要大量本地终端与云端数据库进行频繁的数据交互，因此数据库的性能及数据管理方式将明显影响系统的可用性。MySQL 是目前流行的关系型数据库管理系统，其将数据保存在不同的数据表中，再由各数据表组成主数据库，增加了数据存取性能的同时提高了数据管理的灵活性。其接口丰富、兼容性强、性能优秀并且开源，因此取得了广泛的应用。在阿里云远程服务器中搭建了 MySQL 数据库（见图 2-18），其中每个数据表存储一个用户的监测数据。数据表中的数据以条为单位，每条数据均由多个键值对组成，各键的名称、数据类型及含义见表 2-14。

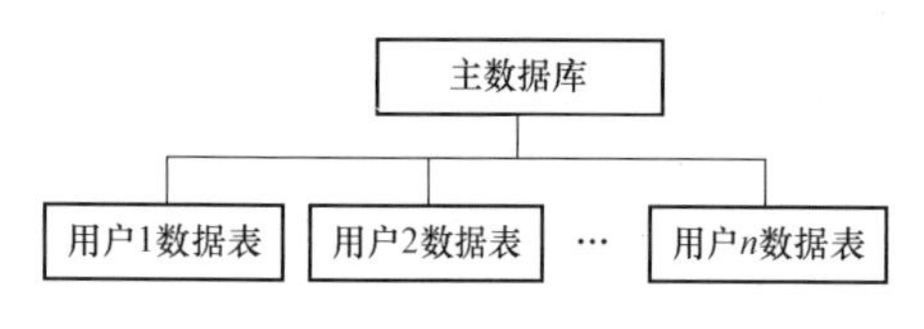

图 2-18　云端数据库结构

表 2-14　数据表中各键的名称、数据类型及含义（以 7 个设备为例）

键序号	键名	数据类型及含义
1（主键）	time	日期格式，精确到秒，代表此时的时间
2	total power	整数，单位为瓦，代表此时所有设备的总功率
3～9	power0～power6	整数，单位为瓦，代表此时各设备的功率
10	event state	0 或 1，分别代表此时无事件发生与有事件发生
11	load feature	多维向量，代表事件发生时提取到的负荷特征
12～18	confidence0～confidence6	浮点数，代表此事件由各设备引起的置信度
19	appliance	0 到 6 之间的整数，代表引起此事件的设备序号
20～26	state0～state6	整数，代表各设备此时的运行状态，每个设备的数字有不同含义，如空调的 0 代表关闭，1 代表制冷，2 代表制热等

续表

键序号	键名	数据类型及含义
27～32	times0～times6	整数，代表各设备的历史开启次数
33～39	ctime0～ctime6	整数，精确到秒，代表各设备的总运行时间
40～46	consumption0～consumption6	浮点数，单位为千瓦时，代表各设备的累计耗电量

2.3.3 多终端可视化界面设计

1. 基于Django的网页端可视化界面

Django是基于Python的一个开源Web应用框架，使用其开发的页面具有美观且可扩展性强的特点。利用Django在阿里云远程服务器中搭建了网页端的NILM结果可视化界面，能够随时随地通过IP地址对其进行访问，具有跨平台、跨终端、可交互、各模块低耦合、扩展方便等优点，符合现代设计理念，为后续研究与数据展示提供了极大便利。如图2-19所示，该界面目前共有6个部分组成。

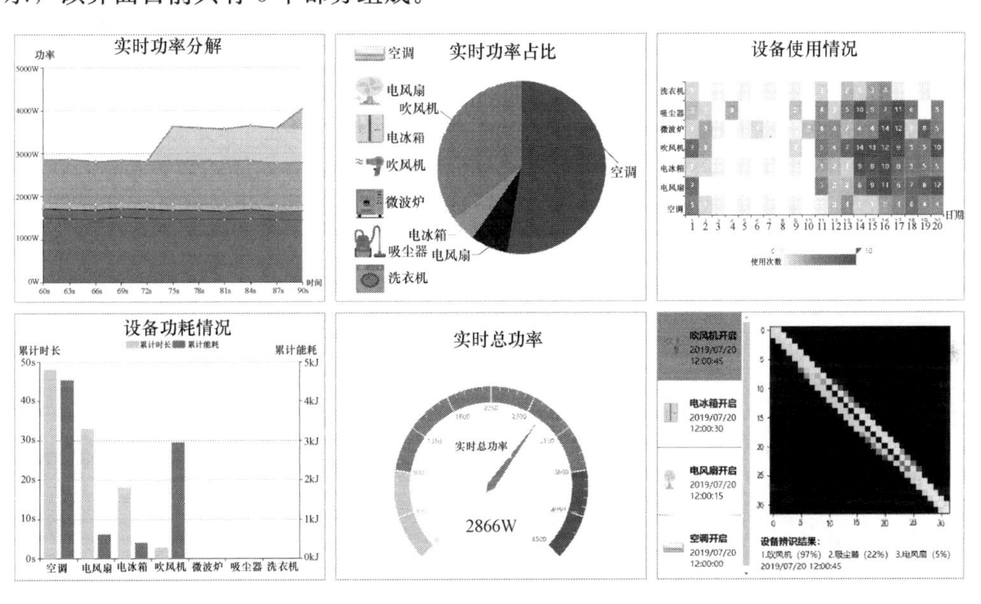

彩色插图

图2-19 网页端可视化界面

1）实时功率分解：以堆积图的形式动态显示当前不同设备的功率分解结果。

2）实时功率占比：以饼图的形式显示当前开启设备的功率占比，当有设备开启时，左侧相应的图例将会点亮。

3）设备使用情况：统计近期各设备的开启次数，并以热力图的形式进行展示，颜色越深的格子代表设备近期开启次数越多。

4）设备功耗情况：统计近期各设备消耗的总电量以及开启的总时间。

5）实时总功率：以仪表盘的形式展示当前时刻各负荷的总功率。

6）辨识结果展示：左侧展示了各设备的历史开关事件，右侧展示了各事件发生时提取的设备特征以及算法对该事件的置信度。

2. 基于微信小程序的移动端可视化界面

近年来，随着移动互联网的迅速发展，信息交互的载体不再局限于传统的网页与客户端，移动端 App 具有爆发式增长的趋势。但是移动端 App 有开发周期长、成本高、用户接受度低与推广难度大等缺点。微信小程序则显著克服了以上缺点，其开发简单快速、无须下载且受众广泛，同时解决了开发者与用户的痛点问题，是近年移动互联网发展的热门领域。根据以上趋势，利用微信开发者工具、JS-SDK 工具包及 JavaScrpit 语言开发了 NILM 微信小程序端可视化界面，如图 2-20 所示。该小程序对网页端的负荷监测、实时功率与设备使用情况三个组件进行了移植，并且还加入了消息推送功能，能够实时地将设备的开关情况推送给用户，以帮助用户实时了解家中各设备的运行状况；同时，也能根据用户的需求关闭推送功能以避免其打扰。

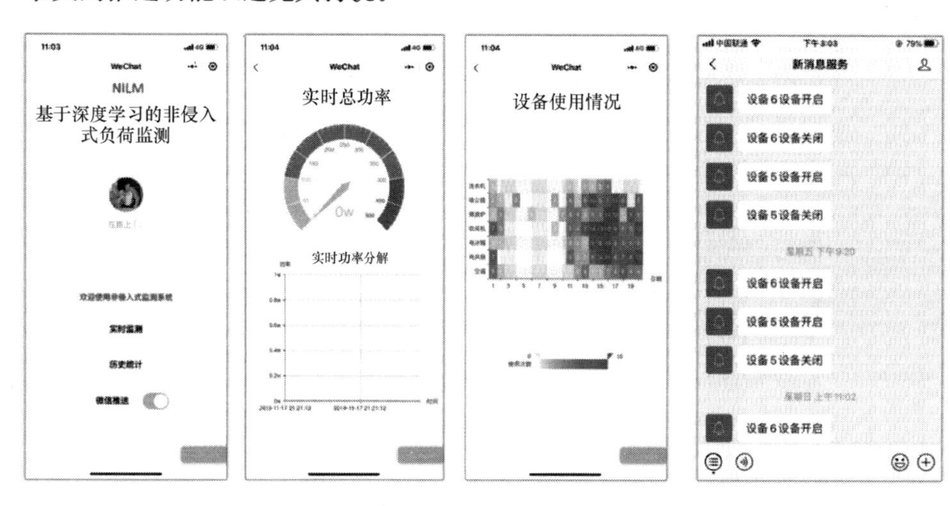

彩色插图

图 2-20　微信小程序端可视化界面

参考文献

[1] Whei-Min Lin, Jen-Hao Teng, Shi-Jaw Chen. A highly efficient algorithm in treating current measurements for the branch-current-based distribution state estimation [J]. IEEE Transactions on Power Delivery, 2001, 16 (3): 433-439.

[2] 王守相，王成山. 现代配电系统分析 [M]. 2 版. 北京：高等教育出版社，2014.

[3] Shouxiang Wang, Xiaokun Cui, Zuyi Li, et al. An improved branch current-based three-phase state estimation algorithm for distribution systems with DGs [J]. IEEE Innovative Smart Grid Technologies-Asia (ISGT Asia), 2012.

[4] Shouxiang Wang, Dong Liang, Leijiao Ge, et al. PQ decoupled 3-phase numerical observability analysis and critical data identification for distribution systems [J]. International Transactions on Electrical En-

ergy Systems，2017，27（6）：e2317. https：//doi. org/10. 1002/etep. 2317.

[5] Shouxiang Wang，Dong Liang，Leijiao Ge，et al. Analytical FRTU deployment approach for reliability improvement of integrated cyber - physical distribution systems [J] . IET Generation，Transmission & Distribution，2016，10（11）：2631 - 2639.

[6] Hart George W. Nonintrusive appliance load monitoring [J] . Proceedings of the IEEE，1992：1869 - 1891.

第 3 章　智能配电网态势理解

智能配电网态势理解是对配用电系统的稳态运行特性、经济性、灵活性、生存能力、供电能力、负荷接入能力、分布式电源接纳能力等进行评估分析，从所采集到的数据中获取所蕴含的深层知识。本章重点介绍非侵入式用户负荷辨识与分解、用户负荷特性分析、用户节电的大数据分析、配电网仿射潮流分析与分布式电源不确定性追踪、配电网谐波潮流分析与谐波源不确定性追踪、配电网分布式电源接纳能力分析、基于大数据和深度学习的配电网电能质量扰动分析。

3.1　非侵入式用户负荷辨识和分解

在利用非侵入式用户负荷监测装置获得用户实时用电信息的基础上，可以通过负荷的辨识和分解实现对各用电设备的类型、运行状态与耗电情况等深层次信息的挖掘。所谓负荷辨识是指根据用电设备工作状态转换时提取的负荷特征，通过事件检测方法、负荷特征库或分类器等进行用电设备工作状态转换事件的检测，从而实现对负荷类型及运行状态的辨识。所谓负荷分解是指通过建立总负荷与各负荷的用电模型，从总功率信号中分解出各负荷单独的功率信号及运行状态。下面以家庭用电负荷（简称家用负荷）为例提出负荷辨识和分解的方法。

3.1.1　基于特征融合与深度学习的非侵入式负荷辨识算法

1. 家用负荷分类及处理方法

随着人们生活水平的提高，家用负荷的种类与数量也越来越多。一般将家用负荷按工作模式分为开关型、多状态型和功率连续变化型三类，不同工作模式的负荷通常采用不同的辨识处理方法。下面针对负荷的工作模式给出负荷的类型划分及其处理方法。

1）开关型负荷：只有开启与关闭两种工作状态，并且在开启时功率稳定的负荷类型，如吸尘器、热水壶等。对此类负荷只需提取其工作状态转换时的稳态或暂态特征并对算法进行训练即可实现对其工作状态转换事件的辨识。

2）多状态型负荷：具有多种工作状态的负荷类型。这是家庭中最为常见的负荷类型，如洗衣机、空调、电风扇等。对此类负荷需要提取其各工作状态转换时的暂态或稳态特征对算法进行训练，然后对每种工作状态转换事件都看作开关型负荷进行处理，在其发生工作状态转换事件时，提取其特征并进行辨识。

3）功率连续变化型负荷：没有明确的工作状态，其功率与负荷特征会随着负荷的工作情况连续变化，而不是在几个离散的值之间跳跃的负荷类型，如计算机、变频空调等。对此类负荷需要对其连续的工作状态与特征进行离散化处理，提取其各典型工作状态转换时的暂态或稳态特征并对算法进行训练，然后对每种工作状态都当成开关型负荷进行处理。

2. 事件检测算法及电流分离方法

（1）事件检测算法。

对负荷工作状态转换事件进行准确的事件检测是负荷辨识的基础。在事件检测中，开关型负荷或多状态型负荷的工作状态转换都被当作事件进行辨识。对于功率连续变化型负荷，只要其各典型工作状态间的转换满足事件检测的标准，也将其当作一个事件进行辨识。在事件发生时，最直观的是电流或功率的变化。图 3-1 所示为实测的微波炉与空调相继投切时的瞬时电流与电流强度变化值。目前常用的事件检测算法是为电流或功率的变化量设定一个阈值，在变化量超过阈值时便认为发生了负荷工作状态转换事件。此类算法简单易用，在负荷辨识领域得到了广泛的应用。

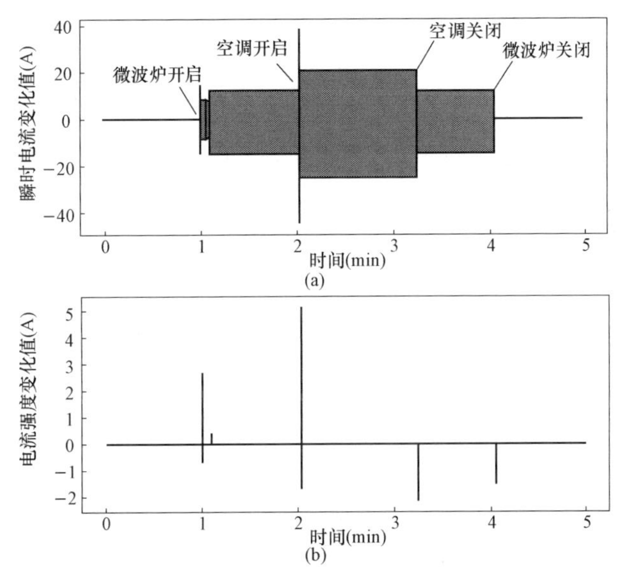

图 3-1　实测微波炉与空调相继投切时的瞬时电流与电流强度变化值

（a）瞬时电流；（b）电流强度

以基于电流强度的事件检测为例，考虑负荷在运行时产生的随机电流波动，且有的负荷在工作状态转换时电流强度变化较慢，因此以每十个电流周期作为一个事件检测周期，并取每个事件检测周期内电流的绝对平均值作为电流强度进行事件检测。事件检测算法中各阈值的选取决定了事件检测的灵敏度与误判率。目前针对电流强度主要有两种选取阈值的方法，一种是根据各负荷工作状态转换时的电流强度变化值选取为固定阈值，此种方法可以在其他高功率负荷运行时检测到低功率负荷的工作状态转换事件，但容易因波动性较强的高功率负荷引起事件的误判；另一种方法是以各负荷工作状态转换时的电流强度变化值与此时电流强度的比值作为阈值，此种方法能够防止波动性强的高功率设备引起事件误判，但容易在高功率负荷运行时造成低功率负荷事件的漏检。事件检测算法的工作环境复杂多样，难以形成统一的阈值选取标准，通常需要根据实际情况进行灵活调整，以实现灵敏度与误判率的最佳平衡。

（2）电流分离方法。

事件检测针对的是总负荷的电流信号，而负荷的暂态或稳态特征则是从单个负荷的电流信号中提取。在完成事件检测后，需要从总负荷的电流信号中分离出单个负荷的电流信号。由于各负荷的工作是相对独立的，并且多个负荷同时工作时的电流信号具有叠加性，因此可以通过对事件发生前后的电流波形作差分离出单个负荷的电流信号。由于事件发生前后电压信号不会产生明显的波形畸变，并且电流信号的相位以电压信号为准，因此可采用电压信号作为电流分离的基准。暂态与稳态阶段的电流分离方法的区别仅是电压与电流的取样阶段不同。图 3-1 展示了微波炉与空调相继投切时的实测电流信号，与之对应的电流分离效果如图 3-2 所示，可见分离出的空调电流波形与其单独运行时的电流波形重合度较高，证明了电流分离方法的可行性。

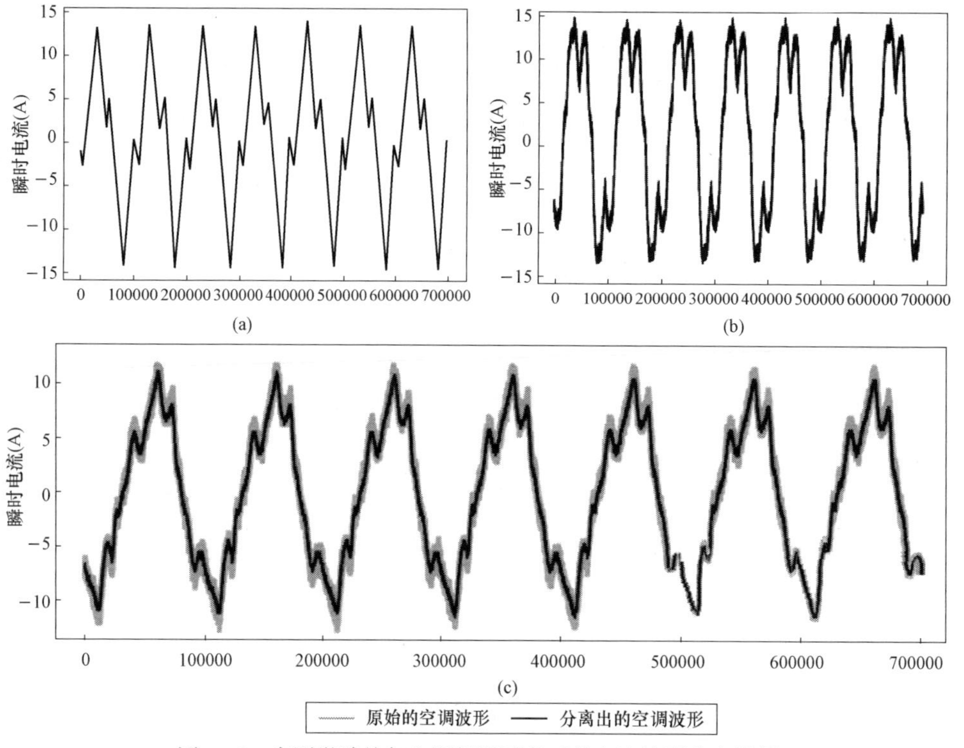

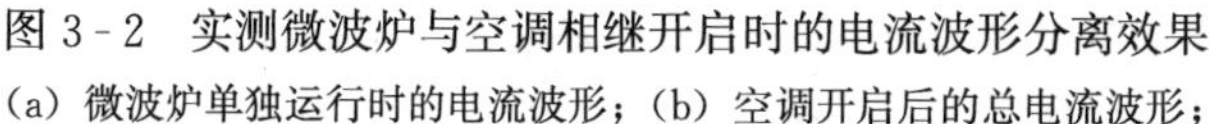

图 3-2 实测微波炉与空调相继开启时的电流波形分离效果

（a）微波炉单独运行时的电流波形；（b）空调开启后的总电流波形；

（c）从总电流波形中分离出的空调波形与空调单独运行时的波形对比

3. 负荷特征提取及分析

在完成事件检测及单个负荷的电流波形分离之后，即可对负荷特征进行提取与辨识。下面首先介绍常用的负荷 V-I 轨迹特征与功率特征提取方法。

(1) V-I 轨迹特征。

V-I 轨迹将负荷稳态运行时归一化的电压与电流波形绘制成一条曲线，能够反映负荷稳态运行时的电流波形、谐波含量、阻抗特性等与负荷工作原理密切相关的电气特性。传统一维 V-I 轨迹特征将 V-I 轨迹转化为一系列形状指标作为辨识依据[1]，其形状指标需要人工提取，难以反映原 V-I 轨迹的细节信息。新型的二维 V-I 轨迹特征则将原 V-I 轨迹映射到二维的矩阵中[2]，将其转换为图像格式，能更忠实地反映原 V-I 轨迹的细节信息。利用二维 V-I 轨迹特征进行负荷辨识相当于把传统的负荷辨识问题转化为图像识别问题，在图像识别领域常用的方法均可用于二维 V-I 轨迹特征，但是其矩阵内的数据需要符合通用图像的格式。图 3-3 为直接从原始电压、电流信号中提取 V-I 轨迹特征的示意图。

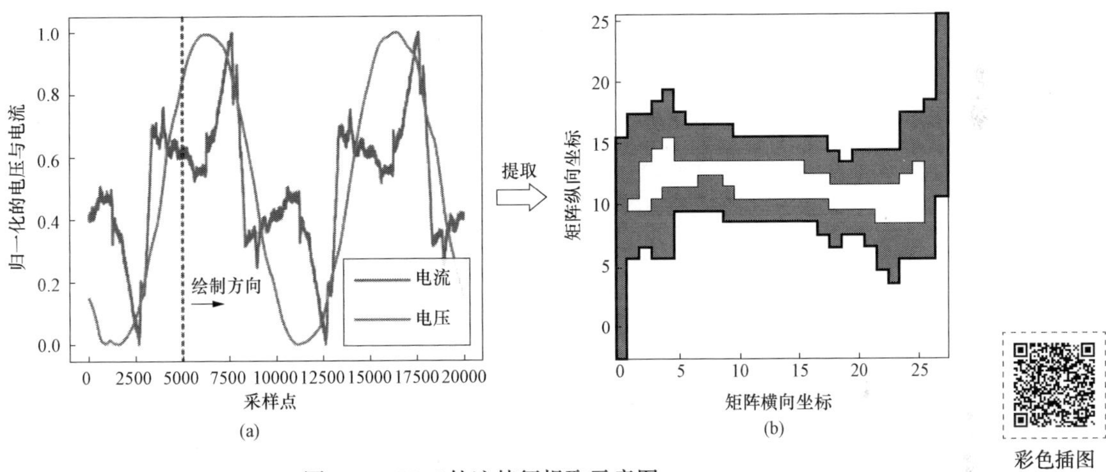

图 3-3　V-I 轨迹特征提取示意图

(a) 归一化的电压与电流波形；(b) 提取到的 V-I 轨迹特征

通常利用 10 个周期的电压、电流波形提取 V-I 轨迹特征，使其能够在一定程度上反映电压、电流波形的变化趋势，同时降低噪声的影响。其具体提取流程如下：

1) 获取 10 个稳态周期内的负荷高频电压、电流波形序列，假设每个序列均由 k 个采样点组成，并假设二维 V-I 轨迹特征由 $n \times n$ 阶矩阵组成。

2) 将序列内的电压、电流值线性转换为 0 到 n 之间的整数，每个采样点的电压、电流转换公式为

$$i_m = \left\lfloor \frac{I_m - I_{\min}}{I_{\max} - I_{\min}} \times n \right\rfloor, \quad m = 1,2,3,\cdots,k \tag{3-1}$$

$$v_m = \left\lfloor \frac{U_m - U_{\min}}{U_{\max} - U_{\min}} \times n \right\rfloor, \quad m = 1,2,3,\cdots,k \tag{3-2}$$

式中：I_m、U_m 分别为序列中第 m 个采样点的真实电流、电压值；i_m、u_m 分别为第 m 个采

样点转换后的电流、电压值；I_{min}、U_{min}分别为序列内电流、电压的最小值；I_{max}与U_{max}分别为序列内电流与电压的最大值；n 为矩阵的阶数；$\lfloor\rfloor$为向下取整符号。

3）新建所有元素都为 0 的 $n\times n$ 阶矩阵，从序列的第一个采样点开始，每选中一个采样点，将矩阵的第 i_m 行第 u_m 列的元素值赋值为 1，直到最后一个采样点，即可得到 $n\times n$ 阶矩阵组成的二维 V-I 轨迹特征。使用此方法提取到的矩阵实质上是一张单通道的图像，每个像素只有黑白两种颜色。

PLAID 公开数据集[3]中各类负荷的典型 V-I 轨迹特征如图 3-4 所示。由图可见，由于电气结构或电气元件的差异，大部分负荷的典型 V-I 轨迹特征之间存在明显差异。但也有部分负荷有相似的 V-I 轨迹特征形状，最明显的是吹风机与加热器，因为是它们都是加热类负荷。由于 V-I 轨迹特征是归一化后的特征，因此即使功率差异很大，它们也具有几乎相同的 V-I 轨迹形状，虽然吹风机内有电动机结构，但是并不能明显改变其主要的 V-I 轨迹形状，因此容易造成混淆。

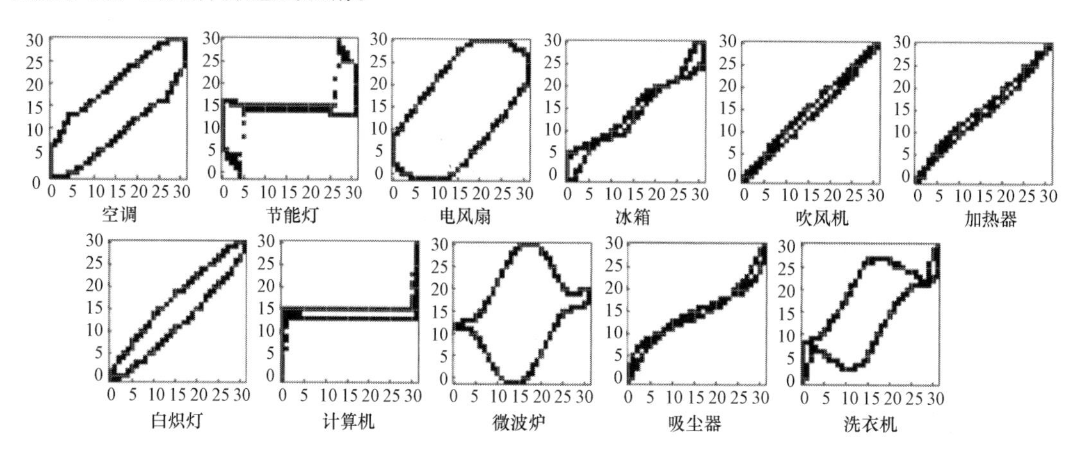

图 3-4　PLAID 数据集中常见家用电器的典型 V-I 轨迹特征

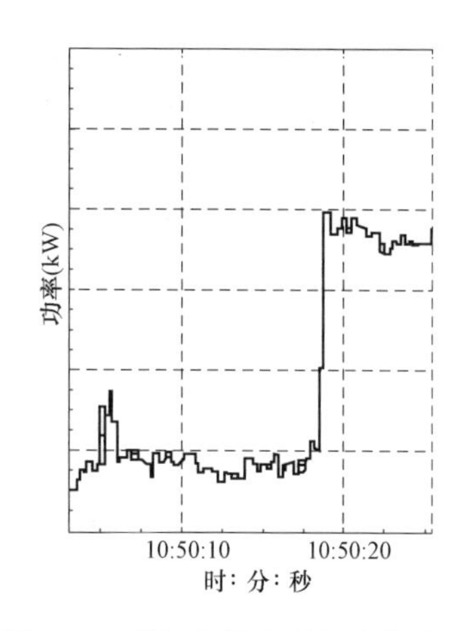

图 3-5　单相电热水器的功率特征

（2）功率特征。

本算法所用功率特征为负荷稳态运行时的有功功率与无功功率。功率特征是负荷辨识领域常用的特征，利用功率特征可以分辨启停时功率变化较大的设备种类，并能够判断该类设备所处运行状态。但其缺点是难以反映设备工作原理，无法作为区分设备类别的主要依据。以单相电热水器为例，其运行时的功率变化情况如图 3-5 所示。

4. 基于 V-I 轨迹与功率特征融合采用深度迁移学习的负荷辨识算法

为了改善 V-I 轨迹特征无法反映功率大小的缺点，

提出基于 V-I 轨迹与功率特征融合采用深度迁移学习的负荷辨识算法。本算法利用深度学习实现了高级特征提取与复合特征的分类，利用迁移学习实现了特征融合。迁移学习是神经网络训练过程中常用的方法，通常是指将一个训练好的神经网络重新用于另一个任务，从而改善目标任务的学习过程与模型精度，其关键在于面向迁移学习的神经网络结构设计及训练方法。为了提高算法的灵活性与可扩展性，本算法将高级特征提取与复合特征分类两个环节解耦，实现了特征融合的同时保证了算法各模块的相对独立，从而能够根据实际情况对各环节进行调整甚至替换而不影响算法其他模块。下面对其进行详细介绍。

（1）神经网络结构设计。

深度学习通过模拟大脑神经元对信息的处理过程来构建人工神经网络模型，该模型由输入层、隐藏层与输出层组成。隐藏层中又由多种不同类型的层堆叠而成，各层的类型与结构均可自由调整，最后通过复杂的非线性运算将输入给神经网络的信息转换为预期的输出。本算法共构建了三个神经网络，其中两个为高级特征提取网络，用于对 V-I 轨迹与功率特征的高级特征提取与维度变换，另一个为分类神经网络，用于对特征的分类。下面首先以构建的卷积神经网络为例简要介绍了网络中各部分的作用，然后介绍了三个网络的具体结构及之间的连接方式。图 3-6 为构建的卷积神经网络结构示意图。

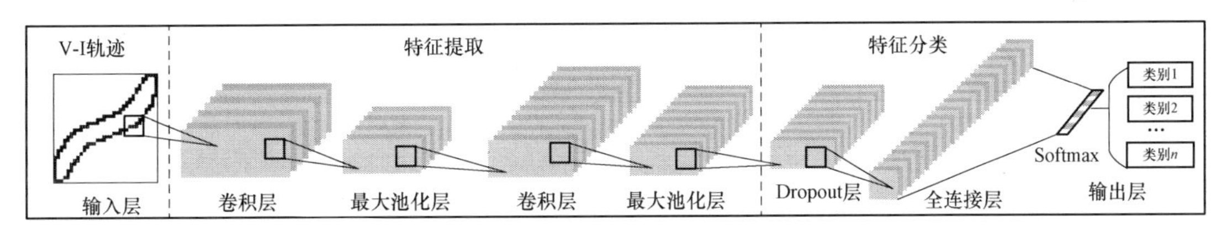

图 3-6　构建的卷积神经网络结构示意图

图 3-6 中，输入层接受 V-I 轨迹特征，输出层输出 V-I 轨迹特征对应的负荷及工作状态类别。隐藏层由卷积层、最大池化层、Dropout 层与全连接层组成，其中卷积层的主要作用是高级特征提取，第一个卷积层的作用类似于人工对 V-I 轨迹图像进行形状指标的提取，只是卷积层所提取的特征没有实际物理含义，是隐性的高级特征；随后的卷积层则在上一个卷积层的基础之上进行更深层次的特征提取，所提取的特征也更加具有代表性。池化层的主要作用是对上一个卷积层提取到的特征进行降维，去除冗余信息从而缩减模型大小，提高计算速度。Dropout 层的主要作用是在网络训练过程中对权重参数进行随机丢弃，提高神经网络的鲁棒性，防止网络过拟合。全连接层的主要作用是把卷积层提取到的各局部特征组成完整的特征向量，或对特征进行升维与降维操作。神经网络的每一层均有需要训练的权重参数，所有神经网络在部署之前需要对其进行训练。

在具体网络结构方面，鉴于 V-I 轨迹特征的分类与图像识别领域中的手写体识别任务高度相似，LeNet-5[4] 在手写体识别任务中具有出色的准确率并且模型结构轻量，因此 V-I 轨迹高级特征提取网络基于经典的轻量级神经网络模型 LeNet-5 构建。功率高级特征提取网络与分类神经网络均采用了 BP 神经网络，其网络结构主要根据输入元素的维度所确定。具体网络结构与参数见表 3 - 1。

表 3 - 1　　构建的各神经网络具体结构与参数

网络类型	层类型	输出维度	核函数维度	激活函数
V - I 轨迹高级特征提取网络	输入层	(28，28，1)		
	卷积层	(28，28，12)	3×3 (12)	Relu
	最大池化层	(14，14，12)	2×2	
	卷积层	(14，14，24)	3×3 (24)	Relu
	最大池化层	(7，7，24)	2×2	
	Dropout 层 (0.3)	(7，7，24)		
	全连接层	256		Relu
	输出层	11		Softmax
功率高级特征提取网络	输入层	2		
	全连接层	6		Relu
	全连接层	64		Relu
	输出层	11		Softmax
分类神经网络	输入层	320		
	全连接层	128		Relu
	输出层	11		Softmax

图 3 - 7 所示为三个神经网络的连接关系，本算法利用迁移学习将两个训练好的高级特征提取网络融合并重新用于分类神经网络，因此两个高级特征提取网络的隐藏层维度与分类神经网络的输入层维度对应。

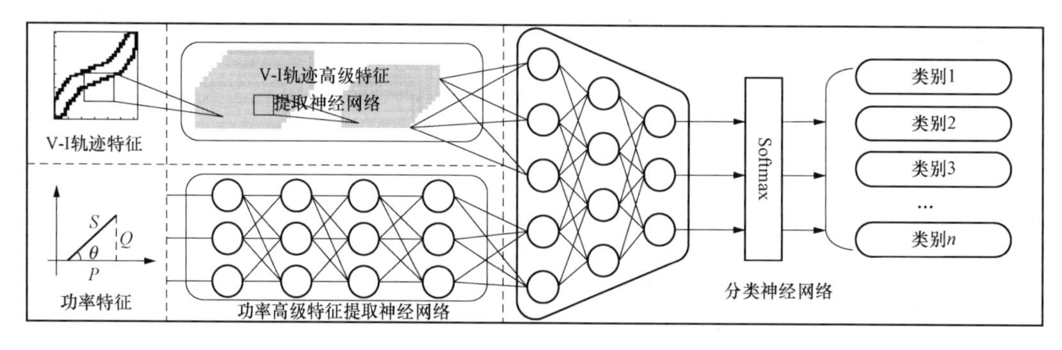

图 3 - 7　三个神经网络的连接关系

(2) 神经网络训练方法。

1) 基于迁移学习的神经网络训练方法。在算法应用阶段，只需将V-I轨迹特征与功率特征输入给两个高级特征提取网络，并将两个网络的输出与分类神经网络的输入相连接即可。在训练阶段则需对两个高级特征提取网络和分类神经网络这三个神经网络进行单独训练，其总体过程是利用迁移学习将两个分别训练好的高级特征提取网络用于分类神经网络，并对分类神经网络进行训练，具体的网络训练过程如下：

a) 利用相应的特征对前面构建的两种高级特征提取网络进行单独训练。

b) 丢弃两个神经网络的输出层，冻结预训练好的其余层的权重参数，并将两个网络的隐藏层输出结合在一起，每个网络隐藏层的输出均代表提取到的高级特征，其中一个网络的隐藏层输出为256个元素组成的特征向量，另一个网络的隐藏层输出为64个元素组成的特征向量，将两个特征向量组合为320个元素组成的复合特征向量，即实现了V-I轨迹与功率特征的融合。

c) 利用两个高级特征提取网络输出的复合特征对分类神经网络进行训练，该分类神经网络属于独立的分类模块，可以替换为任意机器学习分类器。

2) 网络权重参数更新过程。由于负荷辨识为多分类问题，所以两个高级特征提取网络和分类神经网络这三个网络的输出层激活函数均为Softmax，输出为一维向量$\boldsymbol{a}$，向量中每个元素a_i代表特征属于相应类别的概率，向量中所有元素之和为1；损失函数使用交叉熵损失函数，训练目的是使损失函数最小化，即在输入给网络第i类负荷的特征时，a_i的值最大。优化算法选用自适应矩估计优化算法[5]。

(3) 基于深度迁移学习的负荷辨识算法的总体工作流程。

本算法的总体工作流程如图3-8所示，在特征提取与分类环节分别使用了之前构建的两个高级特征提取网络与一个分类神经网络，这三个神经网络在实际应用之前均需对其进行训练，具体工作流程如下：

1) 利用事件检测算法对电力入口处的电流波形进行监控，当检测到有负荷工作状态转换事件发生时记录事件的广义投切类型，然后分离出单个负荷稳态运行时的电流波形并提取其V-I轨迹特征与功率特征。

2) 将提取到的V-I轨迹特征与功率特征分别输入给两个高级特征提取网络，并将两个网络的隐藏层输出融合，即为V-I轨迹特征与功率特征组成的复合特征。

3) 将复合特征输入给分类神经网络，分类神经网络的输出即为引发事件的负荷类型及运行状态，如热风扇的高挡位运行状态或冰箱的稳态运行状态，然后与事件检测算法记录的广义负荷投切类型相结合即可判断出哪种设备发生了哪种工作状态转换事件，如风扇的挡位升高或降低、冰箱的投入或切除等。

(4) 实验与分析。

1) 实验设计及评价指标。为了充分验证算法的理论性能与实际使用效果，设计使用公开数据集的实验对算法进行详细评估与分析，并与其他算法进行对比。实验环境为搭载Ubuntu18.04操作系统的深度学习服务器与Raspberry 3B+嵌入式开发板。

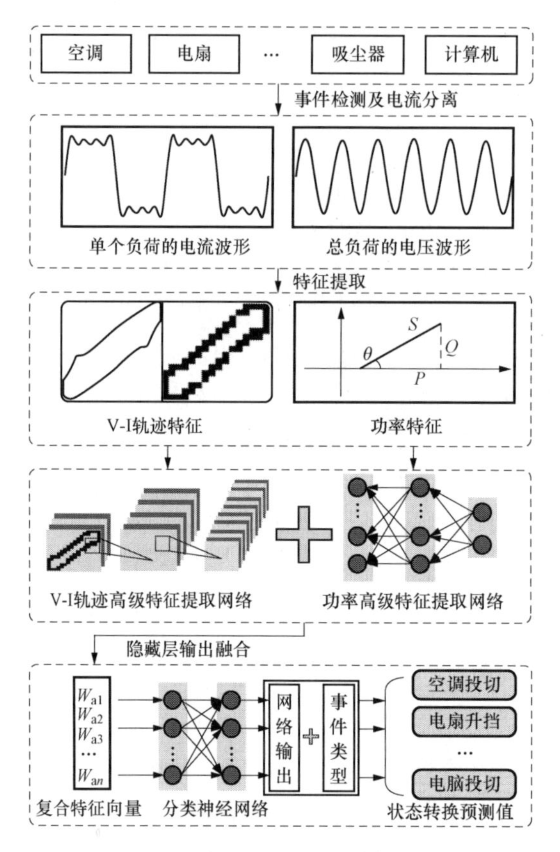

彩色插图

图 3-8 基于深度迁移学习的负荷辨识算法的总体工作流程

为了验证算法的效果，评价指标需要关注整体分类准确率与每类设备的具体分类效果，因此采用了准确率与混淆矩阵两种互相对应的评价指标对算法进行评估。准确率代表被正确分类的样本数量占测试集总样本数量的百分比，可以直观地反映算法的整体准确率 A，其计算公式为

$$A=\frac{n_{\mathrm{t}}}{n_{\mathrm{to}}}\times 100\% \tag{3-3}$$

式中：n_{to}代表测试集样本总数；n_{t}代表正确分类的个数。

混淆矩阵是分类问题中常用的评价指标，可以直观地反映各负荷之间的分类情况。混淆矩阵每个单元格中的数字代表负荷数量，其纵坐标代表这些负荷的真实类别，横坐标代表这些负荷被预测为的负荷类别。在混淆矩阵中每一行数据之和代表测试集中该类负荷的数量，每一列数据之和代表被预测为该类别的负荷数量。

使用 PLAID 数据集[3]对本算法进行了性能评估与对比。PLAID 数据集是目前负荷数量较多的高频数据集，其每类负荷都采集了多个设备的数据。其主要特点是负荷类别内差距较大，类别间差异较小，具有更高的辨识难度与区分度，并且采集的是单个负荷的数据，无须从中进行电流分离操作，避免了电流分离方法带来的性能偏差，能够充分体现特征与分类器等关键环节的性能差异，因此在负荷辨识领域得到了广泛的应用，也是负荷辨识领域的基准数据集之一。PLAID数据集包含30kHz采样频率下的负荷电压、电流数据，共有11类不同的家用负荷、235个独立的负荷与1074组样本，每组样本均包含负荷启动时的暂态与稳态过程数据。表3-2所示为PLAID数据集内各类负荷及其样本数量。

表3-2　PLAID数据集内负荷及样本信息

负荷类别	负荷数	样本数量	负荷类别	负荷数	样本数量
空调	19	66	灯泡	25	114
荧光灯	35	175	电脑	38	172
风扇	23	115	微波炉	23	139
冰箱	18	38	吸尘器	7	38
吹风机	31	156	洗衣机	7	26
加热器	9	35	总数	235	1074

由表3-2可见，PLAID数据集内不同负荷采样数据的数量差距很大，其中数据最多的荧光灯有175组数据，而数据最少的洗衣机只有26组数据，这符合实际NILM实际数据的特点。训练样本的不平衡会影响神经网络的学习效果，从而影响神经网络的实际使用效果与评估的准确性，因此有必要在评估算法之前对样本的不平衡数据进行处理。由于随机过采样只是通过简单复制的方法来增加少数类样本，容易导致过拟合问题的发生。为了避免此问题，采用合成少数类过采样技术（Synthetic Minority Oversampling Technique，SMOTE）[6,7]对不平衡的数据集进行处理，将少数类样本数量扩充到与样本最多的类相同。该技术在保证真实性的情况之下对样本数量进行了扩充，具体处理过程如下：

a）采用最邻近算法，依次选取少数类样本集中的每个样本x并计算其与同样本集中其他样本的欧式距离，得到其K近邻。

b）假设需要生成N倍少数类样本数量的新样本数量，则从每个样本的K近邻中随机选择N个样本，设为x^i，$i=1$，2，…，N。

c）对于每个样本按照如下公式合成新的样本

$$x_{\text{new}}^i = x + \text{rand}(0,1) \times |x - x^i|, (i = 1,2,\cdots,N) \tag{3-4}$$

式中：rand(0,1)表示一个0～1之间的随机数。

d）生成合成样本的标签，将样本与标签对应并通过随机插值的方法插入到原少数类样本集中。

2）使用数据集的实验分析。在该实验中，采用SMOTE技术对数据集进行处理后，在每类负荷的真实样本中随机抽取20个组成测试集，测试集共有220个负荷采样数据，其余真实样本与合成样本组成训练集，训练集共有 1705 个负荷采样数据。所有实验均重复 5 次并取平均结果。

a）V-I 特征分辨率优选。二维 V-I 轨迹特征反映了更多细节信息的同时，数据量也大幅增加，V-I 轨迹特征的分辨率是影响数据量与准确率的关键参数。图 3-9 所示为 PLAID 数据集中某洗衣机的原始 V-I 轨迹图像与不同分辨率下的网格化 V-I 轨迹特征。可见当 $n=12$ 时，图形细节严重丢失，随着分辨率的提高；当 $n=32$ 时，可较好地拟合原始 V-I 轨迹图像。随着分辨率的提高，V-I 轨迹所能反映的细节信息大幅增加，而 V-I 轨迹图像的数据量也成指数增长，过高的分辨率不会提高准确率，反而会造成明显的数据冗余。因此，为了在保证准确率的前提下降低特征数据量以提高计算速度，对 V-I 轨迹特征分辨率与准确率的关系进行了实验。其中，神经网络采用图 3-8 中的 V-I 轨迹高级特征提取网络。

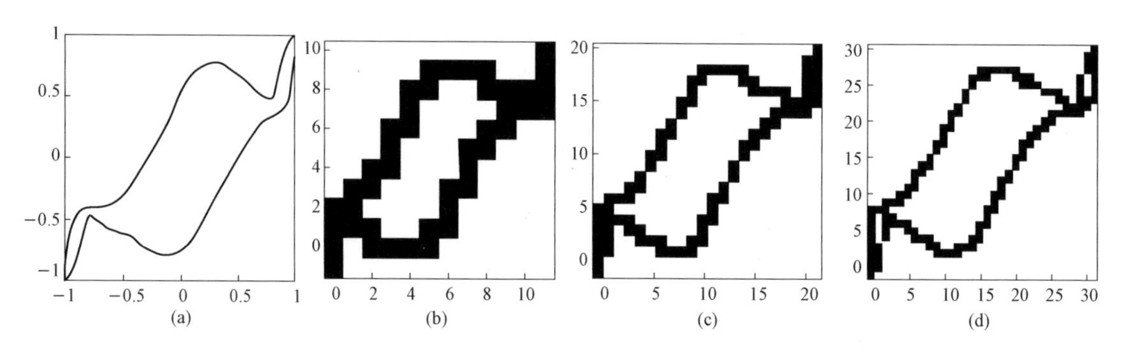

图 3-9　不同分辨率下的 V-I 轨迹图像

（a）原图；（b）$n=12$；（c）$n=22$；（d）$n=32$

实验结果如图 3-10 所示，可见图像分辨率较低时，V-I 轨迹特征无法充分表示原始 V-I 轨迹图像的细节，因此准确率较低。随着分辨率的提高，V-I 轨迹特征对原始 V-I 轨迹图像的拟合度不断提高，准确率也随之提高，当分辨率达到 28 以上时，拟合度已能较好地满足负荷辨识的需求，此时准确率不再随分辨率的提高而提高。因此，二维 V-I 轨迹特征的分辨率选择 28 是平衡准确率与计算速度较好的选择。

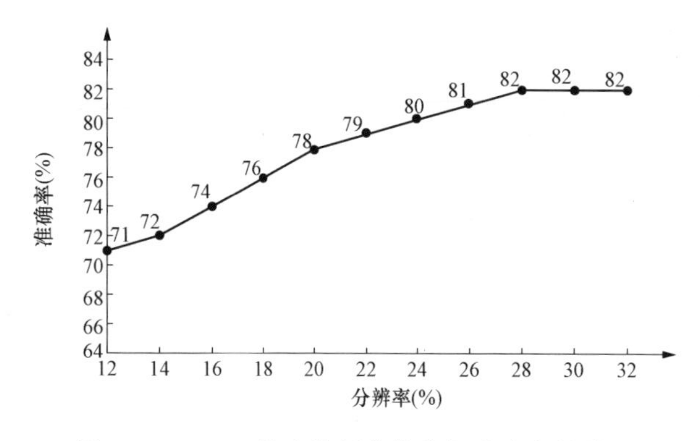

图 3-10　V-I 轨迹特征分辨率与准确率的关系

b）特征融合效果分析。使用不同特征时的混淆矩阵如图 3-11 所示，其中使用 V-I 轨迹特征进行负荷辨识的准确率为 82.7%，使用功率特征进行负荷辨识的准确率为 75.9%，使用 V-I 轨迹与功率复合特征时的准确率为 90.9%。

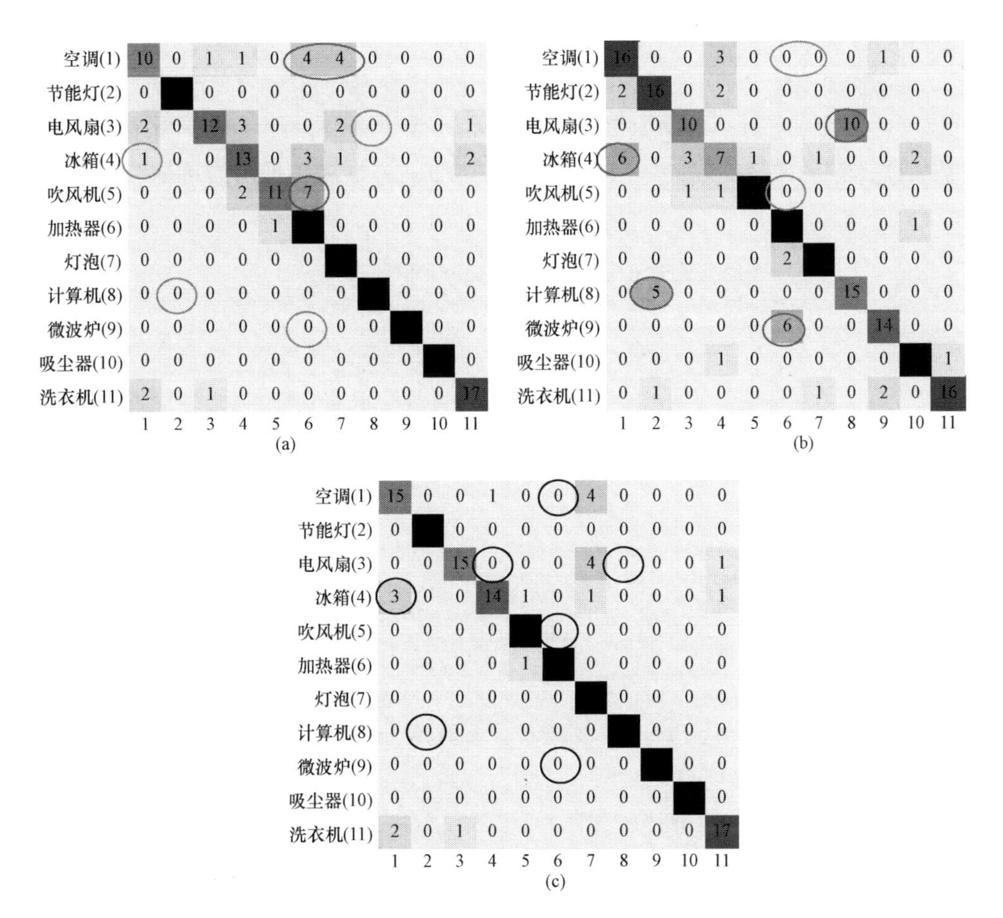

彩色插图

图3-11　使用不同特征时的混淆矩阵

(a) 使用V-I轨迹特征时的混淆矩阵；(b) 使用功率特征时的混淆矩阵；

(c) 使用复合特征时的混淆矩阵

通过对比两个单一特征的混淆矩阵可见，V-I轨迹特征与功率特征对于多个负荷均具有互补性。对于多状态负荷，如使用V-I轨迹分类错误的空调，在使用功率特征时被正确分类；使用功率特征分类错误的电风扇与冰箱，在使用V-I轨迹时被正确分类；使用V-I轨迹分类错误的加热负荷吹风机，在使用功率特征时也被正确分类。图中红圈为使用某一特征错误分类3个以上的负荷，在使用另一种特征时均能被正确分类。

使用复合特征时的辨识准确率为90.9%。图中黑圈所示为使用单一特征时分类错误较多的负荷，在使用复合特征时全部被正确分类或者错误分类数量大幅降低。以上实验结果表明本算法所用复合特征是利用了V-I轨迹特征与功率特征之间的互补性，改善了V-I轨迹无法反映功率大小的缺点，并且提高了V-I轨迹特征的辨识能力，对空调、电风扇、吹风机等多状态负荷的辨识能力提升明显。

c) 不同分类算法特征融合效果对比。本算法利用迁移学习实现了高级特征提取与分类环节的连接，在分类环节使用了 BP 神经网络作为分类算法。为了进一步验证各分类算法的负荷辨识能力与对特征融合的有效性，本实验分别使用不同分类算法与不同的负荷特征进行了实验。其中电流波形特征为一个稳态周期内负荷电流的采样值，谐波特征为一个稳态周期内负荷电流奇次谐波的幅值，功率特征与 V-I 轨迹特征为本算法采用的特征。实验结果见表 3-3。

表 3-3　　不同分类算法负荷辨识能力对比（100%）

特征	贝叶斯	决策树	GBDT	SVM	KNN	随机森林	神经网络
电流波形	0.617	0.718	0.756	0.638	0.749	0.783	0.802
功率	0.474	0.593	0.634	0.433	0.627	0.641	0.759
谐波	0.413	0.554	0.591	0.439	0.609	0.616	0.631
V-I 轨迹	0.520	0.761	0.786	0.664	0.789	0.817	0.827
电流＋功率	0.603	0.732	0.774	0.621	0.701	0.804	0.821
谐波＋功率	0.451	0.624	0.643	0.357	0.576	0.663	0.798
V-I 轨迹＋功率	0.809	0.822	0.827	0.827	0.84	0.859	0.909

由表 3-3 可见，对于分类算法，当使用单一特征时，神经网络、随机森林、KNN 与 GBDT 等分类算法具有良好的辨识效果，证明其在面对高维的图像特征时具有较强的特征提取与分类能力。而当使用复合特征时，神经网络、随机森林、决策树等分类算法能有效利用特征之间的互补性，证明其在两种特征之间找到了合适的权重平衡点，能够提高负荷辨识准确率。而 KNN 使用复合特征时的辨识准确率则低于使用单一特征时的辨识准确率，证明此算法在两种特征的类别发生分歧时，难以从中选择合适的类别，不适用于特征融合。

对于负荷特征，V-I 轨迹＋功率特征辨识准确率最高，V-I 轨迹特征的辨识准确率高于其他两种单一特征组成的复合特征，证明了 V-I 轨迹特征具有优秀的负荷辨识性能。对于分类算法，无论是使用单一特征还是复合特征，神经网络始终保持最高的辨识准确率，证明了神经网络具有良好的特征学习与分类性能。以上实验证明了神经网络不仅具有良好的单一特征负荷辨识性能，而且能够更有效地利用不同特征之间的互补性，更适用于特征融合的负荷辨识场景。

d）算法性能对比。为了验证本算法的效果，与其他先进负荷辨识算法进行了对比实验，实验均在 PLAID 数据集上进行。文献［9］使用 FFT 提取稳态电流的 1、3、5 次谐波幅值与相位角组成负荷特征，分类算法为多层感知机；其使用经过椭圆傅里叶描述子简化的 V-I 轨迹特征，原始 V-I 轨迹图像分辨率为 16×16，分类算法为随机森林。文献［10］使用自动选择负荷特征的递归特征消除算法，分类算法为随机森林；其使用了稳态与暂态特征相结合的 PQD 混合特征，能够较好地识别出负荷运行状态的切换，分类算法采用 ILP-CA（Identification and Localization based on PCA）。本算法与文献［8］～［11］中的负荷辨识算法的准确率对比见表 3-4。

表3-4 与其他负荷辨识算法的准确率对比（100%）

负荷	本算法	文献[8]	文献[9]	文献[10]	文献[11]
空调	0.75	0.13	0.31	0.74	0.73
节能灯	1	0.92	0.93	0.98	1
电风扇	0.75	0.68	0.53	0.93	0.74
冰箱	0.7	0.01	0.36	0.57	0.73
吹风机	1	0.77	0.87	1	1
加热器	0.95	0.51	0	0.55	0.90
白炽灯	1	0.89	0.9	0.99	1
计算机	1	0.98	0.9	0.56	1
微波炉	1	0.98	0.93	1	1
吸尘器	1	0	0.81	0.86	0.95
洗衣机	0.85	0	0.57	0.56	0.81
总体	0.91	0.73	0.77	0.85	0.88

由表3-4可见，大部分算法对于加热器等特征易混淆的负荷与洗衣机、空调、冰箱、电风扇等包含电动机结构的负荷识别效果较差，甚至有的完全无法识别。而本算法对各类负荷基本都保持了较高的辨识准确率，对于加热器等特征易混淆的负荷与包含电动机结构的负荷准确率明显高于大多数算法。主要原因是本算法选用了分辨率为28×28的未经简化的V-I轨迹图像，充分保留了特征细节，并融合了功率特征，提高了V-I轨迹特征的负荷辨识性能；分类算法也采用了上节实验中效果较好的神经网络模型，充分利用了V-I轨迹与功率特征之间的互补性。以上实验证明了本算法的优越性，尤其是对于辨识难度较高的负荷，算法的辨识准确率提高显著。

3.1.2 基于深度序列翻译模型的非侵入式负荷分解算法

1. 基于双向GRU的深度序列翻译模型

Seq2seq模型是由谷歌公司提出的一种深度序列翻译模型。该模型是一种通用的编码—解码框架，其编码和解码过程一般由相同类型的循环神经网络（RNN）或其变体结构组成，目前被广泛应用于机器翻译、文本识别、智能对话等任务，其结构如图3-12所示。

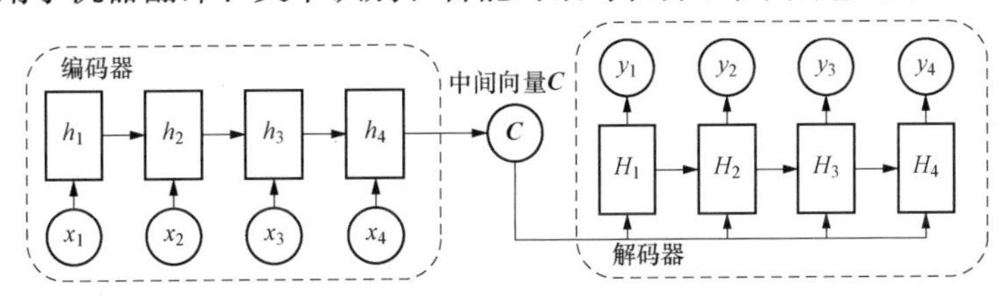

图3-12 深度序列翻译模型结构

图中，x、y 分别代表各时刻的输入与输出值，h 与 H 分别代表编码器与解码器中各时刻的隐状态。在 RNN 中，每一时刻的隐状态都是由当前时刻的输入与上一时间的隐状态共同决定的，即

$$h_t = f(h_{t-1}, \boldsymbol{x}_t) \tag{3-5}$$

其中，$f(\ )$ 代表编码器的运算函数。当所有时刻数据均输入给 RNN 之后，将最后时刻隐藏层输出传递给中间向量 $\boldsymbol{C}$。根据 RNN 的原理，$\boldsymbol{C}$ 即是前面所有时刻输入的抽象表示，表达式为

$$\boldsymbol{C} = f(h_1, h_2, h_3, \cdots, h_{\text{last}}) \tag{3-6}$$

在解码阶段，解码器在 t 时刻根据预测序列 y_1，y_2，y_3，…，y_{t-1} 与中间向量 $\boldsymbol{C}$ 来预测此时所有可能的预测值的概率序列 $P(\{y_t^{(1)}, y_t^{(2)}, y_t^{(3)}\cdots\} \mid \{y_1, y_2, y_3, \cdots, y_{t-1}\}, \boldsymbol{C})$，并选择概率最大的值作为预测值，计算公式如下

$$P(\{y_t^{(1)}, y_t^{(2)}, y_t^{(3)}\cdots\} \mid \{y_1, y_2, y_3, \cdots, y_{t-1}\}, \boldsymbol{C}) = g(\{y_1, y_2, y_3, \cdots, y_{t-1}\}, \boldsymbol{C}) \tag{3-7}$$

$$y_t = \arg\max P(\{y_t^{(1)}, y_t^{(2)}, y_t^{(3)}\cdots\}, \mid \{y_1, y_2, y_3, \cdots, y_{t-1}\}, \boldsymbol{C}) \tag{3-8}$$

其中 $g(\ )$ 代表解码器的运算函数。通过编码—解码过程即可完成一个序列到另一个序列的转换。

中间变量 $\boldsymbol{C}$ 能否有效抽象概括输入序列是编码—解码过程中的关键，当输入序列较长时，传统 RNN 结构由于梯度消失问题，几乎完全丢失了较早时刻的输入信息。深度序列翻译模型的编码器与解码器是对称结构，若选择 LSTM 构建深度序列翻译模型将至少包含 2 层 LSTM 层，想取得更好的效果往往需要更深的网络结构，但这样会导致网络参数过多而影响模型的训练与推理速度。因此，编码器选择双层双向 GRU 组成，解码器使用单层 GRU 组成，在不影响分解效果的前提下减少了模型参数，提高了模型的效率。

负荷功率数据属于典型的时序数据，即每一时刻的功率值均与前面各时刻的功率值存在联系，若在负荷分解时能充分考虑前面时刻对当前时刻的影响，将会取得更好的分解效果。传统的 BP 神经网络与卷积神经网络仅在层与层之间存在连接，每层的神经元之间不存在连接，因此对于网络输入层之间的序列关系是割裂的，无法有效处理时序数据。循环神经网络在每层的神经元之间存在连接关系，即可以将前一时刻隐藏层输出与当前时刻的输入结合起来输入给当前时刻的神经元，因此 RNN 能够考虑时序数据。但是当输入序列变长时，较早时刻的输入信息由于经过多次处理而被遗忘，即梯度消失问题。LSTM 就是为解决梯度消失问题而产生的，LSTM 由多个细胞组成，每个细胞结构相同，均由遗忘门、输入门、输出门组成，这三个门共同决定了需要记住与丢弃的信息，有效地解决了梯度消失的问题。但是 LSTM 的缺点是参数量较多，训练与推理速度较慢。GRU 神经网络解决了这个问题，GRU 神经网络通常由多个 GRU 层组成，每个 GRU 层又由多个 GRU 串联组成，每个 GRU 内部由 LSTM 的 3 个门变成了更新门与重置门 2 个门，在保证精度的前提下减少了参数量，提高了训练与推理速度。GRU 内部结构如图 3-13 所示。

由图3-13所示，每个GRU能够决定以前时刻的信息与当前时刻的信息有多少被保留，并将处理过的信息输出给同一层的下个GRU与下一层对应的神经元，每个GRU的信息传播公式如下

$$r_t = \sigma(\boldsymbol{W}_r \cdot [h_{t-1}, x_t]) \tag{3-9}$$

$$z_t = \sigma(\boldsymbol{W}_z \cdot [h_{t-1}, x_t]) \tag{3-10}$$

$$\widetilde{h}_t = \tanh(\boldsymbol{W}_{\widetilde{h}} \cdot [r_t h_{t-1}, x_t]) \tag{3-11}$$

$$h_t = (1 - z_t) h_{t-1} + z_t \widetilde{h}_t \tag{3-12}$$

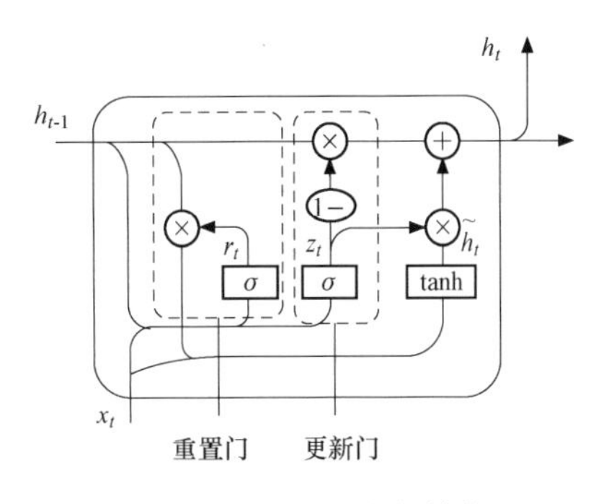

图3-13 GRU内部结构

式中：h_{t-1}、h_t、x_t分别代表上一时刻的输出、当前时刻的输出与当前时刻的输入；z_t与r_t分别代表更新门与重置门，更新门定义了前面记忆保存到当前时间步的量，重置门决定了如何将新的输入信息与前面的记忆相结合；$\widetilde{h}_t$代表前一时刻输出与当前时刻的输入组成的候选集；$\boldsymbol{W}_r$、$\boldsymbol{W}_z$、$\boldsymbol{W}_{\widetilde{h}}$代表需要训练的参数矩阵。

每个双向GRU层由两个单向GRU层堆叠而成，1个单向GRU层接受正向序列输入，另一个单向GRU层接受反向序列输入。双向GRU层每一时刻的输出由两个单向GRU层求和得到，因此其能同时考虑功率序列的正、反向输入对当前时刻的影响。该模型中的每个单向GRU层中的GRU数量与输入功率序列的功率点个数相同。

2. 解码与编码过程优化方法

(1) 注意力机制。

深度序列翻译模型虽然已经在多个领域取得了出色的效果，但是同样具有缺点。其将所有时刻的输入信息全部压缩至中间向量$\boldsymbol{C}$中，使得所有时刻的输入对输出均具有相同的影响权值，当输入序列不断变长时，$\boldsymbol{C}$处理信息的能力将会受到限制与削弱。此类模型也通常被称作注意力不集中的分心模型。为了解决这个问题，在序列翻译模型中引入了注意力机制，注意力机制能够考虑不同时刻的输入对输出的影响权重，在预测不同时刻的输出时使用不同的中间变量$\boldsymbol{C}_t$，给影响大的输入以较高的权重，从而提高模型对信息的利用能力。

传统注意力机制每预测一个输出，都需要对所有输入时刻的权重进行计算，计算量较大，而局部注意力机制仅需关注一小段时间内的输入即可。对于负荷分解这种长时间序列，某一时刻的输出通常只与一小段时间的输入密切相关，如负荷投切时刻的功率波形对后续预测的影响较大，其余部分对此时刻的输出影响很小甚至会造成干扰。因此对于负荷分解问题，使用局部注意力机制不仅能有效降低计算量，同时还能使模型注意力更加集中，避免其他时刻的干扰。

应用局部注意力机制的具体计算分为以下步骤：

1) 根据t时刻解码器的隐状态计算对此时预测值影响最大的时间窗口中间值，计算式为

$$p_t = T_x \cdot \mathrm{sigmoid}[\boldsymbol{v}_P^{\mathrm{T}} \cdot \tanh(\boldsymbol{W}_p h_t)] \tag{3-13}$$

式中：T_x为时间序列长度；$\boldsymbol{W}_p$ 与 $\boldsymbol{v}_P$ 为可训练的参数矩阵；h_t为此时解码器的隐状态。

2）计算 t 时刻解码器隐状态与所有时刻编码器隐状态 $\bar{h}_i$ 的相关性并使用 softmax 函数对其进行归一化，得到权重系数

$$\boldsymbol{a}_{t,i}=\mathrm{softmax}\left[\frac{\exp(h_t^{\mathrm{T}}\bar{h}_i)}{\sum_i^{T_x}\exp(h_t^{\mathrm{T}}\bar{h}_i)}\exp\left(-\frac{(i-p_t)^2}{2\,(D/2)^2}\right)\right],i\in[p_t-D,p_t+D] \quad (3-14)$$

式中：D 为时间窗口的宽度，需根据事件情况进行设置，D 越大时局部注意力考虑的输入范围越大，D 取为输入序列长度的 1/3；公式右侧为均值为 p_t、标准差为 $D/2$ 的正态分布乘积项，表示当 i 离时间窗口中间值越近时，输入对预测值的影响权重越大。

3）利用权重系数 $\boldsymbol{a}_{t,i}$与时间窗口内编码器隐状态 $\bar{h}_i$ 计算 t 时刻的中间向量$\boldsymbol{C}_t$

$$\boldsymbol{C}_t=\sum_{i=p_t-D}^{p_t+D}\boldsymbol{a}_{t,i}\bar{h}_i \quad (3-15)$$

（2）集束搜索算法。

在解码阶段，给定一个输入序列的条件下，希望得到概率最高的输出序列。传统深度序列翻译模型采用贪心搜索算法，每一时刻均会选择概率最高的值作为当前时刻输出的预测值。由于 GRU 过去的输出将会影响未来的输出，可能会出现某一个点的输出导致后续所有输出的概率降低，如离群点会对后续输出造成的较大影响。为了解决这个问题，在深度序列翻译模型中引入了集束搜索算法[12]。

集束搜索算法是一种启发式的搜索算法，在每一时刻均选择目前为止概率最大的 k 个序列作为预测值，即在任一时刻都有 k 个功率序列作为候选序列，直到最后时刻选出概率最大的序列作为整个序列的预测值，k 称为集束宽度。其具体搜索流程如图 3-14 所示。与传统贪心算法相比，使用集束搜索算法考虑了更多的搜索空间，因此可以得到更多的翻译结果，从而提高分解准确率。对于功率波形随机性较大的负荷，集束搜索算法能得到多条负荷功率曲线的备选项，然后从中选择概率最大的曲线，以降低随机性对准确率的影响。集束宽度选择 20，即在每一时刻都有 20 条概率最大的功率曲线作为候选曲线。

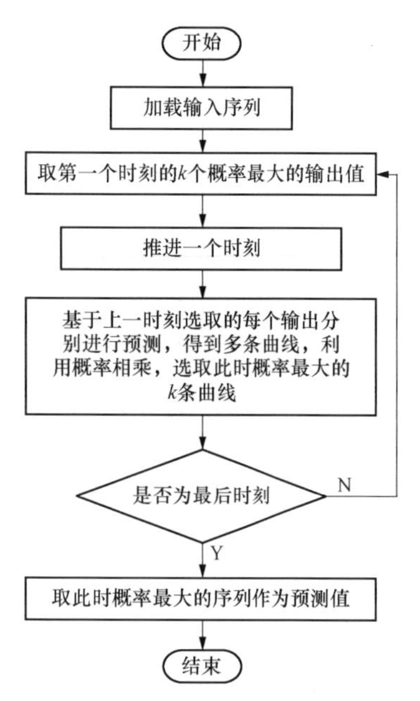

图 3-14　集束搜索流程图

3. 基于深度序列翻译模型的非侵入式负荷分解算法的总体工作流程

基于深度序列翻译模型的非侵入式负荷分解算法的总体工作流程如图 3-15 所示。在流程中，为每类负荷都训练一个 Seq2seq 模型，每个模型结构相同，以充分学习此类负荷启停时的功率特征，这也是基于深度学习方法常用的策略。在分解过程中，首先将分段好的低频总功率序列输入给每类负荷的 Seq2seq 模型，每个模型将总功率序列中

的形状特征与各类负荷的形状特征进行匹配，然后输出各类负荷单独的功率序列，即实现了负荷分解。由于各负荷的运行时长差别很大，所以在数据分段过程中根据每类负荷的实际运行周期为其设置长度适当的功率窗口，分解完成后再进行组合。

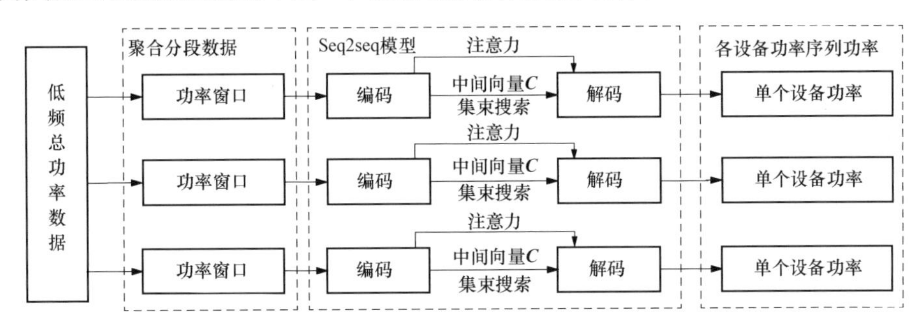

图 3-15 基于深度序列翻译模型的非侵入式负荷分解算法的总体工作流程

4. 实验及分析

(1) 实验设计及评价指标。

为了充分验证本算法的理论性能与实际使用效果，分别设计了使用公开数据集的实验与真实测试场景中的实验对本算法进行评估与分析。

1) 使用公开数据集的实验主要侧重于对本算法理论性能的评估，并与其他先进算法进行对比。高质量的公开数据集对算法性能的评估具有至关重要的作用，这也是目前 NILM 领域评估所有算法的必要环节。

2) 真实测试场景中的实验模拟了复杂的工作环境，主要侧重于验证本算法在复杂的实际工作环境中的表现，并对使用数据集难以进行的实验进行补充。

采用了两种评价指标，分别为平均绝对误差（Mean Absolute Error，MAE）与定义的一种相对误差（Relative Error，RE）。其中 MAE 为绝对评价指标，其物理意义为每个点的绝对误差，针对不同负荷会有不同的值，不能在负荷之间进行对比。RE 则为相对评价指标，它反映了误差与实际值的比值，可以在不同负荷之间进行比较。计算公式分别为

$$MAE = \frac{1}{m}\sum_{i=1}^{m}|(y_i - \hat{y}_i)| \tag{3-16}$$

$$RE = 1 - \frac{\sum_{i=1}^{m}(y_i - \hat{y}_i)^2}{\sum_{i=1}^{m}y_i^2} \tag{3-17}$$

(2) 数据来源及处理方法。

1) 数据来源。在真实测试场景下的实验测试了单个负荷在高功率负荷影响下的负荷分解准确率。在数据集方面，REDD 数据集目前被广泛应用于非侵入式负荷分解算法的评估[5]。该数据集采集了美国大波士顿地区六个普通家庭持续一个半月左右的电器使用数据，包括低频总表功率数据与单个用电负荷的分表功率数据；每个家庭包含 10 种左右的用电负

荷，每个家庭所包含的负荷类型不完全相同且有的负荷开启次数较少。为了保证算法的稳定性，选取了大部分家庭均包含且开启次数较多的冰箱、微波炉等五种常用负荷对本算法进行评估。

2）数据提取。由于数据格式的不同，需要对REDD数据集中的数据进行提取才能使用。该数据集中总表每秒采集一个点，分表每3s采集一个点，为了使总表与分表时间序列一一对应，首先对总表数据进行降采样，将其采样频率降低为每3s一个点。

本算法的训练以样本为单位，每个样本均包含一段总表的功率序列与对应的各分表的功率序列。输入为总表的功率序列，并对此功率序列进行分解得到每个分表的功率序列。由于不同类型负荷的运行周期不同，从冰箱的分钟级到洗衣机的小时级，因此有必要对不同的负荷采用不同长度的功率序列以使其包含该负荷的完整工作周期。针对REDD数据集采用的五种用电负荷的样本提取参数与提取到的样本数量见表3-5。

表3-5　用电负荷样本提取参数与数量

负荷	最低功率（W）	最低运行时间（s）	时间序列长度（点）	样本数量（个）
冰箱	50	60	512	3972
微波炉	100	60	512	1252
洗碗机	50	200	2048	1037
干衣机	50	200	2048	1802
电炉	600	60	256	1537

3）训练数据合成方法。模型的训练需要大量样本，在实际使用中样本数量可能很少，导致无法充分训练模型。由于各负荷的投切频率相差很大，每种负荷的训练样本数量也可能存在较大差距，因此降低分解效果与模型的稳定性。为了解决这个问题，需要对较少的样本集或不平衡的样本集进行处理。文献［13］提出了人工合成训练数据的方法，借鉴了该方法并对合成参数进行了调整，通过合成训练数据的方法对REDD数据集中的样本进行了扩充，使每种负荷的样本数量均达到5000，保证模型得到充分训练且具有较好的稳定性。具体合成方法如下：

a）创建两个与负荷类型对应长度的人工合成序列，序列元素全部为0，其中一个用作训练，另一个用作标签。以50%的概率决定训练人工合成序列是否包含该用电负荷，若包含，则从相应负荷样本中随机选择一个负荷样本，在序列头尾不超出边界的前提下将该负荷样本随机放入训练人工序列中，并在标签人工序列相应位置放入该负荷样本；否则，不对序列进行任何更改。

b）以50%的概率决定是否插入干扰用电负荷，若插入，则在不包含该负荷的以上五类用电负荷中，随机选择任一负荷的任一负荷样本，在头尾可超出边界的前提下将该负荷样本随机放入训练人工合成序列中。

c）以50%的概率决定是否插入其他噪声功率序列，若插入，则在训练集总表数据中任选与训练人工合成序列长度相等的总功率序列插入。

（3）使用数据集的实验分析。

在使用数据集的实验中，为了证明本算法在完全未经训练的家庭中也能取得良好的分解效果，从而具有较强的稳定性与鲁棒性，下面使用不同的家庭用电数据对算法进行训练与测试。由于5号家庭中包含较多的所有五种用电负荷的样本数量，因此使用1、2、3、4、6号家庭中的用电负荷对算法进行训练，5号家庭中所有用电负荷均用来对算法进行测试而不参与训练。

为了验证本算法的效果，与多种算法进行了对比，其中包括NILMTK[14]中的CO算法与FHMM算法、使用CNN的负荷分解算法与文献［13］中先进的CNN＋双向LSTM的算法。所有实验进行了五次，并取平均结果进行对比。实验结果见表3-6，结果证明即使在完全未经训练的家庭中，本算法也能保持良好的负荷分解效果，对于各种不同工作原理、不同功率等级的负荷均能维持100W以下的平均绝对误差MAE与0.9左右的相对评价指标RE。虽然冰箱有最低的MAE指标，但高功率设备的RE指标总体略好于低功率的冰箱，主要原因是冰箱的功率分解会受其他高功率负荷运行时的功率波动影响。对于所有负荷，本算法与其他算法相比，均具有最高的RE指标与最低的MAE指标，性能表现远超基准算法CO与FHMM；与同样基于深度学习的CNN算法或文献［13］提出的基于CNN＋双向LSTM的算法相比也能保持较大幅度的领先，证明了本算法在负荷分解性能上的先进性。

表3-6　各算法MAE指标对比

MAE	CO[14]	FHMM[14]	CNN	CNN＋LSTM[13]	本算法
微波炉	172.6	69.621	75	51	32
洗碗机	69.214	74.2	96	67	37
冰箱	65.165	71.627	23.634	23.56	14
电炉	190	99	221	71	49
干衣机	191	392	238	160	93

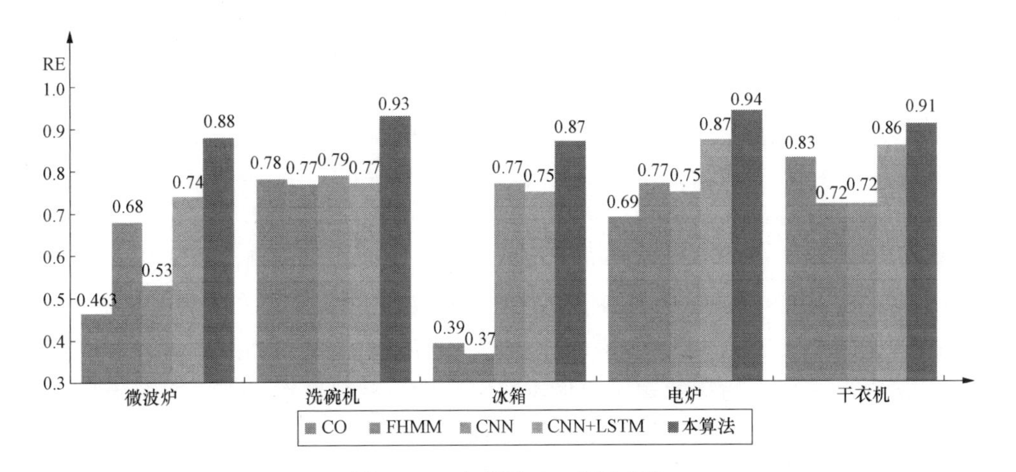

图3-16　各算法RE指标对比

彩色插图

本算法在计算速度方面也进行了针对性的考虑，如使用了由 LSTM 改进而来的 GRU 模型，实现了参数与网络结构的化简。采用了局部注意力机制，与传统的注意力机制相比，模型更加专注的同时进一步降低了计算量。为了验证本算法在计算速度方面的表现，与文献［13］中基于 CNN＋双向 LSTM 的算法进行了计算速度对比。由于神经网络模型的推理过程非常短且随机性强，难以充分代表算法的计算速度，因此本实验以耗时较长且更为稳定的模型训练时间代表各算法的计算速度。实验环境为搭载 Ubuntu18.04 操作系统的深度学习服务器与 Raspberry 3B＋嵌入式开发板。实验数据采用本小节实验对比使用的各负荷的训练集，保持各项设置均不变的情况下，对每个负荷的模型都训练 500 轮，记录各模型训练耗时。实验结果见表 3-7，可见与基于 CNN＋双向 LSTM 的算法相比，本算法的模型训练速度提高了 40%以上。以上实验结果证明了本算法在提高了负荷分解精度的同时提高了计算速度。

表 3-7　　训练时间对比

负荷	本算法模型训练时间（min）	文献［13］模型训练时间（min）	时间节省率（%）
冰箱	42	76	45
微波炉	45	81	45
干衣机	64	121	48
洗碗机	61	109	45
电炉	33	55	40

（4）真实测试场景中的实验分析。

在真实测试环境中，各种用电负荷经本算法分解得到的功率曲线与负荷单独运行的真实功率曲线对比如图 3-17 所示。

由图 3-17 可见，对于各种工作模式与功率等级的用电负荷，本算法均能准确地学习到负荷投切瞬间独特的功率波形特征，从而实现准确的分解，分解所得的负荷功率曲线与真实负荷功率曲线总体重合度较高。但分解得到的曲线有一定程度的随机波动，低功率负荷的功率曲线随机波动相对值更高，其原因可能是每个负荷在测试时均有其他高功率负荷运行时产生的功率随机波动。算法为了充分拟合各设备单独运行时功率曲线中的细节部分，认为总负荷中的每个波动都有可能是该负荷产生的，因此积极地进行拟合，从而提高了台式电脑之类功率连续变化型负荷的分解准确率。分解得到的台式电脑功率曲线拟合了台式电脑的每次功率变化，并且其产生的随机波动不会使分解得到的功率波形产生宏观的形变。

本实验对各个负荷均进行了五次测试并取平均值。其实验结果见表 3-8，可见本算法对真实测试环境中各负荷的评价指标与使用数据集的实验所得结果基本一致，大部分高功率负荷的 RE 指标在 0.9 及以上，低功率负荷的 RE 指标也在 0.8 以上，证明了本算法的适用性。

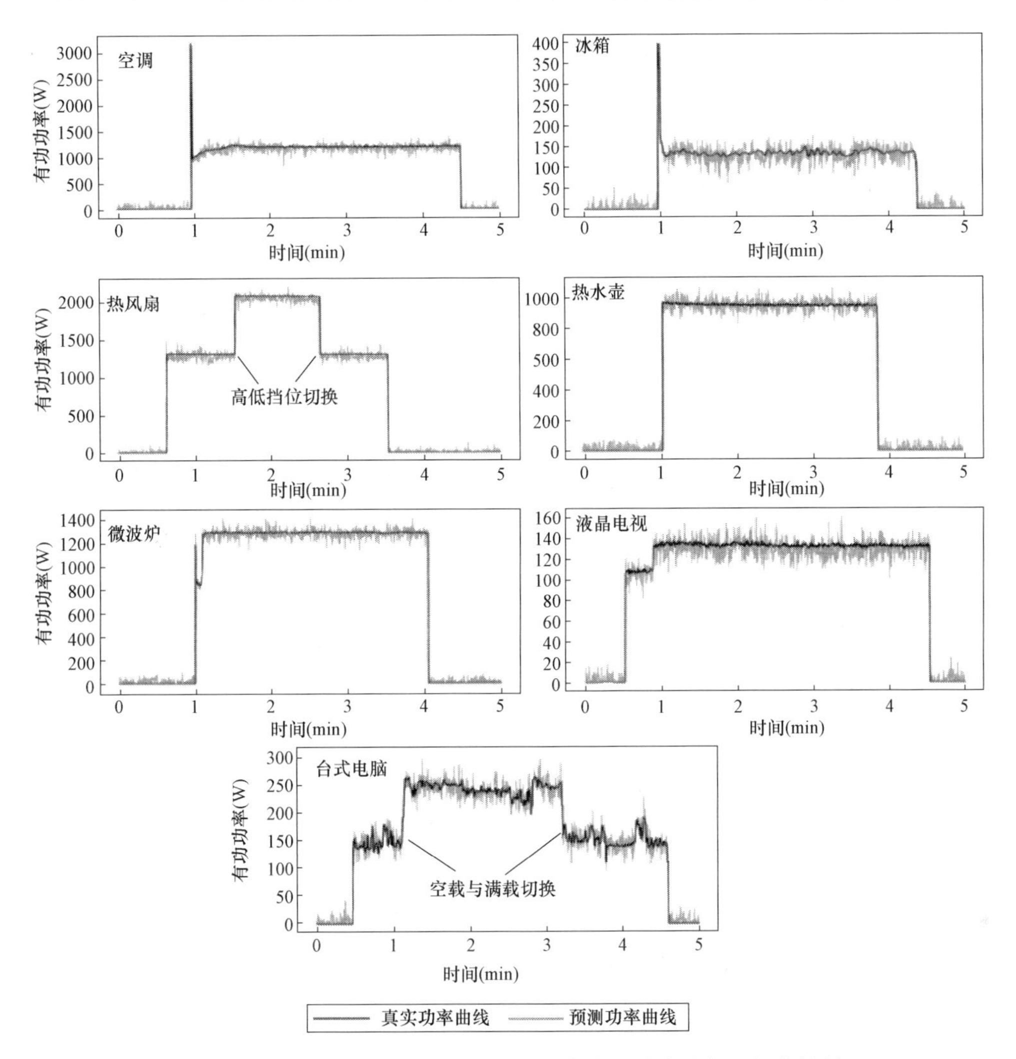

彩色插图

图 3-17　本算法对真实测试场景中各负荷的功率分解可视化效果

表 3-8　本算法对各个负荷的分解准确率评价指标

指标	空调	冰箱	热风扇	热水壶	微波炉	液晶电视	台式电脑
MAE	50.64	12.33	52.32	25.74	25.77	6.49	12.71
RE	91%	83%	92%	87%	90%	84%	86%

3.2　用户负荷特性分析及平台构建

3.2.1　用户负荷特性分析

用户用电特性是指用户的用电特点和性质。开展用户负荷特性分析，有助于掌握用户的用电特性和负荷变化规律，有效识别用户的用电模式，衡量不同因素对用户用电模式的影响，从而为需求侧响应规划、用户社会属性辨识、负荷预测、负荷控制、用电异常检测、用电促销等提供重要依据。这对于提高配用电的智能化水平、改善电力系统运行可靠性、提高电网资产利用率、提高企业经济效益、节约能源都具有重要意义。

负荷特性分析作为智能配用电领域的关键环节，涉及聚类分析、深度学习、数据分解和数据融合等核心技术。下面首先提出一种基于统计距离的聚类算法和关联规则挖掘算法，然后给出数据的预处理过程。在此基础上，采用聚类方法获取用户用电模式，并利用关联分析算法挖掘用电模式与气候因素、时间因素、社会因素的关联关系。

1. 基于统计距离的聚类算法和关联规则挖掘算法

（1）基于统计距离的聚类算法。

k - means 聚类算法是根据聚类组中的均值进行聚类划分的方法，其处理大数据的性能比较好，收敛数据较快。距离度量是聚类算法的基础，有多种衡量距离的方法，主要包括以样本差异为基础的距离和以样本相似程度衡量的距离。前者主要包括绝对值距离、欧式距离、闵可夫斯基距离、切比雪夫距离、Lance 距离等，而后者主要包括夹角余弦和相关系数。传统的 k - means 聚类算法中采用的距离度量方法为欧式距离。

在分析用户用电数据质量情况时发现用户 96 点曲线的缺失值和异常值普遍存在。清洗数据的方法有简单插补法，如用平均值、众数等代替；还可以采用函数型分析（Functional Data Analysis，FDA）方法进行清洗。此处不采用首先添补缺失值的方法，而是直接利用含有缺失值的数据计算曲线间的距离，即统计距离

$$d_{ij} = (e_{ij}^2 + s_{ij}^2)^{0.5} \tag{3-18}$$

式中：d_{ij}表示曲线i和曲线j之间的距离。令X为随机变量$|x_{ik}-x_{jk}|$，k表示样本的维数，则e_{ij}、s_{ij}分别表示X的期望和标准差。

由于统计距离是基于两条曲线间的距离的期望和标准差，因此，即使有部分数据点缺失，仍然可以用样本来估计整体的绝对值差的期望和标准差。另外，为了衡量数据的不完整性，引入可信度概念，表示所计算距离的不确定性程度，表达式为

$$reliability_{ij} = \frac{m_{ij}}{p} \times 100\% \tag{3-19}$$

式中：$reliability_{ij}$表示可信度；m_{ij}表示曲线i和曲线j中完整数据点的个数；p为曲线的维数。

通过控制可信度的大小可以控制数据清洗后保留的数据的多少。

基于统计距离的 k - means 聚类算法基本与传统聚类算法相同，即首先指定所要的聚类个数k，然后选出k个样本作为聚类的中心，再根据指定的距离公式将所有样本分配到各自最接近的聚类中心，接着计算出每个聚类的质心，最后用新的聚类中心重复整个过程，直到聚类中心不再变化。不同点在于：选择k个初始质心时不随机选取，而是根据初始质心间的距离尽可能远的原则选取；距离计算公式不采用欧式距离，而是选择上面定义的统计距离；采用 DBI（Davies - Bouldin Index，戴维森堡丁指数）指标自适应选择最优的聚类数。算法流程如图 3 - 18 所示。

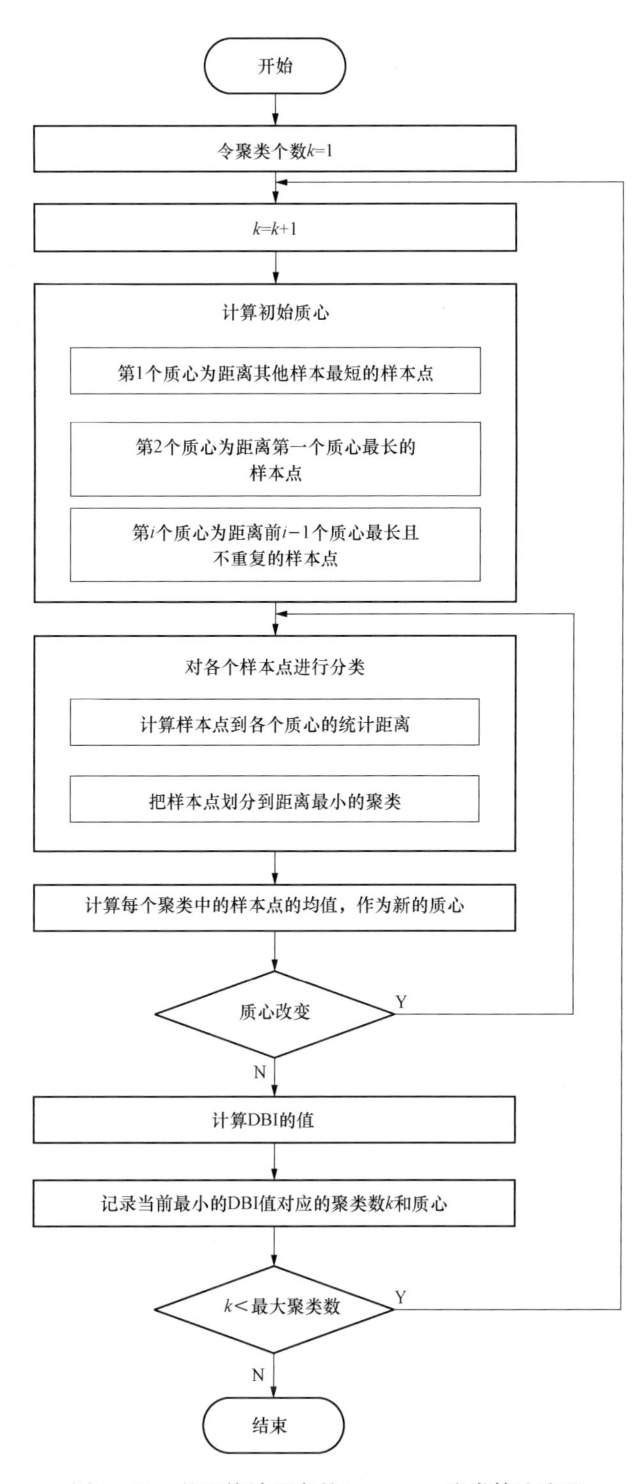

图 3-18　基于统计距离的 k-means 聚类算法流程

为了适应大规模数据集，采用一种分布式两阶段聚类算法。该算法的基本思想如下：首先利用基于统计距离的 k - means 算法对每一户或每几户用户进行聚类分析，得到其用电模式；然后将得到的单用户典型日用电曲线作为原始曲线再次进行聚类，从而得到用户群体的用电模式。该算法的流程如图 3 - 19 所示。

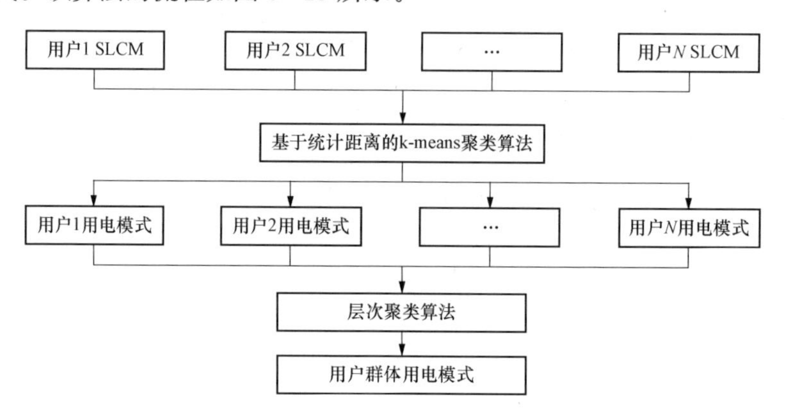

图 3 - 19　分布式两阶段聚类算法流程

（2）关联规则挖掘算法。

关联分析是数据挖掘的核心技术之一，其目的是从大量数据中发现变量之间的相关关系。关联分析最经典的算法是 Apriori 算法，下面介绍该算法的基本思想。

相关基本术语定义如下：

1）项集（Itemset）：一个集合，表示为 $\{I_1, I_2, \cdots, I_n\}$，其中 I_n 为项集中的一项，若干项的集合称为项集，n 不是一个固定值，若 n 为 2，则称为二项集。

2）关联规则（Association Rule）：表示为 $X \rightarrow Y$，其中箭头左侧的项集 X 称为先决条件，箭头右侧的项集 Y 称为关联结果，用于表示数据内不隐含的关联性。

关联性的强度由支持度、置信度、提升度描述，其定义如下：

a）支持度（Support）：在所有项集中 $\{X, Y\}$ 出现的可能性大小，即项集中同时含有 X 和 Y 的概率，表示为

$$\text{Support}(X \rightarrow Y) = P(X,Y) \tag{3 - 20}$$

该指标作为建立强关联规则的第一个标准，衡量了所考察的关联规则在“量”上的多少。其意义在于通过最小阈值（Minimum Support，minsup）的设定，来剔除那些“出镜率”较低的无意义规则，而保留下出现较为频繁的项集所隐含的规则。上述过程用公式表示为

$$\text{Support}(Z) \geqslant \text{minsup} \tag{3 - 21}$$

b）置信度（Confidence）：置信度表示在关联规则的先决条件 X 发生的前提下，关联结果 Y 发生的概率，即含有 X 的项集中，同时含有 Y 的可能性，计算公式为

$$\text{Confidence}(X \rightarrow Y) = P(Y \mid X) = \frac{P(X,Y)}{P(X)} \tag{3 - 22}$$

这是生成强关联规则的第二个标准，衡量了所考察的关联规则在“质”上的可靠性。相似地，需要对置信度设定最小阈值（Minimum Confidence，mincon）以实现进一步筛选，从而最终生成满足需要的强关联规则，因此，继筛选出频繁项集后，需从中进而选取满足式（3-31）的规则，至此完成所需关联规则的生成。

$$\text{Confidence}(X \rightarrow Y) \geqslant \text{mincon} \tag{3-23}$$

c）提升度（Lift）：提升度表示在含有 X 的条件下同时含有 Y 的可能性与没有这个条件下项集中含有 Y 的可能性之比，即在 Y 自身出现的可能性 $P(Y)$ 的基础上，X 的出现对于 Y 的“出镜率” $P(Y \mid X)$ 的提升程度，其计算公式为

$$\text{Lift}(X \rightarrow Y) = \frac{P(Y \mid X)}{P(Y)} = \frac{\text{Confidence}(X \rightarrow Y)}{P(Y)} \tag{3-24}$$

该指标与置信度同样用于衡量规则的可靠性，作为置信度的一种补充指标。当提升度为1时表示 X 与 Y 相互独立，X 的出现对 Y 出现的可能性没有提升作用。提升度的值越大表明 X 对 Y 的提升程度越大，也即表明关联性越强。

关联分析的基本思路为：

1）搜索满足支持度最小阈值的所有项集，即频繁项集。

2）从频繁项集中选出满足最小置信度的所有规则。

Apriori 算法是运用最广泛的关联规则算法，该算法通过对事务数据库的所有事务数据集进行扫描来发现所有的频繁项集。Apriori 算法需要不断地扫描事务数据库。第一步扫描数据库来获得候选1-项集，通过比较给定的最小支持度来得到频繁1-项集。第二步根据上一步得到的频繁1-项集和最小支持度的计数来获得候选2-项集，再比较最小支持度来获得频繁2-项集。第三步开始逐步迭代，从3开始一直到假设的 k，根据 k 得到（$k-1$）的值，在确定计算候选 k-项集所需要的频繁（$k-1$）-项集，进一步获得候选 k-项集，再比较最小支持度的计数来获得频繁 k-项集。最后判断 k 是否为零，若为零，则算法结束；若不为零，则 k 自动加1，重复进行上面的第三步，直至获得最后的频繁项集。

Apriori 算法中关键的步骤是支持度计数和最小支持度的比较，它是根据这样的一条性质来完成的，即如果一个频繁（$k-1$）-项集不是频繁项集，那么包含这个项集的所有 k-项集都不是频繁项集。通过这条性质来对生成的候选项集进行剪枝操作。根据这个性质可以简化上面 Apriori 算法的步骤，将算法简化为连接和剪枝两个步骤。第一步连接，通过上一项的候选集得到频繁项集。第二步剪枝，利用上面的性质进行剪枝。

2. 数据预处理

在进行分析之前，需要对数据进行预处理和特征构造。首先要整理数据结构，其次要对数据进行标准化。

（1）数据结构整理。

数据来源于某市电力公司提供的96点日负荷数据，通过数据变换，将负荷曲线用以下矩阵表示：

1）单用户日负荷曲线矩阵（SLCM）：二维矩阵，大小为365×96，存储单个用户一年

的日负荷曲线数据，行标号为日期，列标号为1～96，每一行表示一天的数据。

2）单用户日负荷特征矩阵（SLFM）：二维矩阵，365行，存储单个用户一年的日负荷特征数据，行标号为日期，列标号为负荷特征，包括用电信息特征和气象特征。

3）多用户负荷曲线矩阵（MLCM）：二维矩阵，存储多个用户的日负荷曲线数据，行标号为用户编号，列标号为1～96，表示该用户的典型日负荷曲线特征。用户的典型日负荷曲线由聚类算法的聚类数设为1时得到。

4）多用户日负荷特征矩阵（MLFM）：二维矩阵，存储多个用户的日负荷特征数据，行标号为用户编号，列标号为负荷特征，包括用电信息特征、气象特征和社会属性特征。

（2）数据标准化。

在进一步分析前，对数据进行标准化处理能够消除绝对值数据带来的不利影响，如负荷曲线的形状类似，但由于数值大小不同，曲线会分布在不同的空间中，这样类似的曲线将归于不同类。对数据进行标准化处理，可排除数值大小的影响，突出曲线特征。标准化公式为

$$p'_{i,j}=\frac{p_{i,j}-p_{i,\min}}{p_{i,\max}-p_{i,\min}} \tag{3-25}$$

在构造用户负荷特征矩阵时涉及用户的用电信息特征、气象特征和社会属性特征。这些特征的定义如下：

1）用电信息特征。根据用户的96点日负荷曲线构造，反映用户的用电情况，包括绝对指标、比率指标和用电模式。其中，用电模式是较为特殊的一类指标，不能由表3-9所列公式直接计算得出，而是由聚类分析的结果给出，详细内容见下一小节（用户用电模式获取）。除用电模式外，其他指标的计算公式见表3-9。

表3-9　　用户用电指标含义

绝对指标			相对指标		
名称	计算公式	含义	名称	计算公式	含义
日最高负荷	$f_1=P_{\max}$	一天内的最高负荷	日负荷率	$f_5=\frac{P_{av}}{P_{\max}}$	反映全天负荷变化
日最低负荷	$f_2=P_{\min}$	一天内的最低负荷	日最高利用小时率	$f_6=\frac{P_{sum}}{24P_{\max}}$	反映时间利用效率
日用电量	$f_3=P_{sum}=\frac{\sum_1^{96}p_i}{4}$	一天内的用电量	日峰谷差率	$f_7=\frac{P_{\max}-P_{\min}}{P_{\max}}$	反映电网调峰能力
日平均负荷	$f_4=P_{av}=\frac{\sum_1^{96}p_i}{96}$	一天内的平均负荷			

2）气象特征。用户负荷特性与天气情况有关，为了反映天气状况，在特征选择过程中添加气象特征。气象特征见表3-10。

表 3-10　　气象特征含义

特征名称	含义	特征名称	含义
日最高气温	一天内的最高气温	日平均湿度	一天内的平均湿度
日最低气温	一天内的最低气温	日最高风速	一天内的最高风速
日平均气温	一天内的平均气温	日最低风速	一天内的最低风速
日最高湿度	一天内的最高湿度	日平均风速	一天内的平均风速
日最低湿度	一天内的最低湿度		

3）社会属性特征。用户负荷特性还与用户的社会性质有关，如行业类别等，所以在特征选择过程中添加了用户社会属性。社会属性特征见表 3-11。

表 3-11　　社会属性特征

特征名称	含义
行业类别	表示该用户所属的行业类型
电价类别	表示该用户所使用的电价类型
是否工作日	二元变量，“1” 表示工作日，“0” 表示非工作日
月份	一年中的第几个月，用 {1，2，…，12} 表示
星期	一周中的第几天，用 {0，1，…，6} 表示，“0” 表示星期日

3. 用户用电模式获取

利用上述的 100kW 以上用户的 96 点负荷曲线作为数据来源，采用基于统计距离的分布式两阶段聚类算法分析用户的用电模式。

在第一步聚类时，采用不同的方法进行分布式处理会得到不同的初步聚类结果。可以采用随机分组方式，但这样的缺点是初步聚类结果没有现实意义。在第二步分析用户用电数据时，从用户档案中可以得到不同的用户类型、经济类型等，据此进行分类，可以更详细地了解用户用电模式。下面将采用第二种分布式处理方式进行聚类分析。

1）按照用户类型分类。用户类型主要分为大工业用户、非工业用户、非居民照明、居民生活用电、农业灌溉、农业生产、商业用电、中小学教学用电八大类，每一类的用电模式如图 3-20 所示，图中纵坐标表示标准化后的负荷值。从图中可以看出大工业用户有三种典型用电模式：一种是单峰型（a1），白天 8 点至 19 点负荷最高，其他时间负荷较小；一种是平稳型（a2），整天的负荷基本保持在一个水平不变；一种是晚间型（a3），晚上的负荷很高，白天比晚上负荷略高。商业用电的用电模式中有典型的双峰型（b2），中午和晚上的负荷有一个高峰。非居民照明用电的用电模式与经验不符，一般会认为照明会集中在晚上，事实上白天仍然是非居民照明的用电高峰。农业生产的用电模式中有晚间用电型（g2），晚上是主要的用电时段，白天的用电反而很低。农业灌溉的用电模式最为复杂，曲线呈现不光滑性，其中一种用电模式（h3）在一天内出现多个高峰用电时段。非工业类用户的行业分类不明确，但其用电模式与工业类的用电模式很接近。

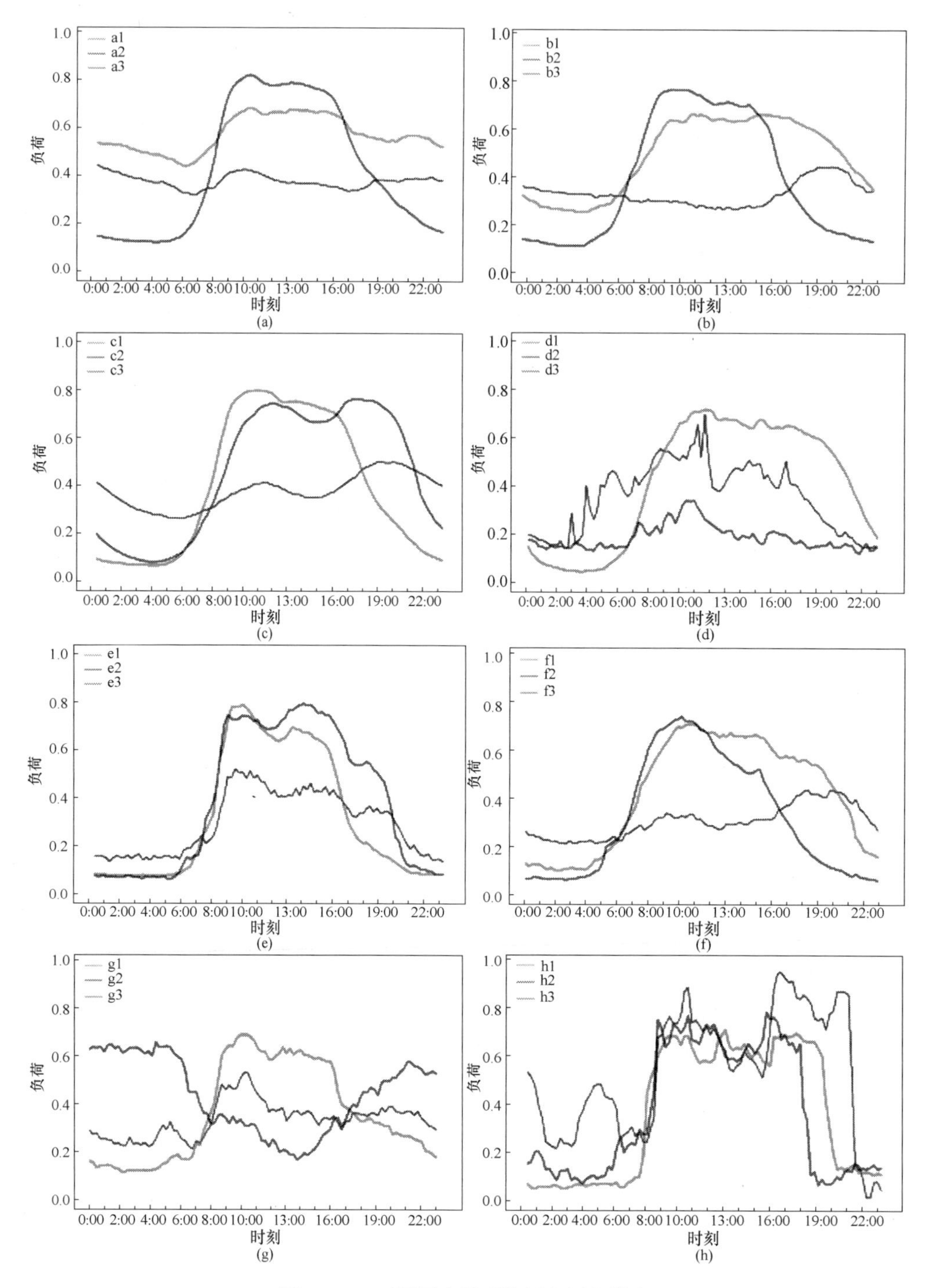

图 3-20　不同用户类型的用户用电模式

(a) 大工业；(b) 非工业；(c) 商业用电；(d) 居民生活用电；(e) 非居民照明；
(f) 中小学教学用电；(g) 农业生产用电；(h) 农业灌溉用电

2）按照经济类型分类。经济类型主要包括个体、股份、合资、集体、全面、私营、外资、其他八大类，各类型的用电模式如图3-21所示。其中集体用户的用电模式比较特殊，一种是在凌晨出现了双峰特性（d3），另一种是一天内有多个低谷用电时段（d1）。个体用户的用电模式最为复杂，一种负荷从早到晚呈现缓慢上升的特性，伴随着很多小的波动（g3）；一种是半双峰型（g2），17点到22点的负荷最高，中午也会出现一个小高峰；另一种是双峰型（g1），两次高峰分别出现在早上和下午。其他类型的用户的用电模式较为简单，分别有单峰型、双峰型和平稳型。

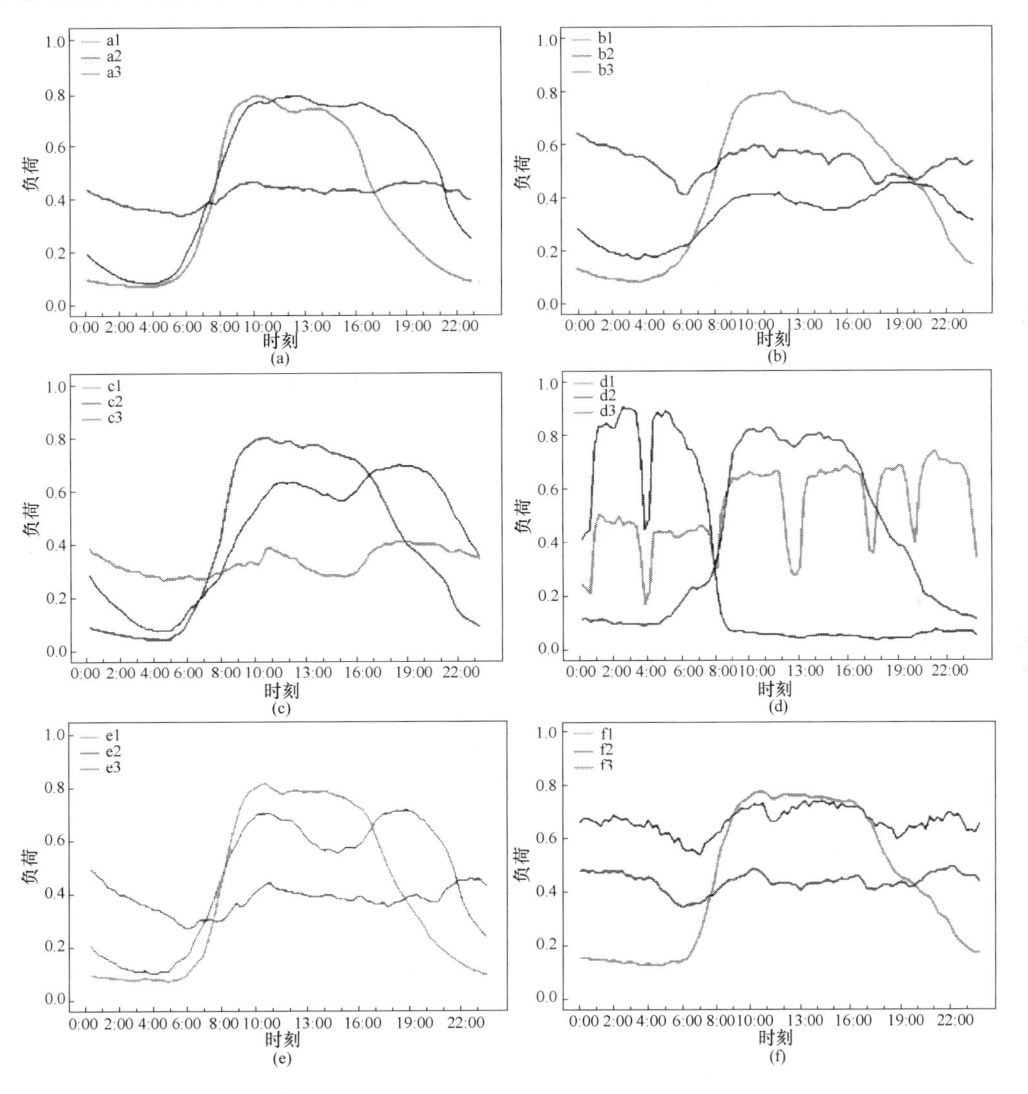

图3-21　不同经济类型的用户用电模式（一）

(a) 私营；(b) 全民；(c) 股份；(d) 集体；(e) 合资；(f) 外资

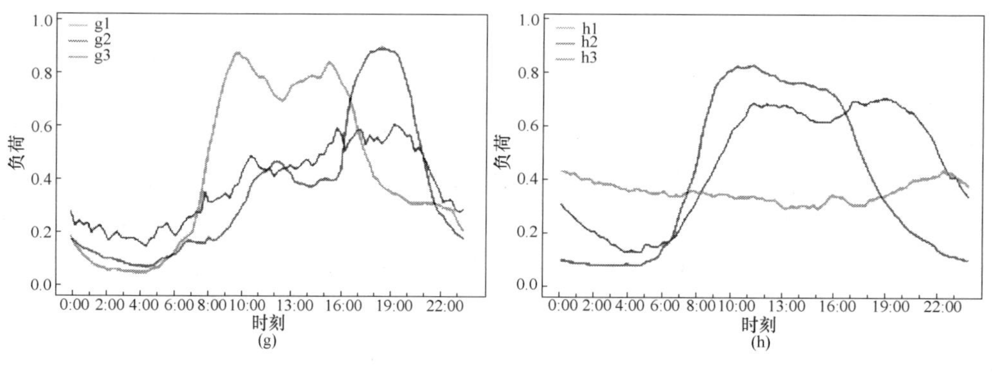

彩色插图

图 3-21　不同经济类型的用户用电模式（二）

（g）个体；（h）其他

3）按照功率因数考核标准分类。功率因数考核标准分为不考核、考核标准 0.8，考核标准 0.85、考核标准 0.9。其中考核标准 0.8 的用户的用电模式呈现波动性特点，考核标准 0.9 的用户用电模式只有单峰型，其他两类用户用电模式既有单峰型，又有双峰型。

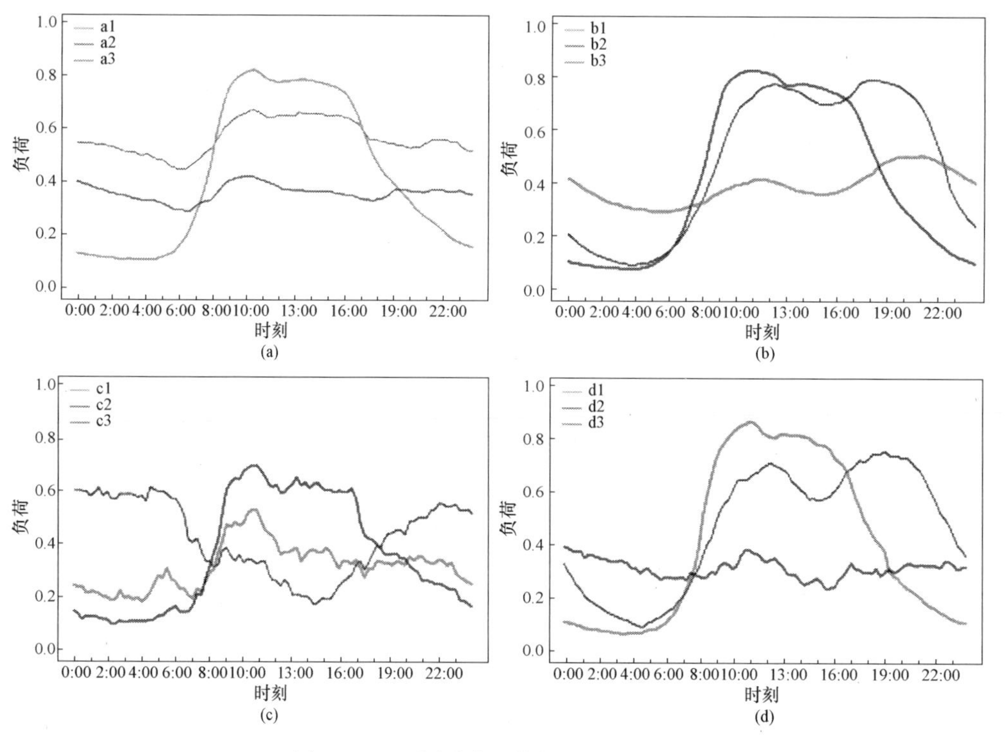

彩色插图

图 3-22　不同功率因数的用户用电模式

（a）考核标准 0.9；（b）考核标准 0.85；（c）考核标准 0.8；（d）不考核

4）按照行业类型分类。行业类型包括制造行业、房地产行业、物业管理、旅馆等 161

个小类，在数据清洗后某些类型的数据量过少因此未参加聚类分析。即使如此，有聚类结果的行业也涉及 126 种之多，难以一一列举。因此，这里选择其中比较特殊的几类进行详细阐述（见图 3-23）。房地产开发经营行业的用电模式比较平滑，呈现单峰型或双峰型。防洪管理行业的用电模式呈现很强的波动性，一种在白天有很大的波动幅度（b1、b2），一种波动较小但整天的负荷都很高（b3）。房屋工程建筑用户的用电模式呈现出很多波动，而且一天的负荷基本保持不变。自来水生产和供应行业用户的用电模式有两个高峰，分别是早上 8 点左右和晚上 8 点左右。建筑装饰业的用电模式多为晚间型，晚上是用电的高峰时段。印刷行业的用电模式包括多个短时段低谷。国家行政机构的用电模式比较单一，基本上在 9 点到 16 点间负荷较为平稳，中午 12 点左右有一个小低谷。

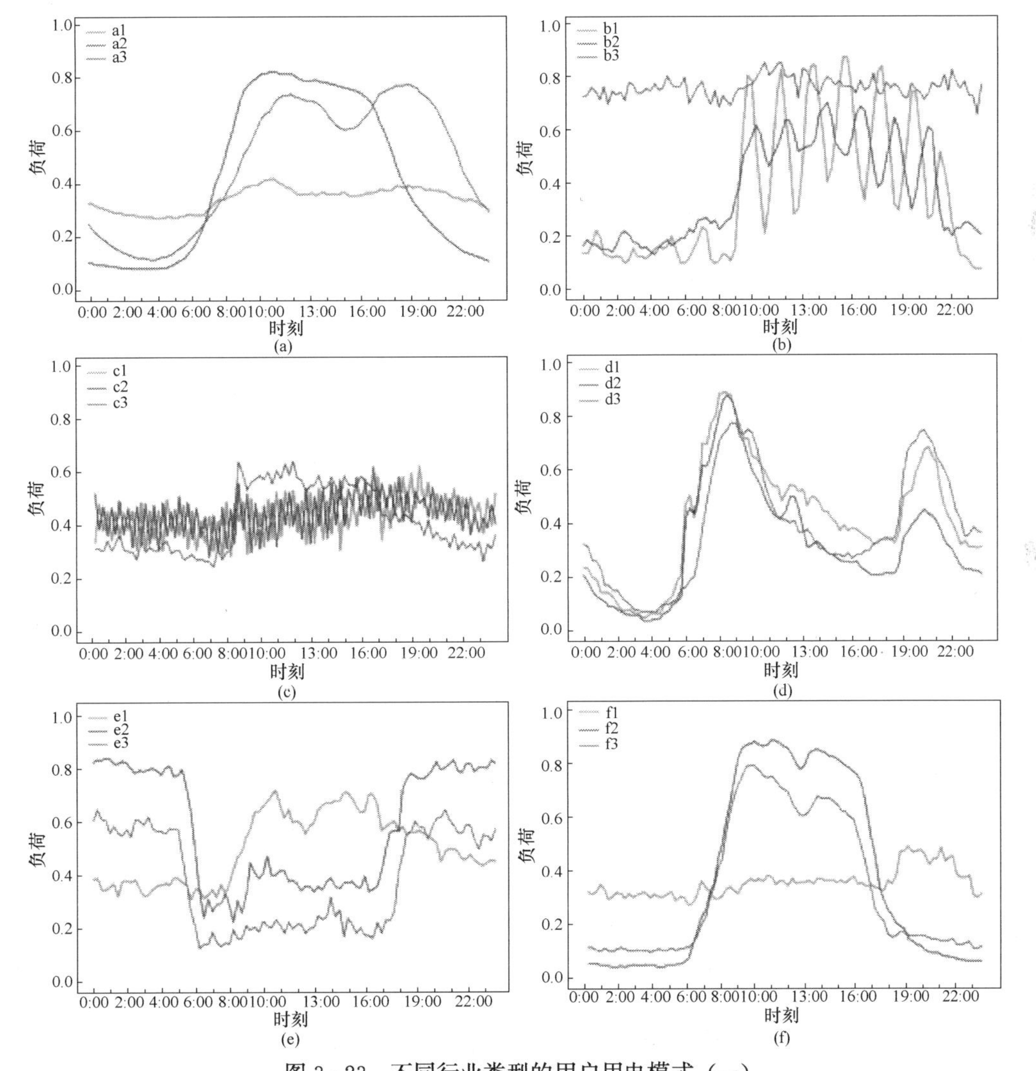

图 3-23　不同行业类型的用户用电模式（一）

（a）房地产开发经营；（b）防洪管理；（c）房屋工程建筑；（d）自来水的生成和供应；（e）建筑装饰业；（f）国家行政机构

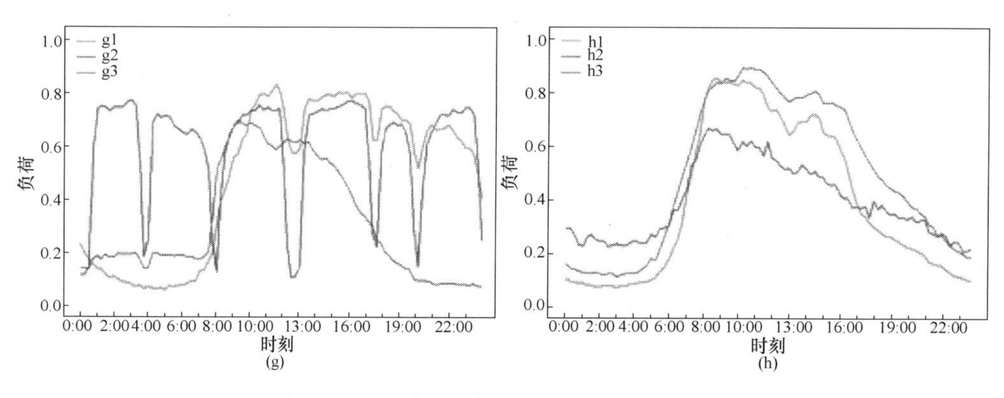

彩色插图

图 3-23　不同行业类型的用户用电模式（二）

（g）印刷行业；（h）医院

最后，用 DBI 指标作为筛选最优聚类数的标准，对各类用户的用电模式进行二次聚类，结果如图 3-24 所示。按照不同的分类方式进行初步分类，得到最优的聚类数，由此实现对用户的用电模式划分。需要注意的是，不同初步聚类的分类方式虽然对最优聚类数影响不大，但对最终的聚类结果有一定的影响，即不同的初步分类方式得到的各类用电模式不尽相同。这也反映了该聚类方法具有结果不稳定性的缺点，可以采用多次聚类或聚类融合的方法进行改进。

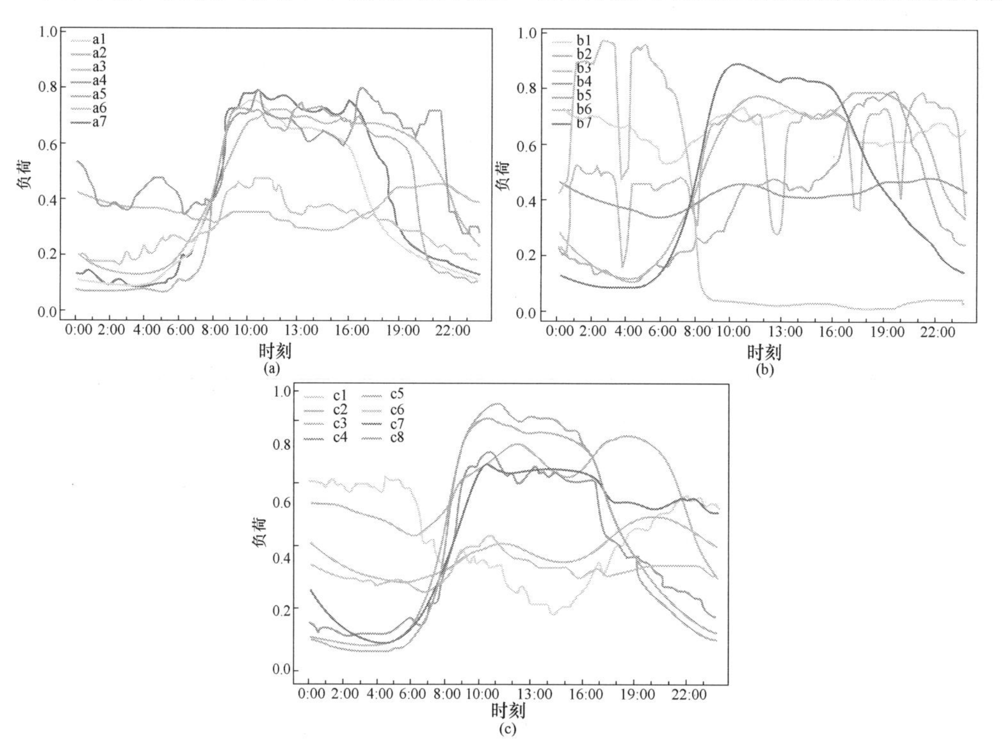

彩色插图

图 3-24　二次聚类结果图

（a）按用户类型；（b）按经济类型；（c）按功率因数标准

总之，依据上述对用电模式的研究可形成不同行业的用电模式库，可以作为电力公司用电模式识别的模板库，方便其分析用户用电特性，从而更有效地管理负荷、提高负荷预测精度；有助于为需求响应选择合适的目标客户，并开发各种智能化节能产品和服务，提高用户的用电效率，促使用户形成更合理的用能习惯。

4. 用电模式与其他因素的关联关系

在获取了用户用电模式之后，结合其他数据，可以进一步分析气象因素、社会经济因素、时间因素与用电模式的关联关系。下面以物业管理类用户为研究对象，结合单用户用电特征矩阵，采用 Apriori 算法挖掘用户用电模式与气象因素、时间因素的关联规则。

（1）数据离散化。

Apriori 算法要求数据是离散数据，为此对单用户用电特征矩阵中的连续变量进行离散化，根据变量的百分位分数将其分为五个等级。

（2）相关性分析。

对连续变量进行相关性分析，计算相关系数矩阵。对其中相关系数大于 0.7 的两个变量，删除其中的一个，从而减少特征的冗余。相关系数矩阵的可视化图形如图 3 - 25 所示。图中用颜色和圆圈大小表示相关系数的大小。颜色越深，圆圈越大，表示相关性系数越大。

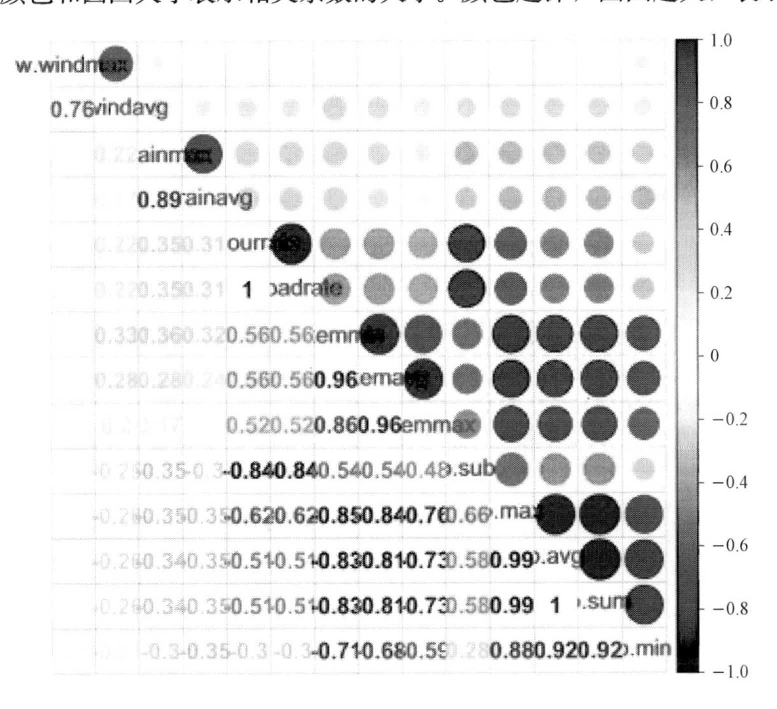

彩色插图

图 3 - 25　相关系数矩阵可视化图形

然后利用 Apriori 算法挖掘关联规则，并通过控制支持度和置信度控制结果数目和强度，并消除冗余规则，最终获得结果如图 3 - 26 所示。

图 3 - 26 所示有 12 条规则，按照提升度降序的顺序排列，具体如下：

1）月份为6月时，日平均负荷的水平为1级水平，即6月时的日平均负荷较低。其支持度为0.13，置信度为1，提升度为7.68。

2）日平均气温水平为3级，月份为1月时，日平均负荷水平为3级。其支持度为0.11，置信度为0.84，提升度为2.78。

3）月份为12月时，日峰谷差的等级为5，即12月时的日峰谷差较大，或者天气冷时的峰谷差较大。其支持度为0.15，置信度为1，提升度为2.04。

其他规则的解读与以上三条的解读方法类似，不再赘述。

先决条件		关联结果	支持度	置信度	提升度
{d.mon=6}	=>	{p.avg=1}	0.1302083	1.0000000	7.680000
{w.temavg=3,d.work=1}	=>	{p.avg=3}	0.1093750	0.8400000	2.780690
{d.mon=12}	=>	{p.sub=5}	0.1510417	1.0000000	2.042553
{w.temavg=4,w.rainavg=1}	=>	{p.sub=4}	0.1093750	0.9130435	1.969712
{d.mon=1,d.work=1}	=>	{p.sub=5}	0.1041667	0.9523810	1.945289
{w.temavg=3,d.work=1}	=>	{p.sub=4}	0.1145833	0.8800000	1.898427
{d.mon=1}	=>	{p.sub=5}	0.1354167	0.9285714	1.896657
{w.temavg=3}	=>	{p.sub=4}	0.1875000	0.8780488	1.894218
{w.temavg=1,d.work=1}	=>	{p.sub=5}	0.2135417	0.9111111	1.860993
{w.temavg=1,w.windavg=2}	=>	{p.sub=5}	0.1041667	0.9090909	1.856867
{w.temavg=1}	=>	{p.sub=5}	0.2708333	0.8965517	1.831255
{w.temavg=4}	=>	{p.sub=4}	0.1250000	0.8000000	1.725843

图3-26 用电特性关联规则

除了按照规则集的方法分析关联规则外，还可以采用可视化的方法分析。可视化分析手段特别适用于规则数目较多时的情况。如果不对上述规则的产生加以控制，则在支持度为0.1，置信度为0.8时会产生655条规则。这时无法采用一一解释的方法，而且这些规则中有很多无效规则，采用可视化的分析手段可以极大降低工作量。

图3-27是关联规则的散点图，从图中可以看出规则的参数分布情况。一些规则的置信度为1，且提升度较高，支持度分布在0.4以下。

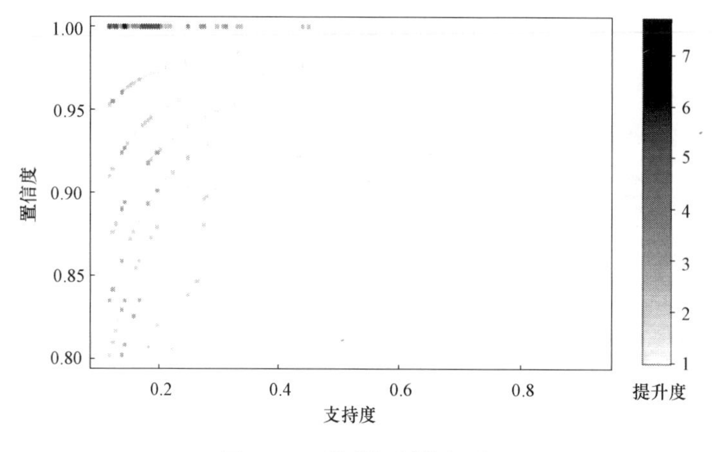

彩色插图

图3-27 关联规则散点图

图 3 - 28 是关联规则的分组图。图中，颜色越深，提升度越高；圆圈面积越大，支持度越高。从提升度看，关联规则最强的是平均负荷为 1 级水平，月份在 6 月。从支持度看，关联性最强的是平均负荷为 3 级水平时，平均雨量位于 1 级水平。从而可以得出该用户 6 月份的平均负荷水平最低，另外，降雨量最少时，平均负荷在中等水平。

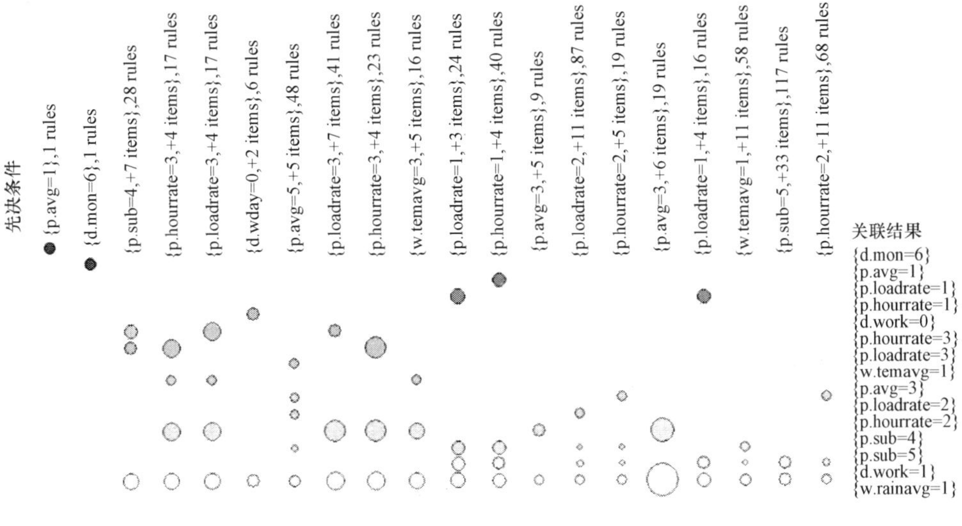

彩色插图

图 3 - 28　关联规则分组图

3.2.2　可拓展交互式负荷特性综合分析平台设计

负荷特性分析离不开分析平台的支撑。对负荷特性综合分析平台需要满足如下要求：需要支持高级功能的灵活拓展，降低平台的协同开发难度；需要适应多样化的终端设备和操作系统，增强平台的实用性与便捷性；需要具备现代化的可视化方式，提升可视化的流畅性和交互性，改善操作体验。下面将从可拓展式设计、数据库结构设计、跨平台设计和可视化设计四个部分介绍满足上述需求的负荷特性综合分析平台构建方法[15]。

1. 可拓展式设计

采用 MTV（模型 M、模板 T、视图 V）模式进行后端框架设计，利用 Django 实现高级功能接口。相比传统平台使用的 MVC（模型 M、视图 V、控制器 C）模式，本平台中不同功能模块松散耦合，可插可拔，在平台上新增或删除功能模块并不会影响已有功能模块的正常工作，平台功能变更、重构方便，简化了系统的升级和维护过程。同时，在不同的功能模块中，通过简单的配置即可实现数据库的更换，数据模型设计不需要依赖特定的数据库，因此可以简便、快速地开发数据驱动的 Web 平台。

可拓展式设计结构如图 3 - 29 所示。为方便开发基于负荷特性分析的高级功能模块，本平台提供了众多相关算法和多源数据 API。将高级功能模块接入 Django，使其成为子 App，便可以实现对不同功能代码的隔离。子 App 经过 Template 层和 View 层控制，可按一定的模板进行数据可视化展示。

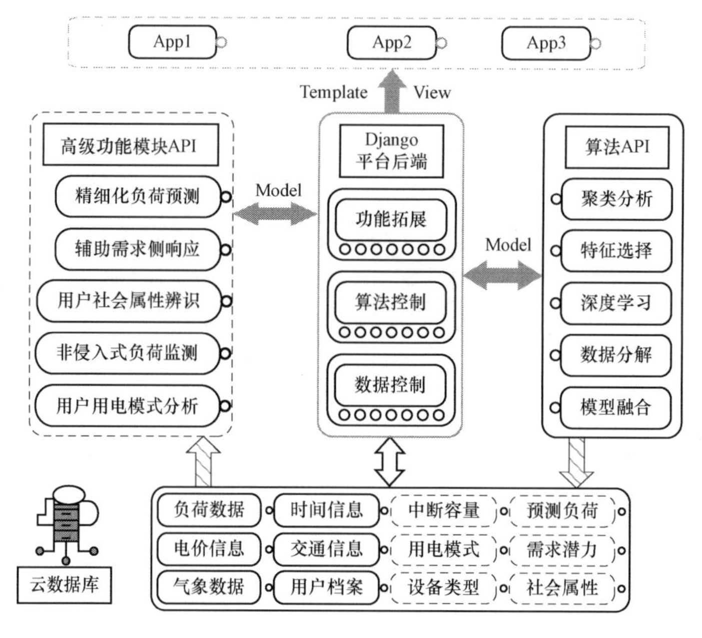

图 3-29　可拓展式设计结构

该平台可以应用于电力调度控制中心、供电服务指挥中心等部门。调度人员通过对平台进行高级功能拓展，方便地实现精细化负荷预测、用户用电模式分析、非侵入式负荷监测等功能，以掌握用户的用能规律，制定更合理的需求响应计划和更人性化的服务方案，实现智慧供用电。

2. 数据库结构设计

数据库是负荷特性综合分析平台的信息管理部分，负责将大量数据按照一定的模型组织起来，提供数据存储、数据维护和数据检索等功能。数据库结构设计分为概念结构设计、逻辑结构设计和物理结构设计三个阶段。设计的综合分析平台内置用户、气象、电力、交通等多源数据，数据库结构需要根据平台上层高级功能进行设计。因此，以下文高级功能拓展实例涉及的居民、企业、气象传感器和智能电表 4 个实体为例，初步展示其数据库结构设计方法。

1）概念结构设计，对实现世界的事物进行抽象化描述。实体—联系（Entity - Relationship，E - R）图提供了表示实体类型、属性和联系的方法，可以清晰地描述数据库对应现实世界的概念模型。居民和企业分别通过“查询”和“量测”方式与气象传感器、智能电表建立联系，通过实体间的公共属性实现表间关联，进而获得气象因素与电表量测信息，对应的 E - R 模型如图 3 - 30 所示。

2）逻辑结构设计，将 E - R 图转换为数据表，实现从 E - R 模型到关系模式的转换，进

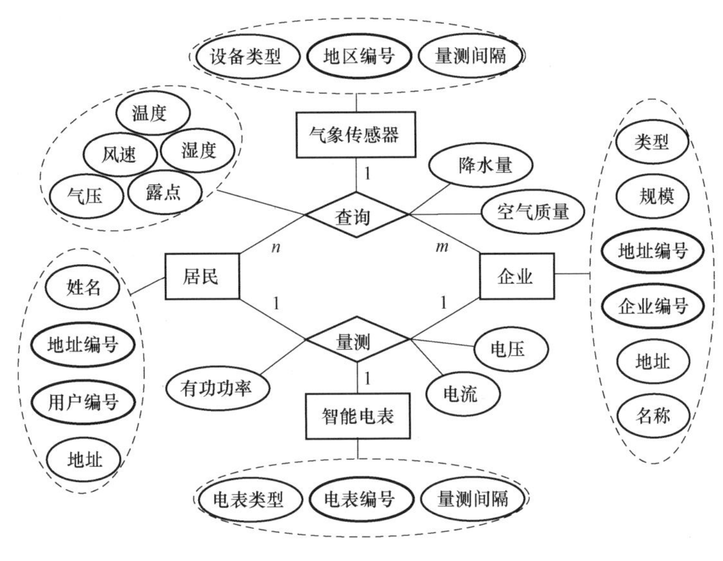

图 3-30　E-R 模型

而根据数据库管理系统的特点和限制条件将其转换为指定的关系数据模型。根据图 3-30 建立关系模型见表 3-12。

表 3-12　　关　系　模　型

实体	联系	关系模式
电表—居民	1∶1	R1（电表编号、电表类型、量测间隔、用户编号、电流、电压、有功功率）
		R2（用户编号、地址编号、姓名、地址）
电表—企业	1∶1	R3（电表编号、电表类型、量测间隔、企业编号、电流、电压、有功功率）
		R4（企业编号、地址编号、名称、地址、类型、规模）
传感器—居民	1∶n	R5（地区编号、设备类型、量测间隔）
		R6（地址编号、用户编号、姓名、地址、地区编号、气象数据）
传感器—企业	1∶n	R7（地区编号、设备类型、量测间隔）
		R8（地址编号、企业编号、名称、地址、类型、规模、地区编号、气象数据）

3）物理结构设计，主要包含数据的存储结构和存取方法。设计数据存储结构如图 3-31 所示，采用索引法进行数据存取。其中，阴影字段属性用于表间关联，因此选择这些属性建立索引，以提升数据存取速度。

3. 跨平台设计

随着智能电网的建设与时代的发展，终端设备和操作系统呈现多样化的趋势。传统分

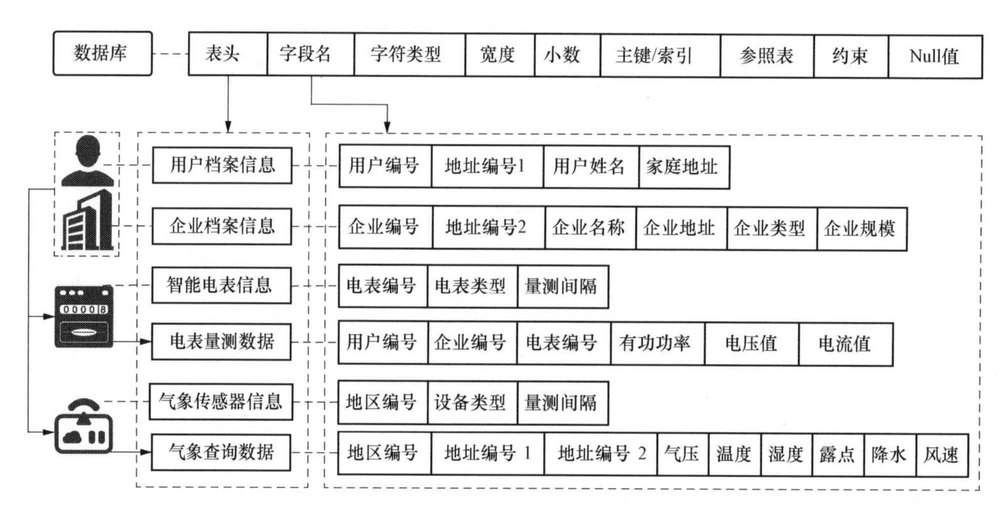

图 3-31 数据存储结构

析平台采用C/S体系结构，需要下载专门的客户端软件才能使用，不利于访问的自由性，且平台的开发、维护困难，灵活性不足。

为了满足操作人员的业务需求，采用B/S架构对平台进行设计，用户无须下载平台应用程序，只需安装一个Web浏览器即可访问，增加了访问的便捷性。同时，只需升级服务器即可完成平台功能的更新，降低了维护成本。该平台还具有跨平台、适配多类终端的优势，可以兼容Windows、Linux、安卓等操作系统以及手机、平板电脑、笔记本电脑等终端设备，大大改善了操作人员的工作体验。其中，使用响应式技术使网页可以根据屏幕的大小变换最合适的布局，从而Web应用程序可以在任何设备上得到完美展现，有效降低了平台开发与设计成本。

Web应用程序通常会面临数据存储的问题。以往Web应用程序将数据存储在Cookie中，受到Cookie大小、格式、存储数据规范等限制，难以实现对复杂的关系型用户数据的存储。设计的综合分析平台借助HTML5技术很好地克服了这一难题，该平台支持永久性和会话级别的本地存储，必要时还可以接收用户的反馈信息，促进智能电网双向互动的服务模式。

4. 可视化设计

(1) 可视化设计优势。

基于HTML5技术进行平台的可视化设计。HTML5技术为Web应用程序提供了丰富的功能，能够有效增强用户友好体验。基于HTML5设计负荷特性综合分析平台，符合智能电网透明开放和友好交互的内涵。

“交互”是智能电网的一个重要特性。我们为平台提供了丰富的标签，可以轻松地将多媒体与图形内容集成在网页中。平台前端通过JavaScript进行实现，底层依赖轻量级的矢量图形库ZRender，提供简洁直观、交互丰富、可高度个性定制的数据可视化图表。除常规的折线图、柱状图、饼图外，还集成了适合进行地理数据、关系数据、商业数据分析的热力图、旭日图、漏斗图等，并支持图与图的混搭。同时，还有 CSS3 样式、Canvas、Webgl 的介入，不仅可以添加三维立体特效，而且支持拖拽、旋转、伸缩等互动操作，能够极大提升用户体验。

在大数据背景下，负荷特性综合分析平台需要绘制大量图表元素，传统 SVG 技术因性能问题无法胜任。采用 Canvas 渲染技术，直接通过 JavaScript 进行绘图，更适合像素处理、动态渲染和大数据量绘制，能够增加平台可视化的流畅性，提升平台的可视化表现。

（2）可视化设计结构。

采用 B/S 体系结构，Django 作为后端进行 Web 应用程序开发，利用 Mysql 数据库实现数据存储，Ajax 实现数据的异步更新。JQuery 作为前端，基于 HTML5、CSS3、JavaScript 实现可视化展示。平台的可视化设计结构如图 3-32 所示。

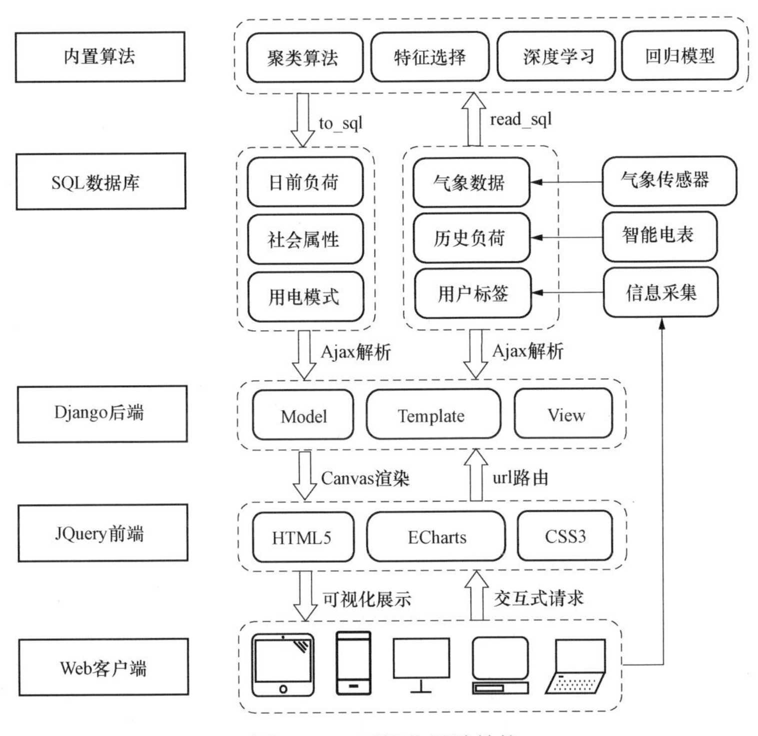

图 3-32 可视化设计结构

3.2.3 基于负荷特性分析的功能拓展（以用电模式预测与日前负荷预测为例）

随着电力市场改革的不断深入，对工商业用户的负荷预测开始受到企业自身及电力公司的关注。负荷预测，一方面可以帮助企业制定合适的生产计划，降低生产成本；另一方面可以帮助电力公司掌握用户用电规律，指导需求响应的实施。近年来智能电表的普及为用户级的负荷预测提供了数据基础，通过负荷特性分析可以充分挖掘负荷变化规律，提高工商业用户负荷预测的准确率。借助负荷特性综合分析平台便捷地实现对工商业用户的日前负荷预测，并使用平台数据库中的爱尔兰智能电表数据集进行分析，过程如图 3-33 所示，主要步骤如下：

1）调用聚类算法 API，分析用户的典型用电模式。

2）调用特征选择 API，分析用户负荷特性对外界因素的敏感性。

3）调用深度学习 API，并搭建深度卷积神经网络（Convolutional Neural Network，CNN），结合用户历史负荷特性以及外界因素对用电模式进行预测。

4）调用回归模型 API，并采用多种回归误差评价指标为所预测的用电模式选择最优的回归模型，进行日前负荷预测。

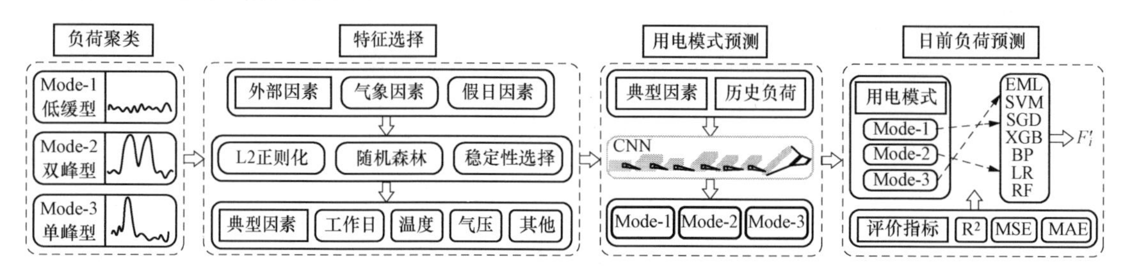

图 3-33　基于负荷特性综合分析的日前负荷预测流程

1. 用户用电模式分析

本平台中的聚类算法 API 封装了 AP 聚类、层次聚类和 k-means 聚类等多种算法，将每一类定义为用户的一种用电模式，其聚类中心作为用电模式的基准值。根据不同需求可对用户用电模式基准值的选取进行灵活调整。聚类算法 API 还封装了多种用于确定聚类数目的方法，如肘部法则、围绕中心点分割算法（PAM）和 Gap statistic 方法等。

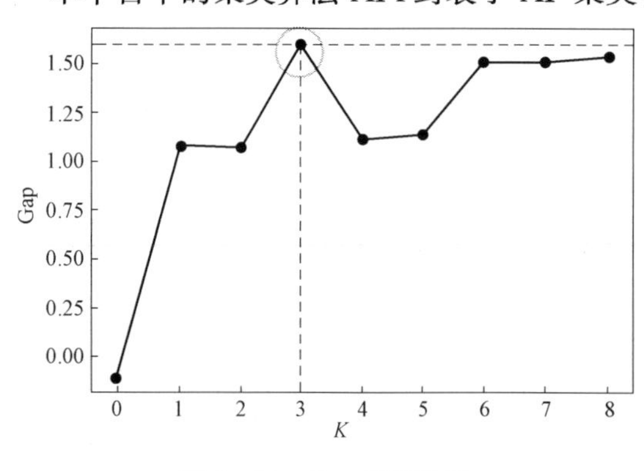

图 3-34　Gap 值折线图

选择某中小型企业 M 作为分析对象。通过 Gap statistic 方法得到 Gap 折线图（见图 3-34），由此可知该用户的最佳聚类数目为 3。

图 3-35 展示了其历史负荷曲线的聚类效果，曲线 f_1、f_2、f_3 为聚类中心，可知该用户有低缓型、单峰型和双峰型三种用电模式。

为了可视化聚类效果，聚类算法 API 封装了多种数据降维方法，如主成分分析（PCA）、核主成分分析（KPCA）和 t-SNE 等。以 t-SNE 为例观察聚类后数据点的分布情况，结果如图 3-36 所示。数据降维后每一类分布密集，且与异类相距较远，验证了聚类的有效性。

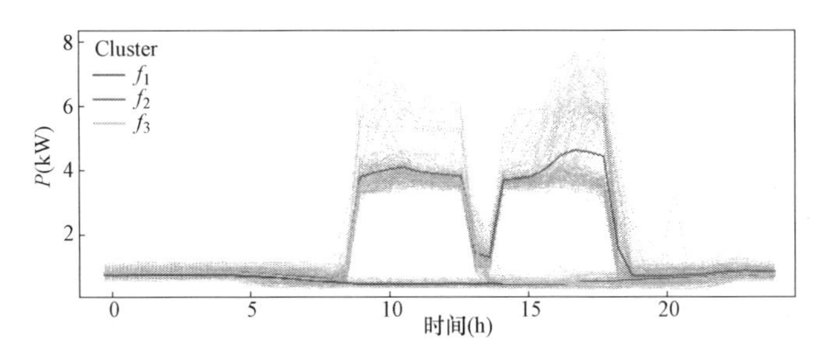

彩色插图

图 3-35　负荷曲线聚类效果

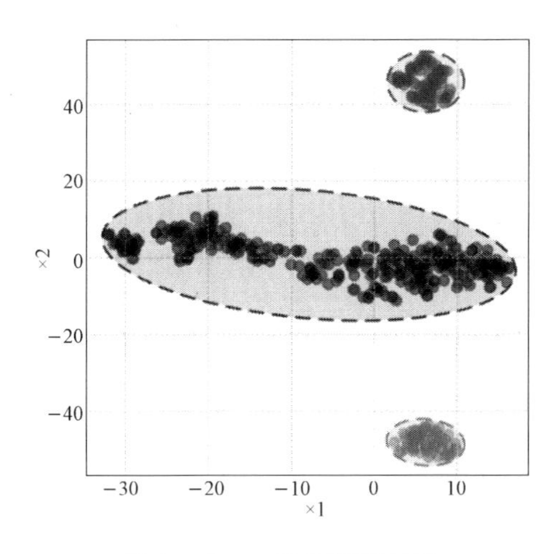

彩色插图

图 3-36　t-SNE 降维结果

2. 特征选择

选择合理的外界因素作为回归模型的训练参数可以提高日前负荷预测准确率，因此有必要提取与负荷影响因素具有强关联的外界特征因素。平台的数据库中不仅包含智能电表的量测数据，还存放着交通、气象、电价和用户档案等信息，这里从中选择表面温度（W_1）、云量（W_2）、气压（W_3）、湿度（W_4）、温度（W_5）、露点（W_6）、风速（W_7）和工作日因素（W_8）作为外界因素。

特征选择能有效分析用户负荷特性与外界因素相关性。平台中的特征选择 API 封装了随机森林（Random Forest，RF）、L2 标准化（L2 Regularization）和稳定性选择（Stability Selection，SS）等多种特征选择方法。使用 RF、L2 和 SS 三种方法对气象因素进行分析。以企业 M 为例，其特征选择结果如图 3-37 所示。

3. 用户用电模式预测

平台中的深度学习 API 封装了 CNN、深度信念网络（DBN）和递归神经网络（RNN）等方法，下面以 CNN 为例进行用电模式预测。

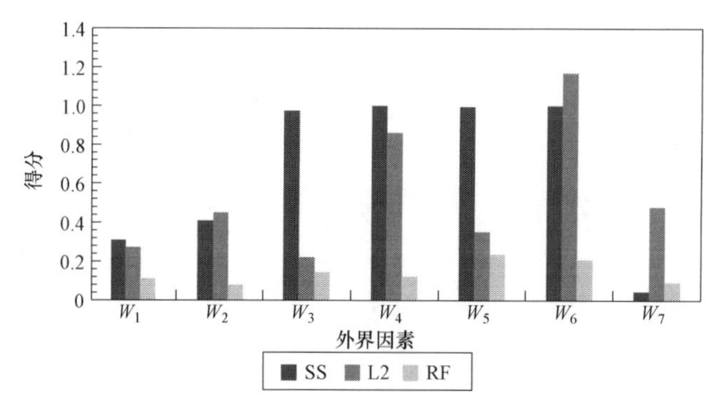

彩色插图

图 3-37 特征选择结果

用户的用电模式与其历史负荷特性和外界因素有关，得到训练矩阵 $X=[F_{i-1} \vdots W_i]$（F_{i-1} 为第 $i-1$ 天的用户负荷，W_i 为第 i 天的外界因素，通常考虑三个气象因素和工作日因素），$y=[K_i]$（K_i 为第 i 天的用电模式）。深度 CNN 的网络结构如图 3-38 所示，包括两个卷积层、两个池化层、一个输出层和一个全连接层。由于用户的用电模式个数一般大于 2，因此采用“Softmax”作为分类器的激活函数。深度 CNN 的网络参数如图 3-38 所示。

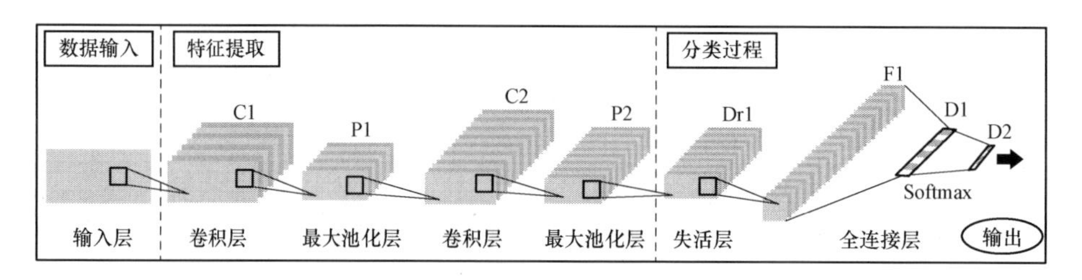

图 3-38 深度 CNN 架构

表 3-13 深度 CNN 网络参数

类型		输出维度	核函数维度	参数数目
In	（输入层）	（6，24，1）		0
C1	（卷积层）	（5，22，8）	2×3（8）	56
P1	（最大池化层）	（5，11，8）	1×2	0
C2	（卷积层）	（4，9，16）	2 × 3（16）	784
P2	（最大池化层）	（4，4，16）	1 × 2	0
Dr1	［随机失活（0.2）］	（4，4，16）		0
F1	（Flatten 层）	256		0
D1	（全连接层）	32		8224
D2	（全连接层）	3		99

4. 日前负荷预测

考虑用户用电模式对日前负荷预测的影响，调用平台的回归模型 API，进行日前负荷预测。回归模型 API 中的方法有极限学习机（ELM）、支持向量机（SVM）、随机梯度下降（SGD）、XGboost（XGB）、BP 神经网络（BP）、线性回归（LR）和随机森林（RF）。

日前负荷预测对历史负荷数据的需求高于用电模式预测，因此增加训练矩阵中历史负荷的比重，得到训练矩阵 $X=[F_{i-6}\cdots F_{i-1} \vdots W_i]$，$Y=[F_i]$（$F_i$ 为第 i 天的负荷曲线向量）。为了定量评价回归效果，在回归模型 API 中封装了多个误差评价指标，如回归系数（R2）、平均绝对误差（MAE）和平均平方误差（MSE）等。综合考虑回归系数、MAE 和 MSE 三个指标，为每位用户的每种用电模式选择最优回归方法，进行日前负荷预测。同时建立动态更新—淘汰机制，对用户用电模式、相关外界因素和最优回归方法进行周期性更新，以适应用户潜在用电特征的变化，具体流程如图 3-39 所示。

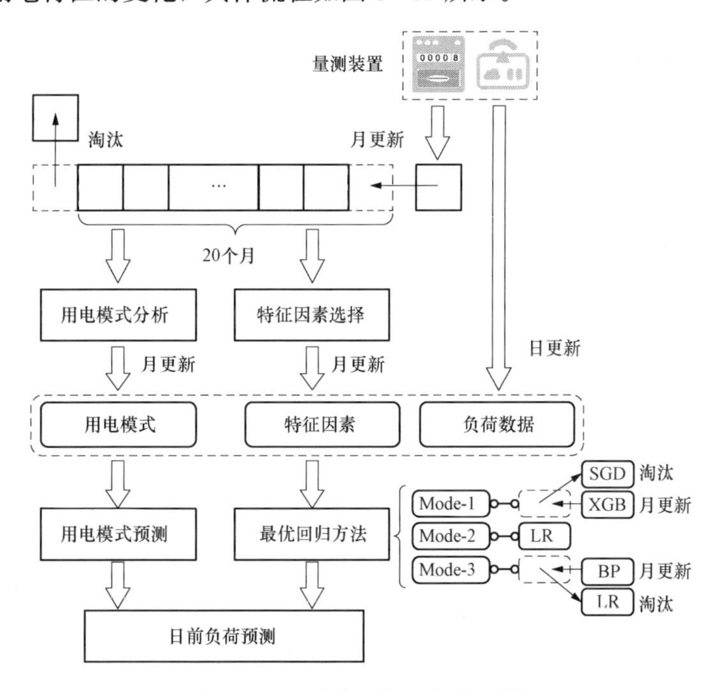

图 3-39　动态更新—淘汰机制

基于负荷特性分析的用户负荷预测可拓展为相对负荷的预测，从而指导用户参与需求响应，促进用户与供电公司的双向互动，提高配用电系统的智能化水平。定义用户的相对负荷 F' 为负荷值与对应用电模式基准值之差，则相对负荷的预测值可表示为

$$\hat{F}'=\hat{F}-c_k \tag{3-26}$$

式中：$\hat{F}'$ 为用户的相对负荷预测值；$\hat{F}$ 为用户的负荷预测值。

以某用户为例的相对负荷预测结果如图 3-40 所示。

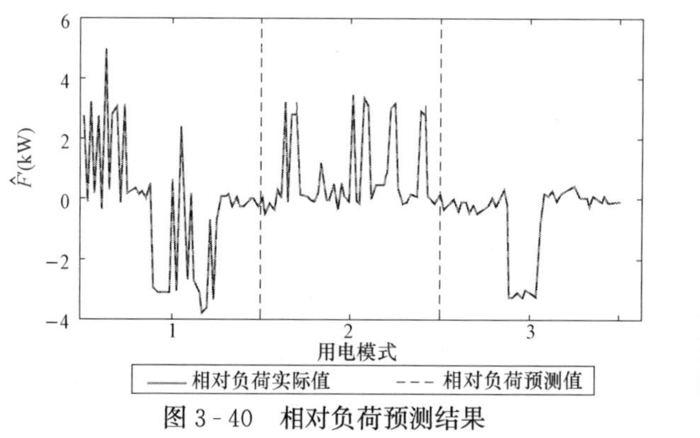

图 3-40　相对负荷预测结果

彩色插图

5. 算法 API 底层实现

该平台的算法 API 利用 Python 语言编写，在底层实现中，充分考虑了负荷特性分析及配用电大数据挖掘的实际需求，对已有的数据挖掘工具包、深度学习算法库及数据可视化方法等进行了二次封装及统一整合。封装后的高级 API，覆盖了数据清洗、数据塑形、分析挖掘、可视化等整个负荷特性大数据分析流程，具有简洁直观、易用高效、数据结构规范、存取方便等优势。由于平台算法 API 底层关系复杂，因此仅以日前负荷预测用到的相关方法为例，展示底层结构，如图 3-41 所示。其中，Numpy 系统负责数值计算，Pandas 工具进行数据分析，Matplotlib 负责 2D 绘图，并通过 SKlearn 和 Keras 搭建多种机器学习算法模型。

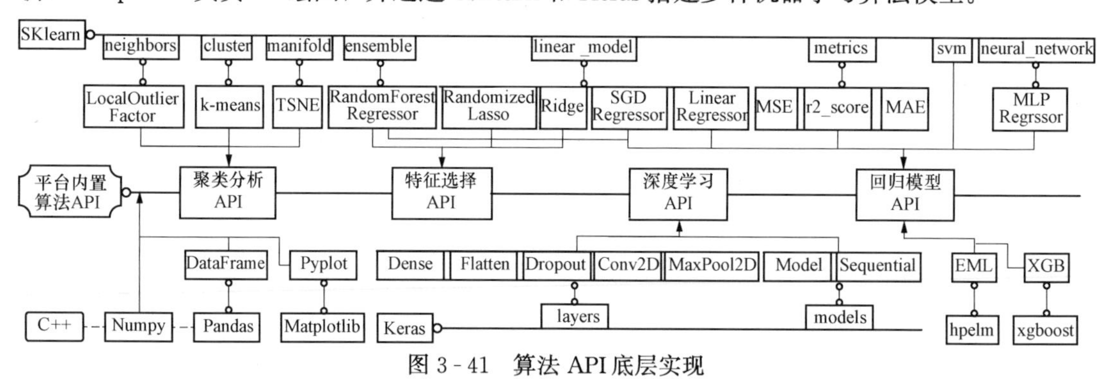

图 3-41　算法 API 底层实现

3.2.4　日前负荷预测可视化展示

选用部分可视化组件展示基于负荷特性分析的日前负荷预测结果，并使用 Chrome 网络浏览器进行访问。该页面分为“全局概览”和“日前预测”两个标签页，分别展示用户的历史统计信息和日前负荷预测结果。

1. 全局概览模块

(1) 基本构成与信息联动。

全局概览功能模块如图 3-42 所示。

该模块由用户标签、负荷曲线、相对负荷曲线、用电模式统计和用电模式曲线五个板

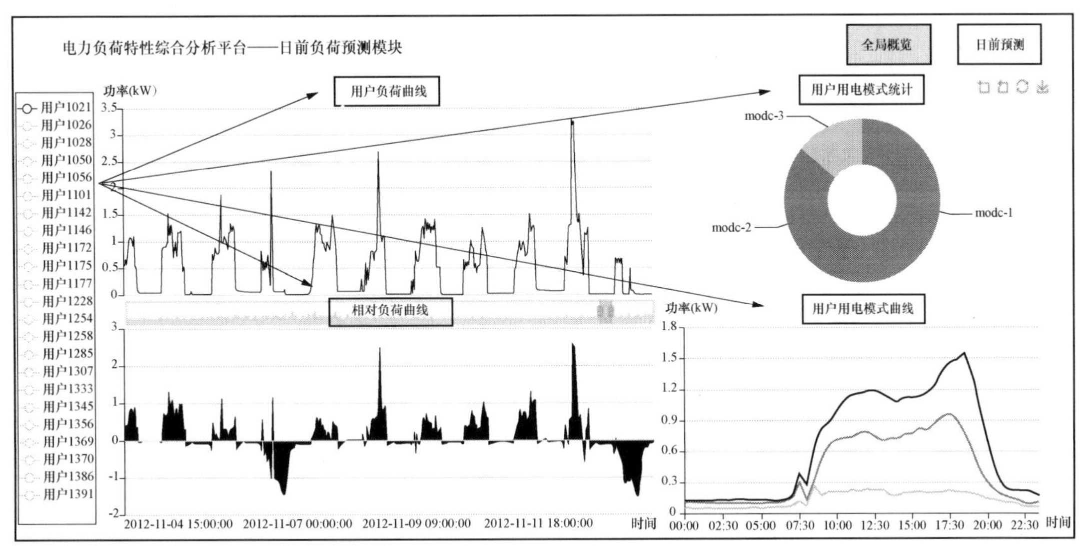

图 3-42　全局概览

彩色插图

块构成。用户标签板块采用“单选模式”设计，点击用户编号即可控制其他板块更换展示内容，形成多图表联动，便于在页面中集成更多信息，快速且直观地展示数据信息。

（2）用户负荷板块。

用户负荷板块如图 3-43 所示。

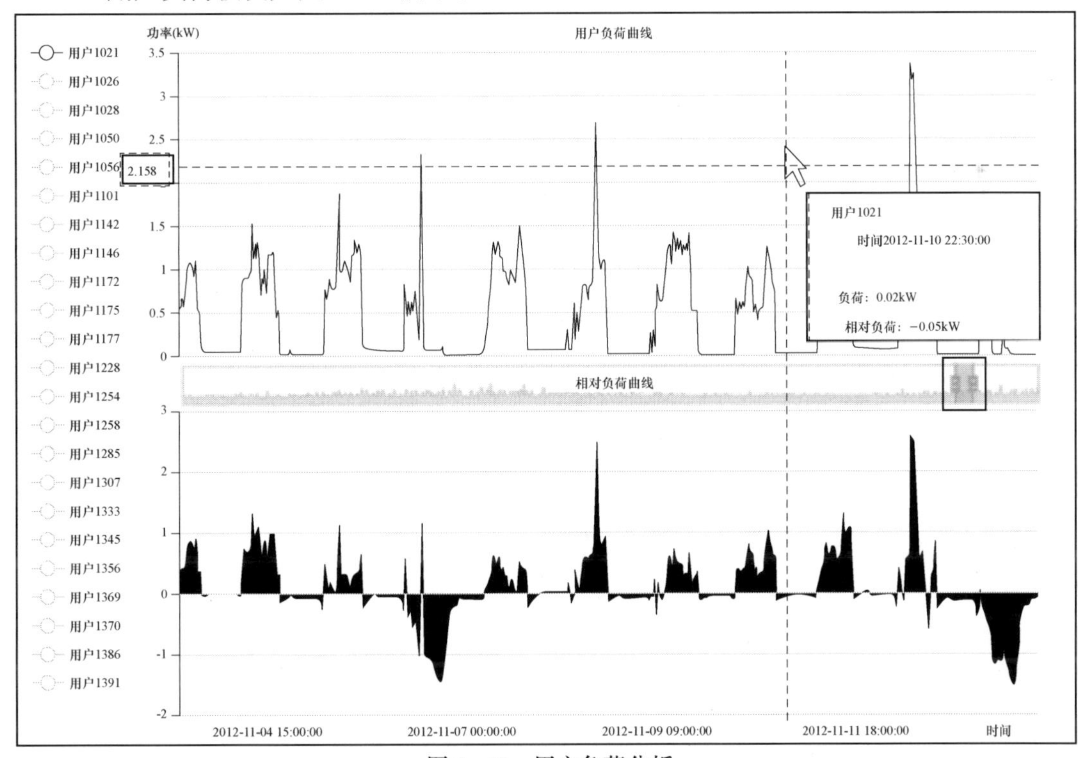

图 3-43　用户负荷分析

彩色插图

该板块中用户负荷曲线和相对负荷曲线两部分采用“横轴（时间轴）联动”设计，便于在同一时刻下进行数据对比、分析。板块具备拖拽、局部缩放和聚焦的功能，可以通过鼠标滚轮、触屏互动、伸缩框组件三种方式实现。板块内集成提示框组件，随鼠标指针所在位置的坐标轴触发，采用十字准星指示器，便于查看指针位置的具体数据信息。同时提示框内以横轴为基准，显示用户该时刻对应的数据信息。在进行任何互动操作时，上下两部分变化保持一致，形成数据联动，增加可视化展示环节的友好互动。

（3）用电模式板块。

用电模式板块如图 3-44 所示。

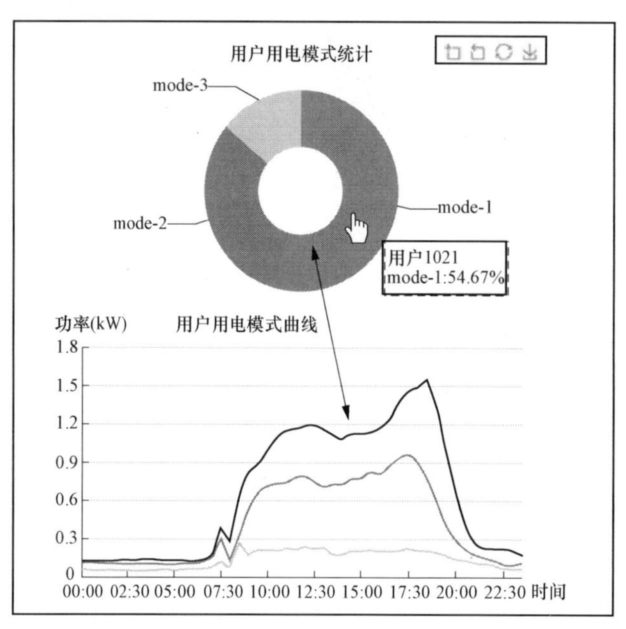

图 3-44　用电模式总览

该板块包括用电模式统计饼图和用电模式折线图两部分，相同模式的颜色保持一致。饼图板块内集成提示框组件，指针靠近区域时触发，用于展示每种用电模式的占比数据。右上角工具栏分别为区域缩放、区域缩放还原、重置、导出图片四个功能组件，赋予操作人员感知数据、探索数据、挖掘数据和保存信息的能力。

2. 日前预测模块

（1）基本构成与信息联动。

日前预测模块如图 3-45 所示。

该模块展示下一天的用户负荷信息，包括负荷预测、用电模式预测和气象信息展示等板块。左侧用户标签与各板块形成联动，规则同全局概览模块。

（2）日前用电模式预测板块。

日前用电模式预测板块如图 3-46 所示。

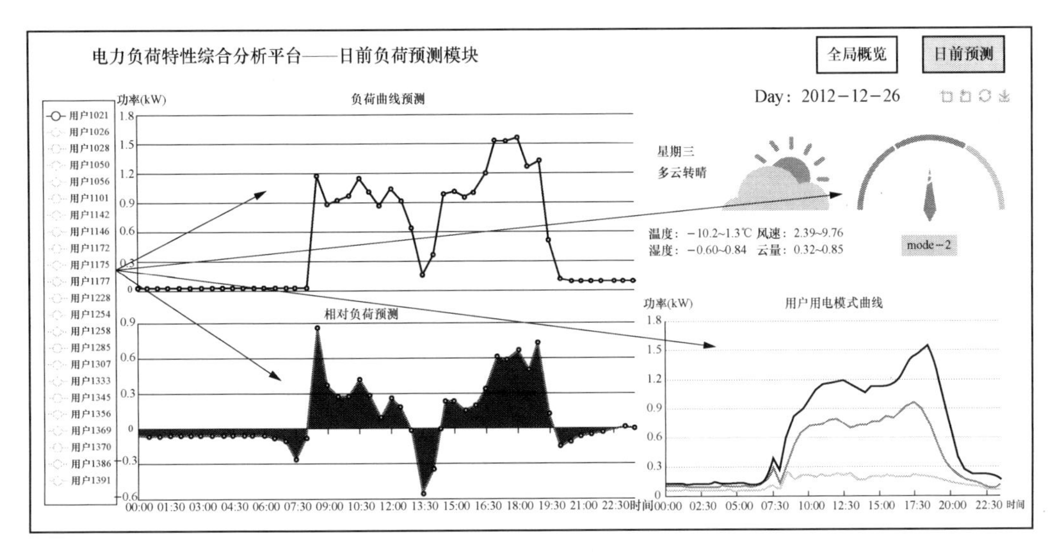

彩色插图

图 3 - 45　日前负荷预测

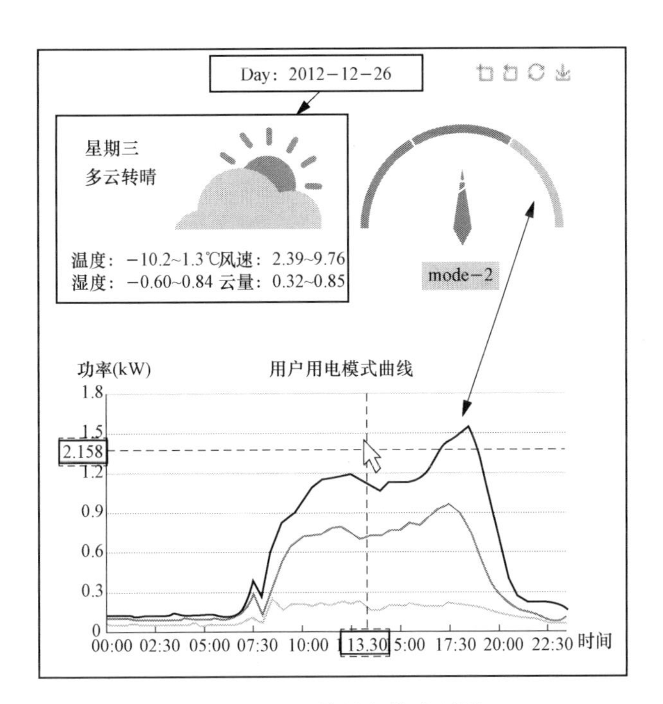

彩色插图

图 3 - 46　日前用电模式预测

该板块采用仪表盘展示用户用电模式，指针颜色与下方用电模式曲线保持一致，同时集成气象信息组件，随日期更新。用电模式曲线板块集成提示框组件，为操作人员提供详细数据信息。

3.3 配电网三相仿射潮流分析与分布式电源不确定性追踪

3.3.1 配电网三相仿射潮流分析方法

由于风电、光伏等分布式电源在配电网中接入越来越多，增加了配电网运行的不确定性。传统的配电网三相潮流分析多采用确定性计算方法，没有考虑节点注入功率的不确定性对系统潮流分析的影响，无法对考虑不确定性的配电系统进行分析计算。为此，提出了基于仿射数学的三相前推回代潮流算法[16]，来解决具有不确定信息的配电网潮流计算问题。

将节点注入功率的不确定性以仿射数的形式表示为

$$\begin{bmatrix}\hat{S}_j^{\mathrm{A}}\\ \hat{S}_j^{\mathrm{B}}\\ \hat{S}_j^{\mathrm{C}}\end{bmatrix}=\begin{bmatrix}S_{0j}^{\mathrm{A}}\\ S_{0j}^{\mathrm{B}}\\ S_{0j}^{\mathrm{C}}\end{bmatrix}+\begin{bmatrix}S_{0j}^{\mathrm{A}}\varepsilon_j^{\mathrm{A}}\\ S_{0j}^{\mathrm{B}}\varepsilon_j^{\mathrm{B}}\\ S_{0j}^{\mathrm{C}}\varepsilon_j^{\mathrm{C}}\end{bmatrix} \tag{3-27}$$

式中：$\hat{S}_j^i$ 为节点 j 第 i 相负荷的仿射值，i=A、B、C；S_{0j}^i 为节点 j 第 i 相注入功率的额定值；ε_j^i 为节点 j 第 i 相的噪声元；S_j^i 为节点 j 第 i 相负荷的噪声元系数。

配电网三相仿射潮流算法（简称仿射算法）的计算步骤如下：

（1）初始化。

计算各节点每相注入电流仿射值 $\hat{I}_j^i$(i=A、B、C)，即

$$\begin{bmatrix}\hat{I}_j^{\mathrm{A}}\\ \hat{I}_j^{\mathrm{B}}\\ \hat{I}_j^{\mathrm{C}}\end{bmatrix}=\begin{bmatrix}(\hat{S}_j^{\mathrm{A}}/\hat{U}_j^{\mathrm{A}})^*\\ (\hat{S}_j^{\mathrm{B}}/\hat{U}_j^{\mathrm{B}})^*\\ (\hat{S}_j^{\mathrm{C}}/\hat{U}_j^{\mathrm{C}})^*\end{bmatrix} \tag{3-28}$$

式中：$\hat{I}_j^i$ 为节点 j 第 i 相的注入电流仿射值；$\hat{U}_j^i$ 为节点 j 第 i 相的电压仿射值；i 为 A、B、C。

（2）回代过程。

从末端支路开始，根据各节点注入电流 $\hat{I}_j^i$(i=A、B、C) 和基尔霍夫电流定律，计算各支路每相的末端节点 $m+1$ 的电流仿射值，即

$$\begin{bmatrix}\hat{I}_{m+1}^{\mathrm{A}}\\ \hat{I}_{m+1}^{\mathrm{B}}\\ \hat{I}_{m+1}^{\mathrm{C}}\end{bmatrix}=-\begin{bmatrix}\hat{I}_{\mathrm{Inj}}^{\mathrm{A}}\\ \hat{I}_{\mathrm{Inj}}^{\mathrm{B}}\\ \hat{I}_{\mathrm{Inj}}^{\mathrm{C}}\end{bmatrix}+\sum_{j\in A_l}\begin{bmatrix}\hat{I}_j^{\mathrm{A}}\\ \hat{I}_j^{\mathrm{B}}\\ \hat{I}_j^{\mathrm{C}}\end{bmatrix} \tag{3-29}$$

式中：$\hat{I}_{\mathrm{Inj}}^i$ 为节点 $m+1$ 的注入电流仿射值；A_l 为与节点 $m+1$ 直接相连的出线支路节点集合。

由支路末端节点 $m+1$ 的三相电压 $\hat{U}_{m+1}^i$(i=A、B、C) 和三相电流 $\hat{I}_{m+1}^i$(i=A、B、C)，计算支路始端节点 m 的三相电压仿射值

$$\begin{bmatrix} U_m^{\mathrm{A}} \\ U_m^{\mathrm{B}} \\ U_m^{\mathrm{C}} \end{bmatrix} = \boldsymbol{a} \begin{bmatrix} U_{m+1}^{\mathrm{A}} \\ U_{m+1}^{\mathrm{B}} \\ U_{m+1}^{\mathrm{C}} \end{bmatrix} + \boldsymbol{b} \begin{bmatrix} I_{m+1}^{\mathrm{A}} \\ I_{m+1}^{\mathrm{B}} \\ I_{m+1}^{\mathrm{C}} \end{bmatrix} \tag{3-30}$$

由求得的进线支路三相电流 $\hat{I}_{m+1}^{i}(i=\mathrm{A、B、C})$ 和末端三相电压 $\hat{U}_{m+1}^{i}(i=\mathrm{A、B、C})$ 计算母线 m 的出线支路电流三相仿射值 $\hat{I}_{m}^{i}(i=\mathrm{A、B、C})$，即

$$\begin{bmatrix} \hat{I}_m^{\mathrm{A}} \\ \hat{I}_m^{\mathrm{B}} \\ \hat{I}_m^{\mathrm{C}} \end{bmatrix} = \boldsymbol{c} \begin{bmatrix} \hat{U}_{m+1}^{\mathrm{A}} \\ \hat{U}_{m+1}^{\mathrm{B}} \\ \hat{U}_{m+1}^{\mathrm{C}} \end{bmatrix} + \boldsymbol{d} \begin{bmatrix} \hat{I}_{m+1}^{\mathrm{A}} \\ \hat{I}_{m+1}^{\mathrm{B}} \\ \hat{I}_{m+1}^{\mathrm{C}} \end{bmatrix} \tag{3-31}$$

(3) 前推过程。

从始端点开始向末端点，利用始端三相电压 $\hat{U}_{m}^{i}(i=\mathrm{A、B、C})$ 和线路入馈支路三相电流 $\hat{I}_{m}^{i}(i=\mathrm{A、B、C})$ 更新各支路末端每相电压仿射值 $\hat{U}_{m+1}^{i}(i=\mathrm{A、B、C})$，即

$$\begin{bmatrix} \hat{U}_{m+1}^{\mathrm{A}} \\ \hat{U}_{m+1}^{\mathrm{B}} \\ \hat{U}_{m+1}^{\mathrm{C}} \end{bmatrix} = \boldsymbol{A} \begin{bmatrix} \hat{U}_{m}^{\mathrm{A}} \\ \hat{U}_{m}^{\mathrm{B}} \\ \hat{U}_{m}^{\mathrm{C}} \end{bmatrix} - \boldsymbol{B} \begin{bmatrix} \hat{I}_{m}^{\mathrm{A}} \\ \hat{I}_{m}^{\mathrm{B}} \\ \hat{I}_{m}^{\mathrm{C}} \end{bmatrix} \tag{3-32}$$

式 (3-30) ～式 (3-32) 中的 $\boldsymbol{a}$、$\boldsymbol{b}$、$\boldsymbol{c}$、$\boldsymbol{d}$、$\boldsymbol{A}$、$\boldsymbol{B}$ 为系数矩阵，根据三相变压器或线路连接形式的不同，其取值不同。

(4) 收敛判据。

迭代收敛判据为各节点每相电压的上、下界相对于上一次迭代的数值偏差都小于收敛精度，即

$$\max(|(\overline{U}_{\mathrm{inj}}^{i})_{k}-(\overline{U}_{\mathrm{inj}}^{i})_{k-1}|,\ |(\underline{U}_{\mathrm{Inj}}^{i})_{k}-(\underline{U}_{\mathrm{Inj}}^{i})_{k-1}|)<\varepsilon \tag{3-33}$$

式中：$\overline{U}_{\mathrm{inj}}^{i}$、$\underline{U}_{\mathrm{Inj}}^{i}$ 分别表示节 i 注入电流的上、下界；k 为迭代次数；ε 为收敛精度。

若收敛则跳出循环，输出潮流计算结果；若不收敛则重复回代和前推两个过程，直到满足收敛条件为止。

基于仿射数学的三相前推回代潮流算法流程图如图 3-47 所示。

为验证基于仿射数学三相前推回代潮流算法的正确性，采用 IEEE 33 节点三相平衡系统算例和 IEEE 13 节点三相不平衡系统算例进行计算分析。

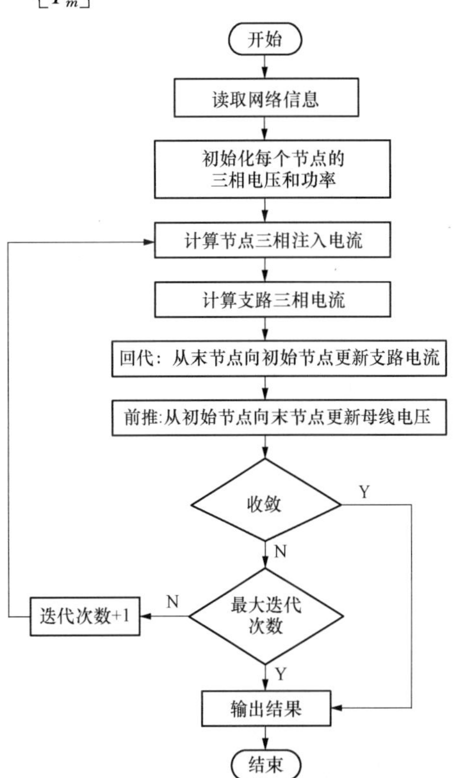

图 3-47　三相前推回代仿射算法流程图

1. IEEE 33 节点三相平衡系统算例分析

IEEE 33 节点算例为三相平衡系统，为考察风电、光伏等分布式电源输出功率不确定性对系统电压水平的影响，分别在节点 7 接入额定容量为 500kW 的风力发电机（DG1），节点 15 接入额定容量为 300kW 的光伏发电系统（DG2），节点 20 和节点 28 接入额定容量为 1500kW 的其他类型分布式发电系统（DG3 和 DG4）。加入分布式电源的系统结构图如图 3-48 所示。

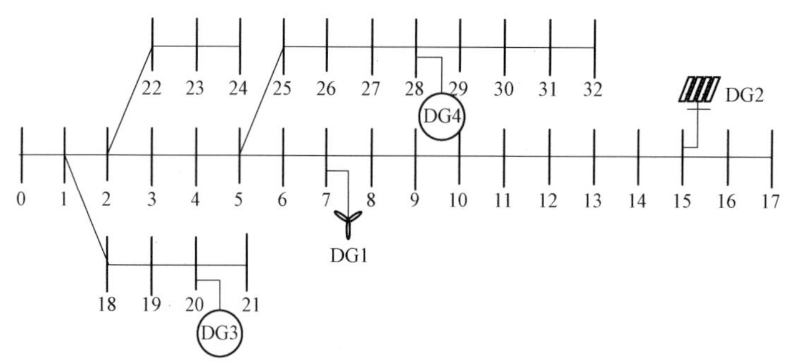

图 3-48　IEEE 33 节点算例系统结构图

在稳态潮流计算时，通常将光伏发电系统、风力发电机组视为 PQ 节点，根据给定的功率因数和有功功率，计算出光伏或风力发电机组的无功功率，并假定光伏发电系统和风力发电机组以恒定功率因数运行。

根据计及不确定性的分布式电源输出功率模型描述方法及气象预测数据，分别得到风速和光照强度区间，如图 3-49 和图 3-50 所示。图 3-49 中虚线为风速下界，实线为风速上界；图 3-50 中点划线为光伏发电系统安装位置的大气层外光照强度，其大小不受云层变化的影响；实线为实际光照强度下界；虚线为实际光照强度上界。实际光照强度受天气变化的影响较大，例如上午 11：00 时天气为阴天，虽然大气层外光照强，但受云层影响实际光照强度较弱；而在下午 13：00，由于天气晴朗，实际光照强度却很强。

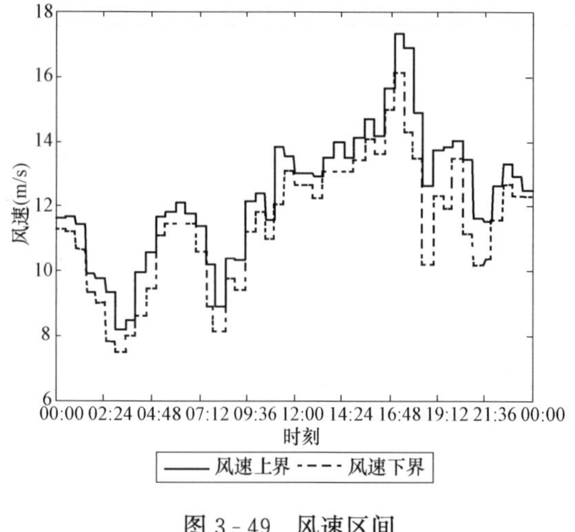

图 3-49　风速区间

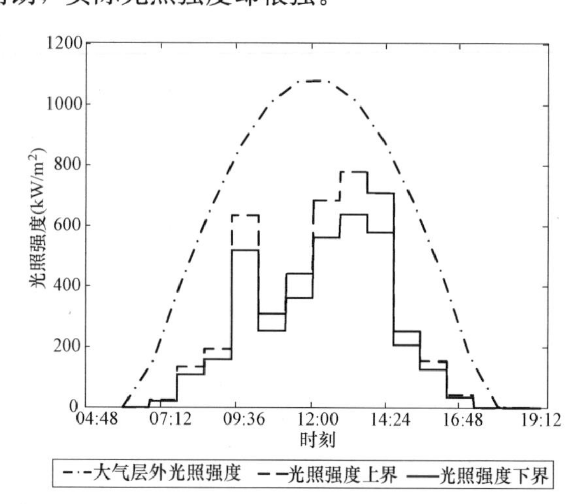

图 3-50　光照强度区间

以上午 11：00 时的气象数据为例，此时风速为 [11.0010，11.5667] m/s，光照强度为 [252，308] kW/m^2，对应风机输出功率为 [421.2，489] kW，光伏阵列输出功率为 [119.7，146.3] kW。其他两个分布式电源输出功率考虑±10%的不确定性分别为 [810，990]、[1080，1320] kW。获得分布式电源功率区间后，将分布式电源功率区间转换为仿射数形式

$$P_7 = 455.1 + 39.9\varepsilon_{DG1} \tag{3-34}$$

$$P_{15} = 133 + 13.3\varepsilon_{DG2} \tag{3-35}$$

$$P_{20} = 900 + 90\varepsilon_{DG3} \tag{3-36}$$

$$P_{28} = 1200 + 120\varepsilon_{DG4} \tag{3-37}$$

同时，算例中假定除分布式电源外的母线负荷在其传统给定确定值的±10%范围内变化。

为了验证基于仿射数学的三相前推回代潮流算法的有效性，将此算法的计算结果与蒙特卡洛法进行了对比分析。其中，蒙特卡洛法仿真法过程大致如下：

1）编写配电网确定性三相前推回代算法，用于计算注入功率为确定性情况下的配电网三相潮流。

2）利用随机数发生器产生在设定变化区间内的节点注入功率随机值。

3）将步骤 2）产生的节点注入功率值代入，进行确定性三相潮流计算，记录计算结果。

4）重复 n（可取 $n=10^4$）次步骤 2）、3），统计计算结果，并取计算结果中的最小值作为下界，最大值作为上界。

蒙特卡洛法和仿射算法得到的各节点的相电压幅值结果如图 3-51 所示。

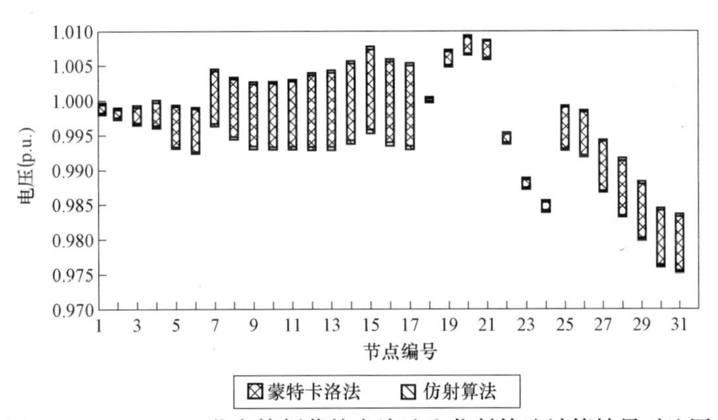

图 3-51　IEEE 33 节点算例蒙特卡洛法和仿射算法计算结果对比图

2. IEEE 13 节点三相不平衡系统算例分析

IEEE 13 节点算例为三相不平衡配电系统：A 相负荷总计为 1158kW+606kvar，B 相负荷总计为 973kW+627kvar，C 相负荷总计为 1137kW+753kvar。为考察风电、光伏输出功率不确定对系统电压水平的影响，在节点 634 的 A 相接入额定容量为 200kW 的单相光伏发电系统（DG1），在节点 675 处接入额定容量为 300kW 的三相风力发电系统（DG2），在节点 684 处加入额定容量为 400kW 的三相光伏发电系统（DG3）。加入分布式电源的系统

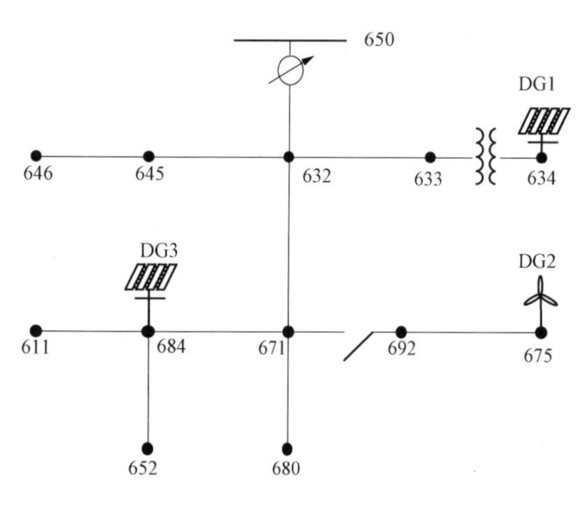

图 3-52　IEEE 13 节点算例系统结构图

结构图如图 3-52 所示。

算例中各节点负荷在其确定数值的±10%范围内变化，各风力、光伏发电系统的不确定变化区间为

$$P_{634}=110+11\varepsilon_{DG1} \tag{3-38}$$

$$P_{675}=224+21.5\varepsilon_{DG2} \tag{3-39}$$

$$P_{684}=227.8+17.1\varepsilon_{DG3} \tag{3-40}$$

同样将仿射算法与蒙特卡洛法进行对比分析，两种方法计算结果如图 3-53 所示。由图 3-53 可以看出，对于三相不平衡系统，仿射潮流计算结果能够完全包含蒙特卡洛法计算结果及确定性潮流计算结果，这表明仿射算法具备完备性。

IEEE 33 节点算例和 IEEE 13 节点算例的计算结果表明，算法对于三相平衡系统及三相不平衡系统都具有完备性。

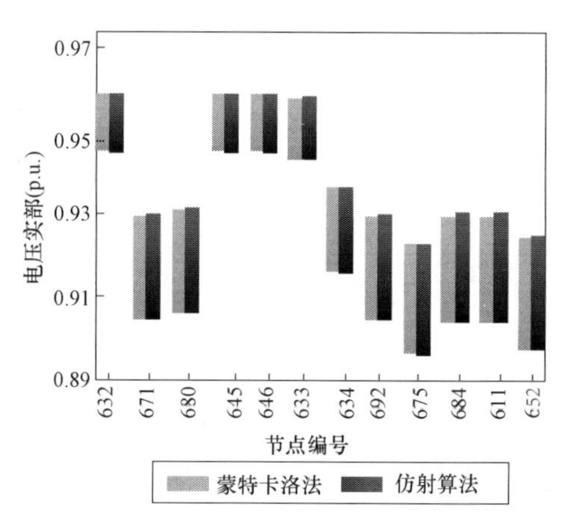

图 3-53　IEEE 13 节点蒙特卡洛法和仿射算法计算结果对比

通过比较不同算法在等价不确定性注入情况下计算时间和迭代次数来比较不同算法的计算性能。表 3-14 给出了不同算法的迭代次数和计算时间对比。仿射算法与传统的确定性计算方法迭代次数相同，能够很快地收敛，表现出很好的收敛性能；在计算时间方面，仿射算法考虑了系统的不确定性，计算规则复杂，计算速度相对于确定性算法要慢，但是仿射算法的结果包含更多的信息，仿射算法通过一次计算可以直接得到系统各母线受节点功率注入变化的影响；蒙特卡洛法需要大量抽样计算，计算速度最慢。基于仿射数学的三相前推回代潮流算法在计算复杂度和计算时间上都大于确定性潮流分析，但是通过一次仿射潮流计算，能够得到配电系统在不确定输入条件下的全部信息，这一点是确定性潮流无法做到的。

表 3-14　　不同潮流算法计算时间及迭代次数对比

潮流算法	IEEE 33 节点系统		IEEE 13 节点系统	
	计算时间（s）	迭代次数	计算时间（s）	迭代次数
确定性算法	0.016	7	0.098	9
仿射算法	0.21	7	0.43	9
蒙特卡洛法（采样数=10^4）	3.561	—	7.219	—
蒙特卡洛法（采样数=10^5）	34.642	—	70.264	—

3. 基于仿射数学的三相前推回代潮流算法的收敛性分析

就 IEEE 13 节点三相不平衡算例进行收敛性分析，假定所有节点功率都具有不确定性，并且各节点功率的不确定性相同但相互独立，逐渐增大各节点功率的不确定性，研究各个节点电压实部和虚部的变化情况。图 3-54 和图 3-55 绘制了各节点电压实部、虚部在不同不确定率下的区间范围。

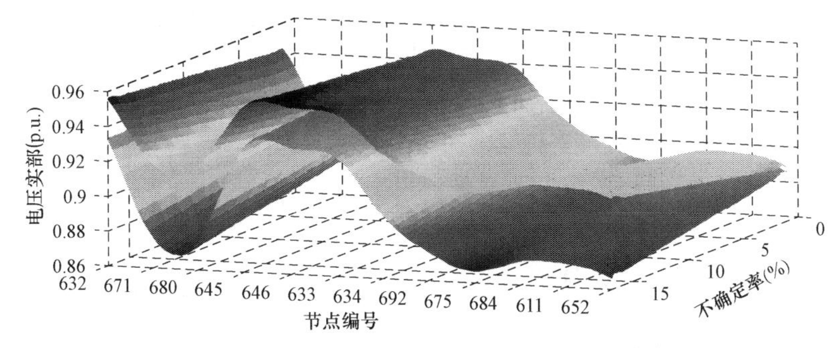

图 3-54 不同不确定率的 A 相电压实部变化范围

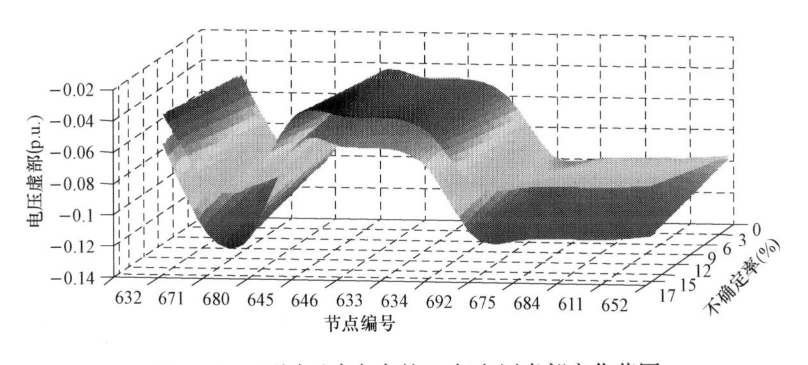

彩色插图

图 3-55 不同不确定率的 A 相电压虚部变化范围

由图 3-54 和图 3-55 可以看出，随着节点功率不确定性的增加，节点电压实部、虚部的不确定性也相应变大（节点电压区间变大）。对于 IEEE 13 节点算例，当节点功率的不确定率超过 17%时，仿射潮流计算结果就会发散。

3.3.2 基于仿射潮流的分布式电源不确定性追踪分析方法

实际工程分析的对象往往是高维、非线性、复杂系统，系统中各种因素相互作用、相互影响。在传统的不确定分析方法中（概率方法、模糊方法或区间方法），最终的输出结果为一分布（概率分布、模糊分布或区间分布），这一分布只能体现多个不确定输入变量对系统共同作用后的结果，往往无法分析每个不确定输入变量对每个不确定输出变量的影响程度，这就限制了不确定性分析方法的应用。而仿射数学的一个重要特点是能够记录各个不确定量之间的相关性信息，这一方面能够解决区间数学计算过估计的问题，另一方面，每个噪声元系数的变化能够体现其不确定性大小，在计算过程中能够追踪每个不确定输入变量的变化情况，因而噪声元也可称为追踪元。为此，提出了基于仿射潮流的分布式电源不确定性追踪分析方法[17]。

1. 仿射数学追踪原理

仿射数学的关键特征之一是相同的噪声元标记可以出现在两个甚至更多仿射变量中（输入变量、输出变量或者中间计算结果变量）。比如两个仿射变量 $\hat{x}$ 和 $\hat{y}$ 中均出现了噪声元 ε_i，那么它们代表的未知变量 x 和 y 之间肯定存在一些局部依赖关系，这种依赖关系的定量描述依靠的是与噪声元分别对应的系数 x_i 和 y_i。

下面以一个具体仿射函数来说明噪声元标记的追踪作用。

假设有一个仿射运算函数 f，函数的自变量是三个仿射变量 $\hat{x}_1=7+2\varepsilon_1$，$\hat{x}_2=5+3\varepsilon_2$ 和 $\hat{x}_3=8-\varepsilon_3$，三个噪声元标记 ε_1、ε_2 和 ε_3。函数的因变量为 $\hat{y}=f(\hat{x}_1, \hat{x}_2, \hat{x}_3)=(\hat{x}_1+\hat{x}_2)\hat{x}_3=96+16\varepsilon_1+24\varepsilon_2-12\varepsilon_3+5\varepsilon_k$，可见在计算过程中三个噪声元标记并未发生变化，只是由于是乘法运算，在运算过程中出现了新的噪声元。对于 $\hat{y}$ 这个仿射变量，四个噪声元标记对应的系数为 16、24、12、5（此处只关注噪声元系数的绝对值大小，不考虑其符号），这四个系数大小分别代表了四个噪声元对应的自变量的波动对计算结果 $\hat{y}$ 的影响力大小。为了更加直观地比较三个自变量的波动对计算结果的影响力大小，计算相对影响力大小，比如自变量 x_1 的噪声元标记是 ε_1，在计算结果 $\hat{y}$ 中所有噪声元标记对应系数中所占比例是 16/(16+24+12+5)=28%，这表示自变量 x_1 的波动将会带给计算结果 $\hat{y}$ 的影响是 28%。同理，可以计算其他两个自变量 x_2 和 x_3 的波动带给计算结果的影响分别是 42%和 21%。通过比较相对影响力大小，可以认为自变量 x_2 的波动性对结算结果的影响最大。

总结上述噪声元波动对计算结果的影响力大小评估方法，提出其一般形式：假设有一个仿射运算函数 f，其自变量是 m 个仿射变量，并且每个仿射变量都有其特有的噪声元标记，m 个噪声元标记之间相互独立，因此将自变量表示为 $\hat{x}_1$，$\hat{x}_2$，…，$\hat{x}_m$，$\hat{x}_1=x_{10}+x_1\varepsilon_1$，$\hat{x}_2=x_{20}+x_2\varepsilon_2$，$\hat{x}_m=x_{m0}+x_m\varepsilon_m$。那么仿射运算函数的因变量可以表示为

$$
\begin{aligned}
\hat{y} &= f(\hat{x}_1, \hat{x}_2, \cdots, \hat{x}_m) \\
&= f(x_{10}+x_1\varepsilon_1, x_{20}+x_2\varepsilon_2, \cdots, x_{m0}+x_m\varepsilon_m) \\
&= y_0+y_1\varepsilon_1+y_2\varepsilon_2+\cdots+y_m\varepsilon_m+y_{m+1}\varepsilon_{m+1}
\end{aligned} \tag{3-41}
$$

计算结果中不同噪声元系数大小分别代表了这些噪声元对应的自变量的波动对计算结果 $\hat{y}$ 的影响力大小。为了更加直观地比较不同自变量的波动带给计算结果的影响，定义了自变量波动性影响力评价指标（Relative Influence of Uncertain Variables on Outcome, RIUVO），用 δ_i 表示，计算式为

$$
\delta_i = \frac{|y_i|}{\sum_{k=1}^{m+1} |y_k|} \times 100\% \tag{3-42}
$$

通过 RIUVO，能够分析每个不确定输入变量对结果的影响，例如取 $\hat{x}_1=7+2\varepsilon_1$，$\hat{x}_2=$

$5+3\varepsilon_2$，$\hat{x}_3=8-\varepsilon_3$，则对于函数 $\hat{y}=f(\hat{x}_1, \hat{x}_2, \hat{x}_3)=(\hat{x}_1+\hat{x}_2)\hat{x}_3=96+16\varepsilon_1+24\varepsilon_2-12\varepsilon_3+5\varepsilon_k$，根据式（3-42），各不确定变量（$\varepsilon_k$ 为计算过程中引入的误差）对于 $\hat{y}$ 的 RIUVO 分别为 28%、42%、21%、9%。其中不确定变量 $\hat{x}_2$ 引起的不确定性占总不确定性的 42%，可以认为 $\hat{x}_2$ 对 $\hat{y}$ 的不确定性影响（贡献）最大。图 3-56 直观地反映了本例中各不确定变量 RIUVO。

2. 基于仿射潮流的分布式电源不确定性追踪

风电、光伏的输出功率受天气变化的影响，具有随机性和不确定性，前文中采用仿射数来表达各分布式电源输出功率的不确定性。若有 m 个分布式电源接入含 n（$n>m$）个节点的配电网，各分布式电源输出功率仿射形式为 $\hat{S}_i=S_{i0}+S_i\varepsilon_i$，$i=1, 2, \cdots, m$。

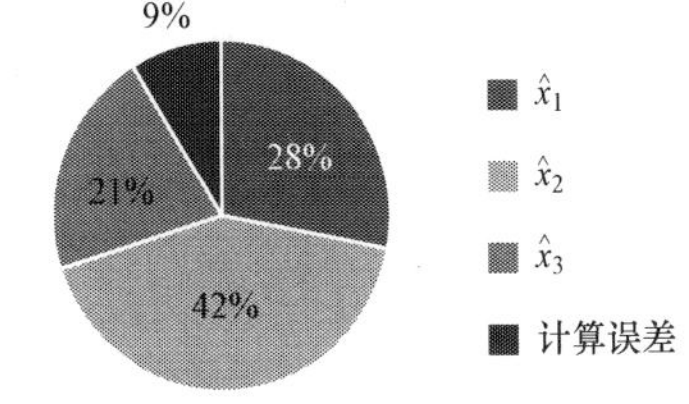

图 3-56　各不确定变量相对影响力

利用提出的三相前推回代仿射潮流算法，计算得到系统各节点的电压仿射值

$$\begin{aligned}\hat{U}_j &= f(\hat{S}_1,\cdots,\hat{S}_m,S_{m+1},\cdots,S_n)\\ &= f[(S_{10}+S_1\varepsilon_1),\cdots,(S_{m0}+S_m\varepsilon_m),S_{m+1},\cdots,S_n]\\ &= u_0+u_1\varepsilon_1+\cdots+u_m\varepsilon_m+u_{m+1}\varepsilon_{m+1}\end{aligned} \tag{3-43}$$

对于电压 $\hat{U}_j$，分布式电源 i 的相对影响力用 δ_{ij} 表示，计算式为

$$\delta_{ij}=\frac{|u_i|}{\sum_{k=1}^{m+1}|u_k|}\times 100\% \quad (j=1,\cdots,n;\ i=1,\cdots,m) \tag{3-44}$$

通过分布式电源 RIUVO 的大小可以定量分析各分布式电源输出功率不确定性对系统各节点电压不确定性的影响情况。

为分析每个分布式电源对配电系统不确定性的整体影响情况，提出不确定输入变量对系统输出相对影响力总和（Total Relative Influence of Uncertain Variables on Outcome, TRIUVO），用 σ_i 表示，计算式为

$$\sigma_i=\frac{1}{n-1}\cdot\sum_{j=2}^{n}\alpha_j\sigma_{ij} \tag{3-45}$$

式中：$\alpha_j\in[0, 1]$ 为节点权重，其大小反映该节点的重要性，若 $\alpha_j=1$ 说明节点 j 为重要节点，$j=1$ 为平衡节点。

基于同样原理，可以定义线路功率、线路电流等受节点功率不确定性影响的指标。

对于配电系统规划问题，得到不确定输入条件下的系统输出结果（节点电压区间）已经能够满足系统分析的要求。但是，对于系统实时运行调控，仅仅得到一变化区间无法满足要求。系统运行人员需要了解各分布式电源输出功率不确定性对系统各节点电压的影响大小，从而能够确定调控优先级及调控大小。

虽然不确定性潮流能够使调度人员在总体上预知节点功率不确定性对配电网的影响，但节点功率的变化对配电网各个支路功率和节点电压的影响是各不相同的。如果能够获得

各支路潮流并给出未来时刻各预测潮流的概率特征，则能向电网调度人员提供更直接、更全面的系统运行信息，从而能够确定调控优先级及调控大小。

对于不确定性追踪的研究，以 IEEE 13 节点系统为例对算法进行验证分析。为考察分布式电源输出功率不确定性对系统节点电压的影响，算例中只考虑分布式电源输出功率的不确定性，负荷及网络参数认为是确定性的。考察如下三种情形：

情形 1：三个分布式电源不确定变化范围分别为

$$P_{634} = 110 + 11\varepsilon_{DG1} \tag{3-46}$$

$$P_{675} = 224 + 21.5\varepsilon_{DG2} \tag{3-47}$$

$$P_{684} = 227.8 + 17.1\varepsilon_{DG3} \tag{3-48}$$

情形 2：节点 634、节点 675 处的分布式电源与情形 1 相同，节点 684 处分布式电源的不确定性相比情形 1 变大，则

$$P_{634} = 110 + 11\varepsilon_{DG1} \tag{3-49}$$

$$P_{675} = 224 + 21.5\varepsilon_{DG2} \tag{3-50}$$

$$P_{684} = 227.8 + 26\varepsilon_{DG3} \tag{3-51}$$

情形 3：三个分布式电源不确定性变化范围与情形 1 相同，但第 2 个分布式电源的安装位置变为节点 680，则

$$P_{634} = 110 + 11\varepsilon_{DG1} \tag{3-52}$$

$$P_{680} = 224 + 21.5\varepsilon_{DG2} \tag{3-53}$$

$$P_{684} = 227.8 + 17.1\varepsilon_{DG3} \tag{3-54}$$

通过三相前推回代仿射潮流算法计算各个节点电压值，计算各分布式电源在各节点的 RIUVO，如图 3-57～图 3-60 所示（只列出部分 RIUVO），图中数据为百分值。各分布式电源的 RIUVO 定量地反映了分布式电源输出功率不确定性对系统电压的影响。

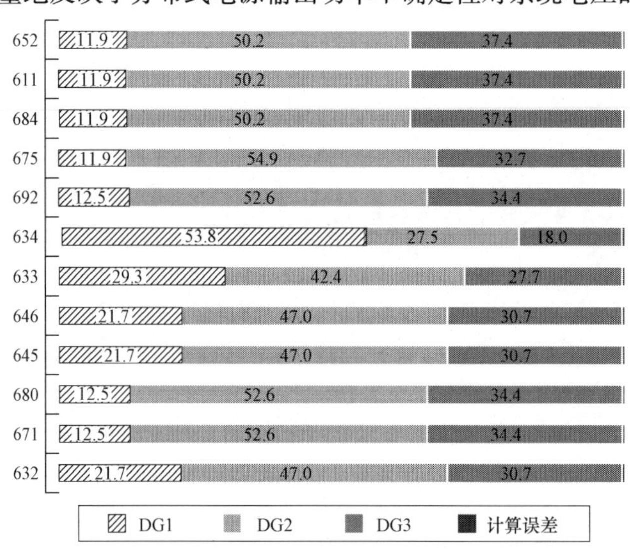

图 3-57　各分布式电源 RIUVO（情形 1，A 相电压）

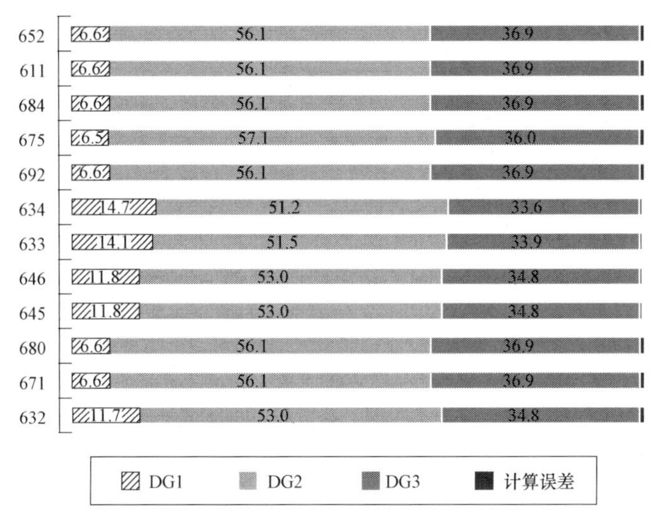

图 3-58　各分布式电源 RIUVO（情形 1，B 相电压）

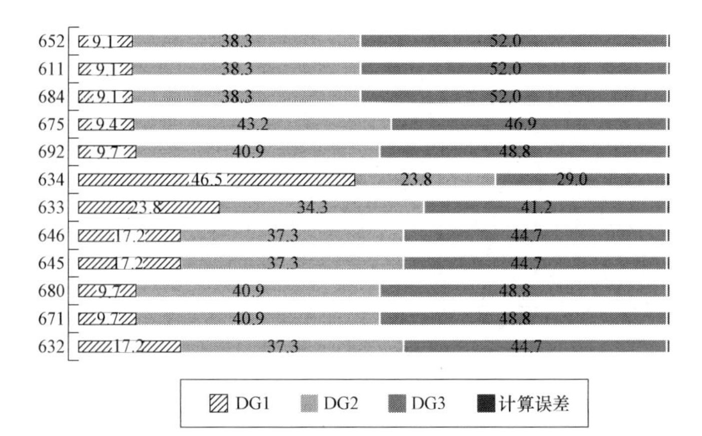

图 3-59　各分布式电源 RIUVO（情形 2，A 相电压）

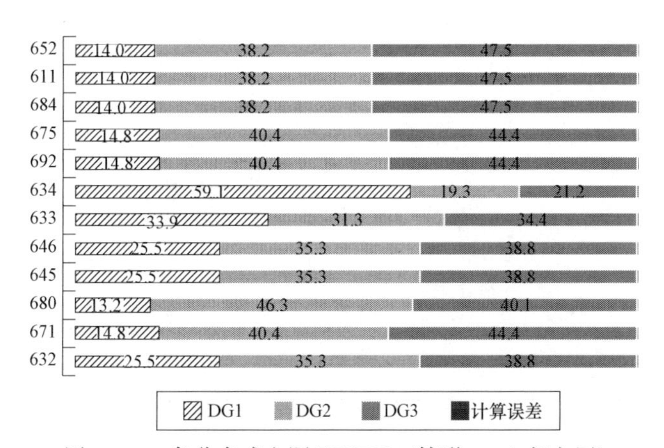

图 3-60　各分布式电源 RIUVO（情形 3，A 相电压）

对于单相接入的分布式电源，其不确定性的影响主要集中在其接入相。例如，节点 634 处的 DG1 在 A 相的 RIUVO 明显大于其在 B 相的 RIUVO。

分布式电源的不确定性对其接入点影响最大。以情形 1 的 A 相电压为例，DG1 在接入点 634 的 RIUVO 为 53.8％，DG2 在接入点 675 处为 54.9％，DG3 在接入点 684 处为 37.4％，相对于其他节点均为最大。在相同算例下，同一分布式电源输出功率的不确定性影响随着拓扑距离的变化而变化。在情形 1 中，DG1 在接入点 634 处影响力最大，其他节点的 RIUVO 依拓扑距离而有所变化。

对于重要负荷节点，能够根据 RIUVO 对各分布式电源输出功率不确定影响进行排序。假设节点 671 为重要负荷点，在情形 1 下，其节点电压受分布式电源不确定性影响从大到小为 DG2、DG3、DG1。在情形 2 下，由于 DG3 输出功率不确定性的增加，不确定性影响从大到小变为 DG3、DG2、DG1。系统运行人员通过 RIUVO 的大小可以了解重要负荷点的受影响情况。

当分布式电源容量不变，但接入位置发生变化时，在相同不确定性注入下，其对系统不确定性的影响是不同的。情形 3 相对于情形 1，由于 DG2 改变了接入点，其 RIUVO 发生了变化。通过 RIUVO，就能够在规划阶段考虑分布式电源不确定性对系统的影响，从而选择合适的位置接入分布式电源。

表 3 - 15 列出了分布式电源不确定输入变量对系统输出相对影响力总和，配电网规划人员通过 TRIUVO 能够得到各个分布式电源不确定性对整个系统不确定性的影响情况，从而选择最优的规划方案。配电网运行人员通过 TRIUVO 能够量化分布式电源不确定性，从而满足系统调控的需求。若 TRIUVO 数值较大，说明该接入点的分布式电源会对全网产生较大影响，在系统运行时应着重进行监控。

表 3 - 15　　不同算例 TRIUVO

算例		A 相	B 相	C 相
情形 1	DG1	19.45	9.2	6.8
	DG2	**47.87**	**54.6**	**55.9**
	DG3	32.16	35.8	37.3
情形 2	DG1	15.6	7.1	5.2
	DG2	37.6	42.3	42.8
	DG3	**46.1**	**50.6**	**51.9**
情形 3	DG1	22.4	9.8	8.1
	DG2	36.5	43.4	43.5
	DG3	**40.6**	**46.7**	**48.2**

注　表中加粗字体的数字表示不同情形下 TRIUVO 的最大值。

由于配电系统中每个分布式电源对不确定性的影响不同，根据不同责任对削减不确定性进行调度的费用进行合理分摊就变得十分重要。通过 TRIUVO，未来电力市场能够考虑对产生不确定性的分布式电源进行收费。系统调节分布式电源不确定性而产生的调控费用可以由区域内的分布式电源按照 TRIUVO 的大小进行均摊。

3.4 配电网谐波潮流分析与谐波源不确定性追踪

3.4.1 配电网谐波仿射潮流分析

越来越多的间歇式分布式电源接入配电网，也给配电网带来较多的电能质量问题，其中之一就是谐波。分布式电源多通过并网逆变器接入电网，会与配电网产生谐波交互作用，对分布式电源的并网电流谐波含量产生影响，若不对其进行考虑，就会导致谐波分析的不准确。为分析系统背景谐波等因素对分布式电源并网电流的谐波含量和谐波分布的影响，本节建立分布式电源逆变器输出阻抗模型，并基于输出阻抗模型的传递函数建立输出阻抗模型的频域模型，然后应用于谐波潮流计算[18]。

1. 分布式电源并网逆变器的输出阻抗模型

在对逆变器的负荷响应、电压应力、小信号频域响应特征等方面进行分析时，可以忽略半导体开关的非线性特征和换流过程，故以理想开关代替实际半导体器件进行建模，即可得电力电子装置的开关模型（Switched Model）。在此基础上，若开关频率远高于电网额定频率，将开关状态在一个开关周期内做平均运算所获得的电力电子装置的平均模型能代替开关模型进行多方面的分析。并网逆变器的输出阻抗模型就是在其平均模型基础上建立的，对平均模型在运行点附近进行小信号分析即可获得。下面以图 3-61 所示单相电流单环反馈控制的电压型并网逆变器为例，介绍输出阻抗模型的建立方法。

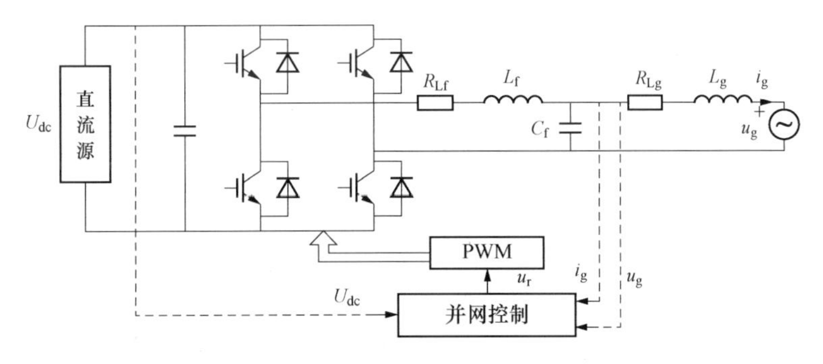

图 3-61 单相电流单环反馈控制的电压型并网逆变器系统图

图 3-61 中 U_{dc}为逆变器直流母线电压；u_r为调制信号；R_{Lf}、L_f与 C_f 构成 LC 滤波器，R_{Lf}是电感电阻；R_{Lg}与 L_g构成系统阻抗；i_g 为并网电流，u_g 为电网电压。

该并网逆变器对应的平均模型如图 3-62 所示。

图 3-62 中 i_L为并网逆变器的输出电流，i_r为逆变器并网电流的给定值；i_{Cf}为滤波电容电流，u_{Cf}为对应的滤波电容电压；G_{inv}为 PWM 逆变桥线性增益，计算式为

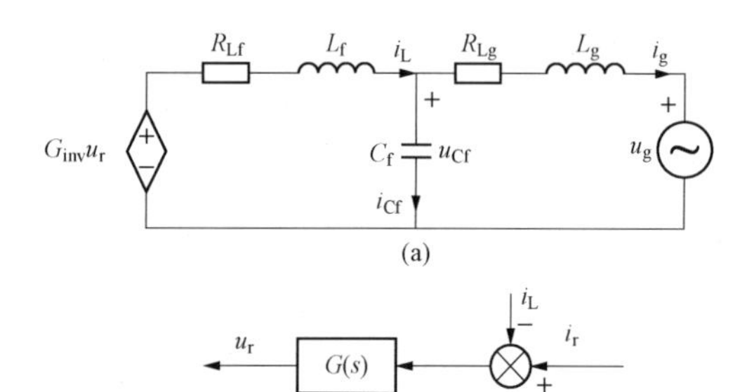

图 3 - 62　单相电流单环反馈控制的电压型并网逆变器平均模型
（a）等值电路；（b）传递函数

$$G_{inv}=\frac{U_{dc}}{U_{cm}} \tag{3-55}$$

式中：U_{cm}为载波幅值。

电流单环反馈采用比例积分控制，表达式为

$$G(s)=K_P+K_I\frac{1}{s} \tag{3-56}$$

图 3 - 62 所示的平均模型对应的系统控制结构框图如图 3 - 63 所示，对其进行小信号分析，就能得到图 3 - 64 所示的并网逆变器输出阻抗模型的系统图。图中 $Z_g=R_{Lg}+sL_g$，$Z_{Cf}=1/sC_f$，$Z_{Lf}=R_{Lf}+sL_f$，$Z_o(s)$ 与 $G_o(s)$ 计算式为

$$Z_o(s)=\left.\frac{u_{Cf}(s)}{-i_g(s)}\right|_{i_r=0}=\frac{Z_{Cf}Z_{Lf}+Z_{Cf}G_{inv}G(s)}{Z_{Cf}+Z_{Lf}+G_{inv}G(s)} \tag{3-57}$$

$$G_o(s)=\left.\frac{i_L(s)}{i_r(s)}\right|_{u_{Cf}=0}=\frac{G(s)G_{inv}}{Z_{Lf}+G(s)G_{inv}} \tag{3-58}$$

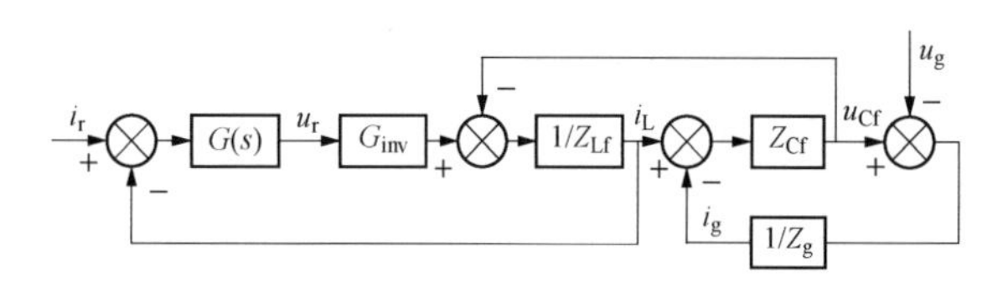

图 3 - 63　单相电流单环反馈控制的电压型并网逆变器平均模型系统框图

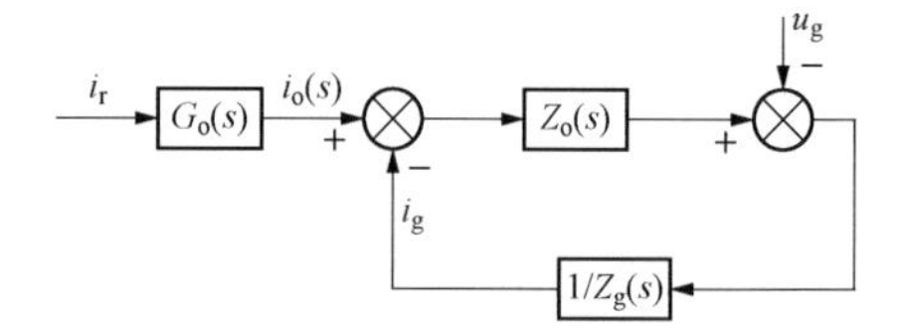

图 3 - 64　单相电流单环反馈控制的电压型并网逆变器的输出阻抗模型

为了直观地展现并网逆变器输出阻抗模型的有效性，将该模型和平均模型通过 Simulink 进行仿真，系统参数见表 3 - 16，并网点电压谐波含量见表 3 - 17。得到了两个模型的并网电流波形，如图 3 - 65 所示。

表 3 - 16　　并网逆变器系统参数

参数	数值	参数	数值
电网电压 u_g(V)	220	滤波电感 L_f(mH)	2
电网频率 f_g(Hz)	50	滤波电感电阻 R_{Lf}(Ω)	0.1
电网电感 L_g(mH)	0.8	PWM 逆变线性增益	53.3
电网电阻 R_g(Ω)	0.4	PI 调节器系数 K_P	1
滤波电容 C_f(μF)	5	PI 调节器系数 K_I(s^{-1})	10000

表 3 - 17　　并网点电压谐波含量

谐波次数	谐波含量（%）	谐波次数	谐波含量（%）
5	10	13	8
7	10	17	6
11	8	19	6

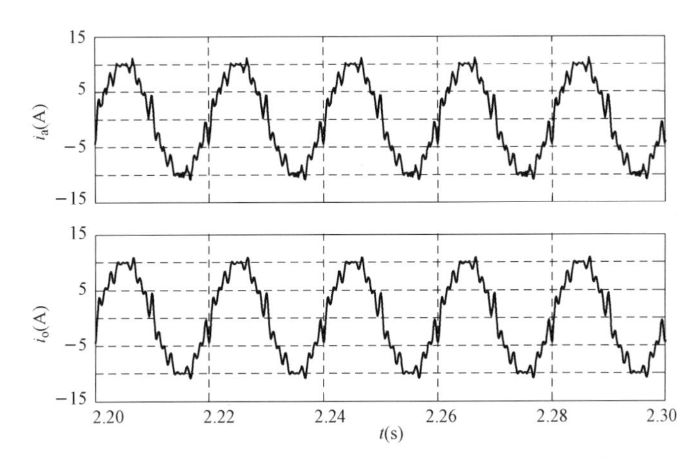

图 3 - 65　输出阻抗模型与平均模型的并网电流比较

由图 3 - 65 可以看出并网逆变器的两个模型在 Simulink 环境下仿真得到的并网电流波形具有高度的一致性。

令式（3 - 57）中 $s=\mathrm{j}\omega$，就能建立并网逆变器输出阻抗模型对应的频域模型。对上述系统，基于该频域模型进行频域计算，得到的并网电流的各次谐波分量见表 3 - 18。表中还列出了平均模型和输出阻抗模型的仿真结果。

表 3 - 18　　不同模型的并网电流谐波对比表

谐波次数	平均模型		输出阻抗模型		频域模型	
	幅值（A）	相角（°）	幅值（A）	相角（°）	幅值（A）	相角（°）
5	0.327	264.0	0.338	264.8	0.339	267.3
7	0.478	262.2	0.474	262.9	0.480	266.1
11	0.592	257.3	0.614	258.6	0.621	263.7
13	0.703	255.3	0.738	256.3	0.749	262.4
17	0.720	251.9	0.745	251.5	0.772	259.6
19	0.822	247.9	0.854	249.0	0.890	258.0

由表 3 - 18 可以看出，仿真得到的平均模型与输出阻抗模型并网电流的各次谐波的相角相差不过 2.1°，幅值相差不超过 5%。将仿真得到的输出阻抗模型并网电流与计算得到的输出阻抗频域模型并网电流相比，其各次谐波的相角最大相差 9°，幅值相差不超过 4.3%。从而可以证明输出阻抗频域模型的正确性，以及其用于谐波潮流计算的可行性。

2. 含分布式电源配电网的谐波潮流算法

当分布式电源接入实际配电网，会在节点谐波电压的作用下产生注入谐波电流，进而影响节点谐波电压，而分布式电源注入谐波电流又会随之改变，直至分布式电源与电网的相互作用平衡，达到新的谐波分布。在已有的配电网谐波潮流前推回代算法基础上，将并网逆变器的输出阻抗模型作为分布式电源谐波源模型，提出了含分布式电源配电网的谐波潮流算法。由分布式电源并网逆变器的输出阻抗模型可知，分布式电源并网电流的谐波含量直接取决于并网节点的谐波电压，因此用每次迭代中的初始谐波电压计算该次迭代中分布式电源的注入谐波电流。而电网中的其他谐波源则一律建模为恒流源。这个过程即为前推回代算法中的回代电流计算过程和前推电压计算过程。下面介绍具体计算步骤。

(1) 回代电流计算过程。

第一步：计算分布式电源的注入谐波电流

$$(I_i^{(h)})_k = (i_{o,i}^{(h)})_k + \frac{(U_i^{(h)})_k}{Z_{o,i}^{(h)}} \tag{3-59}$$

式中：$(I_i^{(h)})_k$ 为节点i 处分布式电源在第h 次谐波潮流第k 次迭代计算中的注入谐波电流；$(i_{o,i}^{(h)})_k$ 为输出阻抗模型中受控电流源第h 次谐波电流，受并网逆变器的控制策略影响，往往与并网点电压波形有关；$Z_{o,i}^{(h)}$是输出阻抗模型的第h 次谐波阻抗；$(U_i^{(h)})_k$ 为并网点i 在第h 次谐波潮流第k 次迭代计算中的谐波电压。

第二步：计算线性负荷节点的等效注入谐波电流

$$(I_j^{(h)})_k = \frac{(U_j^{(h)})_k}{Z_j^{(h)}} \tag{3-60}$$

式中：$(U_j^{(h)})_k$、$(I_j^{(h)})_k$ 分别为节点j 处的线性负荷在第h 次谐波潮流第k 次迭代计算中的节点谐波电压和等效注入谐波电流；$Z_j^{(h)}$ 为该节点线性负荷的第h 次谐波等效阻抗。

第三步：从馈线末端至始端，依次叠加各节点注入电网的谐波电流，计算各支路的谐波电流

$$B_{j-1,j} = I_j + \sum_{l\in\boldsymbol{\Omega}_j} B_{jl} \tag{3-61}$$

式中：$B_{j-1,j}$是节点$j-1$ 到节点j 的线路谐波电流；I_j是节点j 处注入电网的谐波电流；$\boldsymbol{\Omega}_j$是节点j 所连支路的集合。

(2) 前推电压计算过程。

从馈线始端至末端，依次计算各线路的谐波电压降落，从而求得各节点谐波电压

$$U_j = U_{j-1} - Z_{j-1,j}B_{j-1,j} \tag{3-62}$$

式中：$Z_{j-1,j}$是节点$j-1$ 和节点j 间的线路阻抗。

(3) 收敛判断。

每经过一次回代、前推迭代计算，都需判断结果是否符合判据

$$|(U_j)_k - (U_j)_{k-1}| < \varepsilon \tag{3-63}$$

若满足判据，则该次谐波潮流计算完毕，否则进入步骤 (1) 再次迭代。根据要求依次

求取各次谐波潮流，记录所需信息。

（4）计算谐波参数（节点电压谐波畸变率）

$$\mathrm{THD}_j(\%)=\frac{\sqrt{\sum_{h=2}^{n}|U_j^{(h)}|^2}}{|U_j|}\times 100\% \tag{3-64}$$

式中：$\mathrm{THD}_j(\%)$ 是节点 j 的电压谐波畸变率；U_j、$U_j^{(h)}$ 分别为节点 j 的基波电压和第 h 次谐波电压；n 为所考虑的最高次谐波的次数。

3. 算例分析

以 IEEE 33 节点典型配电系统为例对算法进行验证分析。为分析分布式电源与电网的谐波交互作用，在算例中接入谐波源构建系统背景谐波，并通过表 3-19 所列的六脉波变频器典型频谱进行恒流源建模；谐波源的接入位置如图 3-66 所示，分布式电源采用电流单环反馈控制并网逆变器并网。在进行谐波潮流计算之前，需通过基波潮流确定谐波源节点的基波电流，以利用频谱计算谐波电流，采用基波潮流的前推回代算法计算基波，并将分布式电源作为 PQ 节点处理，取功率因数为 0.95。

表 3-19　六脉波变频器的电流频谱

谐波次数	幅值（%）	相角（°）	谐波次数	幅值（%）	相角（°）
1	100	0	13	4.01	−175.58
5	18.24	−55.68	17	1.93	111.39
7	11.9	−84.11	19	1.39	68.30
11	5.73	−143.56			

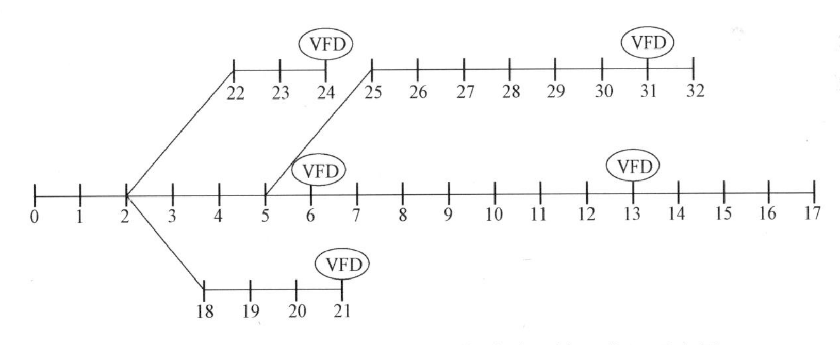

图 3-66　IEEE 33 节点配电系统谐波源接入位置示意图

（1）并网点位置对谐波分布的影响。

将分布式电源作为谐波源的恒流源，通过六脉波频谱进行建模，并基于该模型计算谐波潮流，与提出的基于分布式电源输出阻抗模型的谐波潮流算法的计算结果作对比。为分析并网位置对分布式电源并网谐波电流和系统谐波分布的影响，分别在节点 5、9、16 处接入同样容量的分布式电源，通过两种建模方法分别对系统谐波进行计算。图 3-67 中列出了部分节点的电压总谐波畸变率 THD(%)。

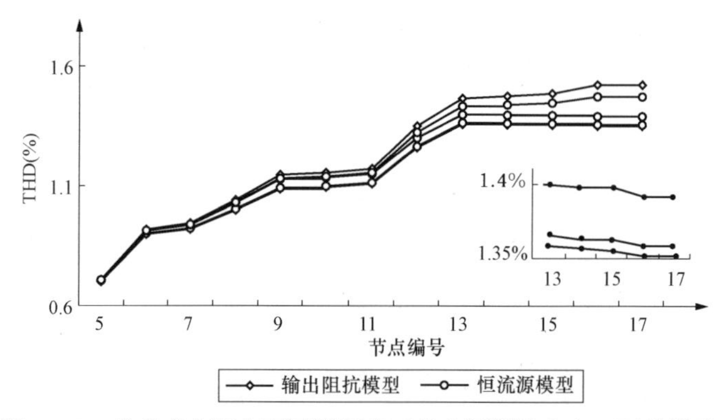

图 3-67 分布式电源在不同并网点时的电网谐波分布（两种模型）

从图 3-67 可以看出，对比分别基于输出阻抗模型和恒流源模型计算的谐波潮流，当分布式电源接于节点 9 时，二者节点 THD(%) 几乎完全一致；当分布式电源接于节点 5 时，采用输出阻抗模型计算的各点 THD(%) 略低；分布式电源接于节点 16 时，采用输出阻抗模型计算的各点 THD(%) 明显高于采用恒流源模型计算的 THD(%)。这种差别产生的原因是采用的模型不一致造成的，也就是说，即使将分布式电源接于同一节点，通过不同的模型计算出的分布式电源并网电流的谐波含量也不相同。图 3-68 给出了以上情况中分布式电源的并网谐波电流对比图。从图中可以看出，对于输出阻抗模型而言，随着并网点接近馈线末端，其产生的各次谐波电流变大，这是由馈线末端各次谐波电压较大引起的；而对于恒流源模型而言，在不同并网点的各次谐波电流几乎相同，仅由节点基波电压的些许不同引起了其产生谐波电流的轻微变化。

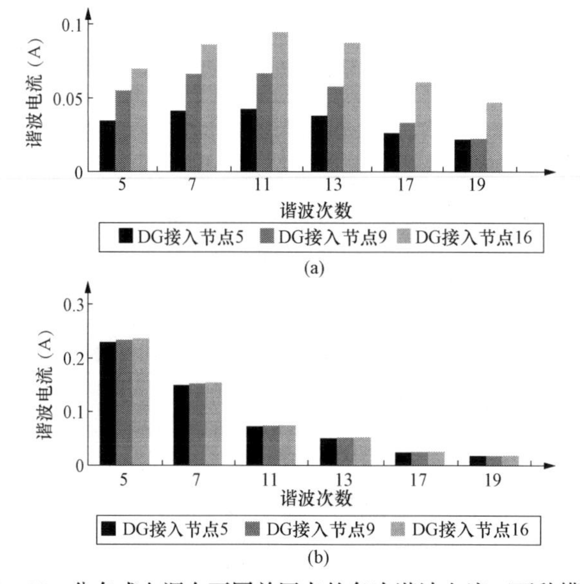

彩色插图

图 3-68 分布式电源在不同并网点的各次谐波电流（两种模型）
(a) 输出阻抗模型；(b) 恒流源模型

与基波不同，谐波电压随节点位置不同有较大的变化，在进行分布式电源的谐波源建模时，如果不考虑位置因素，就不能对系统谐波进行准确的分析。通过对比分析可知，分布式电源并网逆变器的输出阻抗模型能有效计及并网点位置的影响。

（2）分布式电源对节点电压谐波含量的影响。

由图 3-68 可以看出，与大部分谐波源不同，基于分布式电源并网逆变器输出阻抗模型计算的谐波电流，随着谐波次数的增高，谐波电流的大小不是一直减小的。这主要是由输出阻抗引起的，图 3-69 绘制了分布式电源并网逆变器输出阻抗的波特图。从图中可以看出，输出阻抗的幅值随着频率的增大而减小，再与电网产生谐波相互作用，就使得某些次数较低的谐波电流小于次数较高的谐波电流，这会对系统中各次谐波电压的分量（即该次谐波所占比例）产生影响。图 3-70 给出了分布式电源处于不同并网点时节点 11 的各次谐波电压分量的对比（以该次谐波电压有效值除以各次谐波电压有效值之和）。为说明分布式电源接入的影响，图 3-70 中还绘制了不含分布式电源时的谐波电压分量作为对比。

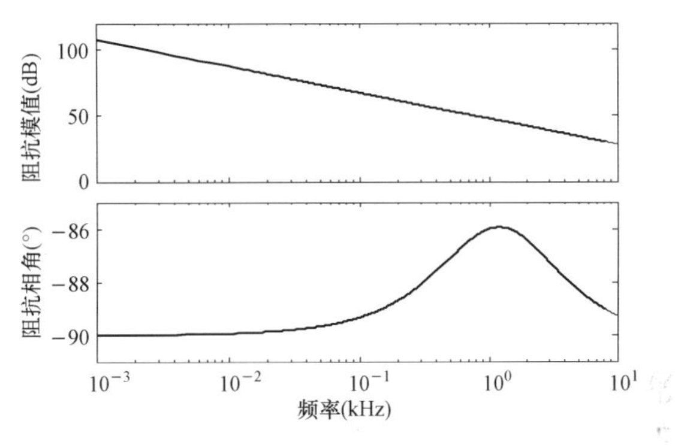

图 3-69　分布式电源并网逆变器输出阻抗波特图

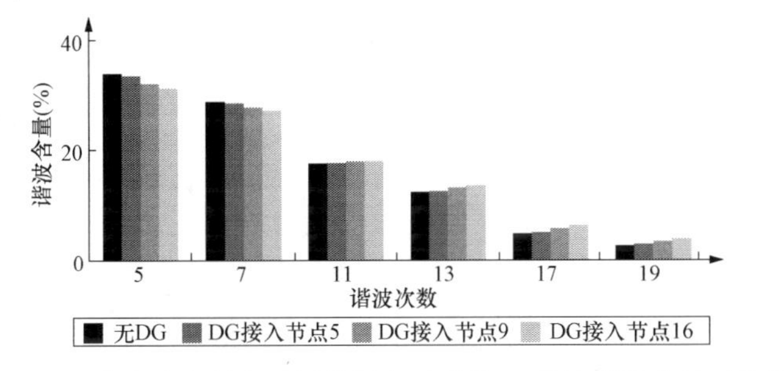

彩色插图

图 3-70　分布式电源在不同并网点时节点 11 各次谐波分量对比图

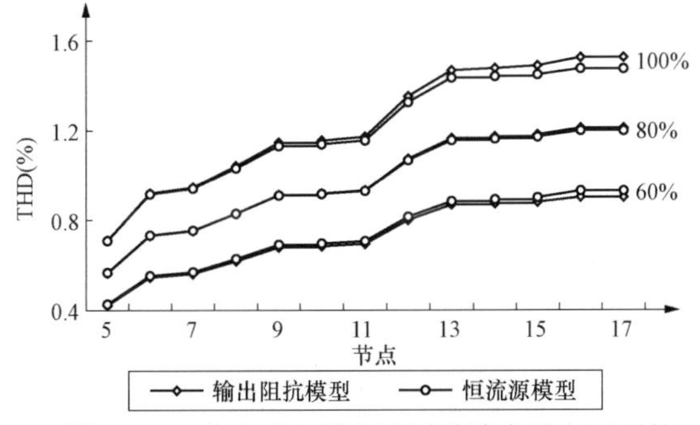

图 3-71　分布式电源在不同谐波水平电网下的谐波分布（两种模型）

（3）电网背景谐波对谐波分布的影响。

为了分析电网背景谐波对分布式电源并网电流的谐波含量以及电网谐波分布的影响，将电网中除分布式电源以外的非线性负荷的节点功率分别乘以 80% 和 60%，以此改变电网的谐波水平进行对比分析。在节点 16 处接入分布式电源，基于分布式电源输出阻抗模型和恒流源模型的谐波潮流计算结果对比 [部分节点电压 THD(%)] 如图 3-71 所示。

对比输出阻抗模型和恒流源模型，当处于80%谐波水平的电网时，二者节点THD(%)几乎相同；当处于60%谐波水平的电网时，基于输出阻抗模型的计算结果较低；当处于100%谐波水平的电网时，基于输出阻抗模型的计算结果较高。这也是因为通过两模型计算的并网电流谐波含量不同，如图3-72所示。在较高谐波水平的电网中，各节点的谐波电压较高，作用于分布式电源并网逆变器的输出阻抗模型产生的谐波电流也较高，从而影响系统谐波分布。并网逆变器的输出阻抗模型能较好地计及系统谐波水平的影响。

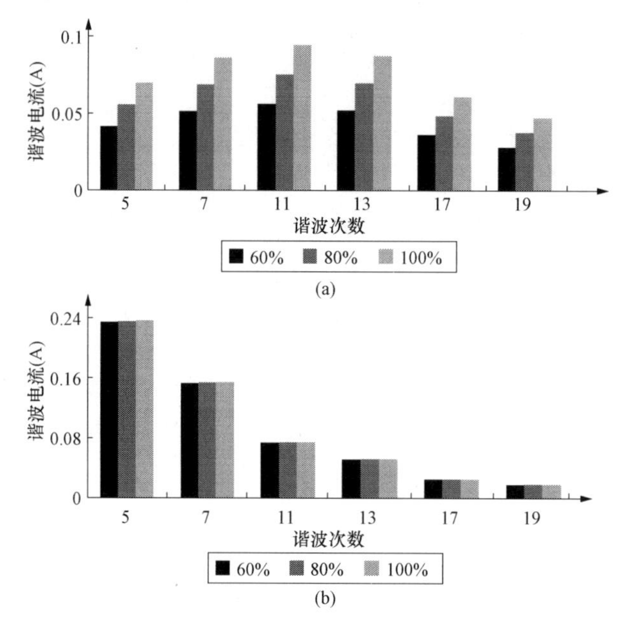

图3-72　分布式电源在不同谐波水平电网中的各次谐波电流（两种模型）

（a）输出阻抗模型；（b）恒流源模型

（4）多个分布式电源间的谐波交互作用。

当多个分布式电源同时接入一配电网时，除了分布式电源与电网间的谐波交互作用以外，分布式电源与分布式电源之间也会通过电网产生相互影响，从而导致分布式电源并网电流的谐波含量发生变化。为了分析这个问题，对表3-20所列的分布式电源三种接入情况进行了谐波潮流分布计算。

表3-20　　分布式电源的三种接入情况

接入情况	分布式电源接入节点	接入情况	分布式电源接入节点
情况1	9	情况3	5，9，16
情况2	5，9		

三种情况下对应的部分节点电压THD(%)如图3-73所示。可见前两种情况中各节点THD(%)相差不多，但情况3明显高于前两种情况。为了说明多个分布式电源间的相互影

响，图 3－74 绘制了节点 9 处分布式电源的各次注入谐波电流。

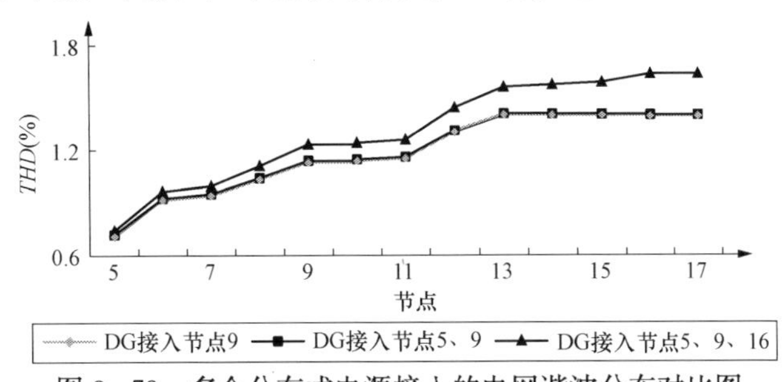

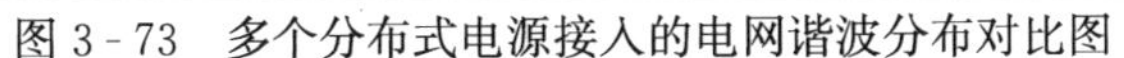

图 3－73　多个分布式电源接入的电网谐波分布对比图

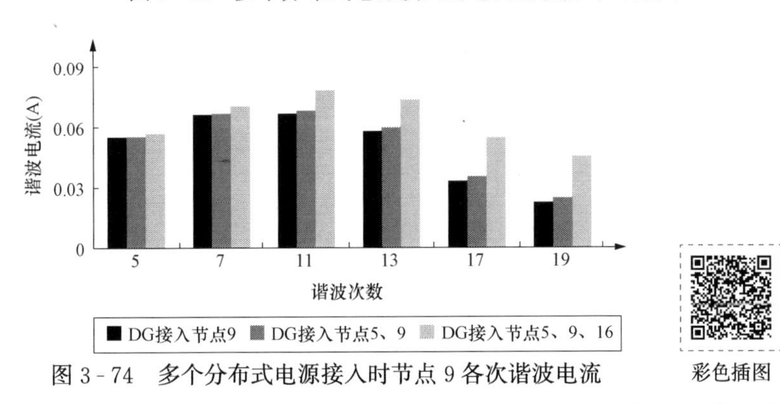

图 3－74　多个分布式电源接入时节点 9 各次谐波电流

彩色插图

由图 3－74 可以看出，节点 9 处分布式电源的并网谐波电流大小、分量都发生了变化，随着配电网所接分布式电源数目的增加，节点 9 处分布式电源的各次谐波电流大小有所增大，同时，各次谐波分量也发生了较大的变化。主要原因有两方面，一是分布式电源的增多导致系统谐波水平提高；二是分布式电源的增多对系统各次谐波分量产生影响。通过基于分布式电源输出阻抗模型的谐波潮流算法，能将多个分布式电源联系起来，从而能够方便地分析它们之间的交互影响。

3.4.2　有源配电网谐波影响源追踪

越来越多的逆变型分布式电源接入配电系统中必然会使节点电压发生畸变，严重时会影响配电网中所接电气设备的正常运行和负荷正常运转，这一责任应当由所有作为谐波源的分布式电源共同承担。对于每个分布式电源而言，它不仅影响并网节点的谐波电压，也会影响整个系统的谐波电压分布，因此应该对所有节点承担相应的谐波责任。通过谐波潮流计算可以获得配电网中各节点各次谐波电压，是分析分布式电源对电压畸变责任的有效手段。

已有的谐波责任分析大多没考虑分布式电源发出谐波的波动性，个别考虑了波动性的谐波责任概率统计方法需要通过测量获得谐波源的谐波电流数据统计，然后进行概率统计。然而谐波源的概率分布并不容易获得，而且分布式电源作为谐波源恒流源模型考虑太简单，无法将分布式电源与电力系统的谐波交互、分布式电源之间的谐波交互考虑在内，因此提出将分布式电源进行复仿射模型建模，将其并网逆变器仿射模型加入谐波潮流计算中。

分布式电源的不同容量和接入系统的不同位置对整个系统的谐波责任也不相同，因此评估每个分布式电源的谐波责任对于谐波治理和分布式电源规划都很重要。为此，提出有源配电网谐波影响源追踪方法，在谐波潮流计算过程中利用仿射数学的记录特性定义分布式电源输出功率波动性对于系统节点谐波电压的影响，并提出指标来定量评估各分布式电源对各节点谐波电压的谐波责任和对系统整体的谐波责任[19]。

1. 有源配电网谐波影响源追踪方法

(1) 建立仿射谐波源模型和分布式电源并网逆变器仿射模型。

仿射数学具有的记录特性可以在整个计算过程中追踪自变量和输出结果之间的关系，因此仿射数学可以准确地量化每个输入变量的波动性对输出结果的责任。噪声元可以看作是整个计算过程中的追踪元。

首先，在建模过程中为每个谐波恒流源引入独立的噪声元标记 $\varepsilon_{a1},\varepsilon_{a2},\varepsilon_{a3},\cdots$，为系统中的每个谐波源建立仿射谐波源模型为

$$\hat{I}_j = f_1(\varepsilon_{a1},\varepsilon_{a2},\varepsilon_{a3},\cdots) \tag{3-65}$$

然后，为每个分布式电源引入各自独立的噪声元标记 $\varepsilon_{b1},\varepsilon_{b2},\varepsilon_{b3},\cdots$，按照分布式电源并网逆变器仿射模型建立方法，将逆变器模型中输出阻抗和输出电流（均为仿射数学的形式）表示为

$$\begin{aligned}\hat{Z}_o(s) &= \frac{Z_{Cf}Z_{Lf}+Z_{Cf}\hat{G}_{inv}G(s)}{Z_{Cf}+Z_{Lf}+\hat{G}_{inv}G(s)} = f_2(\varepsilon_{b1},\varepsilon_{b2},\varepsilon_{b3},\cdots)\\ \hat{i}_o(s) &= \hat{i}_r\hat{G}_o(s) = \hat{i}_r\frac{G(s)\hat{G}_{inv}}{Z_{Lf}+G(s)\hat{G}_{inv}} = f_3(\varepsilon_{b1},\varepsilon_{b2},\varepsilon_{b3},\cdots)\end{aligned} \tag{3-66}$$

下面选用前推回代方法计算配电网仿射谐波潮流。

(2) 回代计算仿射电流。

由于分布式电源注入有源配电网的谐波电流直接取决于并网点的谐波电压大小，因此需要在每次迭代过程中先进行谐波电压的计算，再由谐波电压值求得本次迭代中分布式电源注入电力系统的谐波电流，如此往复，直至收敛。在各次谐波每次迭代的开始计算分布式电源的注入仿射谐波电流值和线性负荷的等效注入仿射谐波电流。除分布式电源以外的谐波源采用考虑仿射恒流源模型建模。

节点 j 处的分布式电源在第 h 次谐波的第 k 次迭代中的注入仿射电流可表示为

$$(\hat{I}_j^{(h)})_k = (\hat{i}_{o,j}^{(h)})_k + (\hat{U}_j^{(h)})_k/\hat{Z}_{o,j}^{(h)} \tag{3-67}$$

$\hat{i}_{o,j}^{(h)}$ 是分布式电源并网逆变器诺顿模型中的仿射受控电流源电流值，其值取决于并网逆变器的控制策略，一般和并网电压的波形有关系；$\hat{Z}_{o,j}^{(h)}$ 是分布式电源并网逆变器输出阻抗在第 h 次谐波下的仿射阻抗值；$(\hat{U}_j^{(h)})_k$ 是节点 j 处在第 h 次谐波作用下的第 k 次潮流迭代计算中的仿射谐波电压值。

接入节点 j 的线性负荷在第 h 次谐波作用下的第 k 次潮流迭代计算中的等效注入仿射

电流值计算式为

$$(\hat{I}_j^{(h)})_k = (\hat{U}_j^{(h)})_k / \hat{Z}_j^{(h)} \tag{3-68}$$

式中：$\hat{Z}_j^{(h)}$ 是接入节点 j 的线性负荷在第 h 次谐波作用下的等效仿射阻抗值。

从馈线的末端开始计算，通过叠加各个节点的注入仿射电流值可以求得各条支路流过的仿射电流值

$$\hat{B}_{j-1,j} = \hat{I}_j + \sum_{l \in \boldsymbol{\Omega}_j} \hat{B}_{jl} \tag{3-69}$$

式中：$\hat{B}_{j-1,j}$ 为节点 $j-1$ 到节点 j 的线路谐波仿射电流；$\hat{I}_j$ 为节点 j 的注入仿射谐波电流；$\boldsymbol{\Omega}_j$ 是与节点 j 相连支路的集合。

（3）前推计算仿射谐波电压。

按照由馈线的始端向馈线尾端的计算方向，顺序计算各节点的仿射谐波电压值

$$\hat{U}_j = \hat{U}_{j-1} - Z_{j-1,j}\hat{B}_{j-1,j} \tag{3-70}$$

式中：$\hat{U}_j$ 为节点 j 处的仿射谐波电压值；$\hat{U}_{j-1}$ 为节点 $j-1$ 处的仿射谐波电压值；$Z_{j-1,j}$ 为节点 $j-1$ 与节点 j 之间的线路阻抗。

（4）收敛判据。

当该次迭代计算结束后各节点的仿射谐波电压值与上一次迭代的计算结果相比偏差绝对值低于设定的允许值，则表示满足了所设定的计算精度，迭代结束，即

$$|(\hat{U}_j)_k - (\hat{U}_j)_{k-1}| < \varepsilon \tag{3-71}$$

对于每一次谐波下的潮流计算，都要重复以上（2）和（3）两个过程，直到满足此收敛条件。

（5）计算分布式电源的谐波责任指标。

假设有一个 n 节点的有源配电网系统，接入了 m 个分布式电源，分布式电源的波动性输出功率表示为仿射形式 $\hat{S}_i(i=1,2,\cdots,m)$，系统中其他电源的输出功率认为是稳定的，表示为 $S_i(i=m+1,\ \cdots,\ n)$。通过上述（1）～（4）的谐波潮流计算，可以求得系统中各节点的谐波电压值 $\hat{U}_j^{(h)}(j=2,\cdots,n)$，该值可以看作是 $\hat{S}_i(i=1,2,\cdots,m)$ 的函数，即

$$\begin{aligned}\hat{U}_j^{(h)} &= f(\hat{S}_1,\cdots,\hat{S}_m,S_{m+1},\cdots,S_n)\\&= f[(S_{10}+S_1\varepsilon_1),\cdots,(S_{m0}+S_m\varepsilon_m),S_{m+1},\cdots,S_n]\\&= u_0^{(h)}+u_1^{(h)}\varepsilon_1+\cdots+u_m^{(h)}\varepsilon_m+u_{m+1}^{(h)}\varepsilon_{m+1}\end{aligned} \tag{3-72}$$

那么可以定义单个分布式电源 i 对节点 j 的 h 次谐波电压的责任（Contribution of individual DG to Harmonic Voltage，CDGHV）$\sigma_{ij}^{(h)}$，表达式为

$$\sigma_{ij}^{(h)} = \frac{|u_i^{(h)}|}{\sum_{k=1}^{m+1}|u_k^{(h)}|} \times 100\%,(j=1,\cdots,n;\ i=1,\cdots,m) \tag{3-73}$$

需要注意的是，所有潮流计算中的数值均为复数形式的仿射数，计算结果各节点的各

次谐波电压也是复仿射数，那么在计算 CDGHV 这一指标时，可以选择利用实数部分追踪元系数或者虚数部分追踪元系数来计算。选择实部和虚部计算出来的 CDGHV 数值不同，但是对于对比分析各分布式电源的 CDGHV 谐波责任来说意义相同。因此选择用计算结果的实部进行 CDGHV 这一指标的计算。例如计算结果节点 j 的 h 次谐波电压为 $\hat{U}_j^{(h)}=f(\hat{S}_1, \hat{S}_2, \hat{S}_3, \hat{S}_4)=(1+2j)+(3+4j)\varepsilon_1+(5+6j)\varepsilon_2+(7+8j)\varepsilon_3+(9+10j)\varepsilon_4$，可以选择实部 $1+3\varepsilon_1+5\varepsilon_2+7\varepsilon_3+9\varepsilon_4$ 或者虚部 $2j+4j\varepsilon_1+6j\varepsilon_2+8j\varepsilon_3+10j\varepsilon_4$ 来代入上式中计算 CDGHV 谐波责任指标。

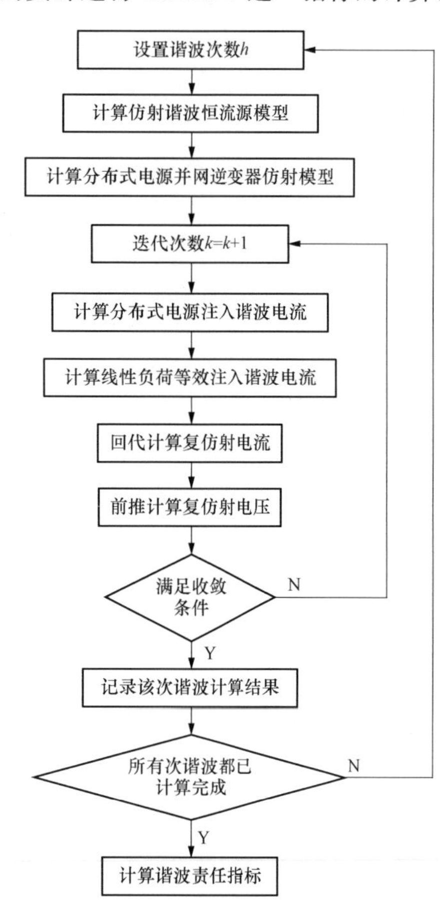

图 3-75　有源配电网谐波影响源追踪算法流程图

当一个配电网接入了多个分布式电源时，可以定义每个分布式电源对整个系统的谐波责任（Total Harmonic Contribution of individual DG，THCDG）σ_i，表达式为

$$\sigma_i=\frac{1}{n-1}\times\sum_{j=2}^{n}\alpha_j\sigma_{ij} \tag{3-74}$$

式中：α_j 取值范围在 [0，1]，代表了每个节点的重要程度，$\alpha_j=1$ 代表了节点 j 是重要节点。

有源配电网谐波影响源追踪算法流程如图 3-75 所示。

2. 算例分析

以 IEEE 33 节点配电系统为算例测试所提出的有源配电网谐波影响源追踪方法，系统中的元件谐波模型均采用典型谐波潮流计算模型。为了构建配电系统的背景谐波，除分布式电源以外的其他谐波源设定为六脉波变频器，其产生的谐波电流按照表 3-21 所列的典型频谱进行计算，表 3-22 展示了六脉波变频器接入节点的负荷情况。接入配电网系统的 4 个分布式电源额定容量见表 3-23。六脉波变频器和分布式电源的接入位置如图 3-76 所示。

表 3-21　六脉波变频器的电流频谱

谐波次数	幅值（%）	相角（°）	谐波次数	幅值（%）	相角（°）
1	100	0	13	4.01	−175.58
5	18.24	−55.68	17	1.93	111.39
7	11.9	−84.11	19	1.39	68.30
11	5.73	−143.56			

表 3-22　　六脉波变频器接入节点负荷信息

VFD	有功功率（kW）	无功功率（kvar）	VFD	有功功率（kW）	无功功率（kvar）
VFD1	120	80	VFD4	90	40
VFD2	200	100	VFD5	90	50
VFD3	60	35	VFD6	210	100

表 3-23　　接入配电网系统的 4 个分布式电源额定容量

分布式电源	有功功率（kW）	无功功率（kvar）	分布式电源	有功功率（kW）	无功功率（kvar）
DG1	60	3	DG3	90	4
DG2	45	2	DG4	120	6

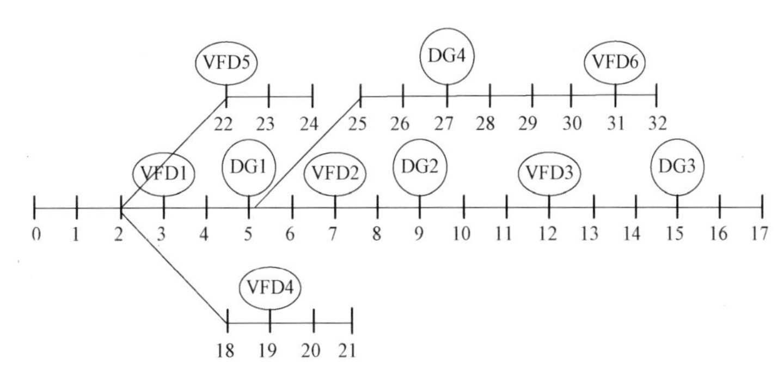

图 3-76　IEEE 33 节点配电系统及六脉波变频器和分布式电源接入位置图

因为六脉波变频器产生的谐波电流是由其典型频谱计算的，因此在进行谐波潮流计算之前，需要先进行基波潮流计算，得到各节点的基波电压值和各支路的基波电流值。

为了展示所提出的有源配电网谐波影响源追踪方法的有效性，设置了如下三个场景：

场景 1：4 个分布式电源的仿射输出功率分别为

$$S_5 = (60 + 3j) + (6 + 0.3j)\varepsilon_1 \tag{3-75}$$

$$S_9 = (45 + 2j) + (4.5 + 0.2j)\varepsilon_2 \tag{3-76}$$

$$S_{15} = (90 + 4j) + (9 + 0.4j)\varepsilon_3 \tag{3-77}$$

$$S_{27} = (120 + 6j) + (12 + 0.6j)\varepsilon_4 \tag{3-78}$$

场景 2：分布式电源 DG1、DG2、DG4 的仿射输出功率与场景 1 的相同，分布式电源 DG3 的仿射输出功率波动性相较于场景 1 的分布式电源 DG3 输出功率波动性更大，即

$$S_{15} = (90 + 4j) + (18 + 0.8j)\varepsilon_3 \tag{3-79}$$

场景 3：分布式电源 DG1、DG3、DG4 的安装位置与场景 1 时相同，分布式电源 DG2 的安装位置由节点 8 更改为节点 9。这 4 个分布式电源的仿射输出功率与场景 1 中相同。

图 3-77 展示了场景 1 中 7 次谐波电压下 4 个分布式电源的追踪元系数。可以看出，分布式电源的波动性对其接入节点的电压影响最大。比如，分布式电源 DG1 在其接入节点即

节点 5 处的追踪元系数是 3.05，分布式电源 DG2 在其接入节点即节点 9 处的追踪元系数是 14.03，分布式电源 DG3 在其接入节点即节点 15 处的追踪元系数是 28.51，分布式电源 DG4 在其接入节点即节点 27 处的追踪元系数是 8.07。

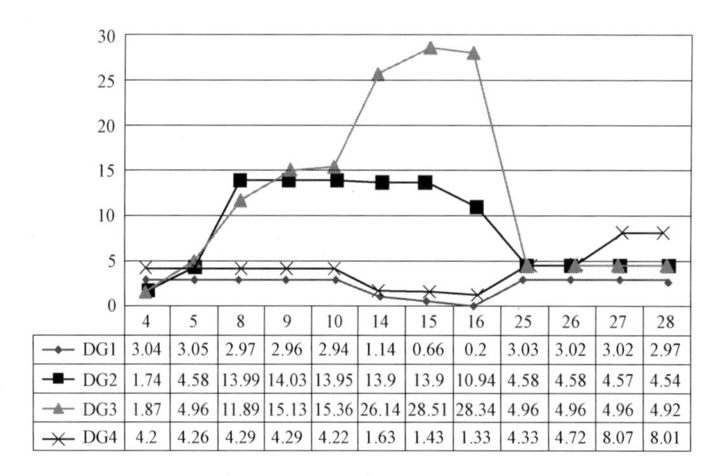

	4	5	8	9	10	14	15	16	25	26	27	28
DG1	3.04	3.05	2.97	2.96	2.94	1.14	0.66	0.2	3.03	3.02	3.02	2.97
DG2	1.74	4.58	13.99	14.03	13.95	13.9	13.9	10.94	4.58	4.58	4.57	4.54
DG3	1.87	4.96	11.89	15.13	15.36	26.14	28.51	28.34	4.96	4.96	4.96	4.92
DG4	4.2	4.26	4.29	4.29	4.22	1.63	1.43	1.33	4.33	4.72	8.07	8.01

彩色插图

图 3-77　场景 1 中 7 次谐波下 4 个分布式电源在部分节点的追踪元系数

图 3-78 展示了场景 1 中 7 次谐波下 4 个分布式电源对部分节点电压的谐波责任 CDGHV，该值由有源配电网谐波源追踪算法计算得到，可以方便地对比各节点受 4 个分布式电源输出功率波动性的影响大小。可以看出，对于节点 25 的谐波电压，分布式电源 DG3 的谐波责任最大，分布式电源 DG2 和分布式电源 DG4 谐波责任较小，分布式电源 DG1 的谐波责任最小。CDGHV 的值也可以反映分布式电源输出功率的波动性对于各节点谐波电压的影响力大小，由图可见，分布式电源 DG1、DG2、DG3、DG4 的输出功率波动性分别对节点 4、8、16、28 的影响力最大。

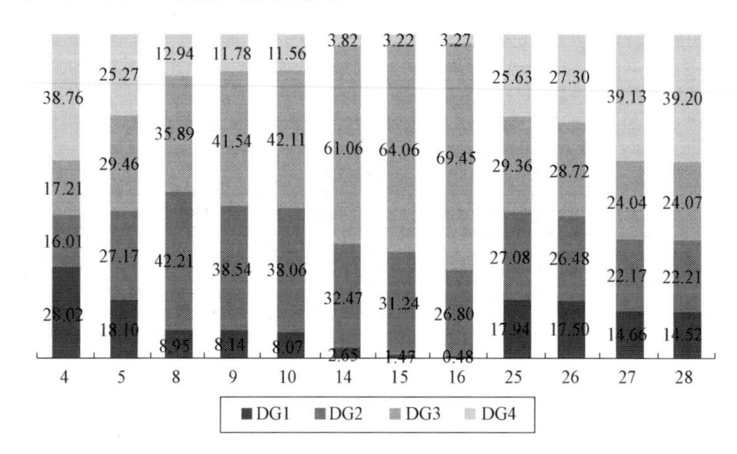

彩色插图

图 3-78　场景 1 中 7 次谐波下各分布式电源对部分节点的 CDGHV 值

分布式电源输出功率的波动性范围和接入系统的位置都会对其 CDGHV 值产生影响。如图 3 - 79 所示，当分布式电源 DG3 在场景 2 中的输出功率波动范围增大（分布式电源 DG1、DG2、DG4 的输出功率波动性维持场景 1 中的范围不变），分布式电源 DG3 的 CDGHV 变成了最大的。而且在场景 3 中，分布式电源 DG2 的接入位置由节点 9 改到了节点 8（分布式电源 DG1、DG3、DG4 的接入位置维持场景 1 的位置不变），分布式电源 DG2 的 CDGHV 变得更小，结果如图 3 - 80 所示。因此，对于分布式电源 DG2 而言，选择节点 8 作为接入配网位置比选择节点 9 更合适，因为这样其输出功率波动性对系统电压的影响更小。因此，CDGHV 可以用来准确量化各分布式电源的谐波责任并且作为分布式电源并网位置选择的依据。

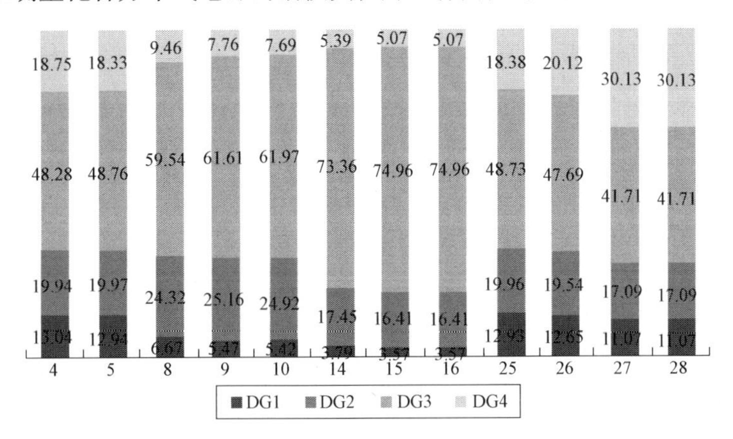

图 3 - 79　场景 2 中 7 次谐波下各分布式电源对部分节点的 CDGHV 值

彩色插图

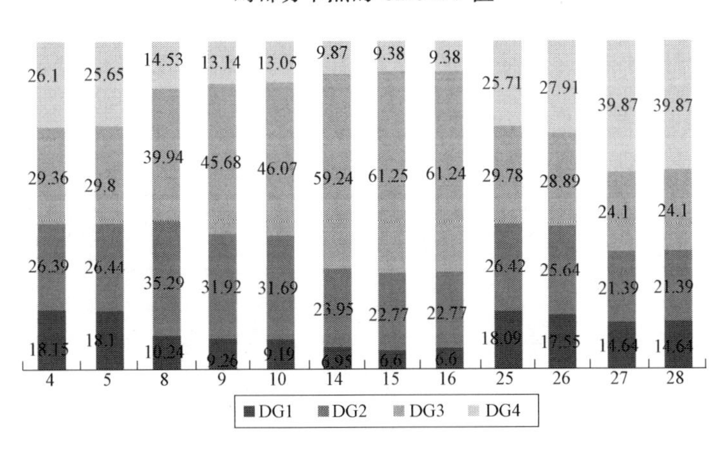

彩色插图

图 3 - 80　场景 3 中 7 次谐波下各分布式电源对部分节点的 CDGHV 值

以上分析中所有谐波责任指标 CDGHV 均是由计算结果幅值运算得到的，没有展现分布式电源波动对电力系统中各节点谐波电压相角的影响。为了说明该计算方法在计算过程中，能够将谐波电压幅值和相角的波动性都考虑到，表 3 - 24 列出了 7 次谐波下场景 1 和场景 2 中部分节点的谐波电压相角区间值。由于在场景 2 中分布式电源 DG3 的输出功率波动性较场景 1 中更大，由表 3-24 可以看出场景 2 的谐波电压相角区间计算结果较场景 1 的区间计算结果更宽，即谐波电压相角更大的波动性。

表 3-24　　7 次谐波下场景 1、2 部分节点谐波电压相角区间值

节点编号	场景 1		场景 2	
	区间下限	区间上限	区间下限	区间上限
4	80.790	88.293	78.790	89.493
5	79.067	89.511	76.067	89.811
8	−89.727	−80.694	−89.666	−78.694
9	−89.809	−83.694	−89.834	−81.733
10	−79.815	−69.669	−79.839	−65.730
14	75.885	85.587	73.903	88.722
15	71.890	82.595	70.907	84.734
16	82.889	89.586	81.907	89.729
25	−62.507	−52.132	−60.545	−49.237
26	−68.582	−56.096	−66.611	−55.212
27	−78.822	−68.986	−77.830	−67.157
28	88.702	89.882	88.420	89.887

表 3-25 描述了三个场景中的 4 个分布式电源对整个系统的谐波责任 THCDG 值。在三个场景中，分布式电源 1 的 THCDG 值都是最小的，这也说明分布式电源 DG1 对整个有源配电系统的谐波责任最小，而分布式电源 DG3 的谐波责任最大。系统运行人员可以根据 THCDG 值清楚地观察到每个分布式电源对系统的谐波责任，从而可以进一步针对分布式电源的波动性调整分布式电源接入计划。

表 3-25　　场景 1～3 中 4 个分布式电源的 THCDG 值

场景编号	DG1	DG2	DG3	DG4
场景 1	11.71	29.22	38.91	20.16
场景 2	8.52	19.86	56.94	14.69
场景 3	12.50	26.34	39.95	21.21

3.5　配电网分布式电源接纳能力分析

3.5.1　分布式电源接纳能力影响因素分析

接入配电网的分布式电源规模一般较小，发电容量通常在几千瓦到几十兆瓦，通过 10（35）kV 及以下电压等级接入配电网或独立运行。分布式电源按其使用的能源形式可分为：

1）天然气分布式能源发电，主要是热电联产和冷热电多联供等。

2）可再生能源分布式发电，主要包括小型水能、太阳能、风能、生物质能、地热能等。

3）废弃资源综合利用发电，涵盖工业余压、余热、废弃可燃性气体发电和城市垃圾、污泥发电等。

分布式电源高渗透率接入会对配电网产生不良影响，如节点电压越限、节点电源波动很大、支路载流量越限、短路电流越限、电能质量降低、可靠性降低、保护出错、并离网对电网和设备的冲击大。下面分别对制约配电网分布式电源接纳能力的因素进行分析。

1）节点电压。当配电网节点电压运行在一个合理的范围内时，配电网中的负荷能在正常条件下工作，这不仅能保证安全供电，也能保证工作电器的额定工作寿命，提升其相应的经济性。适当的分布式电源的接入有利于保持电压稳定，但当分布式电源的渗透率过大时，其输出功率的波动可能造成配电网的电压越限。

2）支路载流量。配电网为保证持续正常可靠运行，必然会对支路载流量产生一定的要求，支路载流量过大将导致配电网动稳定和热稳定等一系列的问题。分布式电源的接入容量受到支路载流量的限制。

3）网架结构。正确合理的网架结构可以提高分布式电源的渗透率，因此对网架和分布式电源合理的规划就显得非常重要。如果分布式电源接入的种类、安装位置、分布式电源容量、储能容量及配比等不合适，不仅不能发挥分布式电源的优势作用，还可能会对配电系统运行产生负面影响，如增加系统运行风险、增加电能损耗、导致系统电压稳定性降低、大幅度增加短路容量、降低系统可靠性等。

4）负荷特性。负荷特性对分布式电源的接纳能力有显著的影响，为了提高分布式电源的渗透率，可采用柔性负荷和需求侧管理理念，对负荷侧的需求进行智能管理，促进配电网内信息的交互，从而提高分布式电源的接入容量。

5）短路电流。当配电网发生短路时，会由于分布式电源的接入改变短路电流的大小，因此分布式电源的接入容量受到短路容量的限制。

6）电能质量。分布式电源的接入会对配电网电能质量产生不容忽视的影响，各种电能质量问题如电压跌落、闪变、短时供电中断、三相不平衡以及谐波等使得配电网更易发生供电阻塞以及次生故障的发生，故如何保证电能质量，甚至在保证电能质量的前提下提高分布式电源的渗透率，是一个值得探讨的问题。

7）可靠性。当分布式电源接入配电网时，配电网的供电方式将由传统的辐射供电方式演变为双端或多端供电模式，系统的运行方式更为灵活，供电可靠性得到提高；而由于分布式电源中的光伏发电和风力发电具有间歇性和随机性，这又可能在一定程度上对配电网可靠性产生不良影响。因此，合理的分布式电源微网组网运行策略有助于提高配电网的可靠性。

8）保护配置。大量新能源分布式电源接入配电网，将深刻影响配电网络结构以及配电网中短路电流的大小和流向，给配电网的继电保护带来诸多不利影响。如何最小程度改变或增加保护的配置，以最大限度地提高分布式电源的渗透率，值得深入探讨，自适应保护给解决这类问题提供了参考。

9）并网稳定性。分布式电源接入配电网必然会对配电网的稳定性产生影响，特别是光伏发电和风力发电的不确定性，给配电网的稳定造成了很大的影响。如何减小分布式电源接入配电网的功率波动，使得分布式电源能平滑调节，是一个重要的研究方向。

10）控制手段。在控制手段方面，合理的控制策略会对分布式电源的接入容量产生有利的影响。目前一般采取微网的形式来控制分布式电源，将其与储能装置结合在一起，研究协调控制的手段，从而提高分布式电源的渗透率和提高微网的各项性能指标。

11）能量控制手段。能量管理优化手段对于改善分布式电源的接入容量有不可忽视的作用。通过各种算法的开发和网架的设计，在改善配电网各项指标（如网损最小，经济最优，电能质量最好）的同时，提高分布式电源的接入能力，通过能量控制的手段提高分布式电源的接入容量是一个可行的方法。

下面以图 3-81 所示典型 10kV 配电馈线为例，研究节点电压和支路载流量对分布式电源接纳容量的影响。

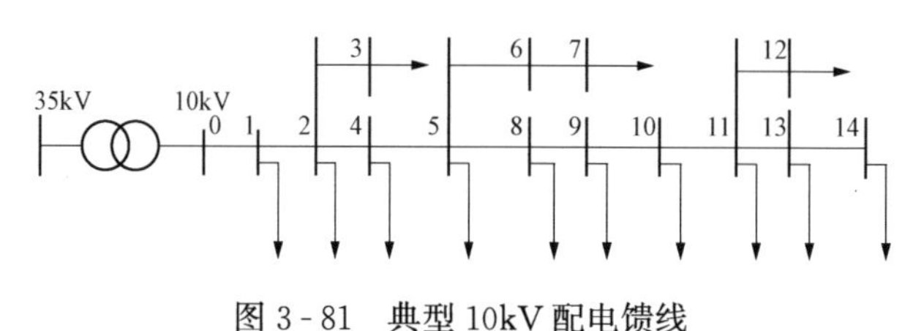

图 3-81　典型 10kV 配电馈线

1. 节点电压约束

下面分接入位置和接纳容量两种情况分析分布式电源对配电网节点电压的影响。

1）接入或不接入单个分布式能源时节点电压分布如图 3-82 所示，可见接入分布式电源通常可以提高馈线上各节点的电压水平。

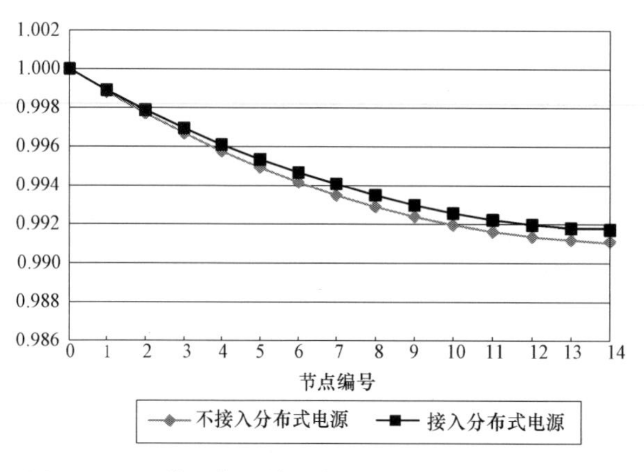

彩色插图

图 3-82　不接和接入单个分布式电源时节点电压分布

2）接入的单个分布式电源的安装位置不变，改变其容量得到的系统电压分布，如图 3-83 所示。由图可见，一般接入分布式电源的容量越大，对节点电压水平的提升作用越明显。

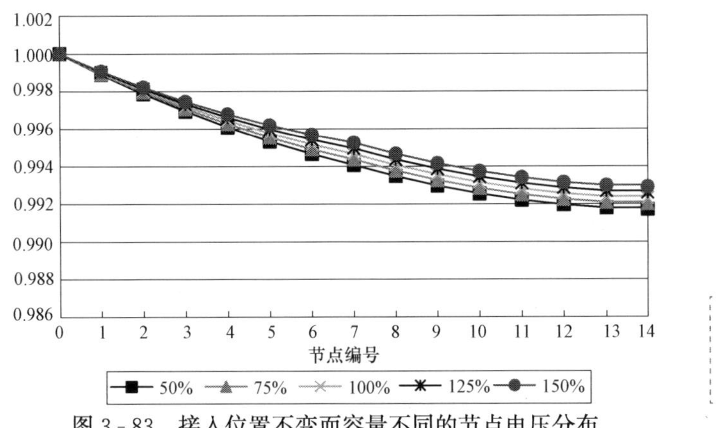

图3-83 接入位置不变而容量不同的节点电压分布

彩色插图

3）接入的单个分布式电源的容量不变，改变其安装位置得到的系统电压分布，如图3-84所示。由图可见，分布式电源靠近线路末端时对系统电压的提升作用较大，有助于电压偏差的减小，而分布式电源靠近系统馈线根节点时对电压偏差的改善作用不如靠近线路末端。

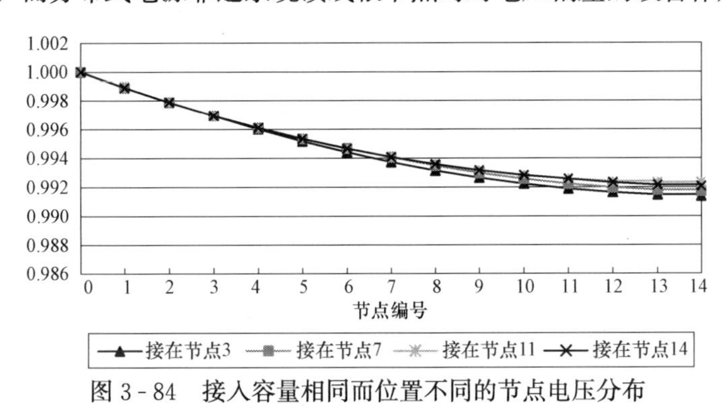

图3-84 接入容量相同而位置不同的节点电压分布

彩色插图

当分布式电源接入配电网时，其将使配电网节点电压升高。其输出功率越大，对电压提升作用越大。但大到一定程度，会使节点电压超出上限，如图3-85所示。

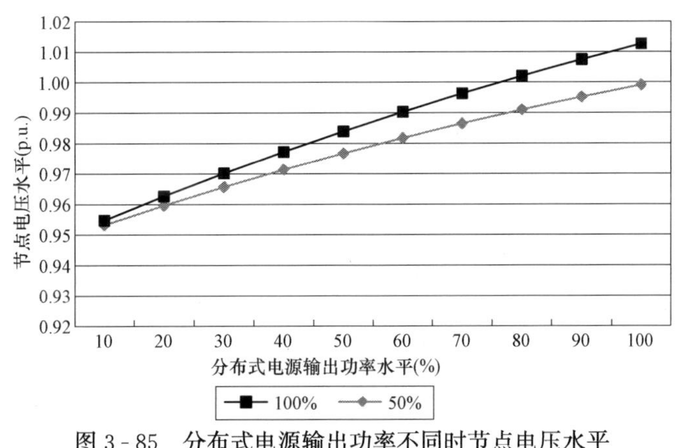

图3-85 分布式电源输出功率不同时节点电压水平

彩色插图

4）当分布式输出功率在其额定值的［95%，105%］和［90%，110%］范围内波动时，节点电压变化的区间值如图 3-86 所示。

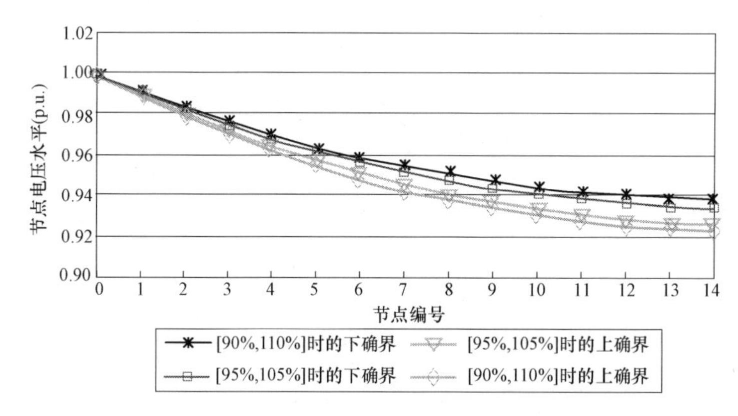

彩色插图

图 3-86　考虑不确定性的节点电压在分布式电源输出功率不确定时的电压区间值

2. 支路载流量约束

表 3-26 为分布式电源不同接入位置时，最大载流量线路和次大载流量线路的电流值和负载率情况。

表 3-26　　不同接入位置下线路载流量情况

分布式电源		最大载流量线路			次大载流量线路		
接入位置节点编号	线路号	电流值（A）	负载率（%）	线路号	电流值（A）	负载率（%）	线路号
未接入	Line0-1	191.4	38.21	Line1-2	180.2	35.48	Line1-2
0	Line0-1	194.6	38.3	Line1-2	180.7	35.57	Line1-2
1	Line0-1	331.6	65.28	Line1-2	180.6	35.55	Line1-2
2	Line1-2	339.4	66.81	Line0-1	331.6	65.28	Line0-1
3	Line2-3	456	89.77	Line1-2	339.4	66.8	Line1-2
…	…	…	…	…	…	…	…
13	Line11-13	444.4	87.48	Line11-12	423.1	83.29	Line11-12
14	Line13-14	455.2	89.59	Line11-13	444.3	87.43	Line11-13

由表 3-26 分析可知，分布式电源的接入点越接近线路末端，载流量增大的线路会越多，所以分布式电源接入配电馈线末端是最为恶劣的情况。考虑最严重的情形，选取馈线末端节点 14 进行分析，得到对应 10kV 电压等级的分布式能源发电并网容量最大值。如表 3-26 所列，当分布式电源接在节点 14 时，线路 Line13-14（其始末端节点分别为节点 13 和节点 14）的负载率最大，达到 89.59%。若考虑使线路 Line13-14 负载率达到 100%，通过计算可知，此时分布式电源可接入极限容量为 8.9MW，考虑留有一定裕度，允许接入的最大值可选择为 8MW。

当分布式电源的接入位置不变，逐渐增大分布式电源的接入容量时，靠近分布式电源接入位置处的电流变化最大。当接入容量超过一定值时，支路中的电流会反向。多个分布式电源的情况与之类似，不再赘述。

3.5.2　分布式电源接纳能力及评估指标

所谓配电网的分布式电源接纳能力一般是指配电网在保证可靠性和电压质量的条件下所能够接纳的分布式电源的最大容量。现阶段已有的配电网分布式电源最大接纳能力（Hosting Capacity，HC）的评估方法只针对最大接纳能力这单一指标进行评估，而且没有最大接纳能力划分标准，运行管理部门不能判断配电网或某一节点的分布式电源接入是否存在安全技术越限风险和经济非最优风险。同时在放松管制的市场环境下，随着分布式电源渗透率的不断提升和用户侧分布式电源的大量随机接入，用户侧分布式电源接入配电网的节点可能是接纳能力最差的节点，从而导致配电网中某些节点的分布式电源接纳裕度（Hosting Capacity Margin，HCM）严重不足，影响配电网的安全。因此，配电网运行管理部门不仅仅需要关注整个配电网的接纳能力，同时应关注单一节点的分布式电源接纳能力。配电网节点分布式电源接纳能力可为配电网的安全经济运行和分布式电源业主的有序投资和上网功率提供明确的指导。

1. 配电网节点分布式电源接纳能力模型

配电网节点分布式电源接纳能力与节点负荷的大小关系密切，如果配电网中的某个节点或多个节点的负荷发生变化或波动，则配电网的分布式电源接纳能力也会发生变化。因此，为了准确确定分布式电源潜在接入节点的接纳能力，需要考虑配电网内所有节点负荷可能的变化及波动情况。为此，构建连续多时段的负荷场景集（Multi - period Load Scenarios Set，MLSS）来描述各时段配电网节点负荷的连续变化情况。为了进一步缩减负荷场景集的规模，采用负荷聚类方法，利用配电网节点负荷的历史数据并进行聚类，MLSS 的结构为

$$\begin{bmatrix} P_{1,1}^{1,1}\cdots P_{1,1}^{1,T},P_{2,1}^{1,1}\cdots P_{2,1}^{1,T},P_{N,1}^{1,1}\cdots P_{N,1}^{1,T} \\ P_{1,2}^{2,1}\cdots P_{1,2}^{2,T},P_{2,2}^{2,1}\cdots P_{2,2}^{2,T},P_{N,2}^{2,1}\cdots P_{N,2}^{2,T} \\ \vdots \\ P_{1,M}^{S,1}\cdots P_{1,M}^{S,T},P_{2,M}^{S,1}\cdots P_{2,M}^{S,T},P_{N,M}^{S,1}\cdots P_{N,M}^{S,T} \end{bmatrix} \tag{3 - 80}$$

式中：M 是负荷聚类的数量；$T=24$ 是时间阶段；S 是分布式电源输出功率序列的数量，该序列设置为满足实际条件的等差序列，为已知确定的序列；N 为配电网节点数。

相比于蒙特卡洛法，MLSS 缩减了场景规模，同时充分考虑了各节点负荷变化的时空相关特性。

从配电网运行管理者的观点来看，增强配电网节点的分布式电源接纳能力意味着允许更多分布式电源接入配电网，并且能够满足电流、电压约束，能够保证保护的可靠和系统的稳定。一般来说，节点电压和支路电流是最重要的约束。配电网的节点分布式电源接纳能力除了满足安全技术条件限制外，还应考虑分布式电源接入后，配电网的经济因素。因

此，提出将节点分布式电源接纳能力分为技术接纳能力和经济接纳能力，下面将分别对其进行描述及模型构建。

配电网节点的分布式电源技术接纳能力的定义为“在满足配电网安全约束的条件下，某一候选节点所能容纳的最大的分布式电源容量”。只考虑线路电流和节点电压的安全约束的基于 MLSS 的配电网的节点技术接纳能力计算模型为

$$P_{\mathrm{DG},i}^{\max}=\min_{m\in M}\{\max(P_{\mathrm{DG},i,m}^{t,s}\mid U_{i,m}^{t,s}\leqslant U_{\max},I_{ij,m}^{t,s}\leqslant I_{ij,\max})\mid t\in T,s\in S\} \quad (3-81)$$

式中：$P_{\mathrm{DG},i}^{\max}$为节点 i 的技术接纳能力；$U_{\max}$为节点电压上限值；$I_{ij,\max}$为支路电流上限值；$P_{\mathrm{DG},i,m}^{t,s}$为节点 i 的分布式电源在负荷聚类 m 的 t 时刻的第 s 输出功率序列；$U_{i,m}^{t,s}$为节点 i 在 t 时刻 s 和 m 下的电压幅值；$I_{ij,m}^{t,s}$为线路 ij 在 t 时刻 s 和 m 下的电流幅值；S 为分布式电源输出功率序列的数量，该序列设置为满足实际条件的等差序列。

首先，计算 MLSS 某一场景下满足电压约束和电流约束的候选节点接入的分布式电源输出功率的 S 序列的最大容量。然后，得到所有的 M 个场景下的候选节点的分布式电源最大容量。最后，选取 M 个场景下所有最大分布式电源容量的最小值作为该节点的分布式电源技术接纳能力。

配电网节点分布式电源技术接纳能力没有考虑网损，实际在一般情况下，节点接入的分布式电源容量达到技术接纳能力时，不可避免会增大网损，影响配电网的经济效益，这对于运行管理部门来讲是不愿得到的结果。因此，定义节点分布式电源经济接纳能力来反映某一候选节点接入分布式电源对网损的影响。配电网节点的分布式电源经济接纳能力定义为：在满足配电网安全约束及参考网损的条件下，某一候选节点所能容纳的最大的分布式电源容量。此处的参考网损是指配电网运行管理部门能够容忍的最大网损，一旦某一节点的接入分布式电源容量超出该节点的经济接纳能力，运行管理部门不得不采取一些经济惩罚措施来限制用户分布式电源的接入。基于 MLSS 的配电网节点分布式电源经济接纳能力计算模型为

$$P_{\mathrm{DG},i}^{\mathrm{op}}=\min_{m\in M}\{\max(P_{\mathrm{DG},i,m}^{t,s}\mid P_{\mathrm{loss},m}^{t,s}\leqslant P_{\mathrm{loss}}^{\mathrm{ref}})\mid t\in T,s\in S\} \quad (3-82)$$

式中：$P_{\mathrm{DG},i}^{\mathrm{op}}$为节点 i 的分布式电源经济接纳能力；$P_{\mathrm{loss}}^{\mathrm{ref}}$为配电网的参考网损，也是配电网运行管理部门能够容忍的最大网损；$P_{\mathrm{loss},m}^{t,s}$为配电网在负荷聚类 m 的 t 时刻的第 s 输出功率序列下的网损功率。

类似于节点的分布式电源技术接纳能力，首先计算 MLSS 某一场景下，除了满足电压约束和电流约束外，还需要满足参考网损，候选节点接入的分布式电源输出功率的 S 序列的最大容量。然后，得到所有的 M 个场景下的候选节点的分布式电源最大容量。最后，选取 M 个场景下所有最大分布式电源容量的最小值作为该节点的分布式电源经济接纳能力。

利用上述节点分布式电源接纳能力模型，计算 IEEE 33 节点配电网的单一节点接入的分布式电源技术接纳能力和经济接纳能力，如图 3 - 87 所示。可以发现，分布式电源节点越接近线路末端，经济接纳能力越接近于技术接纳能力，说明线路末端接入分布式电源对配电网的电压影响较大，线路首段接入分布式电源对配电网的网损影响较大，这和实际情况也是相符的。

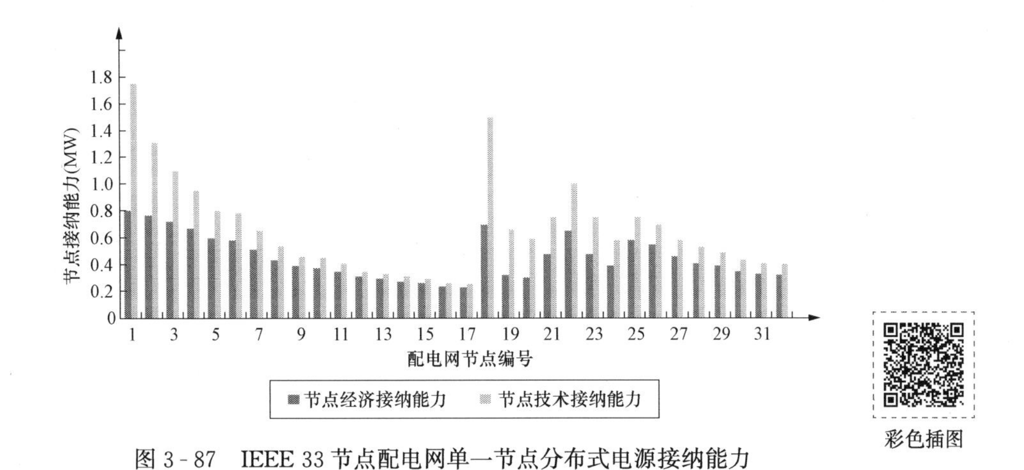

图 3-87　IEEE 33 节点配电网单一节点分布式电源接纳能力

2. 配电网节点分布式电源接纳能力边界

随着我国电力市场的逐步放开，用户侧分布式电源接入配电网的规模逐年增大，随机性尤为突出，给配电网的安全和经济运行带来了极大的挑战，配电网运行管理部门面临着越来越严峻的形势。因此，配电网管理者急切希望知道配电网的每一个潜在候选节点的分布式电源接纳能力，并确定是否还有足够的接纳裕度能够继续适应用户的分布式电源随机接入。针对这一需求，并分别考虑配电网的安全性和经济性，提出配电网节点分布式电源接纳能力的两个边界：节点分布式电源接纳能力技术边界和节点分布式电源接纳能力经济边界。配电网节点分布式电源接纳能力边界示意简图如图 3-88 所示。

其中的最上方虚线表示节点分布式电源接纳能力的技术边界，中间带星虚线表示节点分布式电源接纳能力经济边界，最下方带圆曲线表示配电网节点分布式电源的注入配电网的功率。这样，配电网节点的分布式电源接纳裕度被两条边界分为两个区域，技术边界和节点净功率之间的区域称之为节点分布式电源接纳能力技术接纳区域，经济边界和节点净功率之间的区域称之为经济接纳区域。通过节点分布式电源接纳能力边界能够很容易发现哪些节点目前还能够允许用户分布式电源的接入，哪些节点已经超出了经济接纳区域，必须采取必要的经济惩罚措施，保证配电网的经济运行。技术边界以外的区域既不安全也不经济，在这种情况下必须采取紧急措施，一般运行中不允许出现此类情况。

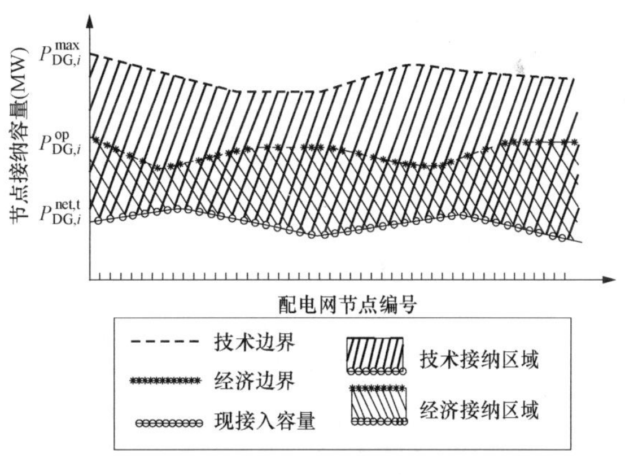

图 3-88　节点分布式电源接纳能力边界示意图

3. 配电网节点分布式电源接纳能力评估指标

目前，研究配电网分布式电源接纳能力评估方法仅将配电网最大分布式电源接纳能力作为唯一评价指标，即在满足电压、频率波动、线路过载、电能质量、保护问题等不同系统性能指标约束下的配电网最大分布式电源接纳能力。也就是说，现阶段的评价指标过于单一，缺乏识别配电网节点对分布式电源接纳能力的评价指标。本节从配电网节点分布式电源接纳能力的角度出发，充分考虑配电网运行的安全性和经济性，利用提出的配电网节点分布式电源接纳能力的两个边界，提出了4个全新的配电网节点分布式电源接纳能力评估指标，分别为节点接纳区域系数、节点经济接纳裕度、节点技术接纳裕度、系统经济接纳裕度越限次数。

（1）节点接纳区域系数（Hosting Capacity Region Index，HCRI）。

节点接纳区域系数能够非常直观地反映配电网中分布式电源接入节点的净功率所在的区域，是节点分布式电源接纳能力的定性评价指标，运行管理部门能够通过它快速地判断净功率是否已经超出节点分布式电源接纳能力的经济边界。配电网节点HCRI定义为该节点的分布式电源技术接纳能力与净功率之差与该节点的分布式电源技术接纳能力与经济接纳能力之差的比值，表达式为

$$A_{\mathrm{DG},i}^{\mathrm{ra},t}=\frac{P_{\mathrm{DG},i}^{\max}-P_{\mathrm{DG},i}^{\mathrm{net},t}}{P_{\mathrm{DG},i}^{\max}-P_{\mathrm{DG},i}^{\mathrm{op}}}\times 100\% \tag{3-83}$$

式中：$A_{\mathrm{DG},i}^{\mathrm{ra},t}$为节点$i$在$t$时刻的节点分布式电源接纳区域系数；$P_{\mathrm{DG},i}^{\mathrm{net},t}$为节点$i$的分布式电源在$t$时刻的净功率。

一般情况下，节点的分布式电源经济接纳能力和净功率会小于该节点的分布式电源技术接纳能力，因此该节点的HCRI是大于零的一个实数。当$P_{\mathrm{DG},i}^{\mathrm{net},t}<P_{\mathrm{DG},i}^{\mathrm{op}}$时，则$A_{\mathrm{DG},i}^{\mathrm{ra},t}>1$，说明净功率没有超出节点分布式电源经济接纳能力，该节点具有经济接纳裕度，还具有继续接纳分布式电源的能力；当$P_{\mathrm{DG},i}^{\max}>P_{\mathrm{DG},i}^{\mathrm{net},t}\geqslant P_{\mathrm{DG},i}^{\mathrm{op}}$时，则$0<A_{\mathrm{DG},i}^{\mathrm{ra},t}\leqslant 1$，说明该节点净功率已经超出经济接纳能力但是没超出技术接纳能力，该节点具有技术接纳裕度，但是经济接纳裕度不足，若继续在该节点接入分布式电源，会增加配电网的网损，影响配电网的经济性，但能够保证配电网的安全性。

（2）节点经济接纳裕度（Economic Hosting Capacity Margin，EHCM）。

节点经济接纳裕度指标反映该节点满足经济约束条件下能够继续允许分布式电源接入容量或净功率的空间裕度，能够对分布式电源节点经济接纳能力进行定量分析与评价。配电网节点EHCM定义为该节点的分布式电源经济接纳能力与净功率之差与该节点的分布式电源经济接纳能力的比值，表达式为

$$A_{\mathrm{DG},i}^{\mathrm{op},t}=\frac{P_{\mathrm{DG},i}^{\mathrm{op}}-P_{\mathrm{DG},i}^{\mathrm{net},t}}{P_{\mathrm{DG},i}^{\mathrm{op}}}\times 100\% \tag{3-84}$$

式中：$A_{\mathrm{DG},i}^{\mathrm{op},t}$为节点$i$在$t$时刻的经济接纳裕度。

当$P_{\mathrm{DG},i}^{\mathrm{net},t}=P_{\mathrm{DG},i}^{\mathrm{op}}$时，$A_{\mathrm{DG},i}^{\mathrm{op},t}=0$，是节点EHCM的一个临界值，说明该节点的净功率等于经济接纳能力。如果$A_{\mathrm{DG},i}^{\mathrm{op},t}>0$，说明该节点具有EHCM，还有继续接纳净功率的经济空间；如果$A_{\mathrm{DG},i}^{\mathrm{op},t}<0$，说明该节点的EHCM不足，运行管理部门需要针对该节点的用户侧分布式电源采取一定的经济处罚措施。

(3) 节点分布式电源技术接纳裕度(Technological Hosting Capacity Margin, THCM)。

节点分布式电源技术接纳裕度指标反映该节点满足安全约束条件下能够继续允许分布式电源接入容量或净功率的空间裕度,能够对节点分布式电源技术接纳能力进行定量的分析与评价。配电网节点分布式电源 THCM 的定义为该节点的分布式电源技术接纳能力与净功率之差比上该节点的分布式电源技术接纳能力,表达式为

$$A_{\mathrm{DG},i}^{\max,t}=\frac{P_{\mathrm{DG},i}^{\max}-P_{\mathrm{DG},i}^{\mathrm{net},t}}{P_{\mathrm{DG},i}^{\max}}\times 100\% \tag{3-85}$$

式中:$A_{\mathrm{DG},i}^{\max,t}$为节点 i 在 t 时刻的技术接纳裕度。

当 $P_{\mathrm{DG},i}^{\max}=P_{\mathrm{DG},i}^{\mathrm{net},t}$时,$A_{\mathrm{DG},i}^{\max,t}=0$,是节点 THCM 的一个临界值,说明该节点的净功率等于分布式电源技术接纳能力。如果 $A_{\mathrm{DG},i}^{\max,t}>0$,说明该节点具有 THCM,还有继续接纳净功率的安全空间;如果 $A_{\mathrm{DG},i}^{\max,t}<0$,说明该节点的 THCM 不足,这种情况下已经违反了配电网的安全约束,运行管理部分需要采取紧急的弃风弃光措施。

(4) 系统分布式电源经济接纳裕度越限次数(Economic Hosting Capacity Violation, EHCV)。

系统分布式电源经济接纳裕度越限次数反映配电网所有节点在调度周期内,节点净功率超出分布式电源经济接纳能力的总次数,EHCV 的表达式为

$$F_{\mathrm{net}}=\sum_{t=1}^{T}\sum_{i=1}^{N}f_i^t \tag{3-86}$$

式中:f_i^t是表示节点净功率越限经济接纳能力的 0-1 变量,如果 $0<A_{\mathrm{DG},i}^{\mathrm{ra},t}\leqslant 1$,则 $f_i^t=1$,如果 $A_{\mathrm{DG},i}^{\mathrm{ra},t}>1$,则 $f_i^t=0$。

系统分布式电源经济接纳裕度越限次数反映了节点净功率超过经济边界的密度,运行管理部门可以了解配电网节点分布式电源接纳裕度的整体情况。

3.6 基于大数据和深度学习的配电网电能质量扰动分析

越来越多的分布式电源、电力电子设备及非线性负荷接入电网,造成了电网电压波动、谐波含量增加、波形畸变等一系列电能质量扰动问题。电网自身运行(如电容器组投切,机组并网)也会产生电能质量扰动,导致多种扰动同时发生,给扰动识别带来困难。在电能质量信号测量和信道传输数据时,不可避免地会引入噪声,将影响暂态扰动的监测。此外,随着智能电网的发展,要求对海量分布式电源并网点开展电能质量监测,由此产生大量电能质量数据,对电能质量扰动的识别效率提出了更高的要求。

下面介绍提出的基于大数据和深度学习的电能质量扰动分析方法[20]。该方法针对扰动数据特点提出了一种包含多卷积层、多循环层的深度神经网络,以提取和表征复合扰动的空间、时序特点,通过 Softmax 层实现扰动分类。使用人为添加噪声的数据进行训练,所提深度神经网络便能自动学习到复合扰动特征的提取与表示方法,进而实现扰动分类。算例中通过与现有方法对比,证明了深度学习在电能质量扰动识别问题上的适用性。

3.6.1 电能质量复合扰动样本构建

1. 电能质量复合扰动数学模型

建模时考虑了15种典型扰动类型，包括正常波形、单一扰动8种（暂升、暂降、短时中断、谐波、闪变、暂态振荡、陷波、尖峰）及常见复合扰动6种（暂升+谐波、暂降+谐波、短时中断+谐波、闪变+谐波、闪变+暂升、闪变+暂降）。由IEEE 159标准建立的复合扰动信号数学模型[21]，见表3-27所列。每种波形的采样频率定为国内录波设备最常用的3.2kHz，基频为50Hz，信号样本的长度为10周期（即采样点640个）。

表3-27 电能质量复合扰动信号数学模型

扰动类型	表达式	参数
标准信号	$y(t)=A\{1\pm\alpha[u(t-t_1)-u(t-t_2)]\}\sin(\omega t)$	$\alpha\leqslant 0.1$ $T\leqslant t_2-t_1\leqslant 9T$
暂降	$y(t)=A\{1-\alpha[u(t-t_1)-u(t-t_2)]\}\sin(\omega t)$	$0.1\leqslant\alpha\leqslant 0.9$ $T\leqslant t_2-t_1\leqslant 9T$
暂升	$y(t)=A\{1+\alpha[u(t-t_1)-u(t-t_2)]\}\sin(\omega t)$	$0.1\leqslant\alpha\leqslant 0.8$ $T\leqslant t_2-t_1\leqslant 9T$
短时中断	$y(t)=A\{1-\alpha[u(t-t_1)-u(t-t_2)]\}\sin(\omega t)$	$0.9\leqslant\alpha\leqslant 1$ $T\leqslant t_2-t_1\leqslant 9T$
谐波	$y(t)=A[\alpha_1\sin(\omega t)+\alpha_3\sin(3\omega t)+$ $\alpha_5\sin(5\omega t)+\alpha_7\sin(7\omega t)]$	$0.05\leqslant\alpha_3,\alpha_5,\alpha_7\leqslant 0.15$ $\sum\alpha_i^2=1$
暂降+谐波	$y(t)=A\{1-\alpha u[(t-t_1)-u(t-t_2)]\}\times$ $[\alpha_1\sin(\omega t)+\alpha_3\sin(3\omega t)+\alpha_5\sin(5\omega t)]$	$0.1\leqslant\alpha\leqslant 0.9,T\leqslant t_2-t_1\leqslant 9T$ $0.05\leqslant\alpha_3,\alpha_5,\alpha_7\leqslant 0.15,\sum\alpha_i^2=1$
暂升+谐波	$y(t)=A\{1+\alpha[u(t-t_1)-u(t-t_2)]\}\times$ $[\alpha_1\sin(\omega t)+\alpha_3\sin(3\omega t)+\alpha_5\sin(5\omega t)]$	$0.05\leqslant\alpha_3,\alpha_5,\alpha_7\leqslant 0.15,\sum\alpha_i^2=1$ $0.1\leqslant\alpha\leqslant 0.8,T\leqslant t_2-t_1\leqslant 9T$
短时中断+谐波	$y(t)=A\{1-\alpha[u(t-t_1)-u(t-t_2)]\}\times$ $[\alpha_1\sin(\omega t)+\alpha_3\sin(3\omega t)+\alpha_5\sin(5\omega t)]$	$0.9\leqslant\alpha\leqslant 1,T\leqslant t_2-t_1\leqslant 9T$ $0.05\leqslant\alpha_3,\alpha_5,\alpha_7\leqslant 0.15,\sum\alpha_i^2=1$
闪变	$y(t)=A[1+\alpha_f\sin(\beta\omega t)]\sin(\omega t)$	$0.1\leqslant\alpha_f\leqslant 0.2,5\text{Hz}\leqslant\beta\leqslant 20\text{Hz}$
暂态振荡	$y(t)=A\{\sin(\omega t)+\alpha^{-c(t-t_1)/\tau}\times$ $\sin\omega_n(t-t_1)[u(t_2)-u(t_1)]\}$	$0.1\leqslant\alpha\leqslant 0.8,0.5T\leqslant t_2-t_1\leqslant 3T$ $8\text{ms}\leqslant\tau\leqslant 40\text{ms},300\text{Hz}\leqslant f_n\leqslant 900\text{Hz}$

续表

扰动类型	表达式	参数
陷波	$y(t)=\sin(\omega t)-\text{sign}[\sin(\omega t)]\times\{\sum_{n=0}^{9}K\times\{u[t-(t_1-0.02n)]-u[t-(t_2-0.02n)]\}\}$	$0\leqslant t_1,t_2\leqslant 0.5T$ $0.01T\leqslant t_2-t_1\leqslant 0.05T, 0.1\leqslant K\leqslant 0.4$
尖峰	$y(t)=\sin(\omega t)+\text{sign}[\sin(\omega t)]\times\{\sum_{n=0}^{9}K\times\{u[t-(t_1-0.02n)]-u[t-(t_2-0.02n)]\}\}$	$0\leqslant t_1,t_2\leqslant 0.5T$ $0.01T\leqslant t_2-t_1\leqslant 0.05T, 0.1\leqslant K\leqslant 0.4$
闪变＋谐波	$y(t)=A[1+\alpha_f\sin(\beta\omega t)]\sin(\omega t)[\alpha_1\sin(\omega t)+\alpha_3\sin(3\omega t)+\alpha_5\sin(5\omega t)]$	$0.1\leqslant\alpha_f\leqslant 0.2, 5\text{Hz}\leqslant\beta\leqslant 20\text{Hz}$ $0.05\leqslant\alpha_3,\alpha_5,\alpha_7\leqslant 0.15, \sum\alpha_i^2=1$
闪变＋暂降	$y(t)=A[1+\alpha_f\sin(\beta\omega t)]\sin(\omega t)\times\{1-\alpha[u(t-t_1)-u(t-t_2)]\}$	$0.1\leqslant\alpha_f\leqslant 0.2, 0.1\leqslant\alpha\leqslant 0.9$ $T\leqslant t_2-t_1\leqslant 9T, 5\text{Hz}\leqslant\beta\leqslant 20\text{Hz}$
闪变＋暂升	$y(t)=A[1+\alpha_f\sin(\beta\omega t)]\sin(\omega t)\times\{1+\alpha[u(t-t_1)-u(t-t_2)]\}$	$0.1\leqslant\alpha_f\leqslant 0.2, 0.1\leqslant\alpha\leqslant 0.9$ $T\leqslant t_2-t_1\leqslant 9T, 5\text{Hz}\leqslant\beta\leqslant 20\text{Hz}$

2. 样本数据噪声添加方法

深度神经网络训练时添加噪声能增强网络的鲁棒性，在验证电能质量扰动识别性能时也需要含噪声的信号数据。以信噪比（Signal Noise Ratio，SNR）作为噪声强弱标准，表达式为

$$\text{SNR}=\frac{P_{\text{signal}}}{P_{\text{noise}}}=20\log\frac{\langle x(t)\rangle-\langle v(t)\rangle}{(\sigma_x-\sigma_v)/2} \tag{3-87}$$

式中：$\langle x(t)\rangle$ 和 σ_x 分别是信号与噪声混合波形的均值和方差；$\langle v(t)\rangle$ 和 σ_v 分别是噪声的均值和方差。所添加的噪声类型为通信干扰中最常见的高斯白噪声。

3. 样本数据生成方法

将所用数据分为训练集、测试集。其中训练集用于深度神经网络的训练，测试集用于测试网络性能。训练集中对每一种扰动随机生成满足参数约束的 60 000 组数据，共 900 000 组，并随机添加 20～50dB 的噪声以增强网络鲁棒性。测试集中对每一种扰动生成 1000 组数据，并分别添加 20、30、40dB 噪声，用于与现有方法对比不同噪声条件下的分类性能。由于神经网络 Softmax 层的输出特点，需要对数据集 $\{x_1, x_2, \cdots, x_n \mid \text{label}, n=640, \text{label}\in[1, 15]\}$ 中 label 进行处理，将单标签数据转化为 ONE - HOT 编码。离散标签的每一种取值都看作一种状态，ONE - HOT 编码保证每种标签只会使一种状态处于“激活态”，以便计算深度神经网络的损失函数值。

3.6.2　针对电能质量扰动识别问题的深度神经网络结构

针对电能质量扰动识别问题，提出一种新的深度神经网络结构，如图 3－89 所示。其中前置层包含多个级联的卷积层，用于捕获每个卷积窗内波形的空间细节；池化层用于降低特征维度；后置层包含两个级联的 LSTM 层，用于提取不同空间细节之间的高级时序特点；最终，以 Softmax 层实现分类。

图 3－89 中 BN 层用于提高网络训练速度，防止网络过拟合。输入扰动数据样本，深度神经网络实现扰动分类处理过程如图 3－90 所示。

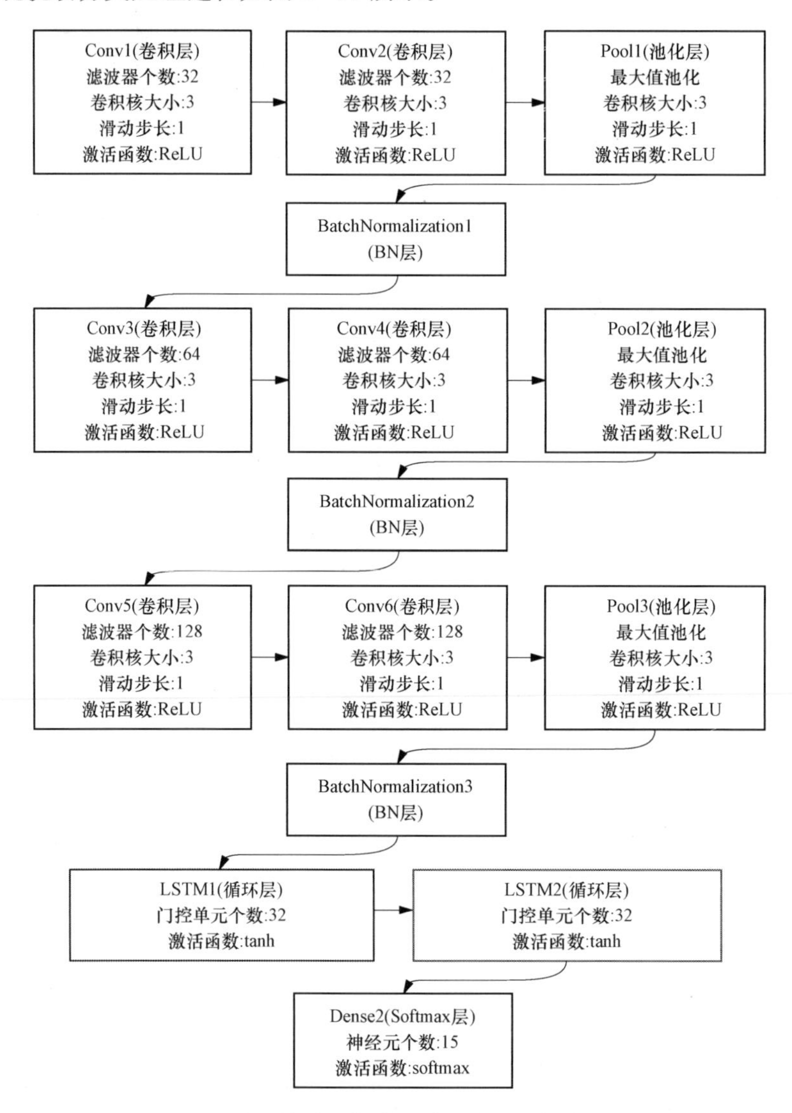

图 3－89　针对电能质量扰动识别问题的深度神经网络结构

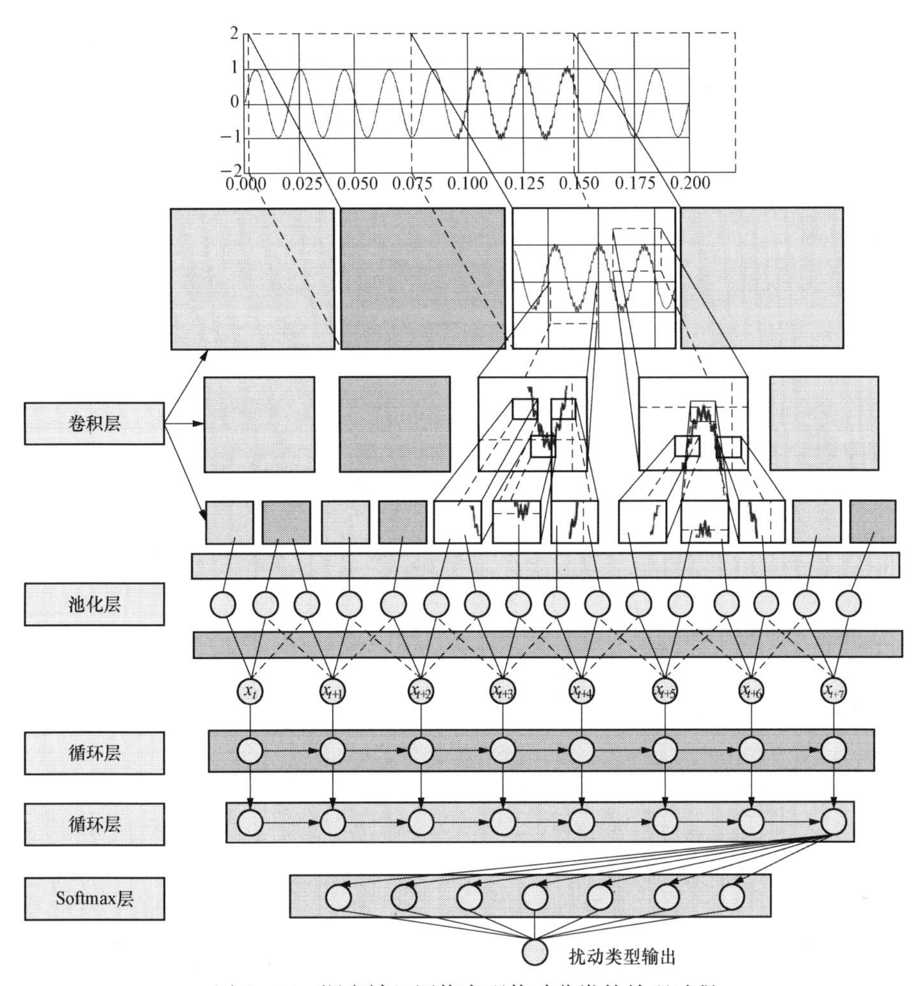

图3-90　深度神经网络实现扰动分类的处理过程

1. 卷积层

卷积层适用于特征学习，原因在于其稀疏连接、权值共享、池化及易于堆叠的特性[22]。从本质来看，卷积层相当于一系列可训练的滤波器，输入数据通过卷积核过滤后得到富含局部细节特征的输出。图像处理场景中输入的是RGB三个颜色通道堆叠的二维像素数据，而电能质量扰动样本输入的是一维的时序数据，因而需要对二维卷积层进行维度缩减。设卷积层的输入为一维矩阵（$n\times1$），通过一维卷积核（$k\times1$）进行卷积运算，经激活函数后得到本层的输出矩阵（$m\times1$），其中$m=n-k+1$。计算公式为

$$\boldsymbol{X}_{\text{conv-out}}^{l}=f\Big(\sum_{n=1}^{F}\boldsymbol{x}_{\text{out},n}^{l-1}*\boldsymbol{K}_{n}^{l}+\boldsymbol{B}_{n}^{l}\Big) \tag{3-88}$$

式中：$*$表示卷积计算；l表示网络层数，第l层滤波器数量为F；$\boldsymbol{K}_n$表示第n个卷积核；$\boldsymbol{x}_{\text{out},n}^{l-1}$表示上一层的输出，即本层输入；$\boldsymbol{B}_n^l$表示偏置向量；$f$表示激活函数，本节采用的激活函数为ReLU，即函数$f(x)=\max(0, x)$。

一维卷积运算过程如图 3-91 所示。

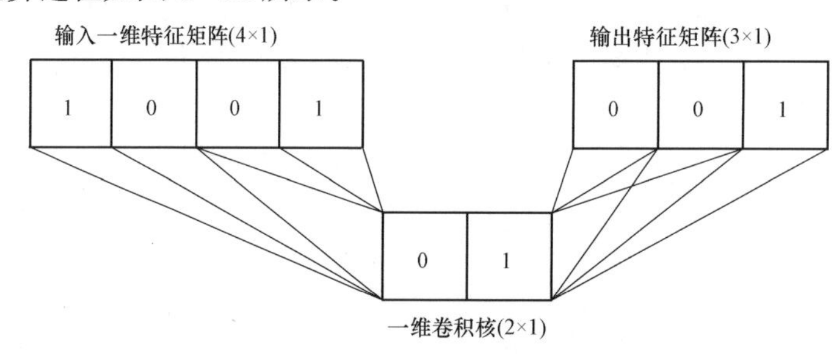

图 3-91 一维卷积运算过程示意图

2. 池化层

池化层用于对卷积后的数据进行缩放映射以减少数据维度，能够在一定程度上防止过拟合。池化层功能上相当于一个模糊滤波器，常见的池化方法有均值池化、最大值池化等。采用最大值池化方法，计算公式为

$$\boldsymbol{X}^{l}_{\text{pooling. out}} = \max(\boldsymbol{x}^{l}_{a}, a \in \boldsymbol{A}) \tag{3-89}$$

式中：$\boldsymbol{A}$ 为池化窗口的激活集合；$\boldsymbol{x}^{l}_{a}$ 表示池化窗口 a 激活时的输入。

3. 循环层

循环层用于提取时间序列的相关性特征，能更完整地建模时序特征之间依赖关系。但循环层的训练过程中容易出现梯度消失与梯度爆炸的问题，因此采用了一种特殊的循环层结构——长短期记忆模型（Long Short-Term Memory，LSTM）解决该问题。LSTM 在语音识别、自然语言处理、时序数据预测等多个领域取得巨大成功。循环层由多个 LSTM 单元组合而成，其结构如图 3-92 所示。

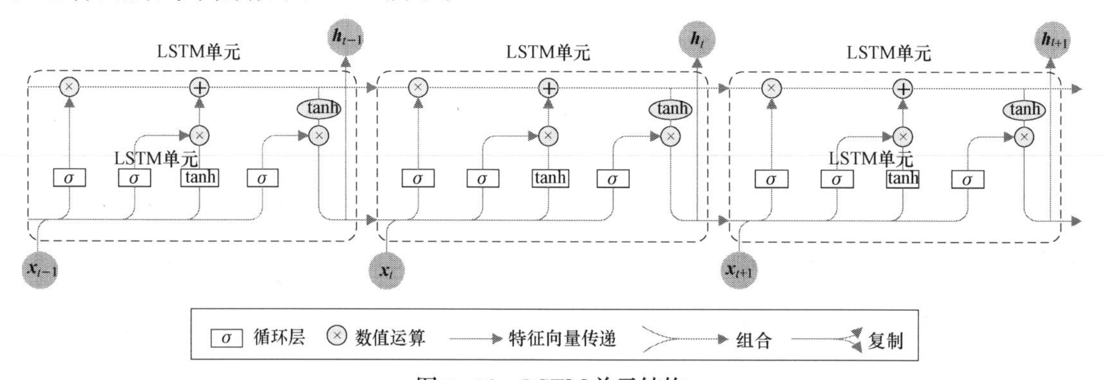

图 3-92 LSTM 单元结构

每个 LSTM 单元包含输入门、遗忘门、输出门三种门控结构，以 tanh 函数进行描述。对每一时刻的输入，LSTM 单元通过 3 个门获得当前状态 $\boldsymbol{x}_t$ 和上个时刻的隐藏状态 $\boldsymbol{h}_{t-1}$ 作为输入，此外每个门还接收记忆单元的状态 $\boldsymbol{c}_{t-1}$ 作为内部输入。获得输入后，每个门对不同来源的输入按图 3-92 所示流程进行计算，并且由其激活函数决定是否激活，计算结果最后与遗忘门处理得到的记忆单元状态叠加，形成新的记忆单元状态 $\boldsymbol{c}_t$。记忆单元状态 $\boldsymbol{c}_t$ 通过

计算与输出门的动态控制形成LSTM单元的输出 $\boldsymbol{h}_t$。计算公式如下：

$$\boldsymbol{i}_t=\sigma(\boldsymbol{W}_{xi}\boldsymbol{x}_t+\boldsymbol{W}_{hi}\boldsymbol{h}_{t-1}+\boldsymbol{W}_{ci}\boldsymbol{c}_{t-1}+\boldsymbol{b}_i) \tag{3-90}$$

$$\boldsymbol{f}_t=\sigma(\boldsymbol{W}_{xf}\boldsymbol{x}_t+\boldsymbol{W}_{hf}\boldsymbol{h}_{t-1}+\boldsymbol{W}_{cf}\boldsymbol{c}_{t-1}+\boldsymbol{b}_f) \tag{3-91}$$

$$\boldsymbol{c}_t=\boldsymbol{f}_t\boldsymbol{c}_{t-1}+\boldsymbol{i}_t\tanh(\boldsymbol{W}_{xc}\boldsymbol{x}_t+\boldsymbol{W}_{hc}\boldsymbol{h}_{t-1}+\boldsymbol{b}_c) \tag{3-92}$$

$$\boldsymbol{o}_t=\sigma(\boldsymbol{W}_{xo}\boldsymbol{x}_t+\boldsymbol{W}_{ho}\boldsymbol{h}_{t-1}+\boldsymbol{W}_{co}\boldsymbol{c}_t+\boldsymbol{b}_o) \tag{3-93}$$

$$\boldsymbol{h}_t=\boldsymbol{o}_t\tanh(\boldsymbol{c}_t) \tag{3-94}$$

式中：$\boldsymbol{W}_{xc}$、$\boldsymbol{W}_{xi}$、$\boldsymbol{W}_{xf}$、$\boldsymbol{W}_{xo}$为连接输入信号 $\boldsymbol{x}_t$ 的权重矩阵；$\boldsymbol{W}_{hc}$、$\boldsymbol{W}_{hi}$、$\boldsymbol{W}_{hf}$、$\boldsymbol{W}_{ho}$为连接隐含层输出信号$\boldsymbol{h}_t$的权重矩阵；$\boldsymbol{W}_{ci}$、$\boldsymbol{W}_{cf}$、$\boldsymbol{W}_{co}$为连接神经元激活函数输出矢量$\boldsymbol{c}_t$和三个门函数的矩阵；$\boldsymbol{b}_i$、$\boldsymbol{b}_c$、$\boldsymbol{b}_f$、$\boldsymbol{b}_o$为偏置向量；σ 为激活函数，本层选用 tanh 函数。

4. BN层

BN用于在神经网络的训练过程中对每层的输入数据增加标准化处理，从而保证深度神经网络在训练过程中每层的输入保持相同的分布[18]。BN层的引入能保证深度神经网络以较高的学习率进行训练，极大地提高了深度神经网络的训练速度，同时在一定程度上避免了过拟合问题。其计算公式为

$$y_i=\gamma\frac{x_i-\mu_x}{\sqrt{\sigma_x^2+\varepsilon}}+\beta \tag{3-95}$$

式中：x_i为输入；μ_x 为输入 x 的均值；σ_x^2 为输入 x 的方差；γ、β为正则项，保证规则化后的输出满足均值为0，方差为1的标准高斯分布。

5. Softmax层

电能质量扰动识别问题是一个典型的多分类问题，因此在网络最后添加Softmax层，该层的神经元个数等于类别标签的数量。对于一个含 j 个元素的序列 Z，i 为 Z 的下标，以 S_i表示Softmax值，计算公式为

$$S_i=\frac{\mathrm{e}^{Z_i}}{\sum\limits_{1}^{j}\mathrm{e}^{Z_j}} \tag{3-96}$$

数学含义上，Softmax的值表示输入属于对应类别的概率，以所述结构为例，Softmax层的15个神经元将产生15个Softmax值，对应15个候选扰动类型，取最大值对应的类型即可实现多类分类，流程如图3-93所示。

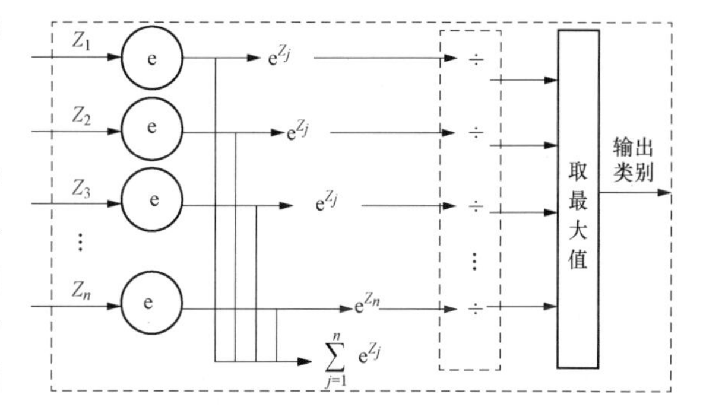

图3-93　以Softmax层实现多类分类流程

6. 损失函数

深度神经网络的训练采用反向传播算法，首先通过前向计算得到整个网络的输出值，然后计算输出与目标值之间的损失值，反向更新网络权重以减小输出误差。对于所述的多分类问题，采用类别交叉熵作为损失函数，计算公式为

$$\mathrm{loss} = -\frac{1}{n}\sum_{i=1}^{n}[y_i \ln a_i + (a_i - y_i)\ln(1 - a_i)] \tag{3-97}$$

式中：y_i表示深度神经网络的输出；a_i为目标输出；i 为 Softmax 层神经元数量。

7. 优化器

求解深度神经网络的模型参数问题是一个无约束优化问题，在最小化损失函数时，可以通过梯度下降法迭代求解，得到最小化的损失函数及模型参数。目前已有多种基于梯度下降的改进算法，称为优化器。常用优化器有 Adagrad、Adadelta、RMSprop、Adam。采用 Adam 作为优化器，其优势在于能实现自适应的学习率调整，训练高效。

3.6.3 算例分析

1. 电能质量扰动仿真环境及试验设计

电能质量扰动样本的数学模型是基于 Python 的 Numpy 包搭建的。深度神经网络基于 Keras 构建，后端引擎采用 TensorFlow。深度神经网络的训练及后续试验采用 GPU 并行计算，硬件为 NVIDIA GTX1060 6G，采用 NVIDIA 的 cuDNN 包进行加速。

从生成的 90 万组训练集中抽取 10%作为训练过程中的验证集。采用 EarlyStop 训练策略，即在每个 Epoch 结束后均保存最新的模型数据，并计算模型在验证集上的准确率。如果连续 20 个 Epoch 模型性能在验证集上未见提高，则结束训练过程，并选择整个训练过程中在验证集上表现最优的模型作为训练输出。训练结束后测试所得模型在测试集上的性能，并分别添加 20、30、40dB 噪声以验证模型抗噪声能力。

2. 神经网络训练及所得模型概况

深度神经网络训练阶段，准确率及损失值变化如图 3 - 94 所示。在前 10 个 Epoch 的训练中网络性能迅速提高，准确率超过 99%后网络性能提升缓慢并开始出现过拟合倾向，此时采用的 EarlyStop 训练策略及时停止了训练，有效降低了过拟合风险。

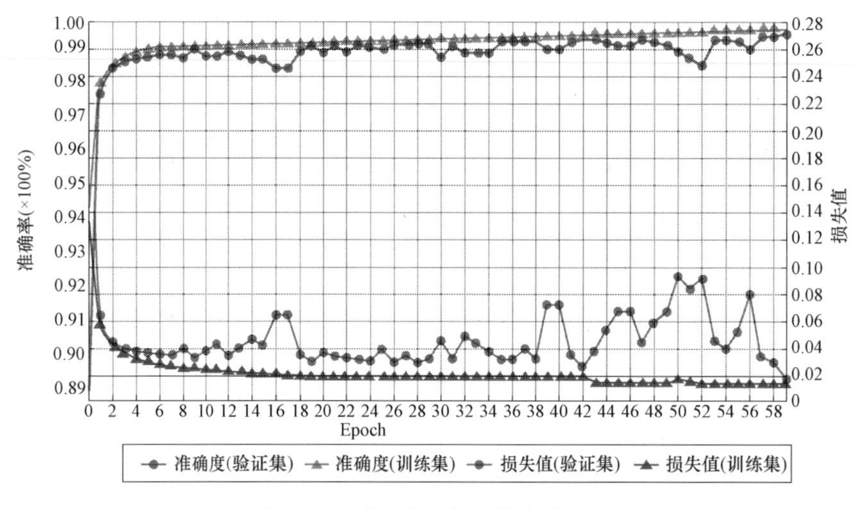

彩色插图

图 3 - 94　准确率及损失值变化过程

Epoch为59时，深度神经网络在验证集上表现最优，将此时的模型参数作为最终输出，模型概况见表3-28。

表3-28 深度神经网络模型概况

属性	数值	属性	数值
验证机上最小损失值	0.0112	总训练时长（min）	1451
验证集上最佳准确率（%）	0.996	参数数量	44 295
训练所用Epoch	59	模型大小（MB）	2.117
每个Epoch训练耗时（s）	1476		

3. 深度神经网络性能

输入15 000组测试集验证深度神经网络性能以及抗噪声能力，模型对不同扰动的识别性能见表3-29。

表3-29 深度神经网络模型对不同扰动的识别性能

扰动类型	准确率（%）			
	无噪声	40dB	30dB	20dB
正常波形	100	100	98.60	97.70
暂升	100	100	100	100
暂降	99.7	99.70	99.70	99.20
短时中断	100	100	99.80	99.70
闪变	100	100	100	100
闪变+暂升	100	100	100	99.70
闪变+暂降	100	100	99.90	99.50
闪变+谐波	100	100	100	100
暂态振荡	99.9	100	99.90	99.50
谐波	100	100	100	100
暂升+谐波	100	100	100	100
暂降+谐波	100	100	100	99.80
短时中断+谐波	99.8	99.70	99.80	98.90
陷波	100	100	100	100
尖峰	100	100	100	99.90
平均准确率	99.96	99.96	99.85	99.59

由表3-29可见，凭借深度神经网络强大的学习能力，经过90万组数据的反复训练后，所提深度神经网络对所有扰动类型均有极好的区分能力。得益于训练过程中训练集随机添加的噪声，即便在信噪比最差的20dB条件下，仍能达到99.5%以上的识别正确率，这是

传统方法不可能实现的。值得注意的是，随着噪声信号强度的增加，识别准确率下降最多的是正常波形，深度神经网络有一定概率将含有高斯噪声的正常波形识别为其他扰动，这表明正常波形的特征相对来说不够突出且更容易受到噪声的污染。

深度神经网络由于支持GPU并行计算，其计算用时远低于传统方法。深度神经网络支持并行计算的特点使其易于部署到分布式集群中，且计算效率明显高于传统方法，为后续电能质量扰动的大数据分析打下了基础。

参考文献

[1] Lam H Y, Fung G S K, Lee W K. A novel method to construct taxonomy of electrical appliances based on load signatures [J]. IEEE Transactions on Consumer Electronics, 2007, 53 (2): 653-660.

[2] Du Liang, He Dawei, Harley Ronald G, et al. Electric load classification by binary voltage-current trajectory mapping [J]. IEEE Transactions on Smart Grid, 2016, 7 (1): 358-365.

[3] De Baets L, Develder C, Dhaene T, et al. Handling imbalance in an extended PLAID [C]. 2017 Sustainable Internet and ICT for Sustainability (SustainIT), Funchal, Madeira, 2017.

[4] El-Sawy A, EL-Bakry H, Loey M, et al. CNN for handwritten arabic digits recognition based on lenet-5 [J]. Proceedings of The International Conference on Advanced Intelligent Systems and Informatics, 2017 (533): 566-575.

[5] Han Xiaoying, Wang Ruodu. Computation of credit portfolio loss distribution by a cross entropy method [J]. Journal of Applied Mathematics and Computing, 2016, 52 (2): 287-304.

[6] Ma L, Fan S. CURE-SMOTE algorithm and hybrid algorithm for feature selection and parameter optimization based on random forests [J]. BMC Bioinformatics, 2017, 18 (1): 169.

[7] Douzas Georgios, Bacao Fernando, Last Felix. Improving imbalanced learning through a heuristic oversampling method based on k-means and SMOTE [J]. Information Scienccs, 2018 (465): 1-20.

[8] Z Zheng, N Chen H., W Luo X. A supervised event-based non-intrusive load monitoring for non-linear appliances [J]. Sustainability, 2018, 4 (10): 1001.

[9] De Baets Leen, Develder Chris, Dhaene Tomet, et al. Automated classification of appliances using elliptical fourier descriptors [C]. Smart Grid Comm2017, Dresden, Germany, 2017: 153-158.

[10] Sadeg N, Ruyssinck J, Deschrijver D, et al. Comprehensive feature selection for appliance classification in NILM [J]. Energy and Buildings, 2017, 151: 98-106.

[11] Alcala Jose, Urena Jesus, Hernandez Alvaroet, et al. Event-based energy disaggregation algorithm for activity monitoring from a single-point sensor [J]. IEEE Transactions on Instrumentation and Measurement, 2017, 66 (10): 2615-2626.

[12] Murrieta-Mendoza A, Ternisien L, Beuze B, et al. Aircraft vertical route optimization by beam search and initial search space reduction [J]. Journal of Aerospace Information Systems, 2018 (3): 157-171.

[13] Kelly Jack, Knottenbelt William. Neural NILM: deep neural networks applied to energy disaggregation [C]. Proceedings of the 2nd ACM International Conference on Embedded Systems for Energy-Efficient Built Environments, Seoul, South Korea, 2015.

[14] Batra N, Jelly J, Parson O, et al. NILMTK: an open source toolkit for non-intrusive load monitoring [J]. Statistics, 2014 (2): 265-276.

［15］王守相，邓欣宇，陈海文，等．采用可拓展交互式设计的负荷特性综合分析平台［J］．电力系统自动化，2019，43（20）：176－182.

［16］韩亮，王守相．含光伏风电的基于仿射算法的配电三相潮流计算［J］．电网技术，2013，37（12）：3413－3418.

［17］Wang Shouxiang，Han Liang，Wu Lei. Uncertainty tracing of distributed generations via complex affine arithmetic based unbalanced three－phase power flow［J］. IEEE Transactions on Power Systems，2015，30（6）：3053－3062.

［18］王守相，刘响，张颖，多DG不确定性建模及其对配电网谐波潮流的影响［J］．电力自动化设备，2018，38（10）：1－6.

［19］Wang Shouxiang，Liu Xiang，Wang，Kai，et al. Tracing harmonic contributions of multiple distributed generations in distribution systems with uncertainty［J］. International Journal of Electrical Power & Energy Systems，2018，95：585－591.

［20］Shouxiang Wang，Haiwen Chen. A novel deep learning method for the classification of power quality disturbances using deep convolutional neural network［J］. Applied Energy，2019，235：1126－1140.

［21］IEEE Std 1159—2009. IEEE Recommended Practice for Monitoring Electric Power Quality［S］.

［22］Lecun Y，Bengio Y，Hinton G. Deep learning［J］. Nature，2015，521（7553）：436－444.

第4章 智能配电网态势预测

智能配电网态势预测主要包括对配电网冷/热/电/气等多能负荷需求预测、分布式电源输出功率预测、电动汽车接入演化趋势预测、配电网安全风险预测等。本章主要针对负荷需求预测、分布式电源输出功率预测给出预测模型和方法。

4.1 配电网负荷需求预测

4.1.1 多规模负荷聚合体预测方法

准确快速的负荷预测对电力系统的安全经济运行作用重大。传统的负荷预测多依据电力系统量测的物理结构进行层级划分，比如系统级、母线级、变电站级、微电网级等。通常，针对某一特定层级开发的负荷预测方法不能适用于其他层级。近年来，随着智能电表的普及，电力公司能够获取海量细粒度的用户负荷数据。以智能电表数据为基础，能够摆脱电力系统量测结构的限制，可按需求灵活划分不同规模的负荷聚合体并开展负荷预测，也即除了可实现传统层级的电力系统负荷预测外，还可依据地区（如楼宇、小区、街区、地块）、行业（如居民、工商业）、电价类型（分时、峰谷等）等形成不同规模的负荷聚合体并开展负荷预测，以满足更为精细化的负荷预测需求。为此，明确将负荷聚合体定义为按照一定层级规模划分的用户负荷集合，智能电表采集的负荷数据是负荷聚合体的基本单位。

负荷聚合体的预测是以智能电表为基础的自底向上的负荷预测。负荷聚合体可按需划分，更为灵活，但不同划分方法会导致预测对象规模差异巨大，传统的负荷预测方法仅适用于特定的负荷规模，不具备泛化能力。特别是当负荷规模减小时，由于小规模负荷的群体效应减弱，负荷预测的平均绝对误差百分比指标随预测规模的减小而显著提高，故传统的预测方法不适用于负荷聚合体的预测。针对负荷聚合体划分灵活、规模可变、与用户负荷特性联系紧密等特点，提出适用性强、精度高的预测方法，是负荷聚合体预测的难点。

由于智能电表数据与用户负荷特性关系密切，通过聚类分析，发现不同用户间负荷变化共性规律，据此将负荷聚合体划分为多个用电群体，针对负荷群体进行建模分析，能提高负荷聚合体的预测精度。在预测方法上，BP神经网络、支持向量机（Support Vector

Machine，SVM）等在负荷预测中得到了广泛应用。这些算法通过训练建立输出与输入之间的非线性关系，将动态时间建模问题转化为静态建模问题。但是，作为典型的时序数据，负荷变化具有动态特性，即负荷变化规律除受当前时刻状态影响外，还受过去一段时间变化过程的影响。从用户历史用电数据中发现潜在的用电行为规律，并通过数据演变推测负荷的发展变化，是准确进行负荷预测的关键。随着深度学习的发展，以长短期记忆（Long Short - Term Memory，LSTM）为代表的递归神经网络（Recurrent Neural Network，RNN）能够考虑时间序列之间的相关性，可以更加全面地描述时间序列的变化过程，在语音识别、自然语言处理等多个领域得到了广泛应用。由于负荷聚合体包含多种负荷特性，不同的负荷特性所适用的神经网络结构不同，例如波动性强的负荷适合采用较深层次的神经网络，以充分提取高频特征，而波动性弱的负荷则相反。通过模型融合与集成的方法可以充分发挥不同模型的优势，提高预测精度。

下面提出基于深度神经网络和模型融合的负荷聚合体预测方法[1]，以整合利用不同网络结构的优势，提高负荷聚合体的预测精度。

1. 基于负荷聚类、动态时间建模及模型融合的负荷聚合体预测方法

首先，使用自适应分布式谱聚类算法，对用户负荷数据进行聚类，得到多个负荷特性相似的用电群体，求得各用电群体负荷序列。其次，提出三种结构不同的GRU网络，并提取群体的时序特征进行训练，得到预测模型，通过随机森林算法对三种GRU网络进行模型融合，得到每个群体的负荷预测模型。最后，将待预测时刻特征作为输入，分别得到每个群体的负荷预测值，将不同群体预测值求和得到最终负荷聚合体的预测值。

（1）采用分布式谱聚类的负荷聚类算法。

通过负荷聚类划分用电群体，分别建立预测模型，能提高负荷预测精度。采用分布式谱聚类算法以满足高维负荷数据的聚类要求，同时充分利用分布式集群的计算资源提高聚类速度。

首先，对每个用户负荷数据按周取均值，通过最大/最小值归一化缩放到区间［0，1］。这样对每个用户得到一条负荷特性曲线，将所有用户特性曲线整合为矩阵$\boldsymbol{C}$，针对矩阵$\boldsymbol{C}$进行聚类即可获得用电群体。由于每个用户特征曲线含有48×7＝336个点，数据维度很高，且待分析用户数量多，导致传统聚类方法精度、速度、稳定性无法满足分析要求。谱聚类则克服了k - means等传统聚类算法只能识别凸球形分布的数据，并且可能陷入局部最优的缺点，能够在任意形状样本上聚类，并收敛于全局最优。

谱聚类算法的基本流程包括相似矩阵计算、特征值求取、特征值聚类三个步骤，具体流程如下：

1）由矩阵$\boldsymbol{C}$求得n个用户两两之间的欧式距离矩阵$\boldsymbol{H}$，计算公式如下

$$\boldsymbol{H}_{m,n}=d(\boldsymbol{C}_m,\boldsymbol{C}_n)=\sqrt{\sum_{t=1}^{T}(c_{m,t}-c_{n,t})^2} \tag{4 - 1}$$

式中：$\boldsymbol{H}_{m,n}$表示第m个用户与第n个用户之间的欧式距离；$\boldsymbol{H}$为对称矩阵，且对角线元素为0。

2）采用高斯函数构建 $\boldsymbol{H}$ 的相似性矩阵 $\boldsymbol{A}$

$$A_{m,n}=\exp\left(-\frac{H_{m,n}^2}{\sigma_m\sigma_n}\right),\ (m\neq n,A_{mm}=0) \tag{4-2}$$

式中：σ_m 和 σ_n 为自适应尺度参数。

3）进而可构建拉普拉斯矩阵 $\boldsymbol{L}$

$$D_{m,n}=\begin{cases}\sum_{m=1}^{n}A_{m,n},\ (m=n)\\ 0,m\neq n\end{cases} \tag{4-3}$$

$$\boldsymbol{L}=\boldsymbol{D}^{-1/2}\boldsymbol{A}\boldsymbol{D}^{-1/2} \tag{4-4}$$

4）依据摄动理论，通过计算相似度矩阵的特征值来确定最优分类数，设确定的最优分类数为 k，则其对应的 k 个特征向量为 $X_1,X_2,\cdots,X_k$，所得特征向量矩阵 $\boldsymbol{X}=(X_1,X_2,\cdots,X_k)$。对所得特征矩阵采用 k - means 方法聚类，得到最终用电群体划分结果。

谱聚类算法在计算相似矩阵及寻找 k 个特征向量时计算量最大，并且占用较多的存储空间。为克服传统谱聚类算法效率上的不足，分布式谱聚类算法使用最近邻稀疏相似矩阵代替原相似矩阵，同时采用基于 MapReduce 的分布式计算框架计算特征向量。首先，在 p 个节点上均存储 n/p 行的矩阵，在每个 Map 阶段设置所有 n/p 个数据点具有相同的键，在 Reduce 阶段每个节点均计算本地数据与输入 x_i 的距离

$$\| x_i-x_j \|^2=\| x_i \|^2+\| x_j \|^2-2x_i^{\mathrm{T}}x_j \tag{4-5}$$

式中：x_j 表示节点的本地数据。

为保证所得距离矩阵具有对称性，在 Map 阶段设置两个键，分别返回行列编号及相应距离，以确定各元素位置。节点间的并行化计算使得问题复杂度由式（4 - 6）降低为式（4 - 7）

$$O(n^2d+n^2\log t) \tag{4-6}$$

$$O[n^2d/p+(n^2\log t)/p] \tag{4-7}$$

式（4 - 7）对相似矩阵的计算也采用同样的并行化步骤，得到一个稀疏化的相似矩阵。相似矩阵的特征值求取计算量大，占用内存多，由于谱聚类中相似矩阵的稀疏化特点，采用并行化求解特征值的 PARPACK 算法，将其分别部署到所有计算节点上。并行计算特征值的复杂度由式（4 - 8）降低为式（4 - 9）

$$O(m^3)+[O(nm)+O(nt)]\times O(m-k) \tag{4-8}$$

$$O(m^3)+[O(mn/p)+O(nt/p)]\times O(m-k) \tag{4-9}$$

谱聚类通过对特征向量进行聚类实现分簇，采用并行化的 k - means 算法实现聚类步骤。Spark 中内置了分布式版本的 k - means 算法，可通过 MLlib 包进行调用。设 p 为计算节点数，分布式 k - means 算法理论计算复杂度仅为单机版本的 $1/p$。

分布式谱聚类算法在相似矩阵计算、特征值求取、特征值聚类三方面进行了分布式改进。在内存并行计算框架 Spark 上通过 SparkR 组件实现了所提 MapReduce 过程，克服了 Hadoop 框架频繁进行磁盘读写带来的性能损失。SparkR 组件的优势在于语法规则与 R 语

言近似，并提供多个分布式数值运算高级接口，无须了解分布式集群底层架构即可实现算法的分布式运行。

（2）采用 GRU 深度神经网络的动态时间建模方法。

GRU 网络是 RNN 中的一种特殊模型，能通过独特的记忆和遗忘模式，对多输入的时间序列进行动态时间建模。相较于 LSTM，GRU 精简了门控单元数量，在保证预测精度的同时大幅降低了训练时间。GRU 单元结构如图 4-1 所示。

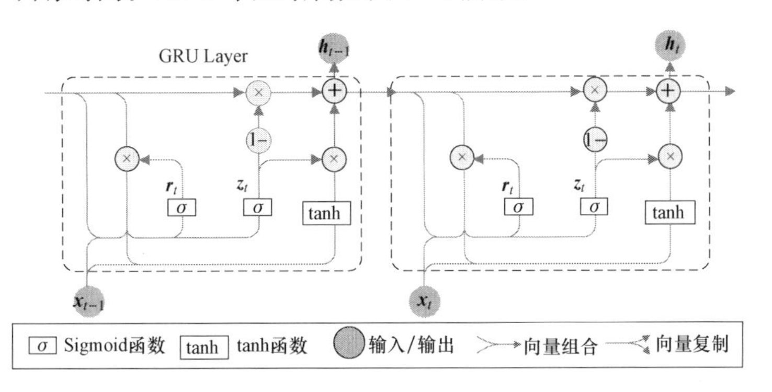

图 4-1　GRU 单元结构

GRU 单元包括一个重置门和一个更新门，其工作流程如下：每一个时刻，GRU 单元通过更新门接收当前状态 $\boldsymbol{x}_t$ 与上一个时刻的隐藏状态 $\boldsymbol{h}_{t-1}$，接收输入信息后，通过矩阵运算，由激活函数决定神经元是否激活。同理，重置门同样接收 $\boldsymbol{x}_t$ 与 $\boldsymbol{h}_{t-1}$，其运算结果决定有多少过去的信息需要被遗忘。当前时刻输入经过运算与重置门输出叠加，经过激活函数形成当前记忆内容 $\boldsymbol{h}'_t$。当前记忆 $\boldsymbol{h}'_t$与前一步输入 $\boldsymbol{h}_{t-1}$ 通过更新门的动态控制，决定最终门控单元的输出内容 $\boldsymbol{h}_t$，同时 $\boldsymbol{h}_t$ 也将传递到下一个 GRU 单元中。各变量之间的计算公式如下

$$\boldsymbol{z}_t = \sigma(\boldsymbol{W}^{(z)}\boldsymbol{x}_t + \boldsymbol{U}^{(z)}\boldsymbol{h}_{t-1}) \tag{4-10}$$

$$\boldsymbol{r}_t = \sigma(\boldsymbol{W}^{(r)}\boldsymbol{x}_t + \boldsymbol{U}^{(r)}\boldsymbol{h}_{t-1}) \tag{4-11}$$

$$\boldsymbol{h}'_t = \tanh(\boldsymbol{W}\boldsymbol{x}_t + \boldsymbol{r}_t \odot \boldsymbol{U}\boldsymbol{h}_{t-1}) \tag{4-12}$$

$$\boldsymbol{h}_t = \boldsymbol{z}_t \odot \boldsymbol{h}_{t-1} + (1 - \boldsymbol{z}_t) \odot \boldsymbol{h}'_t \tag{4-13}$$

式中：$\boldsymbol{W}^{(z)}$ 与 $\boldsymbol{U}^{(z)}$ 表示更新门的权重；$\boldsymbol{W}^{(r)}$ 与 $\boldsymbol{U}^{(r)}$ 表示遗忘门的权重；$\boldsymbol{W}$ 与 $\boldsymbol{U}$ 表示形成当前记忆时网络权重；$\sigma(\ )$ 为激活函数 sigmoid；$\odot$表示矩阵中对应元素相乘。

得到 GRU 网络后，通过按时间展开的反向误差传播算法（BPTT）进行训练。选择负荷预测值的平均绝对误差（MAE）作为训练损失函数，即

$$loss = \sum_{t=1}^{T} \mid y'_t - y_t \mid / T \tag{4-14}$$

（3）采用随机森林的模型融合方法。

模型融合能充分利用各模型的结构特点，融合后的模型精度及稳定性均更优。不同结构的 GRU 网络适用的负荷特性不同，如深层次的网络结构具备更强的高频特征学习能力，适用

于波动性较强的群体，而浅层的网络适用于负荷相对平稳的群体。谱聚类后的负荷群体之间用电特性差异较大，针对不同群体分别设计并比较选择最优网络结构过于繁琐，适用性差。因此，提出了基于随机森林的模型融合算法，对每类群体均训练多个不同结构的 GRU 网络，通过随机森林算法动态调节不同网络所占权重，从而实现多个 GRU 网络预测结果的融合。

随机森林模型的训练在验证集 L_{val} 上进行，对不同 GRU 网络预测结果 $F_k(k=1, \cdots, n)$，建立 m 个 CART 回归树，同样使用 MAE 作为损失函数。采用 Bootstrap 抽样的方法进行训练 m 个回归树，最终通过投票方式得到最终预测结果。经过模型融合后的输出能够充分利用不同结构 GRU 网络的特性，输出结果精度更高。为直观反映不同结构 GRU 网络预测结果的重要程度，设各模型的重要度系数 w_k 为

$$w_k = \frac{\sum_{k=1}^{M}(n_{k\text{-node}}p_{k\text{-depth}})}{\sum_{i=1}^{N}(n_{i\text{-node}}p_{i\text{-depth}})} \tag{4-15}$$

式中：$n_{k\text{-node}}$表示以 k 为特征的节点；$p_{k\text{-depth}}$表示该节点的深度；以 k 为特征的节点数量为 M，总节点数量为 N。

2. 预测模型设计

(1) 数据分析。

采用的测试数据集为伦敦智能电表数据集，共包含用户 5567 个，数据采集时间段为 2011 年 11 月到 2014 年 2 月，采样频率为 30min。通过爬虫获得伦敦气象局对应时段的气象数据，作为负荷的影响因素加以考虑。

影响负荷变化的因素具体可分为社会、用户行为、气象三方面。社会因素主要包括工作日、节假日、星期数等。以星期数为例开展分析，绘制每周七天的平均负荷情况，如图 4-2 所示。

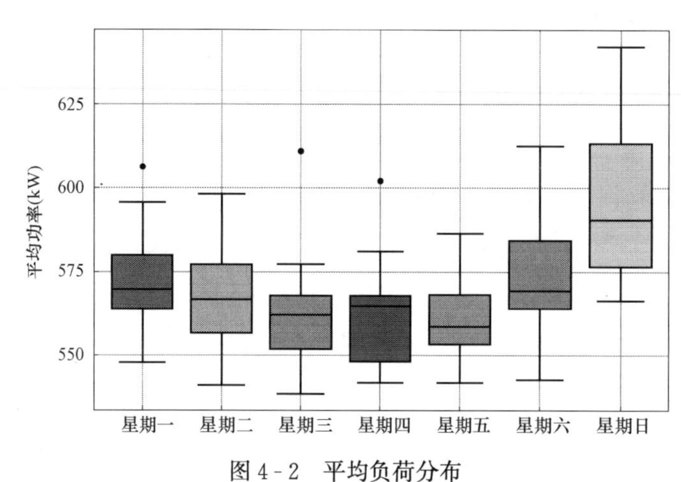

图 4-2 平均负荷分布

由图 4-2 可见，负荷大小及波动性与星期数之间关联性明显，非工作日负荷水平及波

动性显著高于工作日，工作日中周一负荷水平较高。星期数与负荷大小及波动性之间具有很强的相关性，这也证明了以一周为周期进行聚类的合理性。图中含有三个离群点，这三个点均属于法定节假日，可见节假日会显著改变用户的用电行为，因此在开展负荷预测时要考虑节假日因素的影响。

用户行为主要涉及每天不同时刻用户的用电规律。绘制负荷时间分布热力图，如图 4-3 所示。

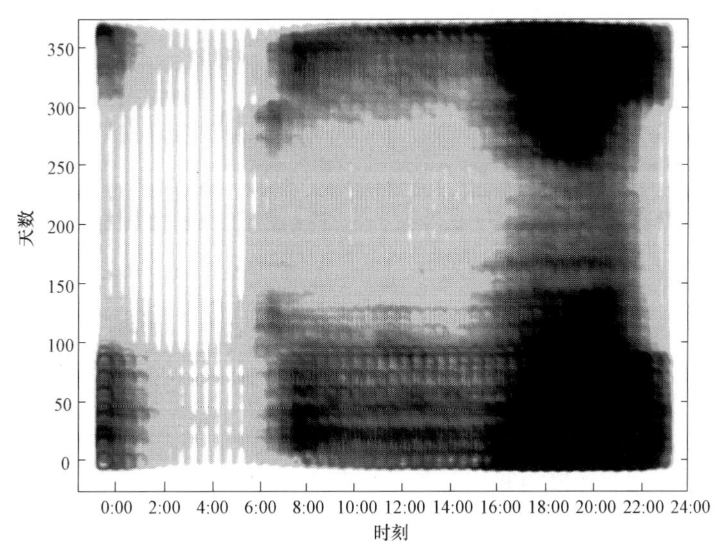

图 4-3　负荷时间分布热力图

由图 4-3 可见，18：00～22：00 的负荷水平较高，夜间负荷普遍较低，早间负荷高峰从 6：00 开始。从图中颜色渐变可知，负荷大小与当前所处时刻密切相关。此外，年初及年末由于受冬季温度影响整体，负荷更高，因此预测时也应考虑温度因素的影响。

（2）基于 GRU 网络与模型融合的预测模型设计。

不同负荷群体之间负荷波动性存在较大差异。对于相对平稳的负荷群体，浅层多单元的 GRU 网络效果较好，而对于波动性很强的负荷群体，则应该采用多层叠加的网络充分提取高频特征。为了适应不同群体的负荷特点，对每类负荷群体分别提出三种结构的 GRU 网络，以充分学习不同频域负荷变化特点，最终通过随机森林算法融合三个深度神经网络的输出。多模型融合的方法保证了预测模型具有较强的适用性。

三种 GRU 网络结构如图 4-4 所示。通过控制网络深度及 GRU 单元数量，有针对性地学习负荷聚合体的低频、中频、高频特征，最终通过随机森林实现模型融合。选择的深度神经网络输入特征如下：

1）过去 k 个时刻的负荷数据向量 $\boldsymbol{E}$，$\boldsymbol{E}=\{e_{t-k}，\cdots，e_{t-2}，e_{t-1}\}$，设置的 k 为 6，即依据过去 3h 的负荷变化进行预测。

2）待预测点所属的时刻系数 $\boldsymbol{I}$，将 24h 分为 48 个预测点，则 $I\in\{1，2，\cdots，48\}$。

3）待预测点所属的星期数 $\boldsymbol{D}$，$\boldsymbol{D}\in\{1,\ 2,\ \cdots,\ 7\}$。

4）工作日/节假日 $\boldsymbol{H}$，工作日置 1，节假日置 0。

5）前一时刻温度 $\boldsymbol{T}$。

6）当前气象类型 $\boldsymbol{W}$。伦敦气象局指定的晴、小雨等 13 种气象类型，$\boldsymbol{W}\in\{1,\ 2,\ \cdots,\ 13\}$。

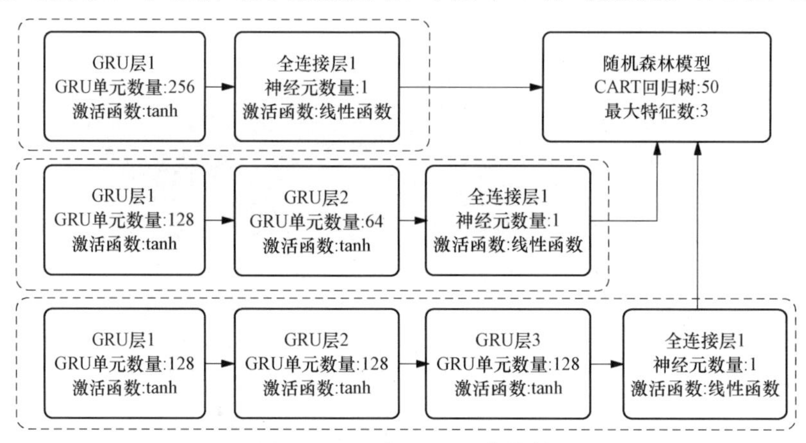

图 4-4　三种 GRU 网络结构

由于 GRU 网络要求输入在 0～1 之间，通过最大/最小归一化的方式处理向量 $\boldsymbol{E}$、$\boldsymbol{T}$，将 $\boldsymbol{I}$、$\boldsymbol{D}$、$\boldsymbol{H}$、$\boldsymbol{W}$ 转化为热编码的形式。对于类型变量 $\boldsymbol{J}$，设 $\boldsymbol{J}$ 所属类别数量为 $\boldsymbol{M}$，热编码后的变量 $\widetilde{\boldsymbol{J}}$ 含有 $\boldsymbol{M}$ 个比特位，并且只有一个对应所属类别的比特位为 1。

将处理后的特征组成特征矩阵 $\boldsymbol{X}$

$$\boldsymbol{X}=\{\widetilde{\boldsymbol{E}},\widetilde{\boldsymbol{I}},\widetilde{\boldsymbol{D}},\widetilde{\boldsymbol{H}},\widetilde{\boldsymbol{T}},\widetilde{\boldsymbol{W}}\} \tag{4-16}$$

所有 GRU 网络基于 Keras 框架构建，在 GPU NVidia GTX 1060 6G 上进行训练和测试，使用 TensorFlow 作为计算后端。在 GRU 网络的训练过程中，通过优化器实现梯度下降算法，常用优化器有 Adagrad、Adadelta、RMSprop、Adam。采用 Adam 作为优化器，其优势在于能实现自适应的学习率调整，训练高效。对于用于多模型融合的随机森林算法，设置 CART 回归树个数为 50，最大决策树深度不做限制，设置随机森林使用的最大特征数为 3。随机森林模型在获得 3 个 GRU 网络后进行训练，训练数据为验证集 L_{val}。

训练得到预测模型后，对给定待预测负荷聚合体，按聚类结果将其划分为 i 个负荷群体，对每个负荷群体 i，采用图 4-5 所示结构进行预测，最终将 i 个预测值 $e_{i\text{-}t}$ 加和，即可得到最终 t 时刻负荷聚合体的预测值 E_t。

3. 算例分析

在伦敦智能电表数据集上，选择分析时间段为 2013 年 5～10 月，共五个月的数据，每个用户含采样点 7392 个。研究的目标是预测下一个量测时间点选定的 M 个用户的总负荷，并通过改变选定用户的规模，验证所提算法在不同规模负荷聚合体上的适用性。除超短期负荷聚合体预测外，还可通过滚动预测的形式灵活调整预测时间尺度。下面还将比较不同时间尺度上所提算法的预测效果。

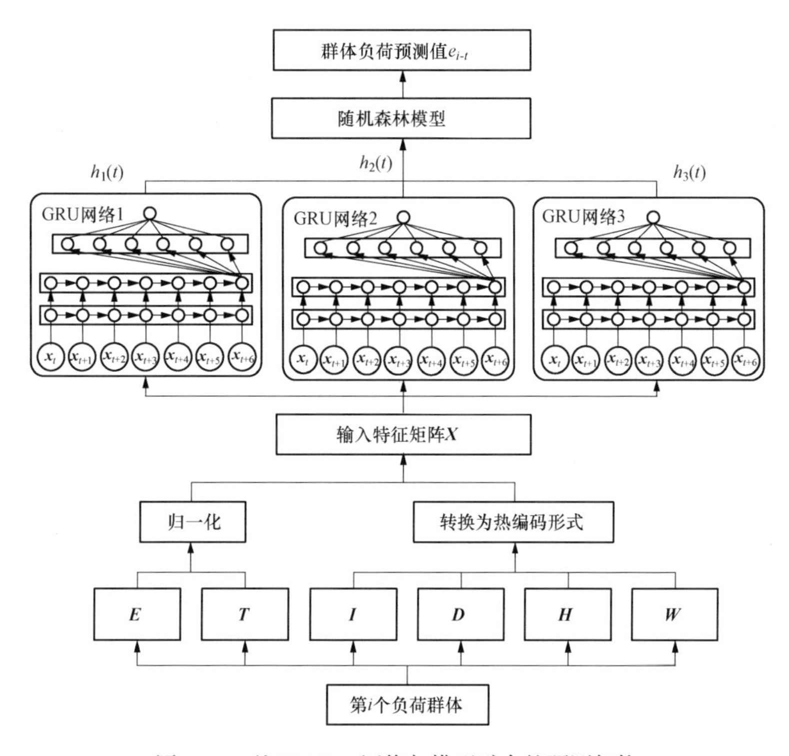

图 4-5　基于 GRU 网络与模型融合的预测架构

(1) 分布式谱聚类算法分析结果。

对行为相似的用户进行分组预测，能有效降低负荷预测时的不确定性，因为这些用户在待预测时刻具有相同的负荷变化规律的可能性很大。为发现具有相同用电行为的用电群体，采用分布式谱聚类算法对数据集中 2676 个用户进行聚类分析。依据摄动原理，确定最优聚类数为 5，聚类结果如图 4-6 所示，图中红线表示聚类中心。

由图 4-6 可见不同用户群体之间存在明显的差异性，但同类中具有共性。图 4-6 (a) 所示群体属于用电相对较为平稳的类型，负荷整体处于较低水平；而图 4-6 (b) 所示群体则相反，最低负荷状态仍保持在较高水平，表明该类用户长期工作的设备较多。图 4-6 (c) ～ (e) 所示群体在早晚存在明显的两个用电尖峰，但高峰持续时间及大小有所不同，图 4-6 (d) 所示群体的波动性较强。

下面分析所提算法的计算性能，对照方法为传统单机版本 k-means 算法。以 Davies-Bouldin (DB) 指数作为聚类结果评价指标，DB 指数定义为

$$DB = \frac{1}{k}\sum_{i=1}^{k}\max_{j\neq 1}\left(\frac{\overline{C}_i + \overline{C}_j}{\| w_i - w_j \|_2}\right) \tag{4-17}$$

式中：$\overline{C}_i$、$\overline{C}_j$ 为第 i、j 类的类内平均距离；w_i、w_j 分别为两类的聚类中心；DB 越小意味着类内距离越小，类间距离越大，聚类效果越好。

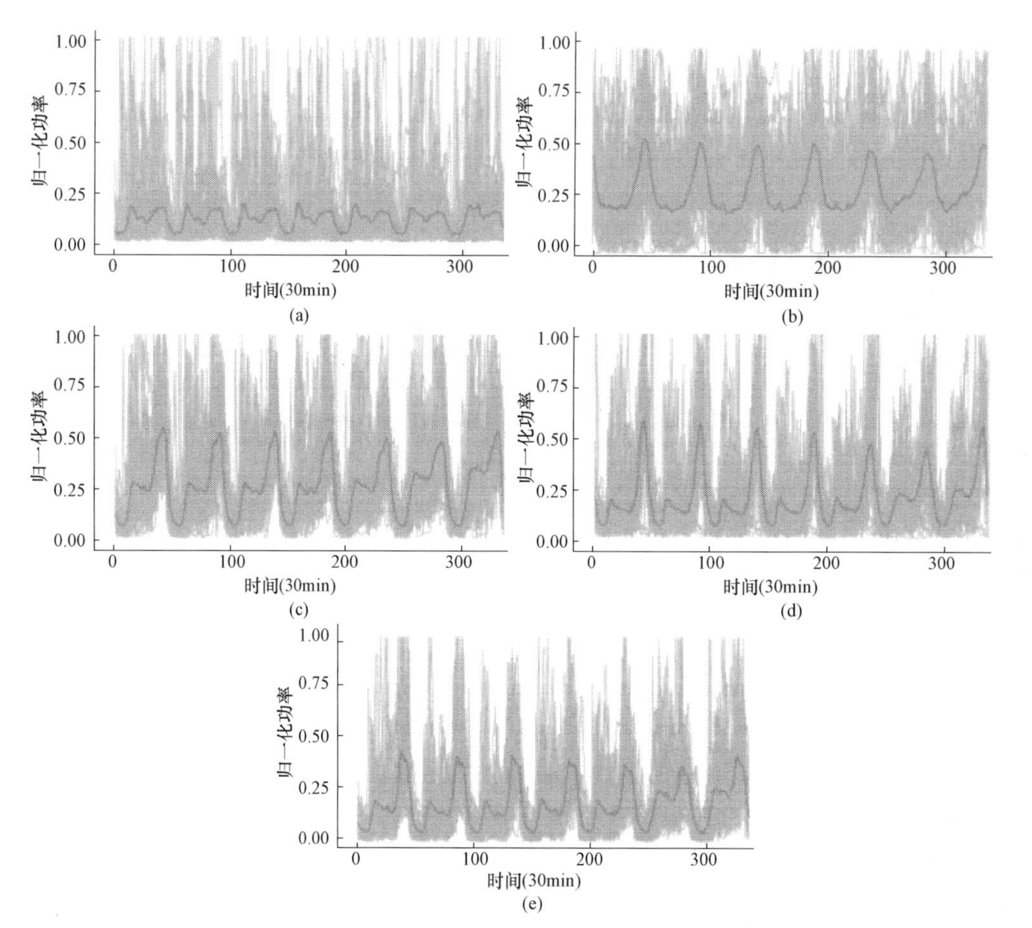

彩色插图

图 4-6　聚类结果

图 4-7　分布式谱聚类算法与 k-means 算法性能对比

为保证聚类结果之间具有可比性，预先设置聚类数量，由于初始点的选择会影响聚类结果，对于每个指定的聚类数量，两种方法均重复 10 次，记录对应 DB 指数。两种方法所得 DB 指数随聚类数量变化情况如图 4-7 所示。

由图 4-7 可见，所提分布式谱聚类算法在同等聚类数量的情况下，聚类效果优于传统 k-means 算法。并且受聚类初始点影响较小，聚类稳定性更高。在计算用时方面，对实际用户负荷数据进行聚类分析时，在不考虑磁盘 I/O 时间的情况下，分布式谱聚类算法平均计算用时优于单机谱聚类算法及单机 k - means 算法。

（2）分布式谱聚类算法预测性能分析。

依据图 4 - 6 的聚类结果，负荷聚合体可细分为 5 类负荷群体，每类包含数据样本 7392 组，其中输出功率矩阵 $\boldsymbol{E}_s$ 维度为 7392×1，输入特征矩阵 $\boldsymbol{X}$ 维度为 7392×75，将数据按照 8∶1∶1 的比例划分为训练集、验证集与测试集。训练集用于训练 GRU 网络；验证集用于训练随机森林模型，并输出重要度系数 w_k；测试集用于测试最终模型性能。

为评价模型预测精度的高低，一般选用平均绝对百分误差（Mean Absolute Percentage Error，MAPE）、平均绝对误差（Mean Absolute Error，MAE）或均方根误差（Root Mean Square Error，RMSE）作为指标。这三个指标分别定义为

$$\delta_{\mathrm{MAPE}}=\frac{1}{n}\sum_{i=1}^{n}\frac{|y_i-\hat{y}_i|}{y_i}\times 100\% \tag{4-18}$$

$$\delta_{\mathrm{MAE}}=\frac{1}{n}\sum_{i=1}^{n}|y_i-\hat{y}_i| \tag{4-19}$$

$$\delta_{\mathrm{RMSE}}=\sqrt{\frac{1}{n}\sum_{i=1}^{n}(y_i-\hat{y}_i)^2} \tag{4-20}$$

式中：n 为样本数据量；y_i 和 $\hat{y}_i$ 分别为 i 时刻的实际负荷值和预测负荷值。

这里选用 MAPE 和 MAE 作为预测精度评价指标，预测模型在不同负荷群体上预测效果见表 4 - 1。

表 4 - 1　　模型预测性能

预测误差＼模型	三层 GRU	二层 GRU	一层 GRU	模型融合	用户数量	类别
w_k	0.406	0.277	0.317	—	631	1
MAPE	4.362%	4.520%	4.584%	4.031%		
MAE	5.928	6.165	6.045	5.128		
w_k	0.245	0.264	0.491	—	574	2
MAPE	5.301%	5.232%	4.765%	4.664%		
MAE	4.898	4.831	4.259	4.029		
w_k	0.163	0.128	0.709	—	457	3
MAPE	4.581%	4.336%	4.406%	4.328%		
MAE	3.931	3.620	3.618	3.425		
w_k	0.374	0.370	0.256	—	97	4
MAPE	8.416%	8.801%	8.617%	8.379%		
MAE	1.860	1.904	1.828	1.826		

续表

预测误差 \ 模型	三层 GRU	二层 GRU	一层 GRU	模型融合	用户数量	类别
w_k	0.214	0.455	0.331	—		
MAPE	3.590%	3.659%	3.684%	3.217%	917	5
MAE	7.741	8.302	8.322	6.806		
MAPE	2.462%				2676	负荷聚合体
MAE	13.240					

由表 4-1 可见，对于不同的负荷群体，三种网络重要度差别较大，同时模型融合后的预测精度优于任一单一模型，这证明了所提模型融合算法能充分利用不同网络结构特点，实现各网络权重的自动分配，从而进一步提高预测精度。

为证明算法的优越性，分别采用 BP 神经网络（三层，神经元数量为 128，256，128）、采用高斯核函数的支持向量机（SVM）、随机森林（Random Forest，RF）算法直接对负荷聚合体进行预测。四种算法精度对比见表 4-2。结果显示，对 2676 个用户形成的负荷聚合体，在 MAPE 及 MAE 两项指标上，所提算法均优于其他三种传统算法，证明了所提分组预测及以 GRU 为元模型的模型融合方法的有效性。

表 4-2　　预测误差对比

预测误差 \ 算法	所提算法	BP	SVM	RF	用户数量
MAPE	2.462%	3.421%	8.749%	5.431%	2676
MAE	13.240	19.304	38.107	29.845	

（3）不同规模负荷聚合体下预测性能对比。

负荷聚合体划分灵活，本质上讲不同划分方法最终只是影响聚合用户的数量。为验证所提算法对不同规模负荷聚合体的适用性，通过随机抽样的方式设置用户数量 M 为 500、1000、1500、2000、2676，对比所提算法与传统算法的预测精度。四种算法预测精度随用户数量变化情况如图 4-8 所示。

由图 4-8 可见，所提算法由于采用了分组预测、动态时间建模及模型融合技术，在不同负荷规模条件下均取得了最高的预测精度。从不同用户规模下各算法的 MAE 指标来看，所提预测算法的绝对误差最小，并且随用户数量增加误差变化不大，性能稳定，从而证明了所提算法对不同规模的负荷聚合体都具有较好的适用性。而其他三种算法，特别是 SVM 在用户数量较少时表现很好，随着用户数量增加绝对误差迅速增大，预测性能不稳定，适用性较差。

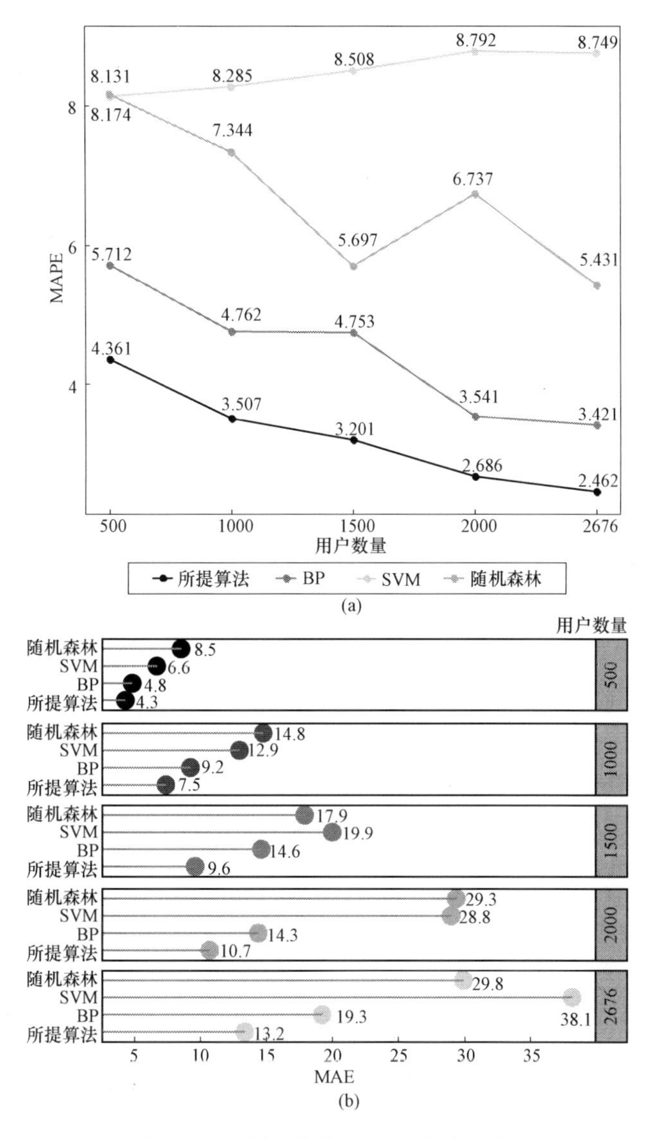

彩色插图

图 4-8　不同用户数量下预测误差对比

(a) MAPE 指标对比；(b) MAE 指标对比

(4) 滚动预测效果。

通过滚动预测的形式可灵活调整所提算法的预测时间尺度，仍设置负荷聚合体的用户数量为 2676，分别将预测尺度由未来 30min 扩展到 24h，四种算法的预测精度 MAPE 变化如图 4-9 所示。图中曲线为对散点进行多重线性拟合的结果，图中阴影为 95%置信区间。

由图 4-9 可见，随预测时间尺度的增加，四种算法的预测精度均有所降低，其中随机森林算法与 SVM 性能劣化显著。在预测尺度超过 10h 后，两种人工神经网络算法的误差情况趋于稳定，所提算法的精度优势得到了保持，且相较于超短期预测更为显著。

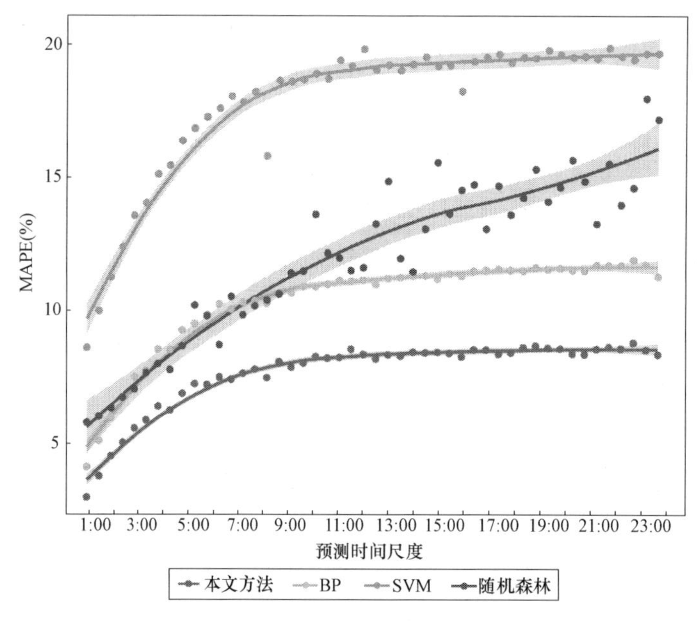

彩色插图

图 4-9 四种算法预测精度随预测时间尺度变化

4.1.2 多能负荷预测方法

随着配电网中能源互联网的发展，配电网中出现多种能源形式的结合、多能系统间耦合性增强，这些特点都要求配电网能够具有更灵活、更高效的冷、热、电多能负荷精准预测能力。冷、热、电负荷有着复杂性、时变性和非线性的特点，各类负荷不仅与自身的历史负荷和外界因素相关，各类负荷之间也存在着耦合关系[2]。为此，提出一种基于深度多任务学习和模型集成方法的区域综合能源系统多能负荷预测模型，记为 MTL - CGRU - GBRT 模型[3]。首先利用 CNN 网络对模型的输入数据进行有效的特征提取，随后将提取的特征输入到拥有不同结构的 GRU 网络中进行训练；然后，将训练好的几种混合网络（记为 CGRU）分别进行多任务学习，得到三组预测结果；最后，利用梯度提升回归树（Gradient Boosting Regressor Tree，GBRT）集成不同的网络模型，进而将三组预测数据加权求和得到最终的冷、热、电负荷预测值。

1. CGRU 混合网络模型

CNN 是一种具有深度结构、包含卷积计算的前馈神经网络。它模拟人脑视觉处理机制，被广泛应用于图像的特征提取。多层的 CNN 网络可以自动提取输入数据的局部特征，捕捉数据间的相关性，剔除数据间的噪声和不稳定成分，最终将底层局部特征组合成高层抽象特征，建立稠密完备的特征向量。

GRU 是 LSTM 最流行的一种变体。它将输入门和遗忘门合并为一个更新门，由此来控制以往隐藏状态信息的去留，并将 LSTM 的输出门变换为重置门，用以控制是否将当前的状态与之前的信息相结合。因此，GRU 只有两个门结构，即更新门和重置门。此外，GRU 还混合了细胞状态和隐藏状态，再加上一些其他的改动，使其在保证一定预测精度的前提下简化了网络结构，减少了网络训练时间。GRU 的单元结构如图 4 - 10 所示。

GRU 单元模型可由如下公式描述

$$\boldsymbol{r}_t = \sigma(\boldsymbol{U}_r\boldsymbol{h}_{t-1} + \boldsymbol{W}_r\boldsymbol{x}_t) \tag{4 - 21}$$

$$\boldsymbol{z}_t = \sigma(\boldsymbol{U}_z\boldsymbol{h}_{t-1} + \boldsymbol{W}_z\boldsymbol{x}_t) \tag{4 - 22}$$

$$\tilde{\boldsymbol{h}}_t = \tanh[\boldsymbol{U}_h(\boldsymbol{r}_s \odot \boldsymbol{h}_{t-1}) + \boldsymbol{W}_h\boldsymbol{x}_t] \tag{4 - 23}$$

$$\boldsymbol{h}_t = (1-\boldsymbol{z}_t)\odot\boldsymbol{h}_{t-1} + \boldsymbol{z}_t\odot\tilde{\boldsymbol{h}}_t \tag{4 - 24}$$

式中：$\boldsymbol{r}_t$ 和 $\boldsymbol{z}_t$ 分别为重置门和更新门；$\boldsymbol{x}_t$ 为模型的输入；$\boldsymbol{h}_t$ 为隐含层的输出；$\tilde{\boldsymbol{h}}_t$ 为输入 $\boldsymbol{x}_t$ 与上一时刻隐含层输出 $\boldsymbol{h}_{t-1}$ 的汇总；$\boldsymbol{W}_r$ 和 $\boldsymbol{U}_r$ 为重置门的权重矩阵；$\boldsymbol{W}_z$ 和 $\boldsymbol{U}_z$ 为更新门的权重矩阵；$\boldsymbol{W}_h$ 和 $\boldsymbol{U}_h$ 为 $\tilde{\boldsymbol{h}}_t$ 的权重矩阵；σ( ) 为 sigmoid 激活函数；⊙表示矩阵中对应元素相乘。

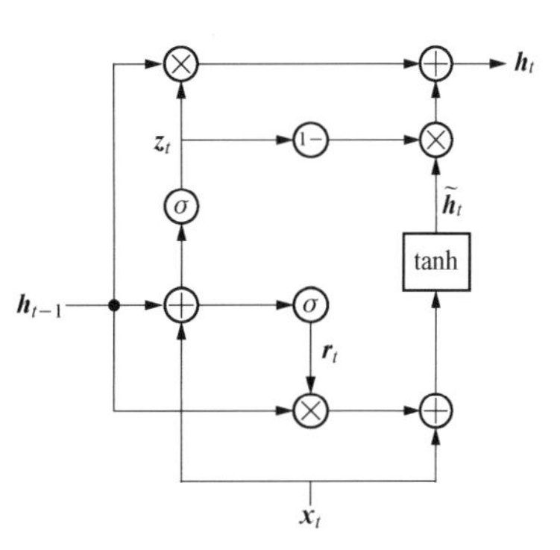

图 4 - 10　GRU 单元结构

CGRU 混合网络包括 CNN 特征提取部分和 GRU 多能负荷预测部分两个部分。CNN 网络更适合进行空间扩展，自下而上地将提取的局部特征组合成高维抽象特征。GRU 网络更适合进行时间扩展，通过自身特殊的结构记忆长期信息以处理时间序列。与仅使用 GRU 网络相比，CGRU 混合网络结合了 CNN 网络和 GRU 网络各自的特点，不仅考虑了各个训练参数间的空间关系和序列数据间的时间相关性，还利用了 CNN 短序列局部特征的高维抽象提取能力，为 GRU 网络提供了更有效和更稳定的输入数据，从而提高了多能负荷的预测精度。

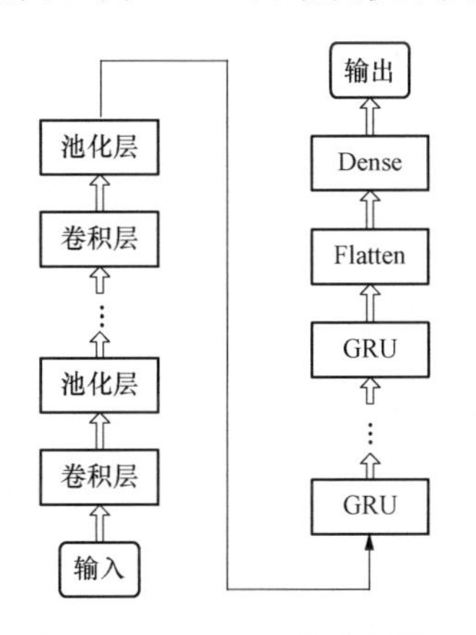

图 4 - 11　CGRU 混合网络模型结构

所提 CGRU 混合网络模型结构如图 4 - 11 所示。首先通过 CNN 网络卷积层和池化层的相互叠加提取输入数据的高维抽象特征，然后将其输送到 GRU 网络中进行多能负荷预测。通过实验，将 CNN 设计为 3 层，卷积核数目分别为 32、32 和 64，卷积核大小均为 1×2，池化规则选择最大值池化，且池化层的池大小设为 2，激活函数选择 ReLU。

不同的神经网络结构适用于不同特征负荷的预测。浅层的神经网络比较适合波动小的负荷群体，而深层的神经网络则比较适合波动大、细节丰富的负荷群体。区域综合能源系统中的冷、热、电负荷波动性等特征不同，适用于不同深度的网络结构。因此，设计若干深度不同的 GRU 网络来适应不同负荷的预测需求。考虑集成的模型较少不能充分挖掘负荷曲线的变化特征，而模型过多会出现特征冗余的现象，通过实验确定了用于集成的模型数量为3种。第一种GRU设计为一层，它的神经元数目为30；第二种GRU设计为两层，它的神经元数目均为20；第三种GRU设计为三层，它的神经元数目分别为10、10和5。三种GRU都返回输出序列的全部序列，并在最后一层GRU后执行扁平层操作，最终通过全连接层输出负荷预测结果。

2. 多任务学习

传统的机器学习大多只针对单任务学习方式，可能会出现无法足够训练和欠拟合的现象。此外，对于较为复杂的问题，各个任务间存在丰富的关联信息，单任务学习只能从输入的样本中进行有限的学习，并不能对这些关联性进行进一步的挖掘。为解决单任务学习缺陷，Caruana提出了多任务学习（Multi - task Learning，MTL）机制，使各个任务能进行并行学习，从而实现相辅相成的效果。单任务学习的各个任务间是相互独立的，而多任务学习的各个任务间是相互关联的。多任务学习既考虑了各个任务间的差异，又考虑了各个任务间的相关性，这是多任务学习最重要的思想之一。

在多任务学习的训练中，不同的任务会带来不同的损失。若只是将所有的损失直接相加，则可能会出现其中一个任务主导整个损失，而其他任务无法影响共享层学习的现象，这会使多数任务无法得到较好的结果。针对这个问题，有学者提出用一个加权和代替所有损失的直接相加，使所有的损失对共享层的影响都基本相同。然而这种方法需要定期调整一个超参数，实现起来比较繁琐。我们采取另一种方案，使用任务间的同方差不确定性来衡量多任务学习中的损失，即在多任务学习中添加另一个噪声参数，将其集成在各个任务的损失函数中，并采用自适应矩估计（Adaptive Moment Estimation，Adam）优化算法训练模型参数。

3. 基于GBRT的模型集成算法

模型集成的主要思路是训练若干单个模型，按照一定的策略集成各个模型的输出，进而得到比单个模型更好的性能。目前，集成学习最著名的算法莫过于Bagging和Boosting。Boosting算法的具体流程如图4 - 12所示。其中，$y_1, y_2, \cdots, y_n$ 分别为模型 $1\sim n$ 的输出结果；$\alpha_1, \alpha_2, \cdots, \alpha_n$ 分别为集成训练后模型 $1\sim n$ 在最终结果中所占的权重。GBRT使用Boosting技术，是一种迭代的决策树算法。它具有泛化能力强、不易陷入局部最小值和运算效率高等特点。

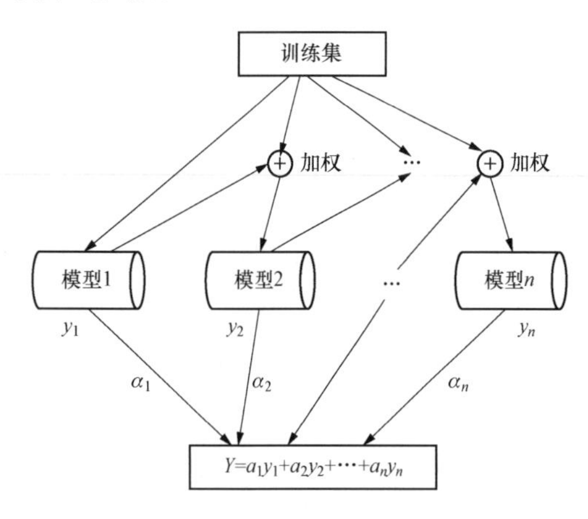

图4 - 12 Boosting算法流程

提出一种基于GBRT的模型集成算法，通过GBRT自动确定各个模型的权重，将有三种结构的MTL - CGRU网络进行模型集成，充分发挥了不同网络结构的优势，使集成后的模型拥有更高的精度和适用性。设置GBRT中的决策树数量为400，学习速率为

0.2，最大深度为 3，损失函数为最小二乘回归。考虑网络的泛化性能，将验证集用于 GBRT 的训练。

4. MTL - CGRU - GBRT 多元负荷预测模型

区域综合能源系统中包含多种能源系统，其负荷特性各不相同，既有较为平稳的负荷，又有波动较大、细节丰富的负荷。因此，设计结构不同的 GRU 网络有利于适应不同特性负荷的预测需求。在此基础上，为挖掘序列数据的空间特征，捕捉短序列的相互依赖关系，将 CNN 与 GRU 网络进行连接，进一步提高预测模型的特征提取能力。此外，各类负荷不仅与自身的历史负荷和外界因素相关，各类负荷之间还存在着耦合性。因此，将多任务学习应用到多能负荷的预测中，使模型能够充分挖掘各类负荷间丰富的关联信息，优化各类负荷的预测任务。最后，利用 GBRT 进行模型集成，充分发挥各网络结构的特点，进一步提高多能负荷预测模型的精度。

提出的 MTL - GRU - GBRT 模型如图 4 - 13 所示。首先利用 CNN 网络进行特征提取，并分别与不同结构的 GRU 网络相连接进行动态时间建模。然后将这三种网络分别进行多任务学习，再通过 GBRT 进行模型集成，最终输出多能负荷的预测结果。

5. 算例分析

实验数据来源于德克萨斯大学奥斯汀分校的主校区。该校区占地约 160 万平方米，有 160 多栋建筑并包括七万多名学生和教职工。其能源系统包括热电联产机组、蒸汽锅炉、热能储罐、冷却塔等设备装置，满足整个校园的冷、热、电能源需求。由该校园搜集到的数据包括每天 24 个采样点的冷、热、电负荷，干球温度和相对湿度，采样间隔为 1h。输入数据采用预测时刻前 4h 的冷、热、电历史负荷数据，预测时刻前 1h 的干球温度、湿度和数据所对应的时刻数（1，2，…，24）。为验证所提模型的可行性，利用 2011 年 9 月 2 日至 2012 年 2 月 11 日共 3913 点的数据按 9：1 的比例分别训练和验证模型，并利用 2012 年 2 月 12 日至 18 日这一周的数据对模型进行多能负荷的预测。此外，为提高预测模型的效率、消除特征数据的量纲影响，对输入数据进行归一化操作。

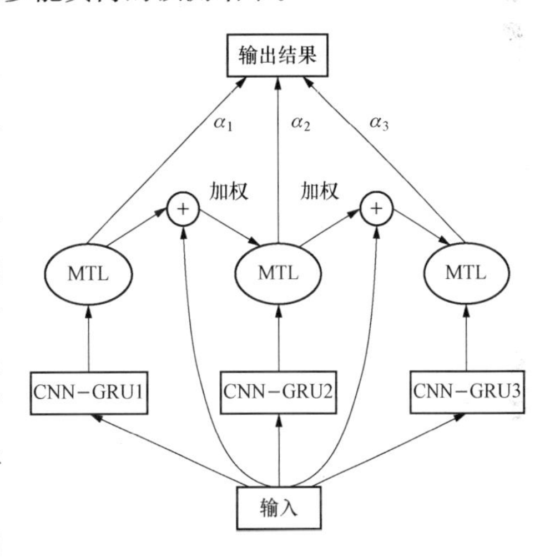

图 4 - 13　MTL - CGRU - GBRT 模型

为验证所提模型的有效性，实验选取基于网格搜索和交叉验证优化的支持向量回归（GC - SVR）模型、经过调优的多层感知机（MLP）模型、误差反向传播（BP）模型、CNN 模型和深度置信网络（DBN）模型进行对比。图 4 - 14 为多种模型的冷、热、电负荷预测曲线。图 4 - 15 为多种模型预测冷、热、电负荷的误差分布。由图 4 - 14 可知，各预测模型对不同负荷的预测趋势均与实际相符。其中，所提模型能更好地拟合各类负荷的变化。为评价所提模型预测精度的高低，选用平均绝对百分误差（MAPE）和均方根误差

（RMSE）作为指标。表 4－3 为各模型预测结果的评价指标。由图 4－15 和表 4－3 可知，多种模型对冷、热负荷的预测相对困难，而对电负荷的预测相对精确。这是因为此区域综合能源系统的热负荷需求由空间供暖、整个校园实验室的蒸汽及其他用途构成，不同季节的热需求有很大的不同，导致热负荷的变化规律较难捕捉，从而使热负荷的预测精度降低。冷负荷主要依靠校园内 11 台不同的冷却器提供，而冷却器的供冷情况又取决于操作人员的使用情况。人为因素的引入会使冷负荷的预测更加困难，降低冷负荷的预测精度。相比之下，电负荷的使用情况则较为稳定，变化规律也较易捕捉，因此各模型对电负荷的预测均为三种负荷中预测最精准的一个。

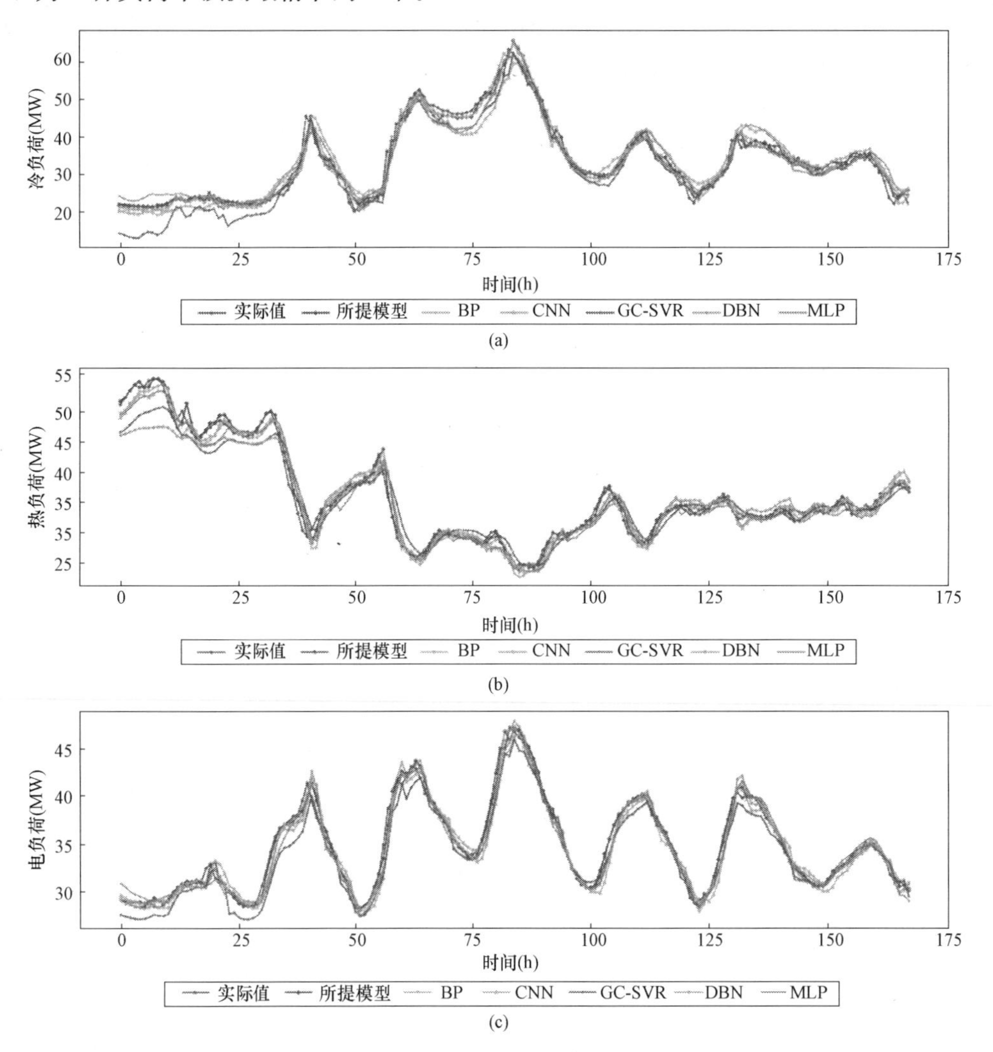

彩色插图

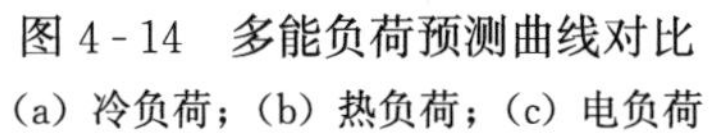
图 4－14　多能负荷预测曲线对比

（a）冷负荷；（b）热负荷；（c）电负荷

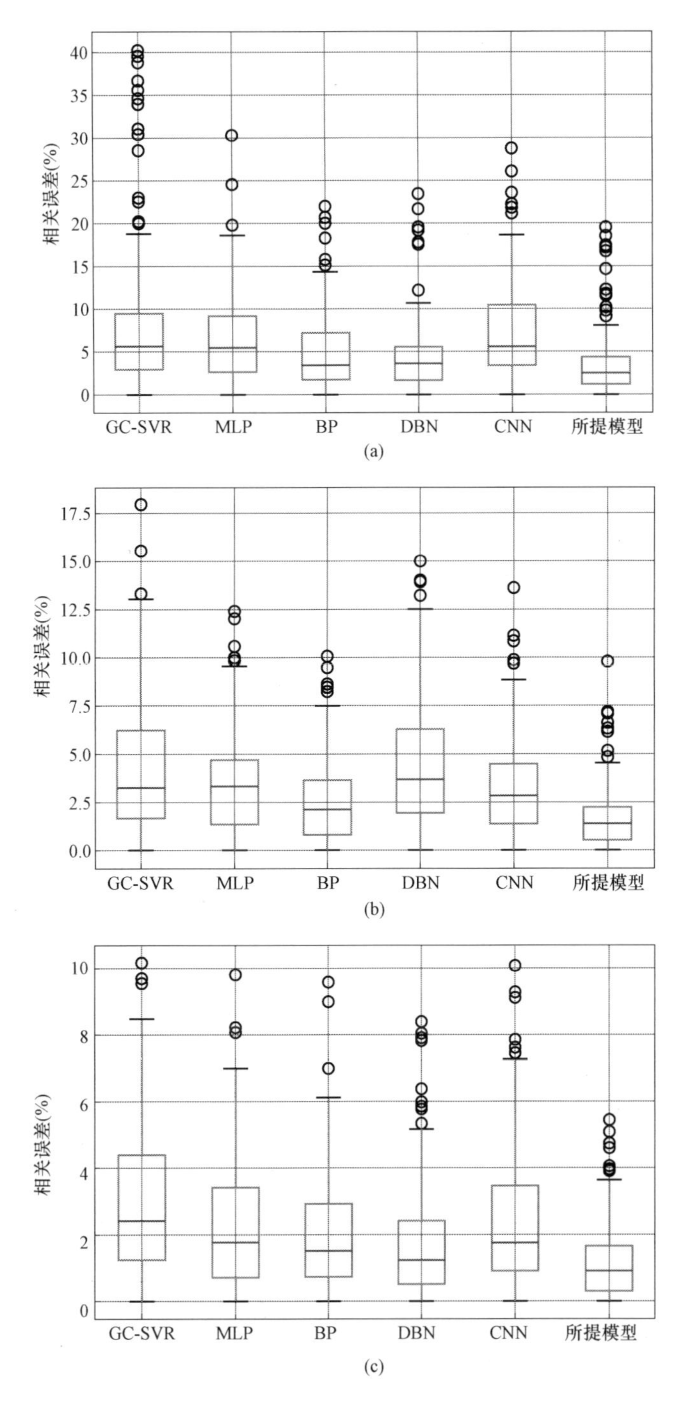

彩色插图

图 4-15　各模型多能负荷预测误差分布

(a) 冷负荷；(b) 热负荷；(c) 电负荷

表 4-3　　预测模型评价指标

负荷模型	冷		热		电	
	MAPE (%)	RMSE (MW)	MAPE (%)	RMSE (MW)	MAPE (%)	RMSE (MW)
GC-SVR	8.364	2.126	4.253	2.105	2.969	1.342
MLP	6.239	1.681	3.538	1.590	2.256	1.043
BP	4.844	1.344	2.549	1.203	1.981	0.941
DBN	4.592	1.435	4.507	2.390	1.824	0.935
CNN	7.192	1.964	3.264	1.466	2.447	1.152
所提模型	3.429	1.103	1.707	0.828	1.207	0.610

多种对比模型分别对预测三类负荷的适用性相差较大。例如 DBN 模型虽然对电负荷的预测精度较高，但它对热负荷的预测精度却较低。所提模型在 GRU 网络的基础上引入了 CNN 网络、多任务学习和 GBRT 模型集成技术，使模型能得到更有效的数据特征，充分挖掘各类负荷间的耦合特性和与外界因素的相关性，适应不同特性负荷的预测需求，因此在多种模型中所提模型对预测三类负荷的适用性最好，拥有最高的冷、热、电负荷预测精度。所提模型预测冷、热、电负荷时所得的 MAPE 与对应的最优对比模型的 MAPE 相比分别降低了 25.327%、33.033%和 33.827%。

通过上述分析得到如下结论：通过引入 CNN 网络，使预测模型能够有效提取输入数据中的高维抽象特征，并输入到 GRU 网络中实现时间序列的动态建模。多任务学习的使用充分挖掘了不同类型负荷间的耦合关系，提高了预测模型的泛化能力。设计了三种不同结构的 CGRU 网络并利用 GBRT 进行模型集成，充分利用了不同网络的结构特点，适应了不同特性负荷的预测需求，提高了预测模型的预测精度。通过与其他预测模型的对比说明，提出的 MTL-CGRU-GBRT 模型更能逼近冷、热、电负荷的演化规律，拥有更高的预测精度和预测适用性。

4.2　分布式电源输出功率预测

4.2.1　风电输出功率短期预测模型与算法

风电输出功率的准确预测可以为电力调度部门提供有用信息，及时调整发电调度计划，最大限度地降低风力发电对电网造成的负面影响，减小电网旋转备用容量，并提高风电穿透极限。风速是影响风电功率的主要因素，风速预测的准确性直接影响了风电功率预测的精度。虽然国内外研究学者一直在努力提高风电的预测精度，但当前的风电功率预测误差仍然较高，提高风电的预测精度仍然是一个难点问题。国内外对风速的预测已经取得了很多成果，如数值天气预报法 (NWP)、时间序列法、人工神经网络法、灰色模型法、支持向量机法等，另外还有将风速序列作为一种随时间、空间呈现非线性不平稳信号进行分解的小波变换法、经验模态分解法等。这些方法各有其特点，但也存在一定的局限性。如 NWP 需要较为细致的天气、环境数据，而这些数据较难得到；时间序列法需要大量的历史数据来建模，存在着低阶模型预测精度较低，而高阶模型参数识别困难等缺点；人工神经网络可以逼近任意复杂的非线性函数，但是如果网络结构较复杂，其训练时间较长，容易陷入局部极小值；为了改善人工神经网络，有研究学者对其学习规则和网络权系数通过遗传算法进行了改善，提高了学习速率和全局优化的能力；小波变换依赖于基函数的选择，有一定的局限性；经验模态分解法采用数据驱动的自适应分析方法，应用更为广泛，但传统的经验模态分解法（EMD）对含有间断事件或噪声的信号分解时，容易产生模态混叠现象。

本节介绍基于改进经验模态分解和遗传神经网络（GA - BPNN）相结合的风速预测模型[4]。首先，介绍经验模态分解的改进方法 EEMD 和 MSEMD，再对风速信号进行分解，并结合遗传神经网络算法对各分量进行预测，利用两种方法最终整合后获取预测值。然后，通过与传统 GA - BPNN、EMD 和改进 EMD 与 GA - BPNN 组合模型的预测结果、程序运行时间相比对，讨论各模型的优劣。最后，对超短期（10min）和短期（1h）两组不同尺度的数据进行测试，探讨组合模型对不同风速数据的适用性。

1. 传统的 EMD 及改进方法

（1）传统的 EMD 方法。

N. E. Huang 于 1998 年提出了一种适用于处理非平稳、非线性信号的信号分析方法，即希尔伯特—黄变换（Hilbert - Huang Transform，HHT），其中最为重要的部分就是经验模态分解。此方法假设任何信号都可以分解成频率不同的本征模态函数（Intrinic Mode Function，IMF），每个 IMF 必须满足两个条件：①在任何时间点上，它的局部最大值和局部最小值定义的包络均值为零；②在整个数据序列中，极值点的数量和过零点的数量必须相等，或最多相差不多于一个。经验模态分解的步骤如下：

1）对于任何一个序列 $x(t)$，首先找出 $x(t)$ 上的所有的极大值点和极小值点。利用三次样条插值函数连接极大值点形成序列的上包络线 $x_{max}(t)$，同样连接各极小值点形成其下包络线 $x_{min}(t)$，确定 $x(t)$ 上的所有点都在这 2 条包络线之间。记 m 为上下包络线的均值，h 为均值与序列的差值，计算式分别为

$$m=\frac{x_{max}(t)+x_{min}(t)}{2} \tag{4 - 25}$$

$$h=x(t)-m \tag{4 - 26}$$

2）将 h 视为新的序列，重复步骤 1），直到 h 为一个 IMF 后停止。判断 h 是否是 IMF 的标准如下

$$D_k=\frac{\sum\limits_{t=0}^{T}\left|h_{k-1}(t)-h_k(t)\right|^2}{\sum\limits_{t=0}^{T}\left|h_{k-1}(t)\right|^2} \tag{4 - 27}$$

式中：$h_{k-1}(t)$ 和 $h_k(t)$ 是在筛选 IMF 的过程中，两个连续的处理结果的时间序列；D_k 的典型值设为 0.1～0.2 效果较好。

由停止准则得到本征模态函数

$$c_1 = h_k \tag{4-28}$$

3）当 c_1 确定后，可得到残相 r_1

$$r_1 = x(t) - c_1 \tag{4-29}$$

将 r_1 看作新的原始序列，重复步骤 1）和 2）直到满足信号分解停止准则，找出所有的 IMF。信号分解停止准则条件为：当最后一个分量或剩余分量 r_n 幅值小于预定值时停止；或当剩余分量 r_n 为单调函数不能再筛选出 IMF 为止。

原始序列 $x(t)$ 分解为

$$x(t) = \sum_{i=n}^{n} c_i - r_n \tag{4-30}$$

（2）改进的 EMD。

利用 EMD 对信号进行分解时，如果信号混有间断事件或者噪声，会产生模态混叠现象。如果能实现将各个模态很好地分离，得到更为稳定、频率固定的分量，则易于建立预测模型，改善预测精度。模态混叠的处理方法有间歇检测准则法、基于傅里叶谱的滤波法、掩模信号法和 EEMD 法等。间歇检测准则法在间断频率的选择上靠经验确定，有很大的主观性。基于傅里叶谱的滤波法主要应用对线性信号的处理上，而风速是不稳定、非线性数据，不适用此方法。采用掩模信号法和 EEMD 法来处理模态分解问题。

1）掩模信号法（MS）。掩模信号法是 Ryan Deering 等人针对模态混叠问题提出来的，该方法主要思想是通过在原信号中插入一列正弦波 $s(n)=a_0\sin(2\pi f_s t)$（a_0、f_s 分别为掩模信号的振幅和频率）来阻止由于低频成分混入 IMF 中所产生的模态混叠现象，适用于很多方面。该方法的具体步骤如下：

a）根据原始风速信号 $x(t)$ 的频率，构造一个掩模信号 $s(t)$。

b）使用 EMD 对 $x_+(t)=x(t)+s(t)$ 进行分解，得到 IMF，即 $z_+(t)$；同样对 $x_-(t)=x(t)-s(t)$ 进行分解，得到 $z_-(t)$。

c）将 IMF 定义为 $z(t)=[z_+(t)+z_-(t)]/2$。

掩模信号技术最大的优点是保护了数据的完整性和连续性。根据能量均值法能有效确定掩膜信号 $s(t)$，具体的做法是由标准 EMD 解出的 IMF1 的 Hilbert（希尔伯特）包络幅值和瞬时频率来确定 $s(t)$ 的幅值和频率。掩膜信号为 $s(t)=a_0\sin(2\pi \overline{f} t f_s)$，其中 f_s 为信号的采样频率，a_0 为信号分量平均幅值的 1.6 倍，IMF1 在 k 个采样点的平均瞬时频率 $\overline{f}$ 为

$$\overline{f} = \frac{\sum_{i}^{k} a_1(i) f_1^2(i)}{\sum_{i}^{k} a_1(i) f_i(i)} \tag{4-31}$$

式中：$a_1(t)$ 是 IMF1 的 Hilbert 包络幅值；$f_1(t)$ 是 IMF1 的瞬时频率。

模态分解的效果可由下例说明。信号 y 是由两个信号 y_1 和 y_2 叠加而成，y_1、y_2 分别为

$$y_1 = \sin(20\pi t) \tag{4-32}$$

$$y_2 = \begin{cases} 0.4\sin(100\pi t), & (0.05 \leqslant t \leqslant 0.15) \\ -0.2\sin(300\pi t), & (0.2 \leqslant t \leqslant 0.25) \\ 0, & 其他 \end{cases} \tag{4-33}$$

经传统的 EMD 分解，各分量如图 4 - 16 所示。

由图 4 - 16 可看出 IMF1 出现模态混叠现象。经掩模信号法处理后的分解信号，如图 4 - 17 所示。

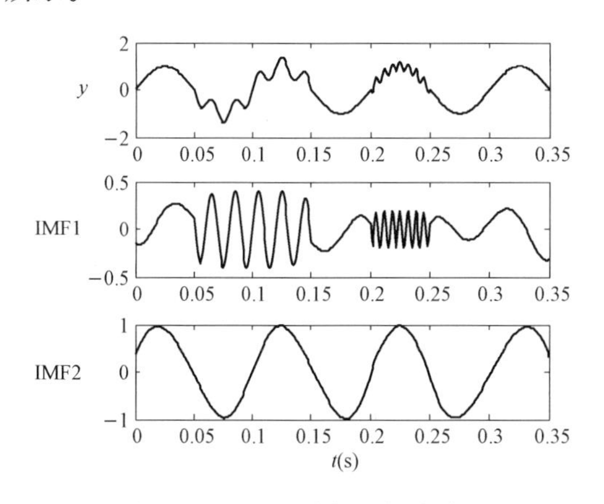

图 4 - 16　EMD 分解后部分分量

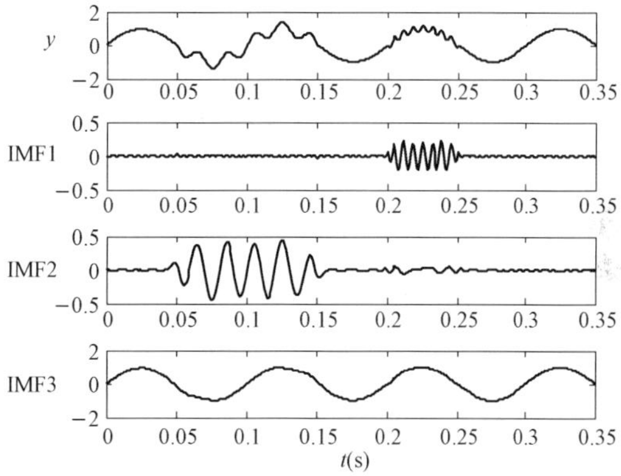

图 4 - 17　MSEMD 分解后部分分量

从图 4 - 17 中可以明显地看出经掩模信号法处理后，传统 EMD 分解后的模态混叠的信号分解为两个不同频率的信号。

2）EEMD。EEMD 是一种噪声辅助数据分析方法，在很多方面都得到了广泛的应用。其原理是利用高斯白噪声具有频率均匀分布的统计特性，当信号加入白噪声后，不同尺度的信号分量将自动映射到与背景白噪声相关的、适当的尺度上。每个独立的测试中噪声不同，但持久稳定的部分也就是信号本身是相同的，多次测试后取其均值，噪声将被消除，减小了模态混叠的程度。在应用 EEMD 进行分解时，需要设定两个参数：加入白噪声的标准差、集合的数量。其具体的步骤如下：

a）在目标数据上加入白噪声序列；

b）将加入白噪声的序列分解为 IMF；

c）每次加入不同的白噪声序列，反复重复步骤 a）、步骤 b）；

d）把分解得到的各个 IMF 的均值作为最终的结果。

原始信号利用 EEMD 进行分解，分解信号如图 4 - 18 所示。

由图 4 - 18 可以看出，EEMD 分解法也可以很好地分解不同尺度的信号。

2. 遗传神经网络 GA - BPNN

遗传算法优化 BP 神经网络是用遗传算法来优化神经网络的初始权值和阈值，这样减少

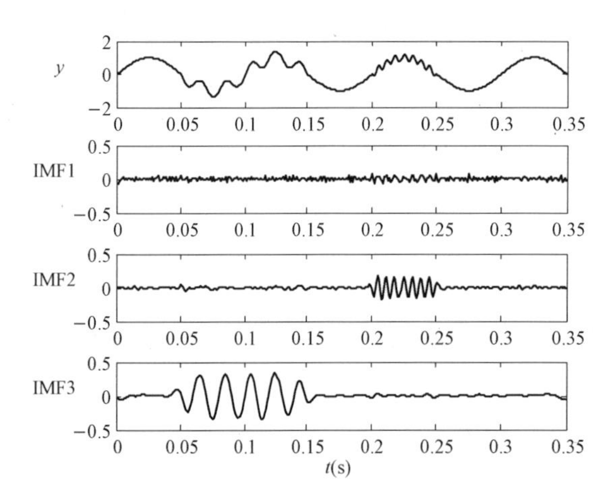

图 4-18 EEMD 分解后部分分量

了神经网络的训练次数，并尽量避免了神经网络陷入局部最优值。

(1) 遗传算法部分 (GA)。

遗传算法 (Genetic Algorithm，GA) 是一种借鉴生物界自然选择和自然遗传机制的随机的、高度并行的、自适应搜索算法。遗传算法是一个反复迭代的过程。若第 t 代群体记作 $P(t)$，经过选择、交叉、变异遗传和进化操作后，得到第 $t+1$ 代群体 $P(t+1)$。这些群体经过不断的遗传和进化操作，并且每次都按照优胜劣汰的规则将适应度较高的个体更多地遗传到下一代，最终在群体中将会得到一个优良的个体 x，也就是最优解或近似最优解。将遗传算法应用于 BP 神经网络算法中权值和阈值的优化。

(2) BP 神经网络部分 (BPNN)。

人工神经网络方法具有强大的学习功能，可以拟合任意复杂的非线性函数，它不需用事先假设数据间存在某种函数关系，信息利用率较高。BP 神经网络算法是迄今为止应用最为广泛的神经网络。BP 神经网络主要包括输入层、隐含层、输出层，其结构如图 4-19 所示。

其中输入层为 $X=(x_1,x_2,\cdots,x_i,\cdots,x_n)^{\mathrm{T}}$，隐含层输出向量为 $Y=(y_1,y_2,\cdots,y_i,\cdots,y_m)^{\mathrm{T}}$，输出层输出向量为 $O=(o_1,o_2,\cdots,o_i,\cdots,o_l)^{\mathrm{T}}$，期望输出向量为 $d=(d_1,d_2,\cdots,d_i,\cdots,d_n)^{\mathrm{T}}$；输入层到隐层之间的权值矩阵用 $V=(V_1,V_2,\cdots,V_i,\cdots,V_n)$ 来表示，隐层到输出层之间的权值矩阵用 $W=(W_1,W_2,\cdots,W_i,\cdots,W_n)$ 来表示。隐含层和输出层的输入均为上一层输出的加权和。$x_0=-1$，$y_0=-1$ 分别是为隐含层神经元和输出层神经元引入阈值而设置的。

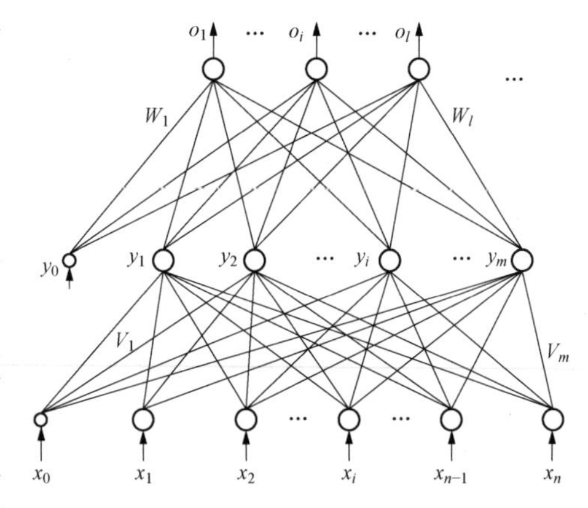

图 4-19 三层 BP 网络结构图

对于输出层，有

$$o_k = f(net_k),\ k = 1,2,\cdots,l \tag{4-34}$$

$$net_k = \sum_{j=0}^{m} w_{jk} y_j,\ k = 1,2,\cdots,l \tag{4-35}$$

对于隐含层，有

$$y_j = f(net_j),\ j = 1,2,\cdots,m \tag{4-36}$$

$$net_j = \sum_{i=0}^{n} v_{ij} x_i ,\ j = 1,2,\cdots,m \tag{4-37}$$

其中变换函数均为单极性 Sigmoid 函数

$$f(x) = \frac{1}{1+\mathrm{e}^{-x}} \tag{4-38}$$

其基本过程是输入样本从输入层传入，经各隐含层逐层处理后，传向输出层。若输出层的实际输出与期望输出不符，则将输出误差通过隐含层向输入层逐层反传，并将误差分摊给各层的所有单元，从而获得各层单元的误差信号，此误差信号即作为修正各单元权值的依据。反复重复上述操作，直到满足停止要求。

在这里要注意的是，要对输入、输出数据通过尺度变换使其值限制在［0，1］中，这是因为对于输入量来说，其各数据的量纲并不完全相同，而且神经网络用到的变换函数为单极性 Sigmoid 函数，如果净输入的绝对值过大会容易引起神经元的输出饱和，使调整的权值进入误差曲面的平坦值。而对输出量来说，期望数据如不进行变换处理，则会使数值大的分量绝对误差大，而数值小的分量绝对误差小。因此，在对网络进行训练之前要对输入、输出数据进行尺度变换，常用的方法是归一化法，即

$$\overline{x}_i = \frac{x_i - x_{\min}}{x_{\max} - x_{\min}} \tag{4-39}$$

式中：x_i 代表输入或输出数据；$x_{\min}$代表数据变化范围的最小值；$x_{\max}$代表数据变化范围的最大值。

3. 组合预测模型简介

组合预测模型具体步骤如下：

1）利用改进的 EMD 法对原始风速序列进行分解，得到 IMF 各分量 c_i 和余量 r_n。

2）分别对各 IMF 分量 c_i 和余量 r_n 建立 GA - BP 神经网络模型，得到各风速分解序列的预测值。

3）将各风速分量预测值叠加得到最终风速预测值。

4）与实际数据对比，计算误差指标并进行误差分析。

其流程图如图 4 - 20 所示。

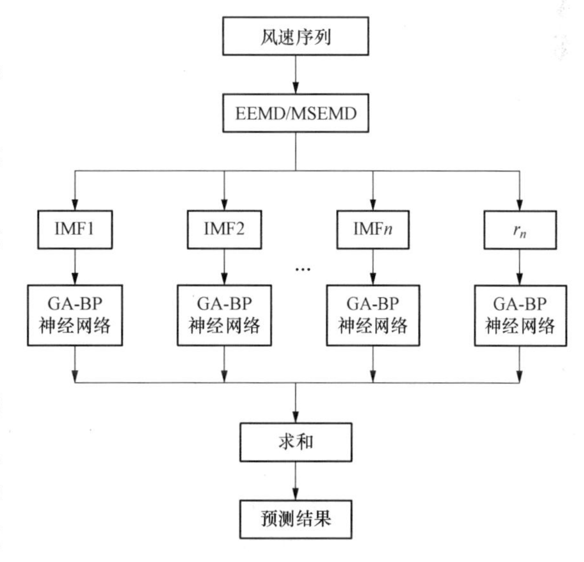

图 4 - 20　风速组合预测模型流程图

4. 算例及结果分析

为了探讨两种改进的经验模态分解的组合模型对不同数据的适用性，选取某风场两种不同尺度的实测数据，一种为采样间隔为 10min 的超短期数据，数据为 2011 年 1 月 4 日 6：00 至 2011 年 1

月 9 日 6：00，共 721 个数据；一种为采样间隔为 1h 的短期数据，数据为 2011 年 4 月 1 日 0：00 至 2011 年 4 月 21 日 19：00，共 500 个数据。

（1）超短期预测。

1）基于 MSEMD 的分解。在原始风速序列上插入一列正弦波序列 $s(n)=0.1\sin(400\pi t)$，按照 MSEMD 算法的步骤执行，可得到分解后的风速各分量，如图 4-21 所示。

由图 4-21 可以看出，原始风速序列通过 MS 改进的 EMD 法分解为 9 个分量，IMF1 和 IMF2 频率较高，可以看成风速的随机分量；IMF3～IMF8 有一定的周期性，是风速的周期分量；r 幅值较大，代表风速的一种变化趋势。分解出的各分量利用 GA-BP 分别进行建模仿真、预测。数据有 721 个点值，前 450 点用来训练 GA-BP 神经网络，271 个点值用来测试。GA-BP 的输入层、隐含层、输出层分别为 6、10、1。用 6 个点的值预测下一个值。测试样本共 265 个。遗传优化部分种群大小为 10，迭代次数为 50，交叉概率为 0.3，变异概率为 0.1。

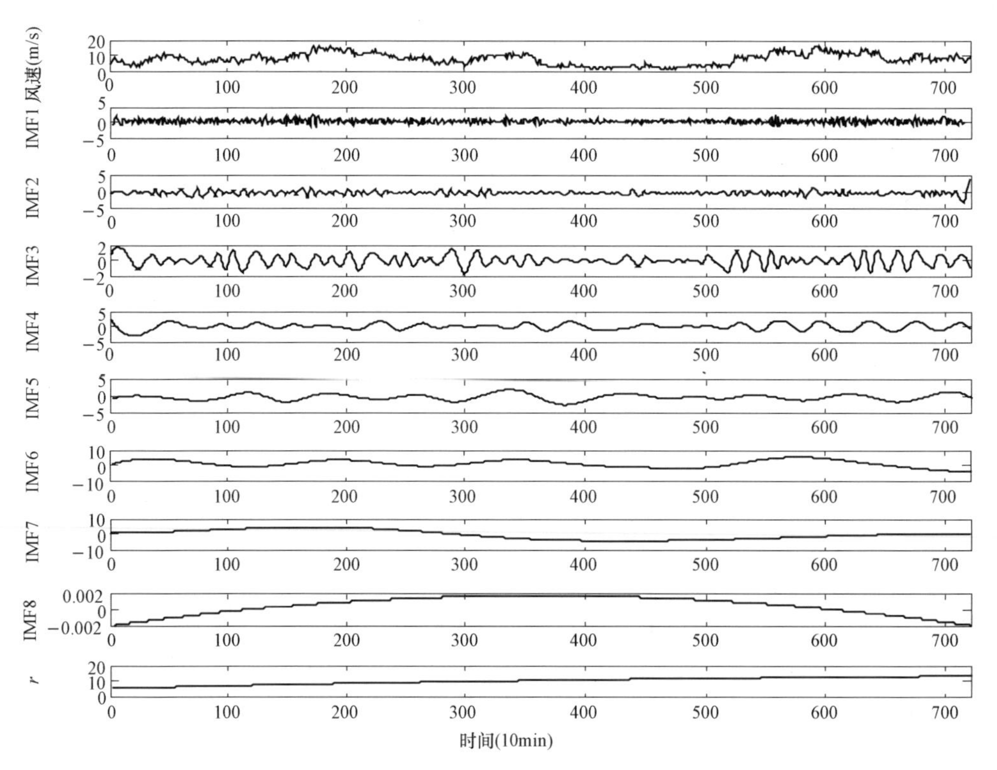

图 4-21 实际风速经 MSEMD 分解的结果

2）基于 EEMD 的分解。用 EEMD 处理数据时，使用幅值（标准差）为 0.5 的白噪声，重复 200 次试验。分解后各分量如图 4-22 所示。

由图 4-22 可以看出分解的各分量性质与利用 MSEMD 分解出的各分量相似。预测模型采用相同数据、相同 GA-BP 结构。

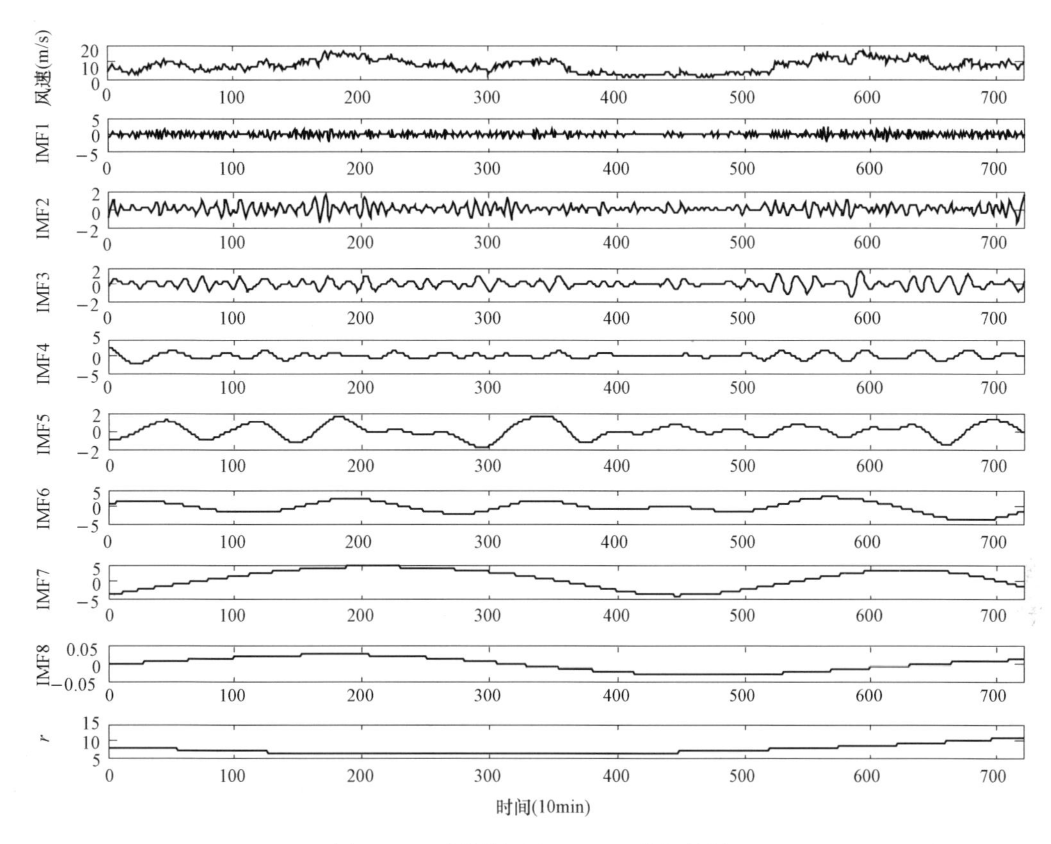

图4-22　实际风速经EEMD分解结果

3）预测结果。为了验证所提方法的有效性，分别对风速建立了传统GA-BP神经网络模型、EMD组合模型、EEMD组合模型、MSEMD组合模型。其结果如图4-23～图4-26所示。

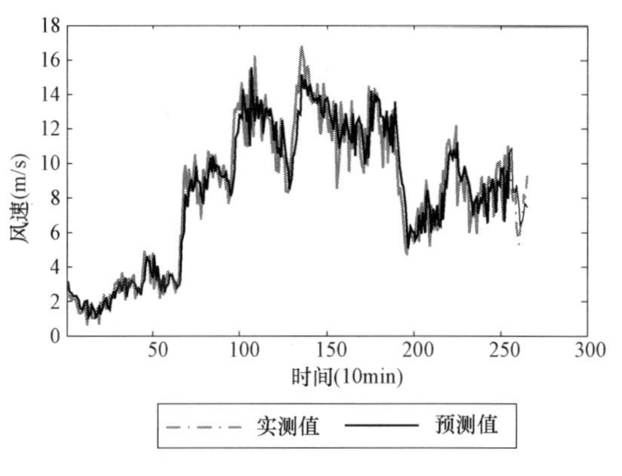

图4-23　传统GA-BP神经网络模型

彩色插图

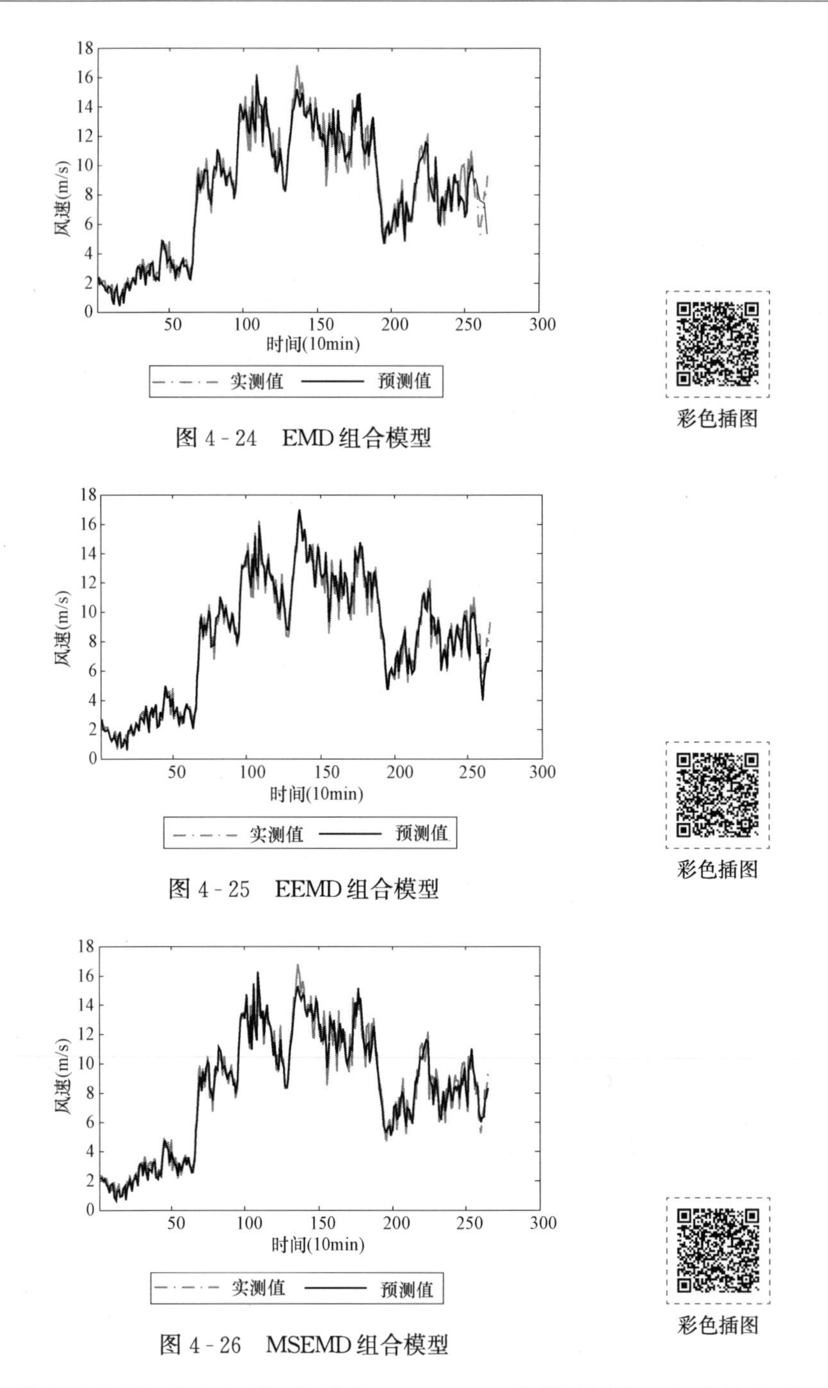

图 4-24　EMD 组合模型

图 4-25　EEMD 组合模型

图 4-26　MSEMD 组合模型

以上四种方法均能对风速进行预测。EEMD 组合模型预测的最为准确，MSEMD、EMD 次之，传统 GA-BP 偏差稍大。

采用平均百分比误差、均方根误差对预测结果进行评价，平均百分比误差可以反映误差的总体水平，均方根误差可以反映误差的离散程度。具体公式如下：

平均百分比误差

$$e_{\mathrm{MAPE}}=\frac{1}{N}\sum_{i=1}^{N}\left|\frac{x(i)-\hat{x}(i)}{x(i)}\right| \tag{4-40}$$

均方根误差

$$e_{\mathrm{RMSE}}=\sqrt{\frac{1}{N}\sum_{i=1}^{N}[x(i)-\hat{x}(i)]^{2}} \tag{4-41}$$

式中：$\hat{x}(i)$为预测功率值；$x(i)$为实测功率值；N为预测数据的个数。

表4-4　　各组合预测模型误差

组合模型	e_{RMSE}（m）	e_{MAPE}（%）	运行时间（s）
GA-BP神经网络	1.56	16.87	28.76
EMD组合模型	0.79	9.21	258.2
EEMD组合模型	0.59	6.82	280.84
MS组合模型	0.64	7.92	221.99

由表4-4可以看出，EMD系列的组合模型的预测误差均小于GA-BP神经网络模型。这是因为风速数据经EMD或者改进的EMD分解后，由非线性的、不稳定的数据变为相对稳定的分量，这样的分量比较适宜用GA-BP预测，其预测效果比预测非线性、无规律的数据的效果要好。而改进的EMD法，将混叠在一起的不同频率的数据分开，使数据更为平稳，因此效果好于传统EMD组合模型。EEMD组合模型的预测效果优于经MS组合模型的预测效果。可以理解为，EEMD是在不同的白噪声下，重复试验200次，能够分解任何频率的模态混叠数据；而MSEMD是在原始序列中加入一列正弦波信号，若加入的信号与原始序列部分频段信号发生混淆，影响分解效果，分解信号的频率稍有混淆，平稳性没有经EEMD分解的信号好，因此采用GA-BP预测时，预测效果稍逊，但仍比GA-BP神经网络法和EMD组合预测法效果要好。利用GA-BP的预测时间最短，利用MS分解后组合模型的预测时间小于EMD组合模型的预测时间，EEMD组合模型预测时间最长。

（2）短期预测。

1）基于MSEMD的预测。在原始风速序列上插入一列正弦波序列$s(n)=0.5\sin(500\pi t)$，按照MSEMD算法的步骤执行，可得到分解后的风速各分量，如图4-27所示。

由图4-27可以看出分解后的各分量相对原始序列变化平稳，规律性强，易于用GA-BP进行仿真建模。经MS改进的EMD分解的分量较传统EMD分解的分量更为平滑，且频率和幅值变动较传统EMD分解分量小。数据有500个点值，前350点用来训练GA-BP神经网络，后150个点值用来测试。GA-BP的输入层、隐含层、输出层分别为3、5、1。用前3个点的值来预测下一个值。测试样本共147个。遗传优化部分种群大小为10，迭代次数为50，交叉概率为0.3，变异概率为0.1。

2）基于EEMD的预测。用EEMD处理数据时，使用幅值（标准差）为0.5的白噪声，重复200次试验。分解后各分量如图4-28所示。

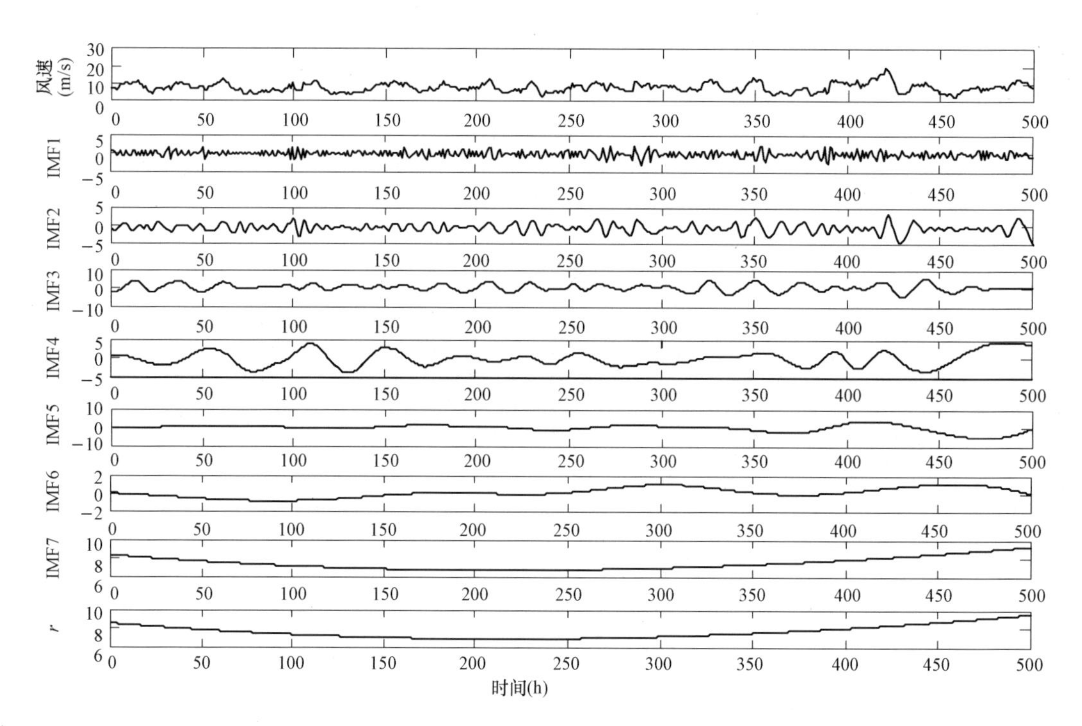

图 4-27　实际风速经 MSEMD 分解结果

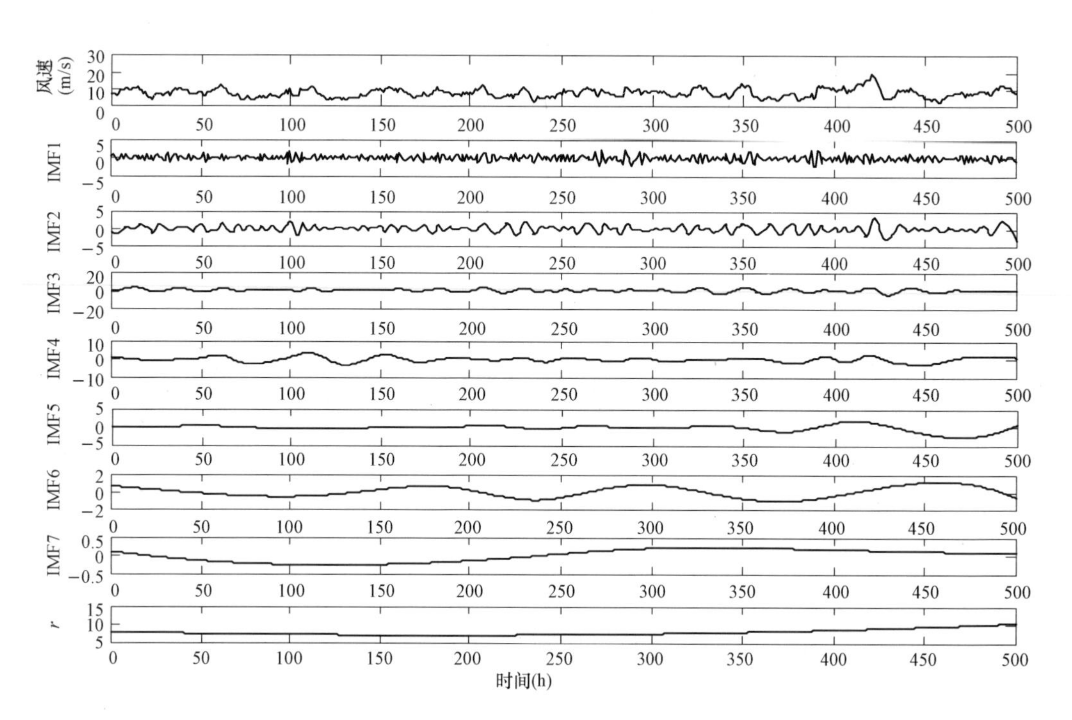

图 4-28　实际风速经 EEMD 分解结果

分解后各分量基本上是分为随机分量、周期分量、趋势分量三部分。各分量较原始序列平稳。预测模型采用相同数据、相同 GA-BP 结构。

3）预测结果。与超短期预测相同，对风速建立了传统 GA-BP 神经网络模型、EMD 组合模型、EEMD 组合模型、MSEMD 组合模型来验证所提方法的有效性。其结果如图 4-29～图 4-32 所示。

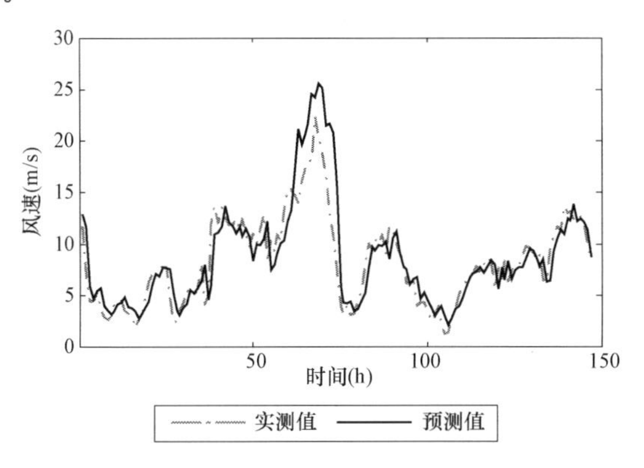

彩色插图

图 4-29　传统 GA-BP 神经网络模型

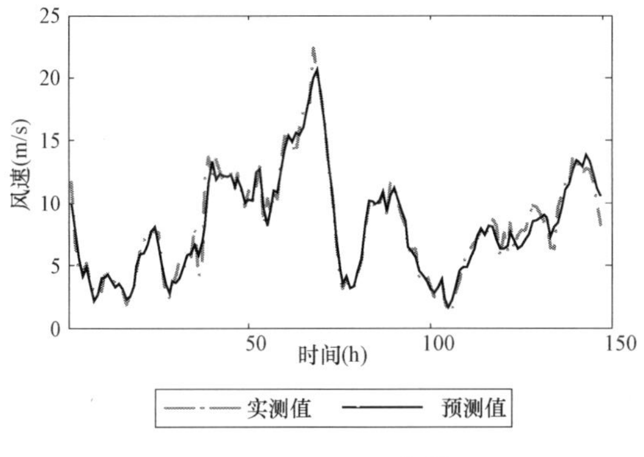

彩色插图

图 4-30　EMD 组合模型

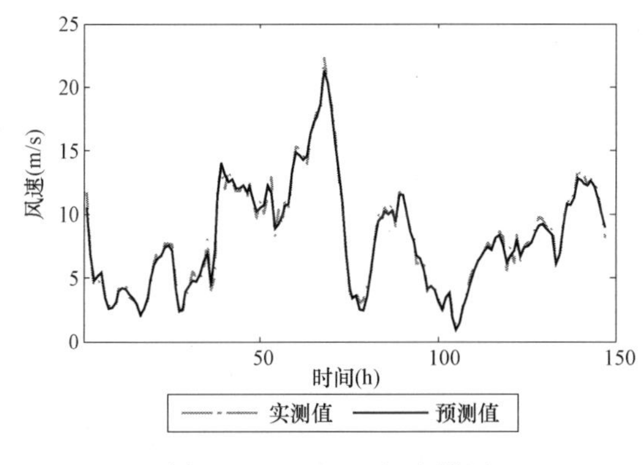

彩色插图

图 4-31　EEMD 组合模型

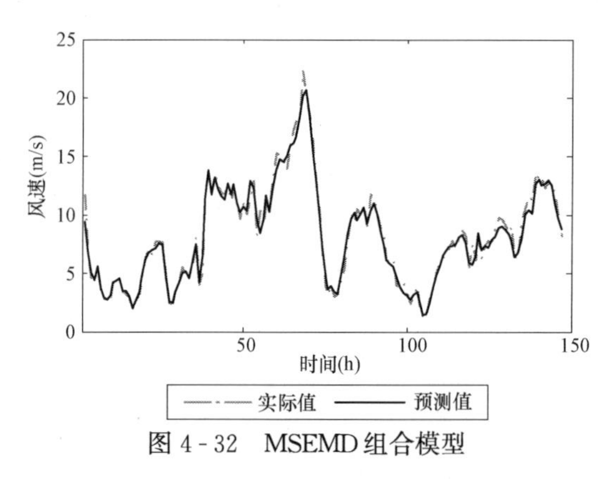

图 4-32　MSEMD 组合模型

彩色插图

从上面 4 幅图中可以看出，四种方法均可以用于风速的短期（1h）预测，EMD、MS、EEMD 三种组合模型的预测曲线与实测曲线较为吻合，而传统 GA-BP 神经网络模型的预测在部分时间点上精度较低。

表 4-5　　各组合预测模型误差

组合模型	e_{RMSE}（m）	e_{MAPE}（%）	运行时间（s）
GA-BP 神经网络	2.36	21.59	23.88
EMD 组合模型	1.22	12.46	199.34
EEMD 组合模型	0.71	8.08	207.75
MS 组合模型	0.82	8.26	173.12

由表 4-5 可以看出，短期预测（1h）中各组合方法预测模型误差的情形与超短期预测（10min）的情况相同。改进 EMD 组合模型预测精度高于传统 EMD 组合模型和神经网络预测精度。提出的方法在未考虑大气影响下，短期风速预测（1h）精度仍较高。

4.2.2　光伏输出功率预测模型与算法

对光伏输出功率进行预测，首要的步骤是获取与其相关的辐照量、温度、湿度等气象历史数据以及光伏输出功率的历史数据，但对于现有光伏电站来说，很少有能够提供较为全面数据的能力。通常情况下，可获取两种历史数据，一种为仅有与辐照量相关的气象数据，但没有光伏阵列的输出功率数据；另一种为天气预报提供天气数据和光伏阵列输出功率数据，但没有辐照量数据。针对这两种数据提出了两种不同的方法用于在现有数据条件下的光伏输出功率预测并给出适用范围。

针对第一种数据来说，可首先考查辐照量与光伏输出功率的关系，通过预测辐照量来间接预测光伏输出功率。国内对辐照量预测的研究较少，而国外学者已对辐照量预测的研究做了大量工作。按照利用数据的不同，辐照量预测方法可以分为两类，第一类基于详尽的数值天气预报（NWP），利用观测的数值天气信息与辐照量的物理计算模型，对超短期辐照量进行高精度预测。这一类方法虽然预测精度高，但是需要复杂的卫星观测信息及分析方法，在我国现阶段实行比较困难。第二类通过对历史数据建模，模拟出辐照量的变化规律，然后预测未来辐照量，如统计性模型、时间序列模型、人工智能方法、数据分解方法等，一般来说组合预测模型的预测精度要高于单独算法的预测精度。本节在构造相似日逐时辐照量时间序列的基础上，利用 EEMD 和 GA - BP 相结合的方法对辐照量逐时进行预测，主要用于短时调度。

针对第二种数据来说，可直接利用光伏输出功率的历史数据进行预测，但天气变化情况对光伏输出功率的影响较大，如对历史数据进行建模，所构造的预测模型精度不高。为此，建立一种基于相似日的灰色神经网络组合模型对光伏短期输出功率进行预测[5]。采用样本较少，其基本思路是，以预测日为基准构造相似天气情况下的样本日，通过统计样本日整点时刻的输出功率值，建立各时刻输出功率的灰色模型，然后利用残差序列建立神经网络模型对 $GM(1, 1)$ 的结果进行修正。该模型侧重 12h 的短期预测，主要用于日前调度。

1. 基于相似日 EEMD 和 GA - BP 的辐照量组合预测模型

（1）辐照量与光伏输出功率的关系。

光伏阵列的输出功率主要由光伏阵列倾斜面上的辐照量、大气环境温度等参数确定，计算式为

$$P_{\mathrm{PV}} = f_{\mathrm{PV}} Y_{\mathrm{PV}} \left(\frac{I_{\mathrm{T}}}{I_{\mathrm{S}}}\right) [1 + \alpha_{\mathrm{P}} (T_{\mathrm{cell}} - T_{\mathrm{cell,STC}})] \tag{4-42}$$

式中：f_{PV}为光伏阵列降额系数，主要用于描述光伏阵列由于老化、系统损耗、遮挡等因素对光伏阵列输出功率的产生影响；Y_{PV}为光伏阵列在标准条件下的额定功率；I_{T} 为光伏阵列倾斜面上总的辐射强度；I_{S} 为标准测试条件下的辐射强度，取值为 $1\mathrm{kW/m^2}$。α_{P} 是功率温度系数，单位为%/℃，一般为负，这里取值为－0.005；T_{cell}为光伏阵列电池温度，单位为℃；$T_{\mathrm{cell,STC}}$为标准测验条件下电池温度，取值 25℃，则

$$T_{\mathrm{cell}} = \frac{T_{\mathrm{a}} + (T_{\mathrm{cell,NOCT}} - T_{\mathrm{a,NOCT}}) \left(\frac{I_{\mathrm{T}}}{I_{\mathrm{T,NOCT}}}\right) \left[1 - \frac{\eta_{\mathrm{mp,STC}} (1 - \alpha_{\mathrm{P}} T_{\mathrm{cell,STC}})}{\tau\alpha}\right]}{1 + (T_{\mathrm{cell,NOCT}} - T_{\mathrm{a,NOCT}}) \left(\frac{I_{\mathrm{T}}}{I_{\mathrm{T,NOCT}}}\right) \left(\frac{\alpha_{\mathrm{P}} \eta_{\mathrm{mp,STC}}}{\tau\alpha}\right)} \tag{4-43}$$

式中：T_{a} 为大气环境温度（℃）；$T_{\mathrm{a,NOCT}}$为太阳能电池标称工作温度（Nominal Operating Cell Temperature，NOCT）下周围环境温度，取值为 20℃；$T_{\mathrm{cell,NOCT}}$为光伏阵列额定运行温度（℃），一般取值 45～48℃；$I_{\mathrm{T,NOCT}}$为 NOCT 下辐照强度，取值为 0.8；$\eta_{\mathrm{mp,STC}}$为标准测试条件下最大功率运行点效率（%）；τ 为通过光伏阵列遮盖物的透过率，取值为 90%；α 为光伏阵列的辐照吸收率，默认值为 90%。

当光伏板的规格确定后，光伏阵列降额系数、额定功率等参数均可确定，而环境温度、光伏阵列温度，不具有明显随机性，它的预测或测量难度不大。辐照量是影响光伏输出功率最直接、最显著的因素，正是辐照量的随机性导致光伏输出功率的不确定性。准确的辐照量预测对光伏输出功率的预测以及光伏系统的规划具有极其重要的意义。

（2）逐时辐照量时间序列构成原理。

1）影响辐照量的因素分析。为了提升神经网络训练及预测效果，首先构建与预测日

环境因素相似的相似日逐时辐照量序列。到达地面水平面上的可利用全局辐照量（Rglo）会受到云层、大气中水珠等因素的影响，在多环境因素并存的情况下识别对辐照量预测影响最大的气象因素非常重要。采用距离分析法中皮尔森相似度分析辐照量（Rglo）与中低云总云量 C_t、高云量 C_o、湿度 H、风速 W_s、大气压 P 的相关性系数，式（4-44）为 2 个 $1\times n$ 维向量 x 和 y 的皮尔森相关系数计算公式

$$r_{xy}=\frac{\sum_{i=1}^{n}(x_i-\overline{x})(y_i-\overline{y})}{\sqrt{\sum_{i=1}^{n}(x_i-\overline{x})^2}\sqrt{\sum_{i=1}^{n}(y_i-\overline{y})^2}} \tag{4-44}$$

本节所有数据来自美国国家太阳能数据库（NSRD）。该数据库可免费获取美国 1454 个能观测站 1991～2010 年辐照量及环境数据。选取旧金山数据库为研究对象，数据均为逐时数据。将 1991～2010 年旧金山数据代入式（4-44）计算出全局辐照量与各环境因素之间的相关系数结果，见表 4-6。

表 4-6　　辐照量与各环境因素的相关系数

环境因素 / 辐照量	C_t	C_o	W_s	H	P
Rglo	−0.337	−0.323	0.030	−0.549	0.028

由表 4-6 可以看出，辐照量与中低云总云量 C_t、高云量 C_o、湿度 H 相关性较大，因此选取这三个环境因素体现每日特征。考虑国内仅可实现天气的预测，云量值获取较为困难，可利用中低云总云量 C_t 和天气 W_d 的对应关系进行换算，对应关系见表 4-7。

表 4-7　　逐时天气 W_d 与中低云总云量 C_t 的对应关系

天气	与中低云总云量 C_t 对应规则	数值表示 W_d
晴	C_t 小于 2/10	1
少云	C_t 为 2/10～3/10	2
多云	C_t 为 4/10～7/10	3
阴	C_t 高于 7/10	4

因为通常日出之前、日落以后辐照量为零，只选取 6：00～20：00 之间的 15 个整时点作为每日预测时刻。设每日的特征向量 $\boldsymbol{T}$ 包括 6：00～20：00 的逐时阴晴数据 W_{di} 和逐时湿度 H_i 数据共 30 个元素，即

$$\boldsymbol{T}=[W_{di}\quad H_i] \tag{4-45}$$

式中：$6\leqslant i\leqslant 20$；W_{di} 为 1～4 的数值；H_i 为百分比数值，为降低量纲对后续分析的影响，将湿度归一化到［1，4］上。

2）相似日的选取原理。为了找出环境因素数值与变化规律均和预测日相似的日期组成

时间序列，选取“欧式距离”和“余弦相似度”两个指标表征相似性。

“欧式距离” d_{ij} 可以描述任意第 i 天 X_i 和预测日第 j 天 X_j 之间的气象因素总体差异度，表达式为

$$d_{ij}=\sqrt{\sum_{k=1}^{m}(X_{ik}-X_{jk})^2} \tag{4-46}$$

“余弦相似度” $D_{\cos_{ij}}$ 可以描述任意第 i 天 X_i 和预测日第 j 天 X_j 之间变化趋势相似性，表达式为

$$D_{\cos_{ij}}=\frac{\sum_{k=1}^{m}X_{ik}X_{jk}}{\sqrt{\sum_{k=1}^{m}X_{ik}^2\sum_{k=1}^{m}X_{jk}^2}} \tag{4-47}$$

式（4-46）和式（4-47）中 k 为特征向量的编号，m 为特征向量的个数，此处 m 取 30。

“欧氏距离”为大于 0 的数值，越小表示越相似；“余弦相似度数”数值在区间［0，1］中，越接近 1 表示越相似。为了和“余弦相似度”一致，将“欧式距离”利用式（4-48）进行转换，这样转换后的距离也为区间［0，1］中的数值，且越接近 1 越相似。

$$D_{ij}=\cos\left[\frac{\pi}{2}\frac{d_{ij}}{\max(d_{ij})}\right] \tag{4-48}$$

式中：$\max(d_{ij})$ 是指所有 d_{ij} 中的最大值。

转换后就可以将两个指标综合成一个指标表征相似性，记为 Sim_{ij}

$$Sim_{ij}=\alpha D_{ij}+(1-\alpha)D_{\cos_{ij}} \tag{4-49}$$

式中：α 为经验权重系数，不同天气情况下取值不同；若阴晴、湿度在一天内有明显变化趋势，α 应取值靠近 0，否则靠近 1。

为了尽量避免季节因素对辐照量预测的影响，只计算 1991～2010 年数据库中在预测日前 28 天（忽略年份）内的相似性，取相似性最高的 28 天组成相似日时间序列。

（3）EEMD 与 GA-BP 组合预测算法。

如图 4-33 所示，EEMD 和 GA-BP 组合预测辐照量算法具体步骤如下：

1）利用环境因素构建相似日时间序列。

2）对相似日时间序列进行 EEMD 分解。

3）分别对各 IMF 分量 c_i 和余量 r_n 建立 GA-BP 神经网络模型，得到各辐

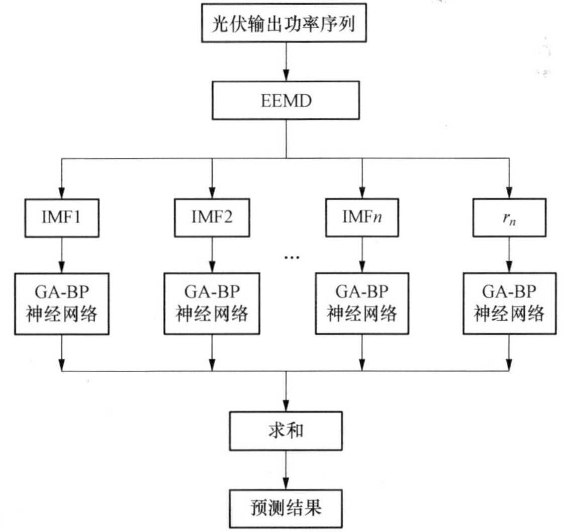

图 4-33　EEMD 与 GA-BP 组合预测辐照量算法流程图

照量分解序列的预测值。

4）将各辐照量分量预测值叠加得到最终预测值。

5）与实际数据对比，计算误差指标并进行误差分析。

（4）算例及结果分析。

1）基于EEMD的分解效果。以旧金山2010年3月18日（阴）逐时辐照量预测为例，对辐照量序列进行EEMD分解后得到7个本征态和1个余项，构建的相似日逐时辐照量序列及EEMD分解结果如图4-34所示。由图4-34可以看出本征态IMF1的频率较高，主要反映原始序列的随机噪声信息；IMF2～IMF7及余项r变化频率低，主要反映原始序列的周期性和趋势性信息，其预测效果非常准确。这样即使IMF1的预测难度较大，总体的预测精度也会极大提高。

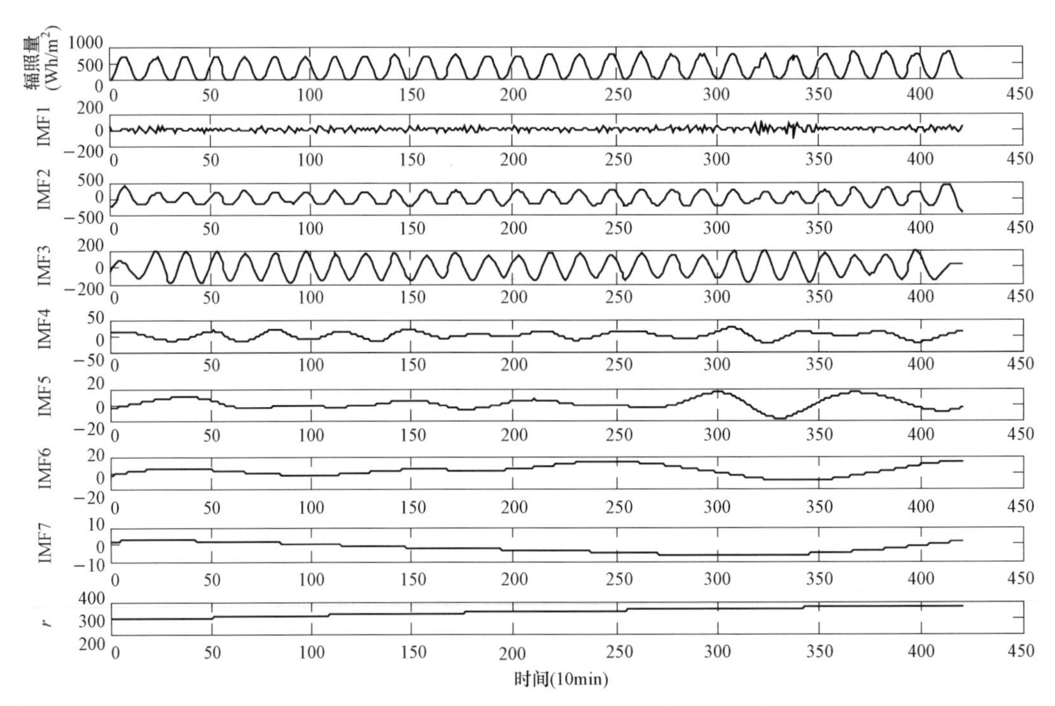

图4-34　相似日逐时辐照量序列及EEMD分解结果

2）预测结果。本节建立了三个模型比较说明构建相似日时间序列和EEMD与GA-BP结合对提升预测精度的作用。模型1为传统预测模型，直接选取预测日前28天数据构成序列值，对序列值直接构建GA-BP神经网络进行预测。神经网络的输入包括历史时间点的辐照量数据、阴晴、湿度信息以及预测时间点的阴晴信息，输出为预测时间点的辐照量。在模型1中，环境信息作为GA-BP神经网络的输入，旨在通过神经网络的训练过程建立辐照量与各个环境信息的关系。模型2首先利用环境因素构建相似日时间序列，然后直接建立GA-BP预测模型。考虑辐照量应和前2～3h的辐照量关系较大，GA-BP神经网络的输入为预测时间点前3h的辐照量值，输出为预测时刻辐照量值。该过程为单步滚动预测，环境数据没有参与神经网络的训练与预测。模型 3 为相似日时间序列的 EEMD 和 GA-BP 组合预测模型，每个神经网络的输入均为预测时刻前 3h 的数值，输出为预测时刻数值。

为了验证预测模型在不同天气及季节状况下的预测效果，分别选取 2010 年 3 月 18 日、2010 年 4 月 2 日、2010 年 8 月 5 日为例进行预测。预测结果分别如图 4-35（a）～（c）所示。预测误差见表 4-8。

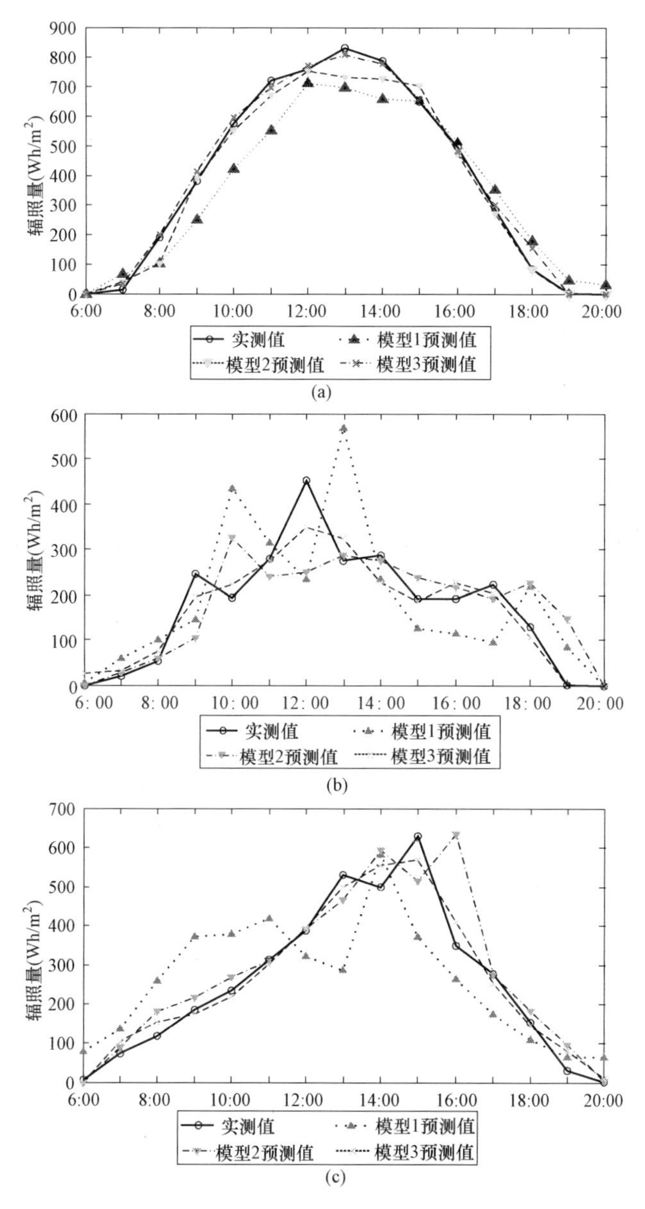

彩色插图

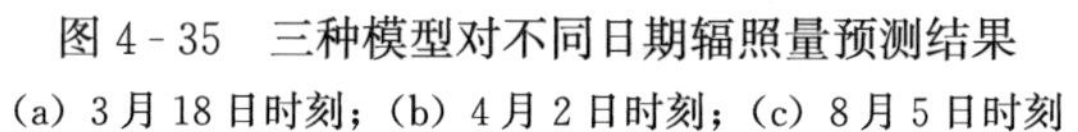
图 4-35　三种模型对不同日期辐照量预测结果

（a）3 月 18 日时刻；（b）4 月 2 日时刻；（c）8 月 5 日时刻

表 4-8　　三种模型预测结果误差分析

日期	误差评估标准	模型 1	模型 2	模型 3
3 月 18 日	MAPE	19.86%	5.82%	3.41%
	RMSE	111.29	48.16	19.41
4 月 2 日	MAPE	56.60%	25.39%	16.70%
	RMSE	152.78	96.32	46.85
8 月 5 日	MAPE	47.85%	21.60%	9.62%
	RMSE	148.70	102.08	35.32

由表 4-8 所列结果看出，模型 1 的预测误差很大，这说明虽然辐照量与阴晴、湿度的相关性很大，但单纯通过神经网络训练的方式，让神经网络自身建立辐照量和环境因素的关系并不好。这需要大量的参数调节过程，并且很难将神经网络训练到理想的状况。模型 2 的预测结果比模型 1 的更精确说明了构建相似日时间序列的重要性。模型 3 的预测结果明显比其他两个模型精确，说明了 EEMD 在提升辐照量预测精度上的有效性。

2. 基于相似日的灰色神经网络组合模型的光伏输出功率预测算法

（1）相似日的选取。

对于光伏输出功率预测，若历史数据为天气数据和光伏阵列输出功率数据，而没有辐照量数据，此时采用直接预测光伏输出功率的方法进行预测。在建模之前，需要对这些数据进行预处理，改善模型预测精度。在这里依然选取与预测日相近气象参数的样本日进行建模。描述光伏输出功率气象参数的特征向量主要选取温度、湿度、风速，通过天气预报信息即可获取的为温度、湿度、风速。利用欧式距离作为相似日的选取办法，选取欧氏距离较小的历史数据作为样本日。第 i 日特征向量表示为

$$\boldsymbol{Y}_i=[T_{hi}\quad T_{li}\quad H_{hi}\quad H_{li}\quad W_{hi}\quad W_{li}]$$

式中：T_{hi}、T_{li}为第 i 日最高气温、最低气温；H_{hi}、H_{li}为第 i 日最高相对湿度、最低相对湿度；W_{hi}、W_{li}为第 i 日最大风速、最小风速。

（2）灰色模型 GM（1，1）。

1982 年，中国学者邓聚龙教授创立灰色系统理论。灰色系统理论以“部分信息已知，部分信息未知”的“小样本”“贫信息”不确定性系统为研究对象，通过对“部分”已知信息的生成、开发实现对现实世界的确切描述和认识。光伏输出功率这个研究对象，符合灰色系统理论研究对象的特点，所以可以建立灰色模型对光伏输出功率进行预测。建立灰色模型 GM（1，1）的基本步骤如下：

1）对样本建立 1-AGO 序列。对于原始序列 $x^{(0)}=[x^{(0)}(k)\mid k=1,2,\cdots,n]$进行一次累加，得到 1-AGO 序列，即

$$x^{(1)}=[x^{(1)}(k)\mid k=1,2,\cdots,n] \tag{4-50}$$

2）检验序列的光滑性和准指数规律，判断是否满足建立条件。

定义 1：序列 $\boldsymbol{X}$ 的光滑比为

$$\rho(k)=\frac{x(k)}{\sum_{i=1}^{k-1}x(i)} \tag{4-51}$$

定义 2：若序列 X 满足以下三式

$$\frac{\rho(k+1)}{\rho(k)}<1,\ (k=2,3,\cdots,n-1)$$

$$\rho(k)\in[0,\ \varepsilon],\ (k=3,4,\cdots,n)$$

$$\varepsilon<0.5$$

则称 X 为准光滑序列。

3）建立 GM（1，1）模型。

定义 3：设 $x^{(0)}=[x^{(0)}(k)\mid k=1,2,\cdots,n]$，$x^{(1)}=[x^{(1)}(k)\mid k=1,2,\cdots,n]$，$z^{(1)}=[z^{(1)}(k)\mid k=2,3,\cdots,n]$，其中，$z^{(1)}(k)=\frac{1}{2}[x^{(1)}(k)+x^{(1)}(k-1)]$，$k=2,3,\cdots,n$，则称

$$x^{(0)}(k)+az^{(1)}(k)=b \tag{4-52}$$

为 GM(1，1) 模型的基本形式。

一阶微分方程 $\frac{dx^{(1)}}{dt}+ax^{(1)}=b$ 为 GM（1，1）的白化方程，也称作影子方程。

4）进行参数的最小二乘估计，确定模型。

GM（1，1）模型参数的最小二乘估计为

$$\hat{A}=\begin{pmatrix}\hat{a}\\ \hat{b}\end{pmatrix}=(B^{T}B)^{-1}B^{T}Y_{n} \tag{4-53}$$

其中

$$Y_{n}=\begin{bmatrix}x^{(0)}(2)\\ x^{(0)}(3)\\ \vdots\\ x^{(0)}(n)\end{bmatrix},\ B=\begin{bmatrix}-z^{(1)}(2) & 1\\ -z^{(1)}(3) & 1\\ \vdots & \vdots\\ -z^{(1)}(n) & 1\end{bmatrix}$$

这时，GM(1，1) 模型的时间响应序列为

$$x^{(1)}(k+1)=\left[x^{(0)}(1)-\frac{\hat{u}}{\hat{a}}\right]e^{-\hat{a}k}+\frac{\hat{u}}{\hat{a}}\quad(k=0,1,2,\cdots) \tag{4-54}$$

5）还原并求出预测值。

还原值为

$$\begin{aligned}\hat{x}^{(0)}(k+1)&=x^{(1)}(k+1)-x^{(1)}(k)\\ &=(1-e^{\hat{a}})\left[x^{(0)}(1)-\frac{\hat{u}}{\hat{a}}\right]e^{-\hat{a}k}\quad(k=0,1,2,\cdots)\end{aligned} \tag{4-55}$$

灰色模型的输入选取与预测日具有相似天气情况的样本日同一时刻的观测值，这是因为同一时刻、相似天气类型可以使天气情况对输出功率的影响保持一致性，并且其系统转

换效率、太阳高度角、光照强度等影响因素都较为接近，可以使输入的不确定性尽量减弱，增强数值的规律性。

图 4 - 36 为某一个光伏电站在相似日下同一时刻输出功率的测量值。由图 4 - 36 可以看出相似日每天同一时刻的输出功率值较为相似，但是数值略有波动，若想用一条简单的曲线来拟合是非常困难的。若将数据经过 1 - AGO 累加变换，序列将会呈现指数增长的规律，这时用指数函数进行拟合较容易，即利用灰色模型可以模拟出相似日每天 12h 的光伏输出功率的大致曲线。

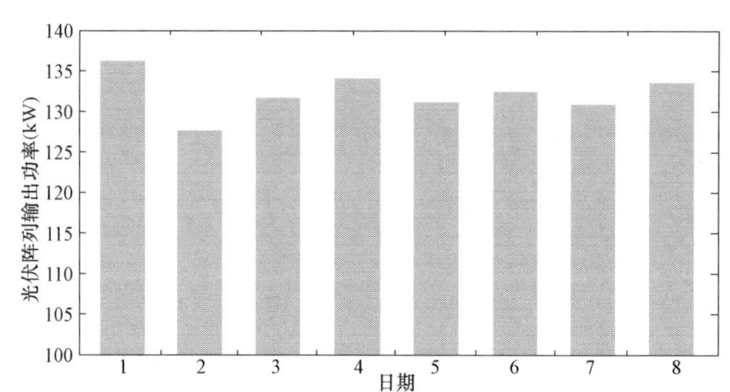

图 4 - 36　某一光伏电站相似日同一时刻输出功率测量值

光伏发电系统主要在 7：00～18：00 这段时间内输出电力。算例的输入为 7：00～18：00 这段时间内相同时刻的输出功率实测值。在这里选的是样本日各整点时刻的测量值，共 12 组数据。经过检验，输入的样本数据满足光滑性和准指数规律，符合建立灰色模型的条件，建立 12 个时刻的灰色模型。

（3）灰色 BP 神经网络模型。

灰色模型可在“贫信息”情况下对非线性、不确定系统的数据序列进行预测。但是其预测误差往往偏高，而人工神经网络由于具有强大的学习功能，可以拟合任意复杂的非线性函数。人工神经网络特别适合于对 GM（1，1）模型进行残差修正，本节采用 BP 神经网络进行预测。

灰色神经网络的算法步骤为：

1）建立残差序列 $e^{(0)}(k)$。原始的输出功率序列与 GM(1，1) 模型预测值之差为残差序列，其值为 $e^{(0)}(k)=x^{(0)}(k)-\hat{x}^{(0)}(k)$。

2）建立基于残差序列的神经网络模型。若预测阶数为 S，即用 $e^{(0)}(i-1)$，$e^{(0)}(i-2)$，…，$e^{(0)}(i-S)$ 来预测第 i 时刻的值，将 $e^{(0)}(i-1)$，$e^{(0)}(i-2)$，…，$e^{(0)}(i-S)$ 作为神经网络的输入样本，而 $e^{(0)}(i)$ 为输出样本，建立神经网络模型。

3）修正 GM(1，1) 的结果。将神经网络训练模型预测出的残差值与 GM（1，1）的预测值相累加，得最终预测值。

（4）预测模型的预测结果。

下面对光伏发电短期输出功率预测的灰色神经网络组合模型预测结果进行分析。

1）灰色模型。以我国某光伏发电站 4 月 17 日预测为例，选取与其天气情况相似的样本日 12h 的输出功率作为样本，建立灰色模型，得到响应序列，确定灰色模型预测值。

2）灰色残差神经网络模型。通过灰色模型预测值获取残差序列，设置预测阶数为 3，构建神经网络模型，预测残差并修正灰色模型各值。

两种模型预测结果如图 4 - 37 所示，图 4 - 38 为两种模型相对误差。

从图 4 - 37 可以看出两种基于相似天气的预测模型都可以对光伏输出功率进行预测，预测的结果大致可以反映输出功率的变化曲线，但是预测初期有明显的偏差，由于这段时间雾气、粉尘等造成烟雾较大，影响预测值，在预测日中后时段预测曲线拟合度较好。灰色神经网络组合模型对于预测日各时段的预测精度优于灰色模型。

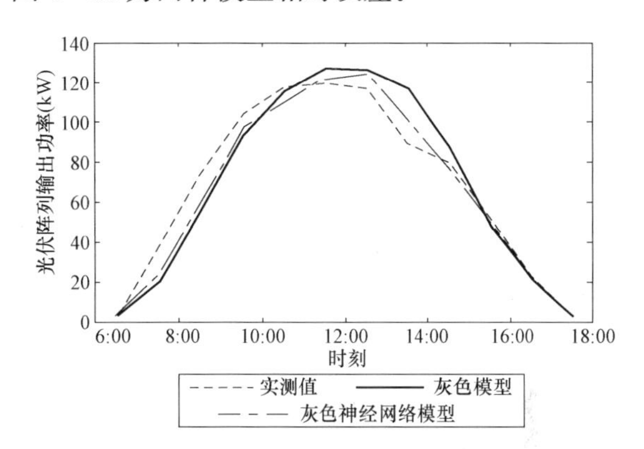

图 4 - 37　两种模型预测结果

由图 4 - 38 还可以看出，利用灰色神经网络预测的相对误差多数集中在［−0.1，0.1］之间，只有个别点超出这个范围，即使超出这个范围，灰色神经网络模型较灰色模型的预测误差也小，灰色神经网络对灰色模型预测值有一定的修正作用。

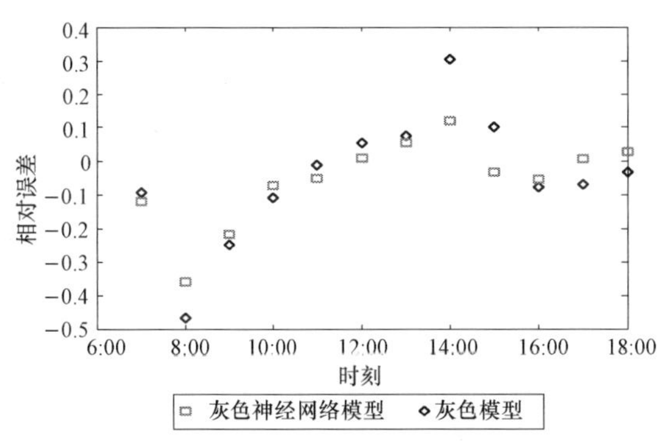

图 4 - 38　两种模型相对误差

彩色插图

表 4 - 9　　**两种模型误差**

预测模型	e_{RMSE}（m）	e_{MAPE}（%）
灰色模型	12.58	13.71
灰色神经网络模型	8.13	9.35

从表 4 - 9 中可以看出运用灰色神经网络组合模型比单独用灰色模型的总体预测精度高。灰色模型建模简单，但误差较大，利用神经网络修正灰色模型的残差可以有效地提高预测精度。

参考文献

[1] 陈海文，王守相，王绍敏，等．基于门控循环单元网络与模型融合的负荷聚合体预测方法［J］．电力系统自动化，2019，43（1）：65-74.

[2] Shaomin Wang，Shouxiang Wang，Haiwen Chen，et al. Multi-energy load forecasting for regional integrated energy systems considering temporal dynamic and coupling characteristics. Energy，2020，195：1-13.

[3] Xuan Wang，Shouxiang Wang，Qiamyu Zhao，et al. A multi-energy load prediction model based on deep multi-task learning and ensemble approach for regional integrated energy systems，2021，126. https：//doi. org/10. 1016/j. ijepes. 2020. 106583.

[4] Shouxiang Wang，Na Zhang. Wind speed forecasting based on the hybrid ensemble empirical mode decomposition and GA-BP neural network method［J］. Renewable Energy，2016，94：629-636.

[5] 王守相，张娜．基于灰色神经网络组合模型的光伏短期出力预测［J］．电力系统自动化，2012，36（19）：37-41.

第5章 智能配电网态势利导

智能配电网态势利导主要包括含储能有源配电网的优化运行与协调调度、区域多微网系统协调优化调度、配电网电压优化控制、配电网灵活性资源优化调度等。

5.1 含储能有源配电网的优化运行与协调调度

5.1.1 有源配电网中储能价值分析

随着风电、光伏等分布式电源大量接入配电网，传统配电网已逐步发展成为有源配电网。分布式电源输出功率的间歇性和随机性会造成配电网电压、频率的波动，对配电网的安全、稳定运行造成严重干扰。储能技术的应用可有效地平抑有源配电网中由风电、光伏等分布式电源以及电动汽车等造成的功率波动。通过对储能系统的优化调度，适时地吸收或释放功率，平抑有源配电网节点注入功率的波动性，可提高有源配电网的安全稳定性，满足高品质供电需求。同时，还可利用分布式储能具有的低储高发特性，在负荷低峰时期，吸收多余的电量，高峰时期放出存储的电能，起到削峰填谷、平滑负荷的作用。另外还可以借助分布式储能可观的储存容量，降低接入配电网中分布式电源的弃风弃光率，提高可再生能源利用率。

储能技术按电能转化的存储形态，可以分为物理储能、化学储能和电磁储能三类。其中物理储能是机械能与电能之间的相互转化，主要有抽水储能、压缩空气储能和飞轮储能三种方式；化学储能的主要方式是电池储能，通过电池正负极的氧化还原反应充放电，实现电能和化学能的相互转化，常用的储能电池有锂电池、铅酸电池和钠硫电池等；电磁储能是将电能转化成电磁能储存在电磁场中的储能技术，主要有超导磁储能和超级电容器储能两种。同时，储能技术按功率和能量特性，可以分为功率型和能量型储能两类。其中功率型储能具有功率密度高、循环寿命长、能量密度小的特点，以超级电容器、飞轮储能等为代表；能量型储能具有能量密度大、循环寿命短、功率密度小的特点，以储能电池、抽水蓄能等为代表。各种储能技术的特性及应用场景具体见表5-1。

表 5-1 多类型储能技术特性及应用场景

储能技术类型		典型额定功率	效率（%）	响应时间	生命周期（a）	应用场景
机械储能	抽水储能	100～2000MW	60～70	4～10h	40～60	峰谷调节、频率控制、旋转备用、黑启动等
	压缩空气储能	100～300MW	85	6～20h	20～40	调频、发电备用等
	飞轮储能	5kW～5MW	70～80	15s～15min	20	作为功率型储能，用于平抑电压和功率波动、小系统调频、UPS等
化学储能	锂电池	1kW～10MW	90～95	1min～9h	5～15	新能源电力储能、电动汽车等
	钠硫电池	1kW～10MW	85～90	1min～9h	10～15	电力储能
	液流电池	5kW～100MW	75	1～20h	5～10	改善电能质量、提高供电可靠性、备用电源、削峰、能量管理、再生能源集成
	铅酸电池	1kW～50MW	75～85	1min～3h	5～15	改善电能质量、提高供电可靠性、备用电源、频率控制、UPS
电磁储能	超导磁储能	10kW～20MW	90～95	1ms～15min	20	输配电系统稳定性、电能质量调节
	超级电容器储能	1～100kW	90～95	1s～1min	10～30	高峰值功率、低容量场合下的暂态电能质量控制

5.1.2 含储能有源配电网运行优化调度

有源配电网中分布式电源输出功率和负荷功率的不确定性波动，直接导致了节点净注入功率的不确定性。与输电网不同，有源配电网具备辐射状拓扑和高阻抗比特征，净注入有功功率的不确定性对线路潮流和节点电压的影响较大。储能具备灵活高效的充放电能力，能够通过有功功率的调节，优化不确定性环境下有源配电网的运行。因此，在考虑不确定性的有源配电网中，为充分发挥储能的功率调节作用，开展不确定性环境下含储能有源配电网的运行优化研究，具有重要的理论价值和现实意义。为充分发挥不确定性环境下储能的功率调节作用，提出含储能有源配电网的不确定性多目标运行优化的仿射方法[1]。以总有功网损和总电压偏差的仿射值最小为目标，以储能功率为控制变量，兼顾运行经济性和供电质量，建立了有源配电网的不确定性多目标运行优化仿射模型。进而提出基于仿射运算的带精英策略的非支配排序遗传算法（AA-NSGAⅡ），解决了针对仿射参数的快速非支配排序、Pareto最优解（帕累托最优解）和拥挤距离计算等问题。通过算例验证了所提算法具备较优的收敛性和多样性。同时，综合考虑分布式电源和负荷的不确定性、季节和时序特性，验证了所提方法在实际场景中的适用性。

1. 含储能有源配电网的不确定性多目标运行优化的仿射模型

以总有功网损和总电压偏差的仿射值最小为目标，以储能功率为控制变量，建立含储能有源配电网的不确定性多目标运行优化仿射模型。该模型兼顾不确定性环境下有源配电网的运行经济性和供电质量，同时考虑了储能仿射运行约束等约束条件，采用复仿射运算有效处理模型中的不确定性参数。

（1）多目标仿射函数。

考虑有源配电网节点净注入功率的不确定性，为充分发挥储能的功率调节作用，建立含储能有源配电网的不确定性多目标运行优化仿射模型。首先，构建有源配电网不确定性运行优化模型的多目标仿射函数，以储能功率为控制变量，最小化总有功网损 $\hat{f}_1$ 和总电压偏差 $\hat{f}_2$。多目标仿射函数的表达式为

$$\begin{cases} \min \hat{f}_1 = \sum_{t=1}^{n_\mathrm{T}} \sum_{(i,j)\in \boldsymbol{B}} G_{ij}(\hat{U}_{i,t}^2 + \hat{U}_{j,t}^2 - 2\hat{U}_{i,t}\hat{U}_{j,t}\cos\hat{\theta}_{ij,t}) \\ \min \hat{f}_2 = \sum_{t=1}^{n_\mathrm{T}} \sum_{i\in \boldsymbol{N}} \sqrt{\left(\dfrac{\hat{U}_{i,t} - U_{i,\mathrm{base}}}{\Delta U_{i,\max}}\right)^2} \end{cases} \tag{5-1}$$

式中：$\hat{U}_{i,t}$和$\hat{U}_{j,t}$分别为第 t 时段内节点 i 和 j 电压幅值的仿射值；$\hat{\theta}_{ij,t}$为第 t 时段内节点 i 和 j 电压相角差的仿射值；G_{ij} 为复导纳矩阵的实部；$\boldsymbol{B}$ 和 $\boldsymbol{N}$ 分别为支路和节点集合；$U_{i,\mathrm{base}}$ 为节点 i 的电压标称值；$\Delta U_{i,\max}$为节点 i 所允许的最大电压偏差值；n_T 为研究时段数。

（2）储能仿射运行约束。

针对第 t 到第 $t+1$ 时段储能的功率和能量状态，建立不确定性环境下储能的仿射约束方程。首先，在第 t 时段的起始时刻，计算节点 i 处储能能量的仿射值 $\hat{E}_{\mathrm{ESS},i,t}$和荷电状态（State of Charge，SOC）的仿射值 $\hat{SOC}_{\mathrm{ESS},i,t}$，计算式分别为

$$\hat{E}_{\mathrm{ESS},i,t} = E_{\mathrm{ESS},i,t,0} + \sum_{m=1}^{n} E_{\mathrm{ESS},i,t,m}\varepsilon_m \tag{5-2}$$

$$\hat{SOC}_{\mathrm{ESS},i,t} = SOC_{\mathrm{ESS},i,t,0} + \sum_{m=1}^{n} SOC_{\mathrm{ESS},i,t,m}\varepsilon_m \tag{5-3}$$

同时，计算第 t 时段内节点 i 处储能有功功率的仿射值 $\hat{P}_{\mathrm{ESS},i,t}$，计算式为

$$\hat{P}_{\mathrm{ESS},i,t} = P_{\mathrm{ESS},i,t,0} + \sum_{m=1}^{n} P_{\mathrm{ESS},i,t,m}\varepsilon_m \tag{5-4}$$

式中：$E_{\mathrm{ESS},i,t,0}$、$SOC_{\mathrm{ESS},i,t,0}$和 $P_{\mathrm{ESS},i,t,0}$分别为储能能量、荷电状态和有功功率的中心值；ε_m 为噪声元，在［−1，1］内取值；$E_{\mathrm{ESS},i,t,m}$、$SOC_{\mathrm{ESS},i,t,m}$和 $P_{\mathrm{ESS},i,t,m}$分别为储能能量、荷电状态和有功功率的噪声系数；n 为噪声元的数目。

然后，在第 $t+1$ 时段的起始时刻，计算节点 i 处储能能量的仿射值 $\hat{E}_{\mathrm{ESS},i,t+1}$和荷电状态的仿射值 $\hat{SOC}_{\mathrm{ESS},i,t+1}$，计算过程如下

$$\tilde{P}_{\mathrm{ESS},i,t} = [\underline{P}_{\mathrm{ESS},i,t}, \overline{P}_{\mathrm{ESS},i,t}] \tag{5-5}$$

$$\Delta\hat{E}_{\mathrm{ESS},i,t}=\begin{cases}\hat{P}_{\mathrm{ESS},i,t}T/\eta,\mathrm{if}\,\underline{P}_{\mathrm{ESS},i,t}\geqslant 0\\ \hat{P}_{\mathrm{ESS},i,t}T\eta,\mathrm{if}\,\overline{P}_{\mathrm{ESS},i,t}\leqslant 0\\ \dfrac{1}{2}[(\underline{P}_{\mathrm{ESS},i,t}T\eta+\overline{P}_{\mathrm{ESS},i,t}T/\eta)+(\overline{P}_{\mathrm{ESS},i,t}T/\eta-\underline{P}_{\mathrm{ESS},i,t}T\eta)\varepsilon_{\mathrm{ESS},i,t}],(\mathrm{otherwise})\end{cases}\tag{5-6}$$

$$\eta=\eta_{\mathrm{ESS}}\eta_{\mathrm{C}}\eta_{\mathrm{T}}\tag{5-7}$$

$$\hat{E}_{\mathrm{ESS},i,t+1}=\hat{E}_{\mathrm{ESS},i,t}-\Delta\hat{E}_{\mathrm{ESS},i,t}\tag{5-8}$$

$$\hat{\mathrm{SOC}}_{\mathrm{ESS},i,t+1}=\hat{\mathrm{SOC}}_{\mathrm{ESS},i,t}-\Delta\hat{E}_{\mathrm{ESS},i,t}/E_{\mathrm{N},i}\tag{5-9}$$

式中：$\underline{P}_{\mathrm{ESS},i,t}$和$\overline{P}_{\mathrm{ESS},i,t}$分别为第$t$时段内节点$i$处储能有功功率的下界和上界，构成有功功率的区间值$\tilde{P}_{\mathrm{ESS},i,t}$；$T$为时段的持续时间；$\eta_{\mathrm{C}}$和$\eta_{\mathrm{T}}$分别为逆变器和变压器的转换效率；$E_{\mathrm{N},i}$为节点$i$处储能容量。

其中，式（5-5）为第t时段内节点i处储能有功功率的上下界；式（5-6）为考虑了第t时段内储能的充放电功率、综合充放电效率、持续时间等的第t时段内节点i处储能的能量变化$\Delta\hat{E}_{\mathrm{ESS},i,t}$计算式，功率的正值表示储能的放电过程；式（5-7）为考虑了能量转换效率的储能的综合充放电效率η计算式；通过式（5-8）和式（5-9）计算得到在第$t+1$时段起始时刻，节点i处储能能量的仿射值$\hat{E}_{\mathrm{ESS},i,t+1}$和荷电状态的仿射值$\hat{\mathrm{SOC}}_{\mathrm{ESS},i,t+1}$。

进一步，针对第t时段储能的功率和能量状态，考虑了不确定性环境下储能的仿射不等式约束，具体如下

$$\max(|\underline{P}_{\mathrm{ESS},i,t}|,|\overline{P}_{\mathrm{ESS},i,t}|)\leqslant P_{\mathrm{ESS},i,\max}\tag{5-10}$$

$$\begin{cases}E_{\mathrm{ESS},i,t,0}-\sum\limits_{m=1}^{n}|E_{\mathrm{ESS},i,t,m}|\geqslant E_{\min,i}\\ E_{\mathrm{ESS},i,t,0}+\sum\limits_{m=1}^{n}|E_{\mathrm{ESS},i,t,m}|\leqslant E_{\max,i}\end{cases}\tag{5-11}$$

$$\begin{cases}\mathrm{SOC}_{\mathrm{ESS},i,t,0}-\sum\limits_{m=1}^{n}|\mathrm{SOC}_{\mathrm{ESS},i,t,m}|\geqslant \mathrm{SOC}_{\min,i}\\ \mathrm{SOC}_{\mathrm{ESS},i,t,0}+\sum\limits_{m=1}^{n}|\mathrm{SOC}_{\mathrm{ESS},i,t,m}|\leqslant \mathrm{SOC}_{\max,i}\end{cases}\tag{5-12}$$

式中：$P_{\mathrm{ESS},i,\max}$为节点i处储能的最大充放电功率值；$E_{\min,i}$和$E_{\max,i}$分别为节点i处储能能量的下限和上限；$\mathrm{SOC}_{\min,i}$和$\mathrm{SOC}_{\max,i}$分别为节点i处储能荷电状态的下限和上限。

约束式（5-10）给出了每个时段内各个储能充放电功率的限制；考虑储能的使用寿命等因素，约束式（5-11）和式（5-12）分别给出了各个储能能量和荷电状态的上下限。

（3）其他仿射运行约束。

针对含储能有源配电网的不确定性多目标运行优化仿射模型，在考虑储能仿射运行约

束之外，为保证不确定性环境下有源配电网的安全稳定运行，还需要考虑分布式电源输出功率、节点净注入功率、电压和电流等其他仿射变量的等式及不等式约束。

1）分布式电源仿射运行约束。针对第 t 时段节点 i 处分布式电源的有功和无功功率，不确定性环境下有功功率仿射值 $\hat{P}_{\mathrm{DG},i,t}$ 和无功功率仿射值 $\hat{Q}_{\mathrm{DG},i,t}$ 的等式和不等式运行约束，具体如下

$$\hat{P}_{\mathrm{DG},i,t}=P_{\mathrm{DG},i,t,0}+\sum_{m=1}^{n}P_{\mathrm{DG},i,t,m}\varepsilon_m \tag{5-13}$$

$$\hat{Q}_{\mathrm{DG},i,t}=\hat{P}_{\mathrm{DG},i,t}\tan\varphi_i \tag{5-14}$$

$$\begin{cases}P_{\mathrm{DG},i,t,0}-\sum\limits_{m=1}^{n}|P_{\mathrm{DG},i,t,m}|\geqslant P_{\min,\mathrm{DG},i}\\P_{\mathrm{DG},i,t,0}+\sum\limits_{m=1}^{n}|P_{\mathrm{DG},i,t,m}|\leqslant P_{\max,\mathrm{DG},i}\end{cases} \tag{5-15}$$

式中：$P_{\mathrm{DG},i,t,0}$ 为有功功率仿射值 $\hat{P}_{\mathrm{DG},i,t}$ 的中心值；ε_m 为噪声元，在［-1，1］内取值；$P_{\mathrm{DG},i,t,m}$ 为 $\hat{P}_{\mathrm{DG},i,t}$ 的噪声系数；n 为噪声元的数目；φ_i 为节点 i 处分布式电源的功率因数角；$P_{\min,\mathrm{DG},i}$ 和 $P_{\max,\mathrm{DG},i}$ 分别为节点 i 处分布式电源有功功率的下限和上限。

通常情况下，假定分布式电源运行在定功率因数模式，等式（5-14）根据有功功率仿射值和功率因数角，计算得到无功功率仿射值。不等式约束（5-15）给出了每个分布式电源输出有功功率的上下限，在不确定性环境下输出有功功率的下界值不得小于下限 $P_{\min,\mathrm{DG},i}$，上界值不得大于上限 $P_{\max,\mathrm{DG},i}$。

2）节点净注入功率约束。针对第 t 时段节点 i 净注入有功和无功功率的仿射值 $\hat{P}_{\mathrm{Inj},i,t}$ 和 $\hat{Q}_{\mathrm{Inj},i,t}$，等式及不等式约束如下

$$\hat{P}_{\mathrm{Inj},i,t}=\hat{P}_{\mathrm{DG},i,t}+\hat{P}_{\mathrm{LOAD},i,t}+\hat{P}_{\mathrm{ESS},i,t}=P_{\mathrm{Inj},i,t,0}+\sum_{m=1}^{n}P_{\mathrm{Inj},i,t,m}\varepsilon_m \tag{5-16}$$

$$\hat{Q}_{\mathrm{Inj},i,t}=\hat{Q}_{\mathrm{DG},i,t}+\hat{Q}_{\mathrm{LOAD},i,t}=Q_{\mathrm{Inj},i,t,0}+\sum_{m=1}^{n}Q_{\mathrm{Inj},i,t,m}\varepsilon_m \tag{5-17}$$

$$\begin{cases}P_{\mathrm{Inj},i,t,0}-\sum\limits_{m=1}^{n}|P_{\mathrm{Inj},i,t,m}|\geqslant P_{\min,i}\\P_{\mathrm{Inj},i,t,0}+\sum\limits_{m=1}^{n}|P_{\mathrm{Inj},i,t,m}|\leqslant P_{\max,i}\end{cases} \tag{5-18}$$

$$\begin{cases}Q_{\mathrm{Inj},i,t,0}-\sum\limits_{m=1}^{n}|Q_{\mathrm{Inj},i,t,m}|\geqslant Q_{\min,i}\\Q_{\mathrm{Inj},i,t,0}+\sum\limits_{m=1}^{n}|Q_{\mathrm{Inj},i,t,m}|\leqslant Q_{\max,i}\end{cases} \tag{5-19}$$

式中：第 t 时段节点 i 净注入有功功率 $\hat{P}_{\mathrm{Inj},i,t}$ 包括分布式电源、负荷和储能的有功功率 $\hat{P}_{\mathrm{DG},i,t}$、$\hat{P}_{\mathrm{LOAD},i,t}$ 和 $\hat{P}_{\mathrm{ESS},i,t}$；$P_{\mathrm{Inj},i,t,0}$ 为 $\hat{P}_{\mathrm{Inj},i,t}$ 的中心值；ε_m 为噪声元，在［-1，1］内取值；$P_{\mathrm{Inj},i,t,m}$ 为 $\hat{P}_{\mathrm{Inj},i,t}$ 的噪声系数；净注入无功功率 $\hat{Q}_{\mathrm{Inj},i,t}$ 包括分布式电源和负荷的无功功率 $\hat{Q}_{\mathrm{DG},i,t}$ 和 $\hat{Q}_{\mathrm{LOAD},i,t}$；$Q_{\mathrm{Inj},i,t,0}$ 为 $\hat{Q}_{\mathrm{Inj},i,t}$ 的中心值；$Q_{\mathrm{Inj},i,t,m}$ 为 $\hat{Q}_{\mathrm{Inj},i,t}$ 的噪声系数；n 为噪声元的数目；$P_{\min,i}$ 和 $P_{\max,i}$ 为节点净注入有功功率的下限和上限；$Q_{\min,i}$ 和 $Q_{\max,i}$ 为节点净注入无功功率的下限和上限。

3）电压约束。针对第 t 时段节点 i 电压幅值的仿射值 $\hat{U}_{i,t}$，表达式如下

$$\hat{U}_{i,t}=U_{i,t,0}+\sum_{m=1}^{n}U_{i,t,m}\varepsilon_m \tag{5-20}$$

式中：$U_{i,t,0}$ 为 $\hat{U}_{i,t}$ 的中心值；ε_m 为噪声元，在［-1，1］内取值；$U_{i,t,m}$ 为 $\hat{U}_{i,t}$ 的噪声系数；n 为噪声元的数目。

电压波动率 $\alpha_{i,t}$ 是指噪声系数［见式（5-20）］的绝对值之和与中心值的比值。电压波动率 $\alpha_{i,t}$ 的计算公式和不等式约束如下

$$\alpha_{i,t}=\frac{\sum_{m=1}^{n}|U_{i,t,m}|}{|U_{i,t,0}|}\times 100\% \tag{5-21}$$

$$\alpha_{i,t}<\alpha_{i,\max} \tag{5-22}$$

式中：$\alpha_{i,\max}$ 为节点 i 所允许的最大电压波动率。

节点 i 和 j 间的电压降表达式为

$$\hat{U}_{j,t}^2=\hat{U}_{i,t}^2-2(r_{ij}\hat{P}_{ij,t}+x_{ij}\hat{Q}_{ij,t})+(r_{ij}^2+x_{ij}^2)(\hat{P}_{ij,t}^2+\hat{Q}_{ij,t}^2)/\hat{U}_{i,t}^2 \tag{5-23}$$

式中：r_{ij} 和 x_{ij} 分别为线路 i-j 的电阻和电抗；$\hat{P}_{ij,t}$ 和 $\hat{Q}_{ij,t}$ 分别为第 t 时段线路 i-j 上的有功和无功功率流。

由于等式右边的二次项比其他项小得多，因而可以被忽略。此外，与输电网不同，配电网的线路电阻值相对较大，有功功率和无功功率相互耦合，由式（5-23）可见有功功率对节点电压的影响较大。

受不确定性因素的影响，电压仿射值的下界值不得小于下限，上界值不得大于上限，则第 t 时段节点 i 电压的不等式约束为

$$\begin{cases}U_{i,t,0}-\sum_{m=1}^{n}|U_{i,t,m}|\geqslant U_{\min,i}\\[2ex] U_{i,t,0}+\sum_{m=1}^{n}|U_{i,t,m}|\leqslant U_{\max,i}\end{cases} \tag{5-24}$$

式中：$U_{\min,i}$ 和 $U_{\max,i}$ 分别为节点 i 电压的下限和上限。

4）电流约束。针对第 t 时段线路 i-j 电流幅值的仿射值 $\hat{I}_{ij,t}$，表达式为

$$\hat{I}_{ij,t}=I_{ij,t,0}+\sum_{m=1}^{n}I_{ij,t,m}\varepsilon_m \tag{5-25}$$

式中：$I_{ij,t,0}$为$\hat{I}_{ij,t}$的中心值；ε_m为噪声元，在［－1，1］内取值；$I_{ij,t,m}$为$\hat{I}_{ij,t}$的噪声系数；n为噪声元的数目。

式（5-26）给出了线路i-j电流的不等式约束，具体如下

$$\begin{cases} I_{ij,t,0}-\sum_{m=1}^{n}|I_{ij,t,m}|\geqslant I_{\min,ij} \\ I_{ij,t,0}+\sum_{m=1}^{n}|I_{ij,t,m}|\leqslant I_{\max,ij} \end{cases} \tag{5-26}$$

式中：$I_{\min,ij}$和$I_{\max,ij}$分别为线路i-j电流的下限和上限。

2. 含储能有源配电网多目标运行优化的AA-NSGAⅡ求解算法

针对含储能有源配电网的不确定性多目标运行优化仿射模型，提出基于仿射运算的带精英策略的非支配排序遗传算法（AA-NSGAⅡ），重点解决针对仿射参数的快速非支配排序、Pareto最优解和拥挤距离计算等问题，并结合改进仿射前推回代潮流算法进行求解，有效处理优化模型中的不确定性参数。

（1）传统NSGA-Ⅱ多目标求解算法。

NSGA-Ⅱ算法[2]是Deb等人在1995年提出的NSGA算法[3]基础上的改进算法，是求解多目标优化问题的有效方法，在工程优化问题中应用广泛。NSGA-Ⅱ算法的优势主要在于：①采用快速非支配排序方法，提高解的分级排序效率，降低运算复杂度；②加入精英策略，在解的分级排序前合并父代和子代种群，不丢失父代种群中优良的个体和基因，并且在分级排序后按照排序等级，优先选择优秀个体进入下一代种群；③加入拥挤距离计算，不仅依靠快速非支配排序方法得到不同等级的解集，而且在同等级解集的内部依靠拥挤度得到均匀分布的解。因此，NSGA-Ⅱ算法在多目标优化问题的求解中具备高适用性和有效性。

快速非支配排序方法、精英策略和拥挤度计算是NSGA-Ⅱ算法求解过程中的三个关键环节，具体原理、排序和计算方法可参考文献［4］。传统NSGA-Ⅱ算法的求解流程如图5-1所示。

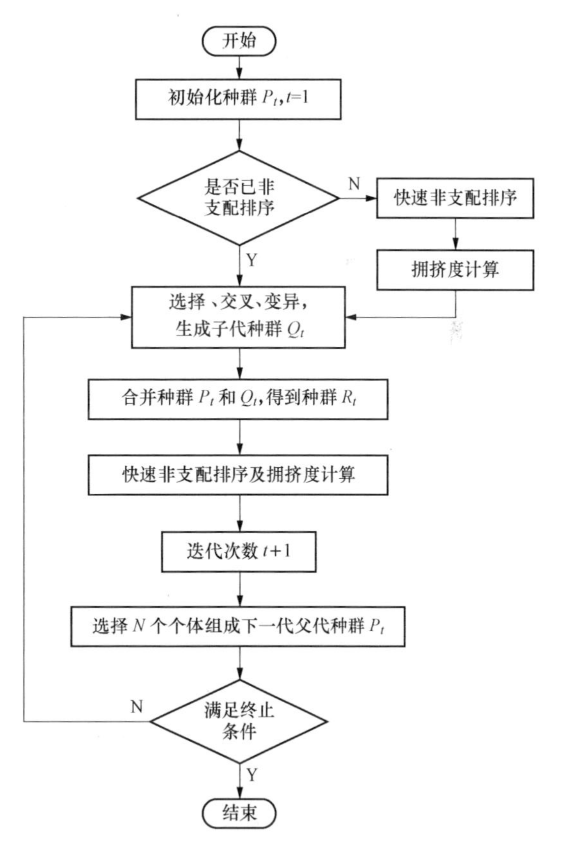

图5-1　传统NSGA-Ⅱ算法的求解流程图

传统 NSGA-Ⅱ算法的求解步骤具体如下：

1）初始化第一代种群 P_1，规模为 N，对 P_1进行非支配排序，种群代数 $t=1$。

2）采用选择、变异和交叉遗传算子生成父代种群 P_t的子代种群 Q_t。

3）合并种群 P_t和 Q_t，得到种群 R_t，对合并后种群 R_t进行非支配排序。

4）进行拥挤度计算，代数 $t=t+1$，按照非支配排序等级和拥挤度选择优秀个体组成下一代父代种群 P_t。

5）重复步骤 2）至 4），直至满足迭代终止条件。

（2）仿射参数的快速非支配排序。

对于多目标优化问题的求解，不同解之间的支配关系被用于决定解的非支配等级，决策者们往往更倾向选择非支配等级较低的优质解集。但是，在不确定性多目标运行优化模型的求解过程中，针对仿射参数，需要研究不同解之间支配关系的新型判定方法，提出针对仿射参数的快速非支配排序方法。

运用 AA-NSGAⅡ算法进行求解时，仿射参数不同于确定性参数，不能通过数值大小的直接比较进行排序。首先，引入置信水平以辅助仿射解之间支配关系的判定。针对解对应的每个目标仿射值，通过转换运算，计算得到目标仿射值的上下界。基于上下界信息，置信水平可用于比较和排序。具体地，对于解 x_i，第 k 个目标仿射值 $\hat{f}_k(x_i)$ 通过转换运算得到其上下界，用 $\widetilde{f}_k(x_i)$ 表示。对于决策空间中的两个解 x_i和 x_j，$\widetilde{f}_k(x_i)$ 小于 $\widetilde{f}_k(x_j)$ 的置信水平表示为 $\sigma(x_i, x_j, k)$，即

$$\sigma(x_i,x_j,k)=P[\widetilde{f}_k(x_i)\leqslant \widetilde{f}_k(x_j)] \tag{5-27}$$

同样地，$\widetilde{f}_k(x_j)$ 小于 $\widetilde{f}_k(x_i)$ 的置信水平表示为 $\sigma(x_j, x_i, k)$，即

$$\sigma(x_j,x_i,k)=P[\widetilde{f}_k(x_j)\leqslant \widetilde{f}_k(x_i)] \tag{5-28}$$

$\sigma(x_i, x_j, k)$ 和 $\sigma(x_j, x_i, k)$ 的关系式为

$$\sigma(x_i,x_j,k)+\sigma(x_j,x_i,k)=1 \tag{5-29}$$

置信水平 $\sigma(x_i, x_j, k)$ 的计算过程如下

$$\sigma(x_i,x_j,k)=P[\widetilde{f}_k(x_i)\leqslant \widetilde{f}_k(x_j)]=\frac{d[\widetilde{f}_k(x_i),\widetilde{f}_{\max}]}{d[\widetilde{f}_k(x_i),\widetilde{f}_{\max}]+d[\widetilde{f}_k(x_j),\widetilde{f}_{\max}]} \tag{5-30}$$

式中：$\widetilde{f}_{\max}$为 $\widetilde{f}_k(x_i)$ 和 $\widetilde{f}_k(x_j)$ 的极大区间，可表示为 $[\underline{f}_{\max}, \overline{f}_{\max}]$，其上界为 $\overline{f}_{\max}=\max\{\overline{f}_k(x_i), \overline{f}_k(x_j)\}$，即取 $\widetilde{f}_k(x_i)$ 和 $\widetilde{f}_k(x_j)$ 上界中的较大者，其下界为 $\underline{f}_{\max}=\max\{\{\underline{f}_k(x_i), \overline{f}_k(x_i), \underline{f}_k(x_j), \overline{f}_k(x_j)\}/\overline{f}_{\max}\}$，即剔除 $\overline{f}_{\max}$后取端点值的最大者；$d()$ 表示距离的求取函数，以 $\widetilde{f}_k(x_i)$ 和 $\widetilde{f}_{\max}$为例，计算式为

$$d(\widetilde{f}_k(x_i),\widetilde{f}_{\max})=\sqrt{\frac{[\underline{f}_k(x_i)-\underline{f}_{\max}]^2+[\overline{f}_k(x_i)-\overline{f}_{\max}]^2}{2}} \tag{5-31}$$

然后，当涉及仿射参数时，基于置信水平的支配关系定义如下：

针对最小化多目标优化问题，解 x_i支配解 x_j（用 $x_i \prec_{\sigma} x_j$ 表示）当且仅当

$$\begin{cases}\forall k \in \{1,2,\cdots,N_{\mathrm{obj}}\},\ [\sigma(x_i,x_j,k) \geqslant 0.5] \\ \exists k \in \{1,2,\cdots,N_{\mathrm{obj}}\},\ [\sigma(x_i,x_j,k) > 0.5]\end{cases} \tag{5-32}$$

即对于 N_{obj} 个目标函数中的任一目标函数，$\widetilde{f}_k(x_i) \leqslant \widetilde{f}_k(x_j)$ 的置信水平大于或等于 0.5，并且存在目标函数，使 $\widetilde{f}_k(x_i) \leqslant \widetilde{f}_k(x_j)$ 的置信水平大于 0.5，则称解 x_i 支配解 x_j，表示为 $x_i \prec_\sigma x_j$。

同时，考虑约束条件的越限，进一步修正支配关系的判定方法。在对所建立的多目标运行优化仿射模型进行求解时，考虑约束条件的越限，不可行解总是被可行解所支配。因此，支配关系的判定方法进一步修正如下：

当满足以下任一条件时，称解 x_i 支配解 x_j：①x_i 是可行解，x_j 是不可行解；②x_i 和 x_j 均是可行解，继续采用式（5-32）进行判定；③x_i 和 x_j 均是不可行解，但 x_i 的越限数量和越限值小于 x_j。

对于种群 P 中的每个个体 p，设定两个参数 n_p 和 S_p，n_p 表示种群中支配 p 的个体数，S_p 表示种群中被 p 支配的个体集合。非支配等级的划分步骤为：①将 $n_p=0$ 的个体保存至当前集合 F_1；②对于当前集合 F_1 中的每个个体 i，遍历其所支配集合 S_i 的每个个体 l，执行操作 $n_l=n_l-1$，若 $n_l=0$ 则将个体 l 保存至集合 H；③记 F_1 为第一级非支配层，后续以 H 作为当前集合，重复上述操作至 P 的所有个体分层完毕。

（3）仿射参数的 Pareto 最优解及前沿。

在多目标优化问题的求解过程中，第一级非支配层的个体组成一个最优解集，称为 Pareto 最优解集或非支配解集，同级内的解互不支配，解 x 的一个目标函数值可能较优，但另一个目标函数值可能较差。在对不确定性多目标运行优化仿射模型进行求解时，在针对仿射参数的快速非支配排序之后，同样存在 Pareto 最优解及前沿，定义如下：

对于解集 $S=\{x_i,\ i=1,\ 2,\ \cdots,\ n\}$，在 S 中不存在解能够支配解 x，则称 x 是一个 Pareto 最优解或者非支配解。

在多目标优化问题的求解过程中，所有的 Pareto 最优解组成 Pareto 最优解集或者非支配解集。

给定 P 作为 Pareto 最优解集，其在目标函数空间中的映射称作 Pareto 前沿，记为 $PF=\{p \mid p=[\hat{f}_1(x),\ \hat{f}_2(x),\ \cdots,\ \hat{f}_{N_{\mathrm{obj}}}(x)]^{\mathrm{T}},\ x\in P\}$。

在对不确定性多目标运行优化仿射模型进行求解时，目标函数不同于确定性模型的点值，而是具有上下界信息的仿射值，此时的 Pareto 前沿在目标空间中表现为超方体。以两个目标函数为例，基于上下界信息，解 x 映射到目标二维空间中表现为矩形。当存在两个目标函数时，图 5-2 展示了对确定性和不确定性优化模型求解得到的 Pareto 前沿示意图。

（4）仿射参数的拥挤距离计算。

拥挤距离能够用于选择同一级非支配层中的较优解，有助于获得均匀分布的解集，保证解的多样性。在对确定性多目标优化模型进行求解时，以图 5-2（a）为例，目标函数值

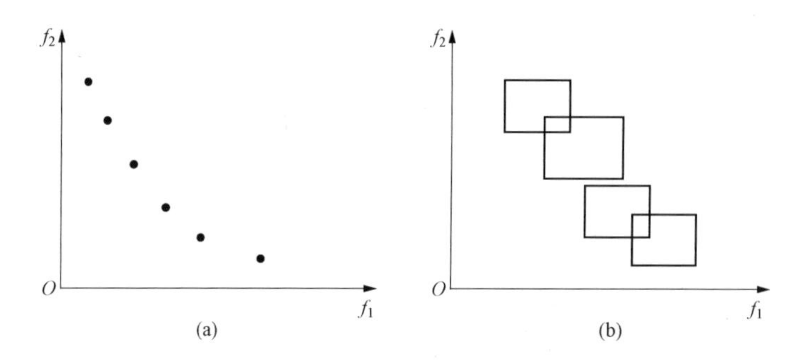

图 5-2　两个目标函数时 Pareto 前沿示意图

(a) 确定性优化模型的求解；(b) 不确定性优化模型的求解

均为点值。然而，在对不确定多目标运行优化仿射模型进行求解时，以图 5-2（b）为例，目标函数为具有上下界的仿射值，目标空间中个体的拥挤距离计算变得更加复杂，为此提出了针对仿射参数的拥挤距离计算方法。

对于两个相邻解 x_i 和 x_j，第 k 个目标仿射值表示为 $\hat{f}_k(x_i)$ 和 $\hat{f}_k(x_j)$，简记为 $\hat{y}_i^{(k)}$ 和 $\hat{y}_j^{(k)}$，表达式如下

$$\hat{f}_k(x_i) = \hat{y}_i^{(k)} = y_{i0}^{(k)} + \sum_{m=1}^{n} y_{im}^{(k)} \varepsilon_m \tag{5-33}$$

$$\hat{f}_k(x_j) = \hat{y}_j^{(k)} = y_{j0}^{(k)} + \sum_{m=1}^{n} y_{jm}^{(k)} \varepsilon_m \tag{5-34}$$

在目标空间中，$D(\hat{y}_i, \hat{y}_j)$ 表示 $\hat{y}_i$ 与 $\hat{y}_j$ 之间的距离，考虑两个超方体的重叠体积、各自的体积以及两个中心点之间的距离，计算式为

$$D(\hat{y}_i, \hat{y}_j) = \frac{d(y_{i0}, y_{j0})}{r(\hat{y}_i, \hat{y}_j) + V(\hat{y}_i) + V(\hat{y}_j) + 1} \tag{5-35}$$

两个超方体的重叠体积记为 $r(\hat{y}_i, \hat{y}_j)$，利用式（5-33）和式（5-34）所示仿射变量的上下界求得，计算公式为

$$r(\hat{y}_i, \hat{y}_j) = \prod_{k=1}^{N_{\text{obj}}} w[\tilde{f}_k(x_i) \cap \tilde{f}_k(x_j)] \tag{5-36}$$

其中，通过转换运算，求取仿射变量 $\hat{f}_k(x_i)$ 和 $\hat{f}_k(x_j)$ 的上下界而得到 $\tilde{f}_k(x_i)$ 和 $\tilde{f}_k(x_j)$；“$\cap$”是取交集运算；$w()$ 表示宽度的求取函数。

超方体各自的体积记为 $V(\hat{y}_i)$ 和 $V(\hat{y}_j)$，利用式（5-33）和式（5-34）所示仿射变量的噪声系数求得，计算公式为

$$V(\hat{y}_i) = \prod_{k=1}^{N_{\text{obj}}} \left(2\sum_{m=1}^{n} |y_{im}^{(k)}|\right) \tag{5-37}$$

两个中心点之间的距离记为 $d(y_{i0}, y_{j0})$，利用式（5-33）和式（5-34）所示仿射变量的中心值求得，计算公式如下

$$d(y_{i0},y_{j0})=\sum_{k=1}^{N_{\mathrm{obj}}}|y_{j0}^{(k)}-y_{i0}^{(k)}| \tag{5-38}$$

在针对仿射参数的距离计算过程中，当重叠体积和超方体体积变小，或者中心点之间的距离变大时，两个相邻解在目标空间中的距离变大。

假定 x_j 和 x_k 是 x_i 两侧的两个相邻解，基于目标空间中解之间的距离 $D(\hat{y}_i,\ \hat{y}_j)$ 和 $D(\hat{y}_i,\ \hat{y}_k)$，拥挤距离的计算公式为

$$C(\hat{y}_i)=\frac{D(\hat{y}_i,\hat{y}_j)+D(\hat{y}_i,\hat{y}_k)}{2} \tag{5-39}$$

（5）含储能有源配电网多目标运行优化的 AA - NSGAⅡ算法流程。

在对不确定性多目标运行优化仿射模型进行求解时，首先提出针对仿射参数的快速非支配排序、Pareto 最优解和拥挤距离计算方法。进一步，结合有源配电网改进仿射前推回代潮流算法，在求解过程中得到个体的目标仿射值和约束仿射值。借鉴 NSGA - Ⅱ算法的求解思路，所提 AA - NSGAⅡ算法的求解流程如下：

1）初始化规模为 N 的种群 P_1，以及遗传算子的控制参数。

2）结合改进仿射前推回代潮流算法，得到种群 P_1 中个体对应的目标仿射值和约束仿射值，然后对种群进行快速非支配排序，设定代数 $t=1$。

3）对父代种群 P_t，通过遗传算子生成子代种群 Q_t，然后合并种群得到规模为 $2N$ 的种群 $R_t=P_t\cup Q_t$。

4）结合改进仿射前推回代潮流算法，得到种群 R_t 中个体对应的目标仿射值和约束仿射值；然后对种群 R_t 进行快速非支配排序，优先选择非支配等级低的个体进入下一代父代种群 P_{t+1}，直至某一级非支配层（假定为 L_i 级）的个体进入时，种群规模超过 N，则根据拥挤距离选择 L_i 级中的个体进入 P_{t+1}，优先选择拥挤距离较大的个体，最终生成规模为 N 的下一代父代种群 P_{t+1}。

5）更新 $t=t+1$，如果 t 小于最大设定代数，转至步骤 3）。

6）结束，得到 Pareto 最优解及前沿。

所提 AA - NSGAⅡ算法的求解流程如图 5 - 3 所示。

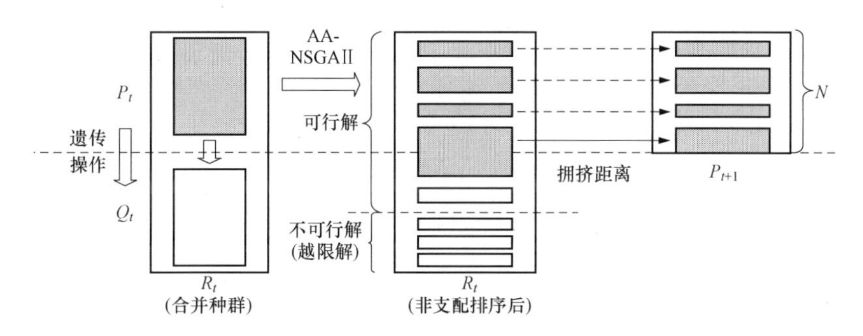

图 5 - 3　所提 AA - NSGAⅡ算法的求解流程图

3. 算例分析

(1) 系统参数与求解结果。

为验证所提不确定性环境下含储能有源配电网的多目标运行优化仿射方法，利用修正的IEEE 33节点配电系统进行仿真，主要修正点包括：①考虑分布式电源的接入及其输出功率的不确定性波动；②考虑储能的接入，充分发挥不确定性环境下储能的功率调节作用；③考虑部分节点负荷功率的不确定性波动。图5-4展示了所修正IEEE 33节点配电系统的网络拓扑。

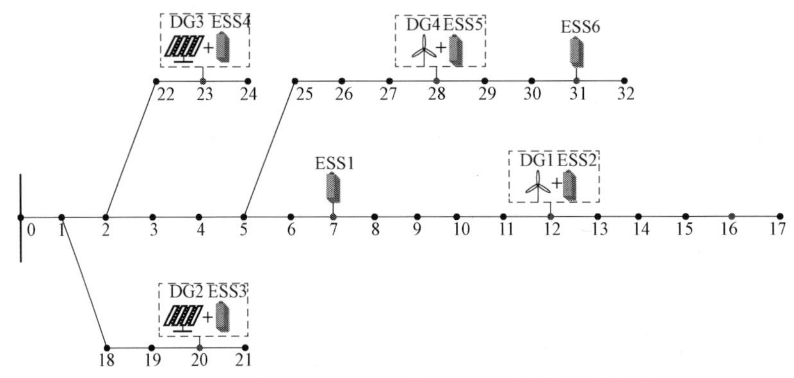

图5-4 所修正IEEE 33节点配电系统的网络拓扑

在图5-4所示的配电网络中，节点12、20、23和28处接入四个分布式电源，包括两个装机容量为400 kW的风机（DG1、DG4）和两个装机容量为300kW的光伏发电系统（DG2、DG3）。考虑分布式电源输出功率的不确定性，首先得到其有功和无功功率的仿射值。假定分布式电源运行在相同的气象条件下，选择14：00～14：30作为优化时段，根据图5-5和图5-6所示风速和光照强度在该时段的预测数据，得到风机和光伏输出有功功率的仿射值$P_{wind}=305+60\varepsilon_{wind}$，$P_{solar}=247+46\varepsilon_{solar}$。分布式电源的功率因数均为0.95。其次，考虑节点7、10、16和31处负荷功率的不确定性，不确定性波动水平均为±10%。

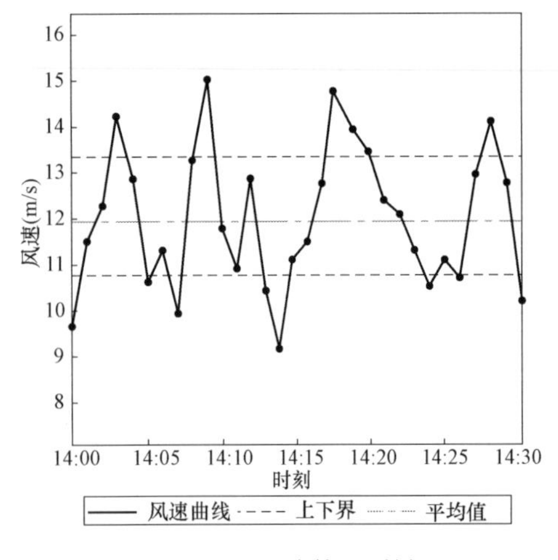

图5-5 风速的上下界

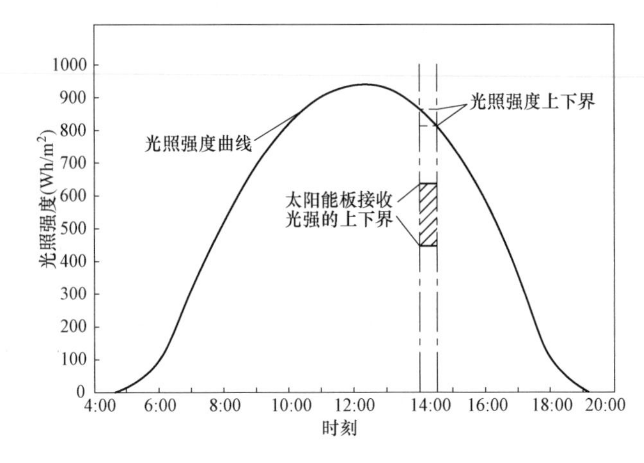

图5-6 光照强度的上下界

节点7、12、20、23、28和31接入储能，其中四个储能接入分布式电源的并网节点，两个储能接入存在不确定性波动的负荷节点。储能的装机容量均为80kW/500kWh，SOC的允许范围为[0.1，0.9]，综合充放电效率为0.8。配电网节点标称电压设为标幺值1p.u.，节点i所允许的最大电压偏差值$\Delta U_{i,\max}$设定为0.1。同时，对于节点i的复仿射电压，所允许的最大电压波动率$\alpha_{i,\max}$为2%。考虑分布式电源和负荷功率的不确定性波动，运用所提出的含储能有源配电网的不确定性多目标运行优化仿射算法，以储能功率为控制变量，进行不确定性环境下有源配电网的运行优化。

针对所提出的含储能有源配电网多目标运行优化的AA-NSGAⅡ求解算法，种群规模为50，最大代数设定为100，交叉和变异的概率分别设定为0.9和0.1。种群中每个个体包含储能有功功率仿射值的中心值和噪声系数，表示为$p=\{P_{\text{ESS1},0}, P_{\text{ESS1},1}, \cdots, P_{\text{ESS6},0}, P_{\text{ESS6},1}\}$。优化前储能未进行有功功率调节，个体的初始参数均为0。

图5-7展示了运用所提算法求解得到的Pareto前沿，即非支配排序等级为1的Pareto最优解集。通过转换运算得到目标仿射值的上下界，在二维目标空间中绘制出各个Pareto最优解的矩形边界。同时，根据配电网总有功网损的升序对Pareto最优解进行编号，部分典型解（解1、4、6、9和16）和相应目标仿射值的上下界见表5-2。

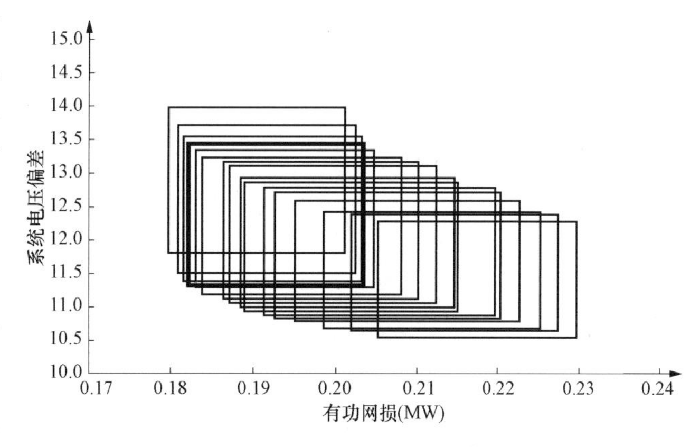

图5-7　运用所提算法求解得到的Pareto前沿

表5-2　部分典型解和相应目标仿射值的上下界

解	P_{ESS1} (kW)	P_{ESS2} (kW)	P_{ESS3} (kW)	P_{ESS4} (kW)	P_{ESS5} (kW)	P_{ESS6} (kW)	$\widetilde{f}_1(x)$ (MW)	$\widetilde{f}_2(x)$
1	[−4，36]	[−10，28]	[−33，10]	[−53，60]	[−6，11]	[−5，62]	[0.1797，0.2011]	[11.8166，13.9857]
4	[−10，28]	[−15，29]	[−55，5]	[−45，45]	[−10，62]	[−7，39]	[0.1821，0.2033]	[11.3145，13.4369]
6	[−6，30]	[−31，43]	[−10，53]	[−4，49]	[−18，45]	[−5，29]	[0.1838，0.2081]	[11.1816，13.2294]
9	[−1，30]	[−5，53]	[−24，3]	[−14，45]	[−38，59]	[−5，37]	[0.1884，0.2146]	[10.9901，12.9255]
16	[0，36]	[−17，51]	[−43，5]	[−12，62]	[−3，43]	[−34，6]	[0.2051，0.2296]	[10.5426，12.2852]

由图 5-7 和表 5-2 可见，优化后 Pareto 最优解集中的解和相应的目标仿射值均包含各自的上下界信息。Pareto 前沿中配电网总有功网损目标值较小的解，拥有较大的总电压偏差目标值。其中，对于储能的有功功率，负值表示充电功率，正值表示放电功率。考虑分布式电源和负荷功率的不确定性波动，通过确定性优化方法获得的最优运行点往往只针对某一特定的截面状态，无法涵盖所有可能的运行状态。所提出的不确定性多目标运行优化仿射方法，全面计及不确定性信息，得到的 Pareto 最优解能够提供研究时段内储能的最优功率范围，更加贴近实际，为运行调度人员提供更高的参考价值。

同时，以初始状态和图 5-7 中粗线框标注的解 4 为例，绘制配电网节点电压的上下界曲线如图 5-8 所示。通过优化前后的对比分析可知：①优化后解 4 对应的每个节点电压波动率均在 2%以内，通过储能有功功率的调节，有效削减了节点电压的波动水平；②以标幺值 1p. u.为标称电压，通过储能有功功率的调节，配电网的整体电压偏差得到了改善。

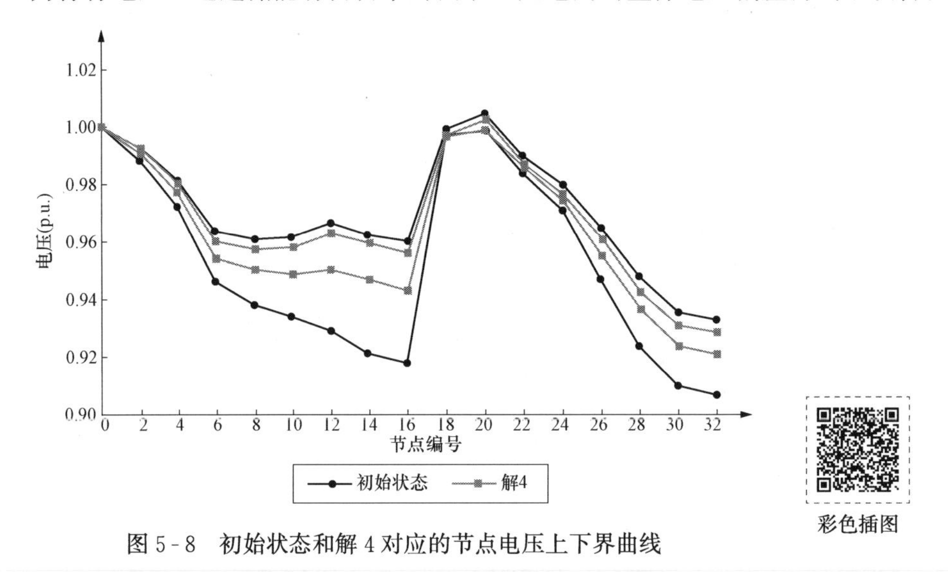

图 5-8　初始状态和解 4 对应的节点电压上下界曲线

（2）性能指标与对比分析。

从收敛性、多样性和不确定性三个方面，进一步对所提不确定性多目标运行优化的 AA-NSGAⅡ求解算法进行性能评估。首先，基于目标空间中所得到的 Pareto 前沿，提出 AA-NSGAⅡ算法的性能评估指标；然后，结合性能评估指标，将本文算法（AA-NSGAⅡ）与区间 NSGA-Ⅱ算法（Interval Arithmetic Based NSGA-Ⅱ，IA-NSGAⅡ）[6]进行比较分析，验证本文算法在处理不确定性多目标优化问题方面的优势。

1）AA-NSGAⅡ算法的性能评估指标。针对收敛性、多样性和不确定性三个方面，提出 AA-NSGAⅡ算法的性能评估指标。首先，定义收敛度指标 $C(\hat{y})$，用于评估所得 Pareto 前沿的收敛性能；其次，定义均匀度指标 $D(\hat{y})$ 和跨度指标 $S(\hat{y})$，用于评估 Pareto 最优解的多样性；然后，定义不确定度指标 $U(\hat{y})$，用于评估 Pareto 最优解的不确定性水平。指标的定义和计算过程具体如下：

a）收敛度指标 $C(\hat{y})$。在多目标优化问题的求解过程中，收敛性是反映 Pareto 最优解集质量的关键特性。针对仿射参数的 Pareto 前沿，以图 5-9 所示的二维目标空间为例，将坐标原点视为参考点，收敛度指标 $C(\hat{y})$ 的计算过程如下

$$C(\hat{y})_{\min} = \sum_{i=1}^{N_1-1} (|\underline{y}_{i+1}^{(1)} - \underline{y}_{i}^{(1)}| \underline{y}_{i+1}^{(2)}) + \underline{y}_{1}^{(1)} \underline{y}_{1}^{(2)} \tag{5-40}$$

$$C(\hat{y})_{\max} = \sum_{i=1}^{N_1-1} (|\overline{y}_{i+1}^{(1)} - \overline{y}_{i}^{(1)}| \overline{y}_{i+1}^{(2)}) + \overline{y}_{1}^{(1)} \overline{y}_{1}^{(2)} \tag{5-41}$$

$$C(\hat{y}) = \frac{C(\hat{y})_{\min} + C(\hat{y})_{\max}}{2} \tag{5-42}$$

式中：N_1 为 Pareto 前沿中最优解的个数；各个目标仿射值的上下界由转换运算得到；$C(\hat{y})_{\min}$ 为各个目标仿射值的下界与坐标轴所围区域的面积；$C(\hat{y})_{\max}$ 为各个目标仿射值的上界与坐标轴所围区域的面积。

然后，取 $C(\hat{y})_{\min}$ 和 $C(\hat{y})_{\max}$ 的平均值得到收敛度指标 $C(\hat{y})$。对于最小化的多目标优化问题求解，收敛度指标值越小，Pareto 前沿的收敛性越好。

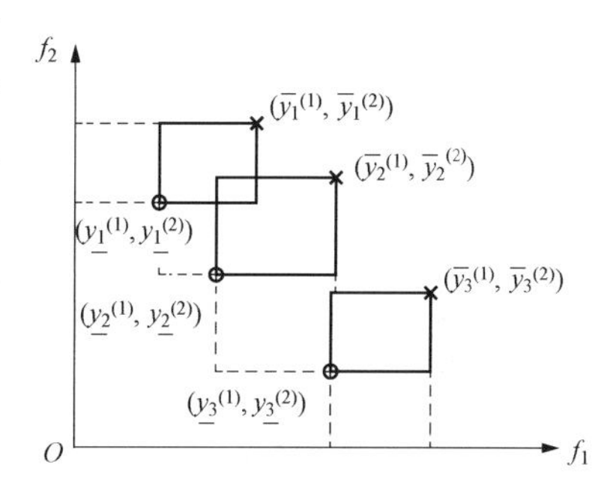

图 5-9　二维目标空间中 Pareto 前沿的示意图

b）多样性指标。Pareto 最优解集的多样性由均匀度指标 $D(\hat{y})$ 和跨度指标 $S(\hat{y})$ 来表征，基于解的距离 $D(\hat{y}_i, \hat{y}_j)$，指标计算过程如下

$$\overline{D} = \frac{1}{N_1 - 1} \sum_{i=1}^{N_1-1} D(\hat{y}_i, \hat{y}_{i+1}) \tag{5-43}$$

$$D(\hat{y}) = \frac{1}{N_1 - 1} \sum_{i=1}^{N_1-1} \sqrt{(D(\hat{y}_i, \hat{y}_{i+1}) - \overline{D})^2} \tag{5-44}$$

$$S(\hat{y}) = D(\hat{y}_1, \hat{y}_{N_1}) \tag{5-45}$$

式中：$\overline{D}$ 为目标空间中相邻解间的平均距离。

均匀度指标 $D(\hat{y})$ 的值越小，Pareto 最优解的分布就越均匀，表明目标空间中的解更加多样，而不是集中于某一区域。同时，跨度指标 $S(\hat{y})$ 越大，Pareto 前沿可包含的最优解越多。

c）不确定度指标 $U(\hat{y})$。不确定度指标 $U(\hat{y})$ 用于评估 Pareto 最优解集的保守性，表征算法处理不确定性的能力。不确定度指标 $U(\hat{y})$ 的计算基于每个超方体的体积 $V(\hat{y}_i)$，计算公式为

$$U(\hat{y}) = \frac{1}{N_1} \sum_{i=1}^{N_1} V(\hat{y}_i) \tag{5-46}$$

不确定度指标 $U(\hat{y})$ 越小，表明所得 Pareto 最优解集的保守性越低，算法处理不确定性的性能越好。

2）算法性能的对比分析。结合所提出的性能评估指标，将本书算法（AA - NAGAⅡ）和区间 NSGA - Ⅱ算法（IA - NSGAⅡ）进行比较分析。两种算法中初始参数的设定相同，基于所得到的 Pareto 最优解集及前沿计算各个性能指标值，见表 5 - 3。为便于直观比较，图 5 - 10 同时展示了两种算法性能指标值的柱状图。

表 5 - 3　　两种算法的性能指标值

优化算法	收敛度指标 $C(\hat{y})$	均匀度指标 $D(\hat{y})$	跨度指标 $S(\hat{y})$	不确定度指标 $U(\hat{y})$
AA - NSGAⅡ	2.7896	0.0380	1.3660	0.0451
IA - NSGAⅡ	3.0768	0.0437	0.6979	0.0876

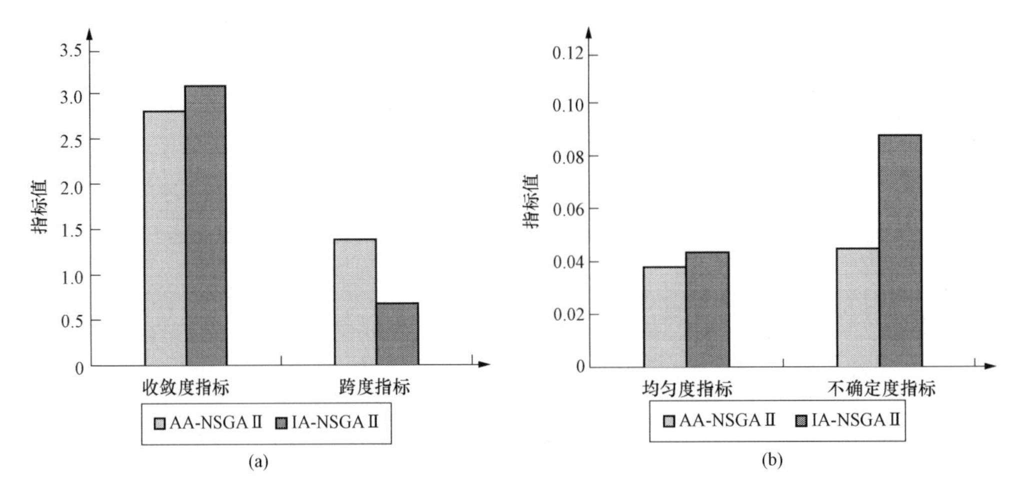

图 5 - 10　两种算法性能指标值的柱状图

（a）收敛度指标和跨度指标；（b）均匀度指标和不确定度指标

根据表 5 - 3 和图 5 - 10 分析可知，所提 AA - NSGAⅡ算法的收敛度指标值小于 IA - NSGAⅡ算法的收敛度指标值，这表明所提算法具备较优的收敛性。拥挤距离的加入有助于获得分布均匀的 Pareto 最优解，较小的均匀度指标值表明了所提算法得到的 Pareto 最优解分布更加均匀。同时，所提算法的跨度指标值较大，表明 Pareto 前沿能够提供更加广泛的最优解。对于不确定度指标，所提 AA - NSGAⅡ算法的指标值较小，这表明所提算法能够有效处理不确定性参数，所得 Pareto 最优解集的保守性较低。

同时，图 5 - 11 展示了优化过程中两种算法的收敛度指标和不确定度指标。结果表明，与 IA - NSGAⅡ算法相比，所提 AA - NSGAⅡ算法在优化过程中保持了较小的收敛度指标和不确定性度指标，所得 Pareto 最优解集的质量更高，具备更好的寻优性能。通过两种算法性能指标的对比分析，图 5 - 10 和图 5 - 11 综合表明所提 AA - NSGAⅡ具备较优的收敛性和多样性，能够有效处理不确定性多目标优化问题。

（3）不同不确定性水平的适用性分析。

将上述优化场景视为场景 1，另设场景 2 来验证不同不确定性水平下所提算法的适用性

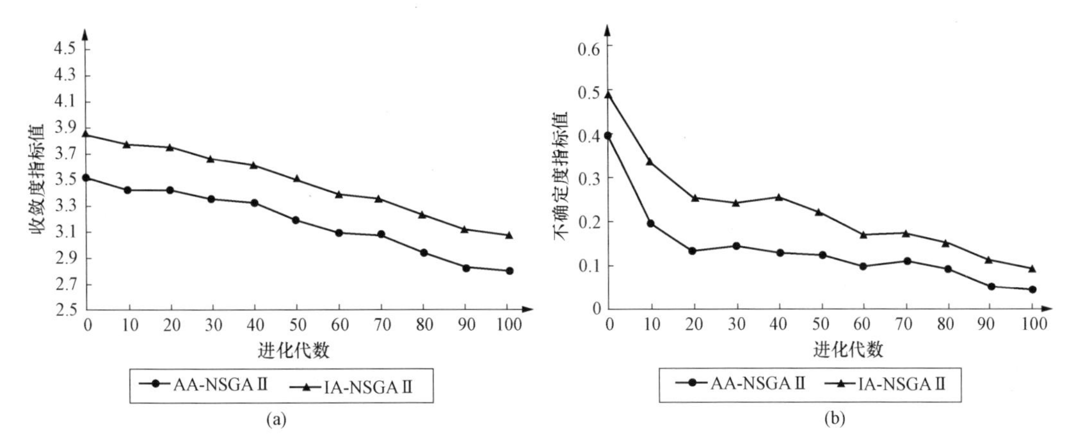

图 5-11 优化过程中两种算法的收敛度指标和不确定度指标

(a) 收敛度指标；(b) 不确定度指标

和有效性。具体来说，场景2中分布式电源输出功率和负荷功率的不确定性波动有所加剧，不确定性波动水平分别为±30%和±15%，其他运行条件同场景1。此时，储能运行于一个不确定性水平更高的环境中，通过所提出的不确定性多目标运行优化仿射算法，得到Pareto最优解集和对应的目标仿射值。以Pareto前沿中前三个最优解为例，表5-4列出了两个场景中相应的优化结果。

表 5-4 两个场景中部分最优解对应的优化结果

场景	解序号	越限量	$\widetilde{f}_1(x)$(MW)	$\widetilde{f}_2(x)$
场景1	1	0	[0.1797, 0.2011]	[11.8166, 13.9857]
	2	0	[0.1809, 0.2023]	[11.4981, 13.7259]
	3	0	[0.1815, 0.2031]	[11.3870, 13.5512]
场景2	1	0	[0.1576, 0.2252]	[10.4161, 14.5692]
	2	0	[0.1589, 0.2267]	[10.2089, 14.3233]
	3	0	[0.1603, 0.2282]	[10.1668, 14.0365]

表5-4展示了Pareto前沿中前三个最优解所对应的越限量以及目标仿射值的上下界，结果表明所有的Pareto最优解均为第一级非支配层上的可行解。与场景1的优化结果相比，场景2所得目标仿射值的上下界变宽，主要是由于分布式电源输出功率和负荷功率的不确定性波动加剧，导致了运行环境不确定性水平的提高。

(4) 考虑分布式电源和负荷季节特性的储能多时段运行优化结果。

对图5-4所示的IEEE 33节点配电系统做进一步修正，不仅考虑分布式电源和负荷功率的不确定性，还考虑其季节特性和时序特性，运用所提不确定性多目标运行优化仿射方法，得到不确定性环境下储能的多时段运行曲线，以验证所提方法在实际场景中的适用性。

考虑中国北方地区配电网中分布式电源和负荷的夏季和冬季功率特性，图5-12（a）～（c）展示了光伏、风机功率和工业负荷的24h有功功率曲线，其中纵坐标为实际功率与分布式电源装机功率或负荷峰值功率的比值。假定分布式电源和负荷的不确定性水平均为±10%，图中每段有功功率曲线均由其上下界曲线构成。图5-12（d）是节点20处光伏电源和负荷在冬季的有功功率上下界曲线。所提不确定性多目标运行优化仿射算法，通过上下界信息来全面计及可能的运行状态，得到不确定性环境下储能的多时段运行曲线，其中每个时段的持续时间为1h。

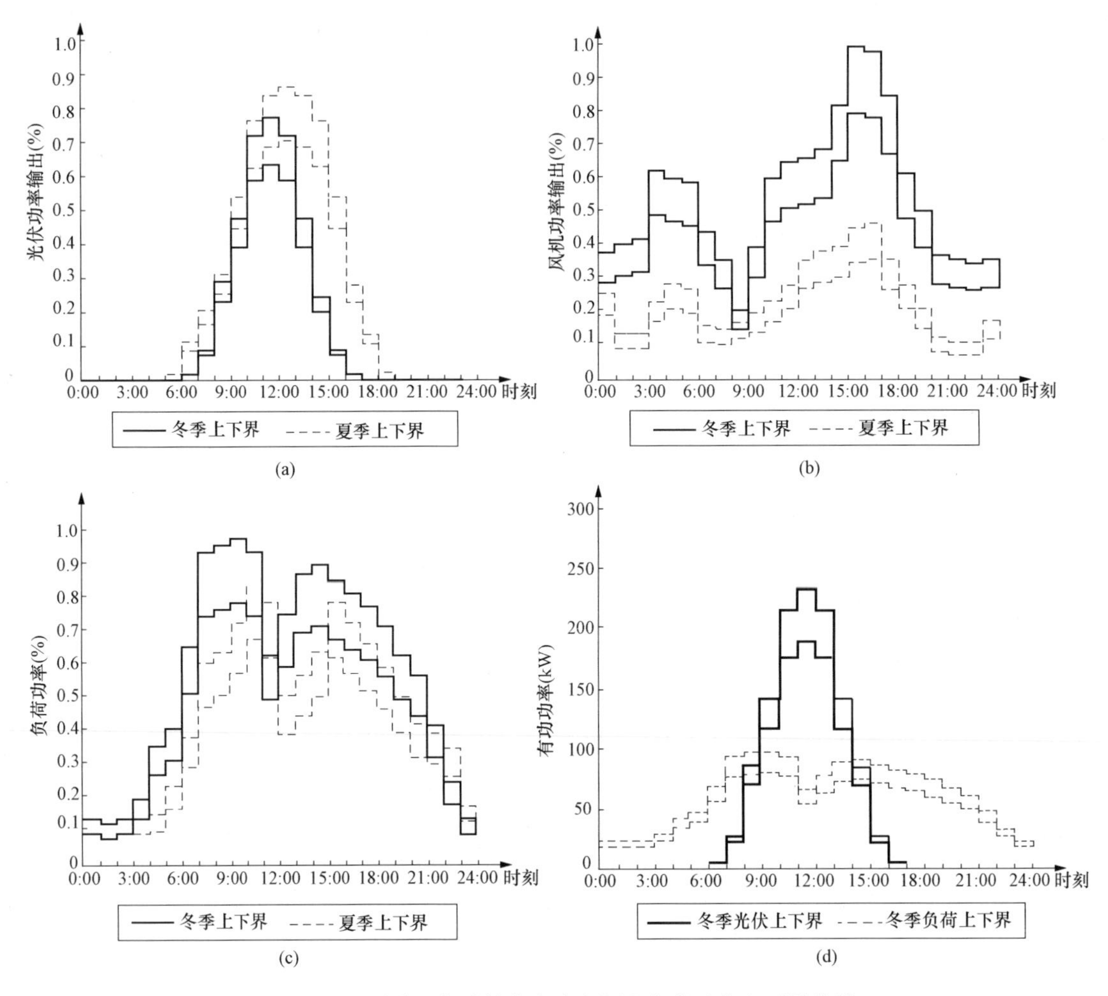

图5-12　夏季和冬季的分布式电源和负荷功率上下界曲线

（a）夏季和冬季的光伏功率上下界曲线；（b）夏季和冬季的风机功率上下界曲线；（c）夏季和冬季的工业负荷上下界曲线；（d）冬季的光伏和负荷功率上下界曲线

不同于单目标优化问题，对多目标优化问题的求解，得到的是一组Pareto最优解集以及在目标空间中的Pareto前沿。本书选择Pareto前沿中间位置的最优解作为运行调度人员的决策解，进而开展不确定性环境下含储能有源配电网的多时段运行优化。当然，每个时段最优解的选择可根据运行调度人员的决策倾向进行调整。综合考虑分布式电源和负荷的不确定性、季节性和时序性，运用所提不确定性多目标运行优化仿射算法，得到储能有功功率和荷电状态的运行曲线。储能的初始荷电状态（SOC）为 0.5，允许范围为［0.1，0.9］。以节点 20 处储能为例，图 5－13 展示了优化后夏季和冬季的储能充放电功率曲线以及荷电状态曲线，其中每段运行曲线均由其上下界曲线构成，正值表示放电功率，负值表示充电功率。

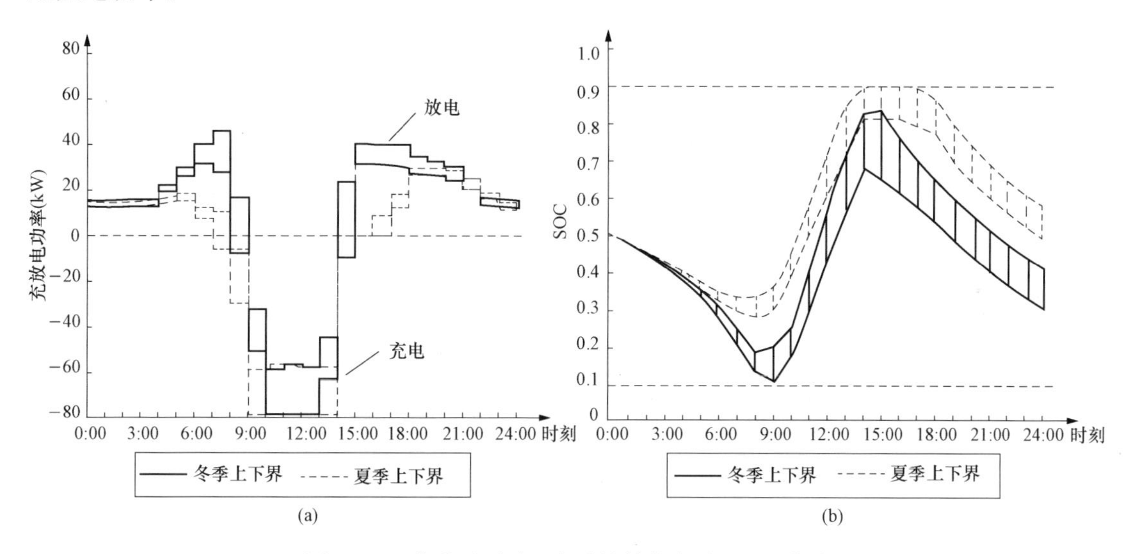

图 5－13　优化后夏季和冬季的储能多时段运行曲线

（a）夏季和冬季的充放电功率上下界曲线；（b）夏季和冬季的荷电状态上下界曲线

根据图 5－13 分析可知，不同于传统的确定性运行优化算法，所提算法通过每个时段内分布式电源和负荷功率的上下界信息来全面计及可能的运行状态，所得不确定性运行优化结果包含储能多时段运行的下界曲线和上界曲线。其中，图 5－13（a）展示了夏季和冬季的储能充放电功率上下界曲线，图 5－13（b）展示了夏季和冬季的储能荷电状态上下界曲线，体现了优化周期中储能所储存能量的范围。可见，节点 20 处储能在夏季的充电过程开始较早，并且充电的能量更多，这主要是由于夏季日的可用光照比冬季日富裕。同时，在夏季日的某些时段，储能的荷电状态已达上限值，表明储能的容量得到了充分利用。综合考虑分布式电源和负荷的不确定性、季节特性和时序特性，所得的多时段运行优化结果能够辅助运行调度人员制定不确定性环境下储能的最优运行策略。

5.2　配电网区域多微网系统协调优化调度

随着越来越多的微网接入配电网，逐渐形成了聚集在一定区域且彼此联系紧密的区域多微网系统，通过组成区域多微网系统的各个微网之间的功率交互和微网内各微源的输出功率协调，可有效提高区域多微网系统的总体运行效益。为此，建立了区域多微网协调优化调度模型[7]，通过遗传算法求解，分析了在多微网不同运行方式下对微源输出功率的优化调度，并比较了区域内单微网独立运行和多微网协调运行的经济性。

5.2.1 优化调度模型

含冷热电联供机组（CCHP）的区域多微网系统结构如图 5-14 所示。其中包含 n 个微网（MG1，…，MGn），并详细列出了微网 MG1 中的微源和负荷组成，包括风机（WT）、光伏（PV）、蓄电池（BT）和燃气轮机（MT）、空调机（AC）和锅炉（GB），同时用箭头表示电、热、冷的能量流动方向；MGCCi(i=1，…，n) 为微网 MGi(i=1，…，n) 的中央控制器。

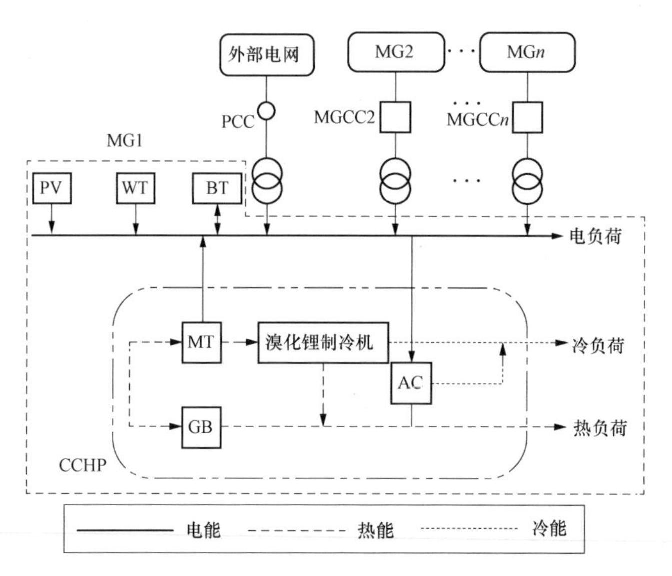

图 5-14　含 CCHP 的区域多微网系统结构示意图

1. 目标函数

(1) 维护成本。

微源的维护成本包括 PV、WT、MT、AC、GB、BT 的维护成本，计算式为

$$\begin{aligned}C_{\mathrm{om},i}(t)=&K_{\mathrm{om,PV}}P_{i,\mathrm{PV}}(t)+K_{\mathrm{om,WT}}P_{i,\mathrm{WT}}(t)+K_{\mathrm{om,BT}}P_{i,\mathrm{BT}}(t)\\&+K_{\mathrm{om,MT}}P_{i,\mathrm{MT}}(t)+K_{\mathrm{om,AC}}P_{i,\mathrm{AC}}(t)+K_{\mathrm{om,GB}}Q_{i,\mathrm{GB}}(t)\end{aligned}\tag{5-47}$$

式中：$C_{\mathrm{om},i}(t)$ 为第 i 个微网在 t 时段内的维护成本；$K_{\mathrm{om,PV}}$、$K_{\mathrm{om,WT}}$、$K_{\mathrm{om,BT}}$、$K_{\mathrm{om,MT}}$、$K_{\mathrm{om,AC}}$、$K_{\mathrm{om,GB}}$分别表示 PV、WT、BT、MT、AC、GB 的维护成本系数；$P_{i,\mathrm{PV}}(t)$、$P_{i,\mathrm{WT}}(t)$、$P_{i,\mathrm{BT}}(t)$、$P_{i,\mathrm{MT}}(t)$、$P_{i,\mathrm{AC}}(t)$、$Q_{i,\mathrm{GB}}(t)$ 分别表示在 t 时段内第 i 个微网 PV、WT、BT、MT、AC 和 GB 的输出功率。

（2）燃料成本。

微网的燃料成本主要是指 CCHP 系统消耗天然气的成本，包括 MT 和 GB 在 t 时段消耗的天然气成本，计算公式如下

$$C_{i,\mathrm{CCHP}}(t)=C_{\mathrm{ng}}[V_{i,\mathrm{MT}}(t)+V_{i,\mathrm{GB}}(t)] \tag{5-48}$$

$$V_{i,\mathrm{MT}}(t)=\frac{P_{i,\mathrm{MT}}(t)}{\eta_{\mathrm{MT}}}\frac{1}{LHV_{\mathrm{ng}}} \tag{5-49}$$

$$V_{i,\mathrm{GB}}(t)=\frac{R_{i,\mathrm{GB}}(t)}{LHV_{\mathrm{ng}}} \tag{5-50}$$

式中：$V_{i,\mathrm{MT}}(t)$、$V_{i,\mathrm{GB}}(t)$ 表示 t 时段内第 i 个微网中 MT、GB 消耗的天然气量，$\mathrm{m^3}$；C_{ng} 为单位天然气价格，元/$\mathrm{m^3}$；LHV_{ng}为天然气低位热值，取 9.78kWh/$\mathrm{m^3}$。

（3）环境成本。

微网中 PV 和 WT 为清洁能源，本书忽略其污染物的排放。因此，微网排放污染物的主要来源为 MT、GB 和配电网，其环境成本计算式为

$$C_{i,\mathrm{envir}}(t)=\sum_{k=1}^{m}\alpha_k[\beta_{k,\mathrm{MT}}P_{i,\mathrm{MT}}(t)+\beta_{k,\mathrm{GB}}Q_{i,\mathrm{GB}}(t)+\beta_{k,\mathrm{grid}}P_{i,\mathrm{grid}}(t)] \tag{5-51}$$

式中：k 和 m 表示污染物气体的类型和数量，主要包括 CO_2、SO_2、NO_x；β_k 表示微源第 k 种污染物排放系数；α_k 表示治理单位第 k 种污染物所需成本。

（4）电网交互成本。

电网交互成本计算公式为

$$C_{i,\mathrm{grid}}(t)=C_{\mathrm{buy}}(t)P_{i,\mathrm{grid}}(t)+C_{\mathrm{sell}}(t)P_{i,\mathrm{grid}}(t) \tag{5-52}$$

式中：$C_{i,\mathrm{grid}}(t)$ 表示第 i 个微网在 t 时段内与电网的交互成本；$C_{\mathrm{buy}}(t)$、$C_{\mathrm{sell}}(t)$ 分别表示 t 时段内的购电、售电电价；$P_{i,\mathrm{grid}}(t)$ 表示微网 i 与电网的交互功率，正值表示购电，负值表示售电。

（5）多微网交互成本。

多微网交互成本计算公式为

$$C_{i,\mathrm{MG}}(t)=C_{\mathrm{buy}}(t)P_{i,j}(t)+C_{\mathrm{sell}}(t)P_{i,j}(t) \tag{5-53}$$

式中：$C_{i,\mathrm{MG}}(t)$ 表示微网 i 在 t 时段内与其他微网的功率交互成本；$P_{i,j}(t)$ 表示微网 i 在 t 时段与微网 j 的交互功率，正值表示微网 i 向微网 j 购电，负值表示微网 i 向微网 j 售电。

（6）运行成本最低。

综上所述，目标函数为区域内所有 N 个微网在运行周期 T 内总的运行成本最低，即

$$\min C=\sum_{t=1}^{T}\sum_{i=1}^{N}[C_{\mathrm{om},i}(t)+C_{i,\mathrm{CCHP}}(t)+C_{i,\mathrm{envri}}(t)+C_{i,\mathrm{grid}}(t)+C_{i,\mathrm{MG}}(t)] \tag{5-54}$$

2. 约束条件

（1）等式约束。

等式约束主要包括冷热电功率平衡和储能系统运行周期内初末状态约束。

设第 i 个微网在 t 时段内的冷热电负荷分别为 $Q_{i,\mathrm{c}}(t)$、$Q_{i,\mathrm{h}}(t)$、$P_{i,\mathrm{load}}(t)$，则有

$$Q_{i,\mathrm{c}}(t)=Q_{i,\mathrm{MT,c}}(t)+Q_{i,\mathrm{AC,c}}(t) \tag{5-55}$$

$$Q_{i,\mathrm{h}}(t)=Q_{i,\mathrm{GB}}(t)+Q_{i,\mathrm{MT,h}}(t)+Q_{i,\mathrm{AC,h}}(t) \tag{5-56}$$

$$\begin{aligned}&P_{i,\mathrm{AC}}(t)+P_{i,\mathrm{load}}(t)+\sum_j P_{ij,\mathrm{sell}}(t)\\&=P_{i,\mathrm{PV}}(t)+P_{i,\mathrm{WT}}(t)+P_{i,\mathrm{BT}}(t)+P_{i,\mathrm{MT}}(t)+P_{i,\mathrm{grid}}(t)+\sum_j P_{ij,\mathrm{buy}}(t)\end{aligned} \tag{5-57}$$

考虑储能运行的周期性，为了方便调度应使每个运行周期具有同样的初始条件

$$E(0)=E(T) \tag{5-58}$$

（2）不等式约束。

第 k 个微源输出功率约束为

$$P_{k,\min}\leqslant P_k(t)\leqslant P_{k,\max} \tag{5-59}$$

储能的容量约束为

$$E_{i,\min}\leqslant E_i(t)\leqslant E_{i,\max} \tag{5-60}$$

储能的最大充放电功率约束为

$$\begin{cases}0\leqslant P_{i,\mathrm{ch}}(t)\leqslant P_{i,\mathrm{ch,max}}X_i(t)\\0\leqslant P_{i,\mathrm{dis}}(t)\leqslant P_{i,\mathrm{dis,max}}Y_i(t)\\X_i(t)\in\{0,1\},Y_i(t)\in\{0,1\}\end{cases} \tag{5-61}$$

且在同一时段 t 内，储能无法同时进行充电和放电，故存在如下约束

$$X_i(t)+Y_i(t)\leqslant 1 \tag{5-62}$$

第 i 个微网与配电网间能够允许交互的功率约束为

$$P_{i,\mathrm{grid,min}}\leqslant P_{i,\mathrm{grid}}(t)\leqslant P_{i,\mathrm{grid,max}} \tag{5-63}$$

第 i 个微网与第 j 个微网能够允许交互的功率约束为

$$P_{i,j,\min}\leqslant P_{i,j}(t)\leqslant P_{i,j,\max} \tag{5-64}$$

从设备模型可以看出，制冷/制热分别存在两种方式，吸收燃气机的余热来满足冷/热负荷和消耗电能推动压缩机进行制冷/制热，即吸收式制冷/制热和压缩式制冷/制热。由于天然气气价和电能电价的不同，其供冷/供热的成本往往是不同的。由于不同时段储能和可再生能源的输出功率不同，用户电负荷大小也不同，微源输出功率之和是否大于电负荷需求会促进微网选择更加经济的供冷/供热方式。与此同时，在区域多微网的条件下，微网不仅与电网存在功率交互，微网间彼此也存在能量的交换。由于微网从电网和从邻近微网购电的成本不同，微网在不同时段的电量购入来源不同，其内部计及制冷/制热的微源输出功率也会不同。

在以上各个微源模型的基础上，建立考虑功率交互的区域多微网经济性模型。为了验证模型的有效性，从区域各微网独立运行和区域多微网协调运行的方式下进行微源输出功率的优化及相应的经济性结果分析。

5.2.2　区域多微网经济运行策略

1. 区域各微网独立运行方式

区域各微网独立运行是指各个微网仅与相连的配电网存在电能的交换，而各个微网间没有功率交互，不存在电能交易。在这种情况下，每个微网仅考虑自身的经济运行最优，不考虑区域内其他微网的运行情况。对于微网 i 而言，在 t 时刻具体运行策略为：

1）PV、WT 作为可再生能源，不进行燃料的消耗和污染物的排放，采取跟踪最大功率输出的策略，优先利用其输出功率。

2）CCHP 系统采取“以冷/热定电”的方式。

3）当微网内部微源输出功率小于微网负荷需求时，微网向配电网购电；反之，则向配电网售电。

4）储能在购电/售电价高的情况下选择放电，在购电/售电电价低的时候选择充电。

2. 区域多微网协调运行方式

区域多微网协调运行是指微网不仅与配电网存在电能的交易，各个微网间也存在电功率的交互。此时，每个微网的运行总是以区域内所有微网经济运行为目标，因此，各微网间交互功率时，同时具备电源和负荷的特性。在该运行方式下，运行策略为：

1）可再生能源运行策略、CCHP 运行方式与独立运行方式下的运行策略相同。

2）对于微源输出功率大于负荷需求的微网，剩余电量优先与区域内其他微网进行功率交互，若有剩余则与配电网进行功率交互。

3）对于功率不足的微网，优先考虑与区域内其他微网进行功率交互，再考虑与配电网进行功率交互。

4）储能的运行策略考虑自身的微网和区域其他微网的功率情况，在发电量高于负荷量的时刻，优先考虑对邻近微网送电，若有剩余再对储能进行充电。

因此，区域内各微网独立运行方式实际就是区域内各个微网处于单微网经济运行的简单叠加，而区域多微网协调运行考虑微网的功率交互，是多微网的有机结合，以优化各个微网内微源的输出功率。

5.2.3　优化算法

上面提到的优化模型是一个非线性多约束的单目标优化，采用遗传算法进行求解。遗传算法基于自然选择，依照遗传学原理进行随机并行搜索，可进行全局最优解。应用遗传算法解决问题主要有以下几个步骤：

1）编码方式的确定。

2）适应函数的确定。

3）遗传操作方式的选择。

4）操作参数的确定以及终止条件的确定。

对简单遗传算法性能的改进也要从这几点考虑。在遗传算法中，参数交叉概率 P_c 和变

异概率 P_m 对算法的性能至关重要。P_c 越大，新个体产生速度越快，然而过大却可能破坏遗传的模式，过小则会降低新个体产生速度，导致寻求最优解的速度变慢；P_m 偏大可能导致算法随机性变大，成为纯粹的随机算法，过小则不易产生新的个体，也会降低算法的效率。有学者提出一种自适应遗传算法[8]，可使 $\delta \approx 0$ 和 P_m 能随适应度的要求而自动改变。P_c 和 P_m 计算方法为

$$P_c = \begin{cases} P_{c1} - \dfrac{(P_{c1} - P_{c2})(f - f_{avg})}{f_{max} - f_{avg}}, & (f \geqslant f_{avg}) \\ P_{c1}, & (f < f_{avg}) \end{cases} \tag{5-65}$$

$$P_m = \begin{cases} P_{m1} - \dfrac{(P_{m1} - P_{m2})(f_{max} - f)}{f_{max} - f_{avg}}, & (f \geqslant f_{avg}) \\ P_{m1}, & (f < f_{avg}) \end{cases} \tag{5-66}$$

式中：f_{max}、f_{avg} 和 f 分别表示种群中最大适应度、平均适应度和交叉个体中较大的适应度。

当种群中各个个体逐渐一致或倾向局部最优时，P_c 和 P_m 增加；当种群适应度较为分散时，P_c 和 P_m 降低。若 $f \geqslant f_{avg}$，对应的 P_c 和 P_m 较低，使得个体的解容易进入下一代；若 $f < f_{avg}$，对应的 P_c 和 P_m 较高，对应个体的解容易被淘汰。故自适应性遗传算法有利于避免解陷入局部最优。在这里，$P_{c1}=0.90$，$P_{c2}=0.65$，$P_{m1}=0.05$，$P_{m2}=0.005$。轮盘赌选择法为遗传算法中选择策略的一种，单点交叉和变异对种群个体优化。

5.2.4 算例分析

1. 算例系统

算例选择某配电网区域内三个微网 MG1、MG2 和 MG3 进行优化，其中 MG1 和 MG2 均为 CCHP 型微网，MG3 为光储微网，具体配置如图 5-15 所示。某夏季和冬季典型日中 MG1、MG2 和 MG3 的可再生能源输出功率和冷热电负荷预测结果分别如图 5-16、图 5-17 所示。

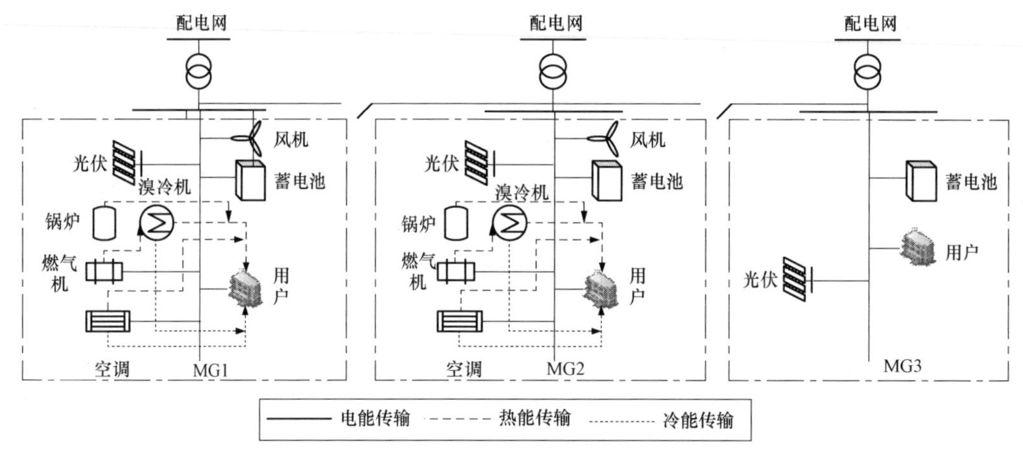

图 5-15 算例系统配置示意图

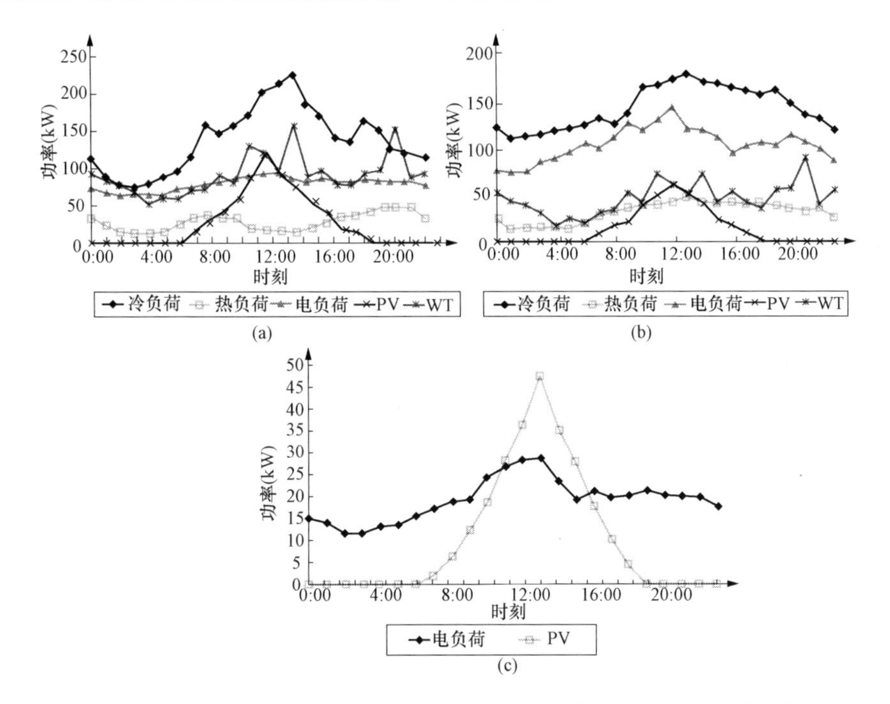

彩色插图

图 5 - 16　夏季典型日 MG1、MG2 和 MG3 输出功率和负荷预测曲线

（a）MG1；（b）MG2；（c）MG3

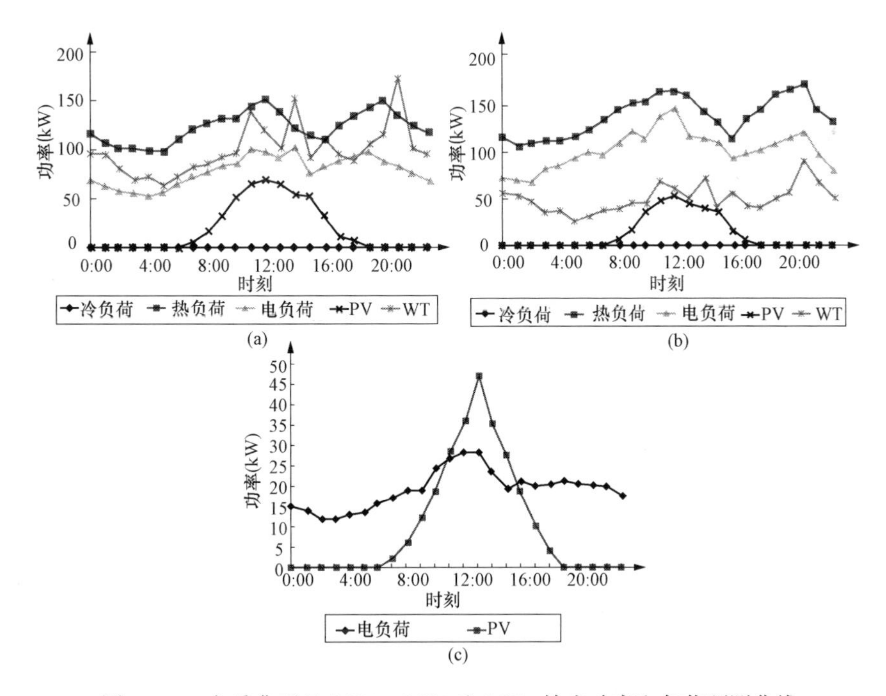

彩色插图

图 5 - 17　冬季典型日 MG1、MG2 和 MG3 输出功率和负荷预测曲线

（a）MG1；（b）MG2；（c）MG3

微源的相关参数参考文献［9］、［10］，天然气气价为2.05元/m^3，购/售电电价见表5-5，设备污染物排放系数见表5-6，微网间交易电价假设与购/售电电价相同，优化周期$T=1d$。对于储能，其容量为100kWh，额定充放电功率为20kW，$E_{min}=20\%E_{max}$，且初始容量设定为$E(0)=E_{min}$，取$\eta_{ch}=\eta_{dis}=0.9$，$\delta\approx0$。由于篇幅所限，且本文主要针对CCHP型微网进行分析，故主要讨论MG1和MG2的优化结果。

表5-5　购/售电电价

时刻		购电（元/kWh）	售电（元/kWh）
峰	10：00～15：00 18：00～21：00	0.83	0.65
平	7：00～10：00 15：00～18：00	0.49	0.38
谷	21：00～23：00 23：00～7：00	0.17	0.13

表5-6　设备污染物排放系数

污染物类型	设备	CO_2	SO_2	NO_x
污染物排放系数（g/kWh）	光伏	0	0	0
	风机	0	0	0
	燃气机	718.2	0.0036	0.00198
	锅炉	359	0.002	0.001
	电网	889	1.8	7.6
治理费用系数（元/kg）		6.650	2.375	2.120

2. 算例结果与分析

（1）独立并网运行方式下的优化结果。

独立并网运行方式下MG1、MG2内部微源输出功率情况如图5-18和图5-19所示，MG3内部微源输出功率及其与电网交互功率曲线如图5-20所示。

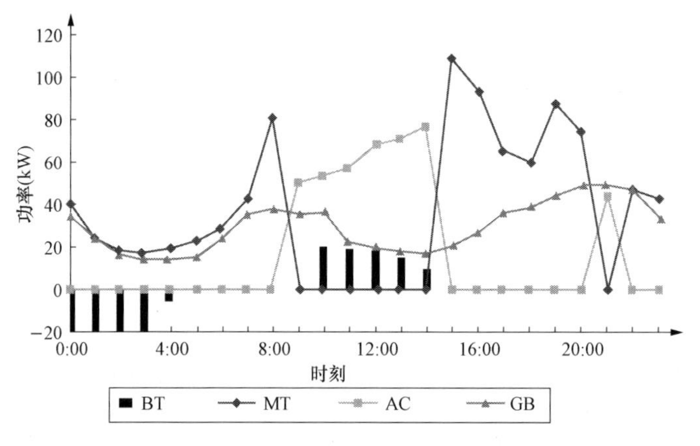

彩色插图

图5-18　独立并网运行方式下MG1微源输出功率曲线

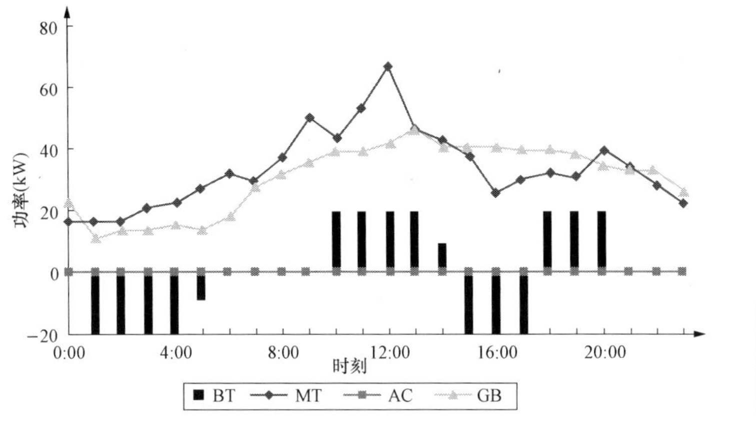

彩色插图

图 5 - 19　独立并网运行方式下 MG2 微源输出功率曲线

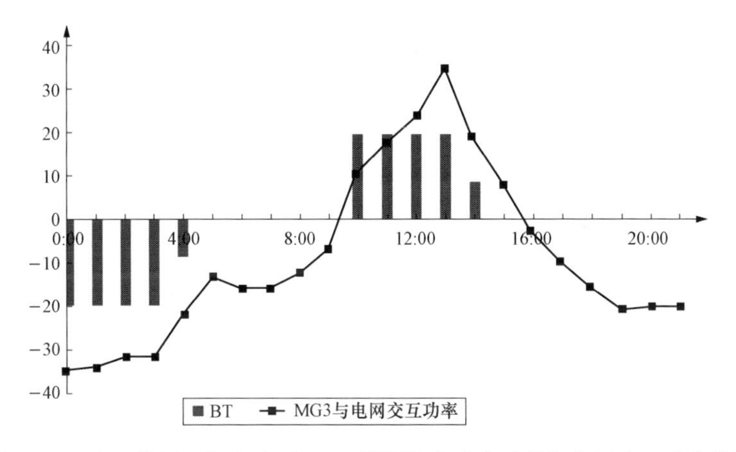

彩色插图

图 5 - 20　独立并网运行方式下 MG3 微源输出功率及其与电网交互功率曲线

对于 MG1 而言，热负荷需求主要靠 GB 满足，冷负荷由 MT 和 AC 交替满足。MG1 在大多数时段内可再生能源输出功率大于电负荷需求，存在剩余电量，为微网运行的经济性考虑，冷负荷需求时 MG1 需要考虑使用 MT 或者 AC 来满足。某些时段（如 9：00～14：00）由 AC 满足。这是由于在0：00～8：00 时段内，剩余电量相对较少甚至不存在剩余电量，在这种情况下使用 MT 满足冷负荷需求的经济性要优于 AC；在 9：00～14：00 时段内，剩余电量较多，使用 AC 满足冷负荷其运行成本不需要考虑 MG1 气体排放污染物的惩罚成本，其经济性要优于 MT。MG1 在大多数时段向配电网售电，其交互功率曲线如图 5 - 18 所示。

对于 MG2 而言，其热负荷也是由 GB 满足，MG2 在大多数时段内可再生能源发电量小于其电负荷需求，其冷负荷全部由 MT 来满足，这是由于如果采用 AC 制冷，需要向电网购电，其成本较高；MG2 内部 MT、PV、WT 不足以满足电负荷需求，需要向电网购电，与电网的交互功率曲线如图 5 - 19 所示。

(2) 协调运行方式下的优化结果。

协调运行方式下 MG1 和 MG2 可以协调交互功率，它们的输出功率情况如图 5-21 和图 5-22 所示。图 5-23 为 MG3 微源输出功率曲线及其与电网和邻近微网交互功率曲线。

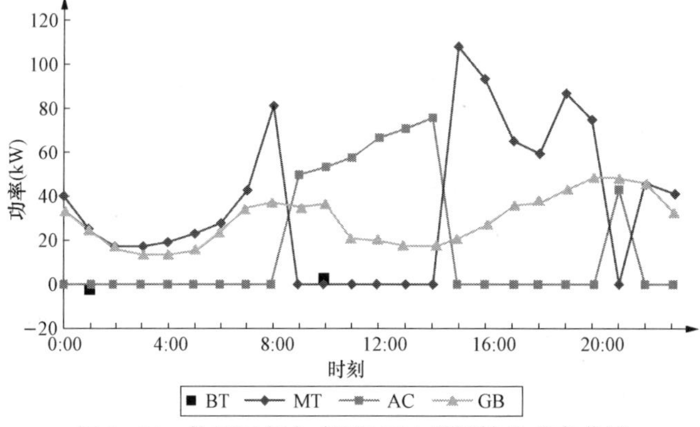

图 5-21 协调运行方式下 MG1 微源输出功率曲线

彩色插图

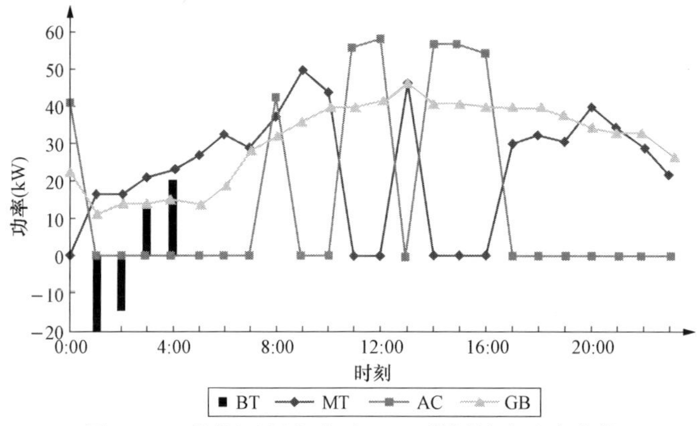

图 5-22 协调运行方式下 MG2 微源输出功率曲线

彩色插图

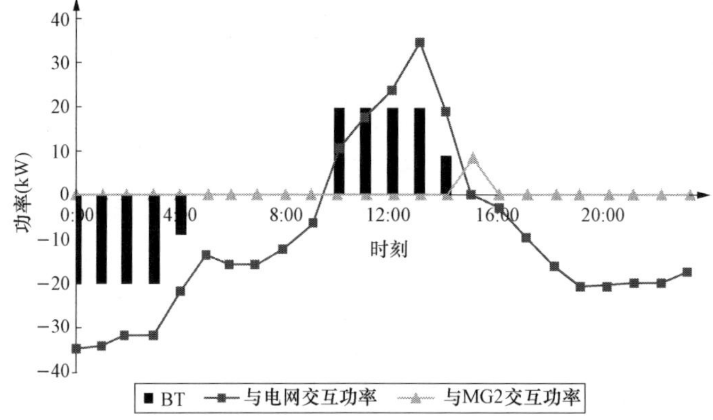

图 5-23 协调运行方式下 MG3 微源输出功率和及其与电网和邻近微网交互功率曲线

彩色插图

协调运行方式下 MG1 微源输出功率曲线与独立并网运行方式下的输出功率曲线基本相同（MT、AC、GB），不同的是储能的输出功率情况。这是因为在区域多微网协调运行方式下，MG1 和 MG2 可以协调优化，整体运行方式趋向 MG1 与 MG2 总的运行成本最低，因此 MG1 中储能充放电次数较少，MG1 的剩余电量尽量供给 MG1 的缺额电量，形成了储能基本不充不放的现象。

在部分时段中，由于 MG2 中可再生能源输出功率低于电负荷，为满足这部分缺额电量，在不考虑 MT 输出功率的情况下，MG2 需要向存在多余电量的 MG1 购电或者向配电网购电。考虑到 MG2 内的冷负荷只能由 MT 或 AC 满足，但若 MT 来满足冷负荷，则需要额外支出气体污染物排放的成本，而 MG2 若采用 AC 来满足冷负荷需求，成本会降低。因此，MG2 中存在 MT 和 AC 交替输出功率的情况。

MG1、MG2 与电网交互的功率曲线及 MG1 和 MG2 协调交互的功率曲线如图 5-24 所示。

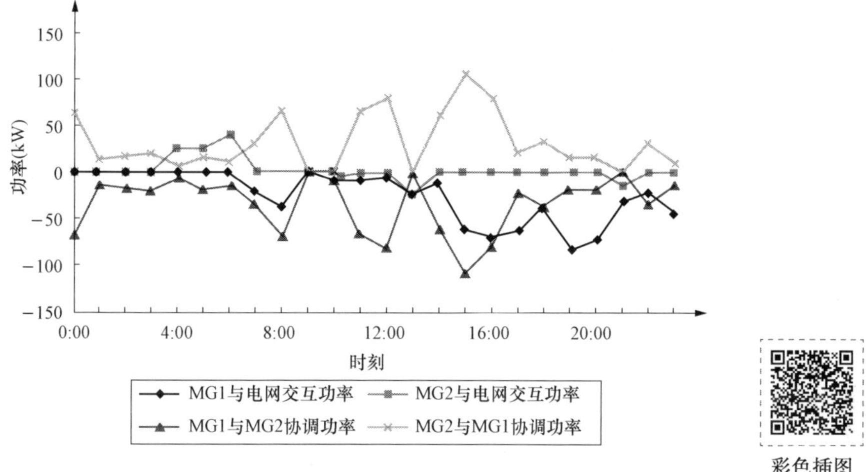

图 5-24　协调运行方式下 MG1、MG2 之间及与电网交互功率曲线

MG1 的剩余电量主要出售给电网和 MG2。MG1 的剩余电量在满足 MG2 的缺额电量的基础上，如有剩余则出售给电网。这是因为本节中 MG1 售电电价不区分售电对象，无论是面向电网还是面向区域内其他微网，其售电的电价是一致的，对于若干时刻存在剩余功率的 MG3 也是如此。而 MG2 在邻近的 MG1 和 MG3 协调交互功率难以满足其需求时，则向电网购电。

（3）结果分析。

由以上两种运行方式下 MG1 和 MG2 微源输出功率情况可知，对于缺电的 MG2，如果选择不同交互功率的对象，其微源内部输出功率方式会有很大的不同。为保证整体运行的经济性，减少由于与电网交互功率带来的环境成本，MG2 电功率的缺额优先与 MG1 和 MG3 协调满足。由于 MG1 内部储能的运行策略优先满足区域微网整体运行的经济性，在协调运行方式下 MG1 的运行成本可能会略高于独立运行方式下的运行成本，但整体的运行成本会有所降低。图 5-25 表明了在夏季和冬季两种情况下 MG1、MG2、MG3 及区域多微网整体的运行成本。由图可知，在协调运行方式下，区域多微网整体的运行成本有所降低，例如在典型夏季日区域多微网在协调运行方式下，相比与独立运行方式下，成本下降了 38.88%。通过对比分析可知，在协调运行方式下区域多微网相比于传统的微网独立运行的方式下，总成本会有所降低，验证了所提出模型的有效性。

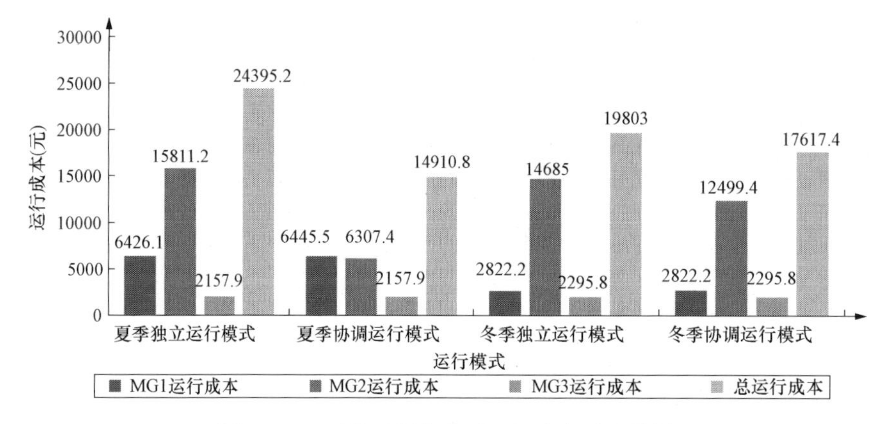

彩色插图

图 5-25　两种运行方式下运行成本对比分析

5.3　有源配电网电压优化控制

随着配电网中基于可再生能源的分布式电源的渗透率逐渐升高，配电网已成为一个多端电源供电的复杂网络，改变了传统配电网潮流单向辐射状供电模式。基于可再生能源的分布式电源输出功率具有较强的随机性和波动性，给配电网带来的电压越限问题也逐步凸显。当配电网馈线末端的分布式电源输出功率大于本地的负荷功率，将引起反向潮流，导致馈线末端电压升高；当馈线末端的分布式电源输出功率与本地负荷功率的差额达到一定程度时，馈线末端的电压可能超过电能质量标准所规定的电压水平上限值，给电网和用户负荷设备的安全造成危害。

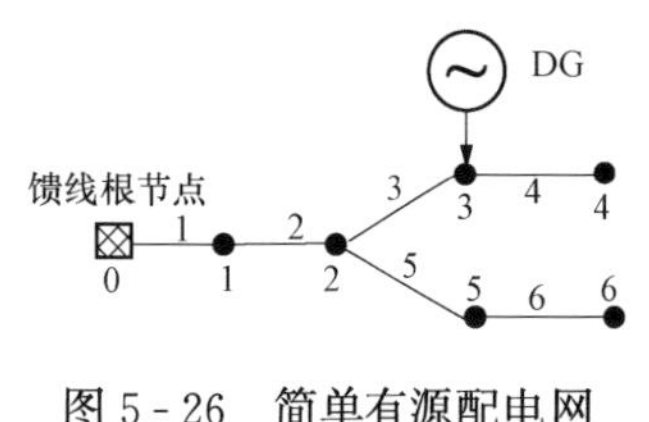

图 5-26　简单有源配电网示意图

1. 含分布式电源的配电网电压越限分析

电压灵敏度是反映当节点负荷变化时，配电系统各个节点电压的变化情况。在已有的电压灵敏度的基础上，构建分布式电源输出功率对配电网节点电压的灵敏度模型，对研究分布式电源对配电网节点电压的影响具有重要意义。以图 5-26 所示的简单配电网为例，对电压灵敏度进行分析。

在图 5-26 所示的简单有源配电网中，当分布式电源输出功率为 0 时，易得

$$U_0-U_1=\frac{(P_1+P_2+P_3+P_4+P_5+P_6)R_1+(Q_1+Q_2+Q_3+Q_4+Q_5+Q_6)X_1}{U_1} \tag{5-67}$$

$$U_1-U_2=\frac{(P_2+P_3+P_4+P_5+P_6)R_2+(Q_2+Q_3+Q_4+Q_5+Q_6)X_2}{U_2} \tag{5-68}$$

$$U_2-U_3=\frac{(P_3+P_4)R_3+(Q_3+Q_4)X_3}{U_3} \tag{5-69}$$

式中：P_i 和 Q_i 分别为节点 $i(i=1，2，3，4，5，6)$ 的有功功率和无功功率；R_j、X_j 为支路 $j(j=1，2，3)$ 的电阻、电抗；U_j 为支路 $j(j=1，2，3)$ 末端节点的电压幅值。

假设 $U_0=U_1=U_2=U_3$，则

$$U_0-U_1=\frac{(P_1+P_2+P_3+P_4+P_5+P_6)R_1+(Q_1+Q_2+Q_3+Q_4+Q_5+Q_6)X_1}{U_0} \tag{5-70}$$

$$U_0-U_2=\frac{P_1R_1+(P_2+P_3+P_4+P_5+P_6)(R_1+R_2)+Q_1X_1+(Q_2+Q_3+Q_4+Q_5+Q_6)(X_1+X_2)}{U_0} \tag{5-71}$$

$$U_0-U_3=\frac{\begin{array}{c}P_1R_1+(P_2+P_5+P_6)(R_2+R_3)+(P_3+P_4)(R_1+R_2+R_3)+\\ Q_1X_1+(Q_2+Q_5+Q_6)(X_2+X_3)+(Q_3+Q_4)(X_1+X_2+X_3)\end{array}}{U_0} \tag{5-72}$$

当节点3分布式电源的有功输出功率增加 ΔP、无功功率增加 ΔQ 时，假设各节点电压仍满足 $U_0=U_1=U_2=U_3$，忽略线路传输功率变化，则

$$\Delta U_1=\frac{R_1\Delta P+X_1\Delta Q}{U_0} \tag{5-73}$$

$$\Delta U_2=\frac{(R_2+R_1)\Delta P+(X_2+X_1)\Delta Q}{U_0} \tag{5-74}$$

$$\Delta U_3=\frac{(R_3+R_2+R_1)\Delta P+(X_3+X_2+X_1)\Delta Q}{U_0} \tag{5-75}$$

$$\Delta U_4=\Delta U_3=\frac{(R_3+R_2+R_1)\Delta P+(X_3+X_2+X_1)\Delta Q}{U_0} \tag{5-76}$$

$$\Delta U_5=\Delta U_2=\frac{(R_2+R_1)\Delta P+(X_2+X_1)\Delta Q}{U_0} \tag{5-77}$$

$$\Delta U_6=\Delta U_2=\frac{(R_2+R_1)\Delta P+(X_2+X_1)\Delta Q}{U_0} \tag{5-78}$$

易证，对于更一般情况的辐射性配电网，节点 i 分布式电源输出的有功功率增加 ΔP、无功功率增加 ΔQ 时，引起节点 m 的节点电压变化量 ΔU_m 的计算公式为

$$\Delta U_m=K_{i,m,\mathrm{vol}}^{P}\Delta P_i+K_{i,m,\mathrm{vol}}^{Q}\Delta Q_i \tag{5-79}$$

式中：$K_{i,m,\mathrm{vol}}^{P}$为节点 i 有功功率对节点 m 的电压灵敏度系数；$K_{i,m,\mathrm{vol}}^{Q}$为节点 i 无功功率节点

m 的电压灵敏度系数，具体表示为

$$K_{i,m,\mathrm{vol}}^{P}=\begin{cases}\left(\sum\limits_{j\in M_m^{bpath}}R_j\right)/U_0, & (m\in M_i^{npath})\\ \left(\sum\limits_{j\in M_i^{bpath}}R_j\right)/U_0, & (i\in M_m^{npath})\\ K_{i,T_m,\mathrm{vol}}^{P}, & (m\notin M_i^{npath}\cap i\notin M_m^{npath})\end{cases} \tag{5-80}$$

$$K_{i,m,\mathrm{vol}}^{Q}=\begin{cases}\left(\sum\limits_{j\in M_m^{bpath}}X_j\right)/U_0, & (m\in M_i^{npath})\\ \left(\sum\limits_{j\in M_i^{bpath}}X_j\right)/U_0, & (i\in M_m^{npath})\\ K_{i,T_m,\mathrm{vol}}^{Q}, & (m\notin M_i^{npath}\cap i\notin M_m^{npath})\end{cases} \tag{5-81}$$

式中：U_0 为配电网功率流入点（通常为变压器二次侧母线）电压；M_i^{npath} 和 M_m^{npath} 分别表示节点 i 和节点 m 到配电网馈线根节点经过的节点集合，以图 5-26 中的节点 3 为例，M_3^{npath} 表示从节点 3 到根节点的节点集合，包括节点 2 和节点 1；T_m 是从节点 m 到根节点所流经路径中第一个具有分支支路的节点，以图 5-26 中的节点 6 为例，节点 2 是从节点 6 到根节点所流经路径中第一个具有分支支路的节点。

由电压灵敏度模型可知，分布式电源接入配电网后，会对配电网的节点电压产生抬升作用。配电网节点电压幅值的增加量与分布式电源的输出功率成正比，比例系数与分布式电源的与节点的相对位置及配电系统的线路阻抗有关。

2. 考虑高渗透率分布式电源接入的配电网调压器控制方法

为了调节配电网中各节点的电压水平，需要根据配电网结构及负荷水平安装一定数量的配电网调压器。配电网调压器，一般串联在 6、10、35kV 配电线路中后段，通过跟踪线路电压变化，自动调节变比来实现输出电压稳定的装置，常用的为步进式电压调整器（Step Voltage Regulator，SVR）。配电调压器可以在 20%～30%的范围内对输入电压进行自动调整，特别适用于电压波动大或压降大的线路，保证用户的供电电压质量。

（1）三相调压器物理模型。

一个三相调压器可以由三个单相调压器连接而成，其中每个单相调压器可以有独立的补偿器电路。根据三个单相调压器连接方式的不同，三相调压器主要分为星形连接和角形连接两种类型。下面分别介绍星形连接和角形连接三相调压器的物理模型。

1）星形连接的配电调压器的物理模型。星形连接的三相调压器的物理模型如图 5-27 所示。无论三相调压器是处于升压位置还是降压位置，下面的等式都是成立的，即

$$\begin{bmatrix}\dot{U}_{\mathrm{An}}\\ \dot{U}_{\mathrm{Bn}}\\ \dot{U}_{\mathrm{Cn}}\end{bmatrix}=\begin{bmatrix}a_{\mathrm{Ra}} & 0 & 0\\ 0 & a_{\mathrm{Rb}} & 0\\ 0 & 0 & a_{\mathrm{Rc}}\end{bmatrix}\begin{bmatrix}\dot{U}_{\mathrm{an}}\\ \dot{U}_{\mathrm{bn}}\\ \dot{U}_{\mathrm{cn}}\end{bmatrix} \tag{5-82}$$

式中：a_{Ra}、a_{Rb}、a_{Rc}分别表示三个单相调压器的有效匝数比；$\dot{U}_{An}$、$\dot{U}_{Bn}$、$\dot{U}_{Cn}$分别表示三相调压器输入端的三相电压；$\dot{U}_{an}$、$\dot{U}_{bn}$、$\dot{U}_{cn}$分别表示三相调压器输出端的三相电压。

图 5-27 所示星形连接的三相调压器输入端和输出端的电流关系为

$$\begin{bmatrix}\dot{I}_A\\\dot{I}_B\\\dot{I}_C\end{bmatrix}=\begin{bmatrix}\dfrac{1}{a_{Ra}} & 0 & 0\\0 & \dfrac{1}{a_{Rb}} & 0\\0 & 0 & \dfrac{1}{a_{Rc}}\end{bmatrix}\begin{bmatrix}\dot{I}_a\\\dot{I}_b\\\dot{I}_c\end{bmatrix} \tag{5-83}$$

式中：$\dot{I}_A$、$\dot{I}_B$、$\dot{I}_C$分别表示调压器输入端的三相电流；$\dot{I}_a$、$\dot{I}_b$、$\dot{I}_c$分别表示调压器输出端的三相电流。

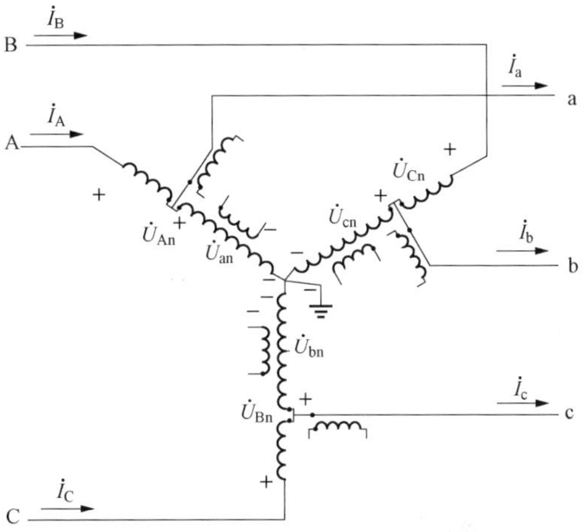

图 5-27　星形连接的三相调压器物理模型

式（5-82）和式（5-83）分别表示调压器两端的电压关系和电流关系，可用于配电网的稳态分析。当三个单相调压器连接成星形时，有效的匝数比（a_{Ra}、a_{Rb}、a_{Rc}）可以取不同的值，所以星形连接的配电调压器可以实现三相独立调节。

2）角形连接的配电调压器的物理模型。角形连接的三相调压器的物理模型如图 5-28 所示。角形连接的调压器通常被用在三线制角形连接的馈线系统中。

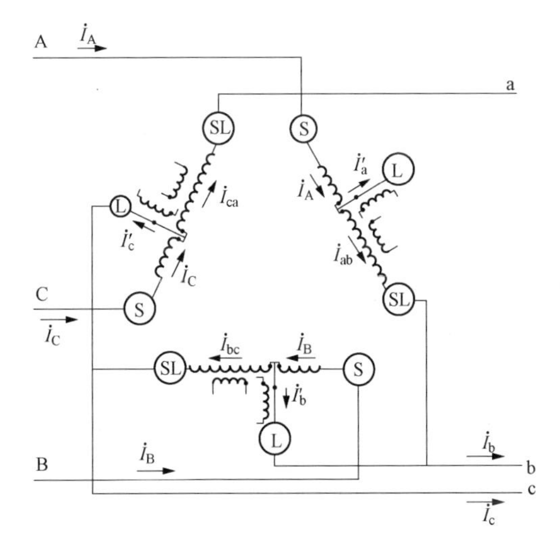

图 5-28　角形连接的三相调压器

根据图 5-28 所示，从 A 相和 B 相之间的线电压开始，围绕一个闭合环路运用基尔霍夫电压定律，可得下面的等式

$$\dot{U}_{AB}+\dot{U}_{Bb}+\dot{U}_{ba}+\dot{U}_{aA}=0 \tag{5-84}$$

用 a_{Rab}、a_{Rbc}、a_{Rca}分别表示三个单相调压器的有效的匝数比，根据单相调压器的基本理论可知

$$\dot{U}_{Bb}=(a_{Rbc}-1)\dot{U}_{bc} \tag{5-85}$$

$$\dot{U}_{aA}=(1-a_{Rab})\dot{U}_{ab} \tag{5-86}$$

$$\dot{U}_{ba}=-\dot{U}_{ab} \tag{5-87}$$

将式（5-85）～式（5-87）代入式（5-84）可得

$$\dot{U}_{AB}=a_{Rab}\dot{U}_{ab}+(1-a_{Rbc})\dot{U}_{bc} \tag{5-88}$$

按照相同的步骤可以推导出其他线电压的表达式，则角形连接调压器（简称角形调压器）输入端与输出端的电压关系为

$$\begin{bmatrix}\dot{U}_{AB}\\ \dot{U}_{BC}\\ \dot{U}_{CA}\end{bmatrix}=\begin{bmatrix}a_{Rab} & 1-a_{Rbc} & 0\\ 0 & a_{Rbc} & 1-a_{Rca}\\ 1-a_{Rab} & 0 & a_{Rca}\end{bmatrix}\begin{bmatrix}\dot{U}_{ab}\\ \dot{U}_{bc}\\ \dot{U}_{ca}\end{bmatrix}\tag{5-89}$$

$$[\dot{U}_{LL,ABC}]=[K][\dot{U}_{LL,abc}]\tag{5-90}$$

其中

$$[K]=\begin{bmatrix}a_{Rab} & 1-a_{Rbc} & 0\\ 0 & a_{Rbc} & 1-a_{Rca}\\ 1-a_{Rab} & 0 & a_{Rca}\end{bmatrix}\tag{5-91}$$

角形连接侧的线电压与线对等效中性点的电压的关系为

$$[\dot{U}_{LL,ABC}]=[D][\dot{U}_{LN,ABC}]\tag{5-92}$$

其中

$$[D]=\begin{bmatrix}1 & -1 & 0\\ 0 & 1 & -1\\ -1 & 0 & 1\end{bmatrix}\tag{5-93}$$

$$[\dot{U}_{LN,abc}]=[W][\dot{U}_{LL,abc}]\tag{5-94}$$

$$[W]=\frac{1}{3}\begin{bmatrix}2 & 1 & 0\\ 0 & 2 & 1\\ 1 & 0 & 2\end{bmatrix}\tag{5-95}$$

将式（5-92）、式（5-94）代入式（5-90）可得调压器一次侧与二次侧线对等效中性点的电压之间的关系

$$[\dot{U}_{LN,abc}]=[W][K]^{-1}[D][\dot{U}_{LN,ABC}]\tag{5-96}$$

在负荷侧 a 节点运用基尔霍夫电流定律可得

$$\dot{I}_a=\dot{I}'_a+\dot{I}_{ca}=\dot{I}_A-\dot{I}_{ab}+\dot{I}_{ca}\tag{5-97}$$

根据调压器的基本工作原理可得

$$\dot{I}_{ab}=(1-a_{Rab})\dot{I}_A\tag{5-98}$$

$$\dot{I}_{ca}=(1-a_{Rca})\dot{I}_C\tag{5-99}$$

将式（5-98）和式（5-99）代入式（5-97）可得

$$\dot{I}_a=a_{Rab}\dot{I}_A+(1-a_{Rca})\dot{I}_C\tag{5-100}$$

在其他两个负荷侧可以使用相同的推导方法，则角形调压器输入端与输出端的电流关系为

$$\begin{bmatrix}\dot{I}_a\\\dot{I}_b\\\dot{I}_c\end{bmatrix}=\begin{bmatrix}a_{Rab} & 0 & 1-a_{Rca}\\1-a_{Rab} & a_{Rbc} & 0\\0 & 1-a_{Rbc} & a_{Rca}\end{bmatrix}\begin{bmatrix}\dot{I}_A\\\dot{I}_B\\\dot{I}_C\end{bmatrix} \tag{5-101}$$

由此可知，如果角形调压器的一个分接头位置发生变化，则都会对两相的电压和电流产生影响。所以，实际工程中较少使用角形调压器。

(2) 含调压器的馈线电压调整分析。

下面以含有一台单相调压器和高渗透率分布式电源接入的配电馈线为例，分析调压器的电压调整作用。其中，将高渗透率分布式电源以一个大容量的分布式电源等效表示，如图5-29所示。

在图5-29中，U_1和U_2分别表示调压器一、二次侧的电压幅值，U_{PCC}表示公共连接点（PPC）的电压幅值，R和X分别表示线路的电阻和电抗，P_2和Q_2分别表示母线2处的有功功率和无功功率，P_L和Q_L分别表示PCC点负荷的有功功率和无功功率，P_G和Q_G分别表示分布式电源发出的有功功率和无功功率。

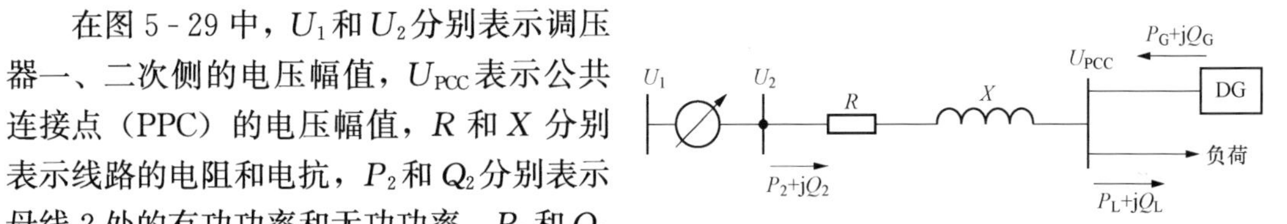

图5-29　含有调压器和分布式电源接入的配电馈线

根据调压器的基本工作原理，其一、二次侧的电压关系为

$$\dot{U}_1=n\dot{U}_2 \tag{5-102}$$

用P_{PCC}和Q_{PCC}分别表示PCC点的注入有功功率和无功功率，则

$$P_{PCC}=P_L-P_G \tag{5-103}$$

$$Q_{PCC}=Q_L-Q_G \tag{5-104}$$

调压器二次侧和PCC点的电压差可以表示为

$$\dot{U}_2-\dot{U}_{PCC}=(R+jX)\left(\frac{P_{PCC}+jQ_{PCC}}{\dot{U}_{PCC}}\right)^* \tag{5-105}$$

将式（5-102）代入式（5-105），可得

$$\frac{\dot{U}_1}{n}=\dot{U}_{PCC}+\frac{P_{PCC}R+Q_{PCC}X}{\dot{U}_{PCC}^*}+\frac{j(P_{PCC}X-Q_{PCC}R)}{\dot{U}_{PCC}^*} \tag{5-106}$$

式中：$\dot{U}_{PCC}^*$表示$\dot{U}_{PCC}$的共轭。

设$\dot{U}_{PCC}=U_{PCC}\angle 0°$，则式（5-106）变形为

$$\frac{\dot{U}_1}{n}=U_{PCC}+\frac{P_{PCC}R+Q_{PCC}X}{U_{PCC}}+\frac{j(P_{PCC}X-Q_{PCC}R)}{U_{PCC}} \tag{5-107}$$

然后可求得式（5-107）的两个解$U_{PCC,1}$和$U_{PCC,2}$分别为

$$U_{PCC,1}^2=\frac{1}{2}\left[\left(\frac{U_1}{n}\right)^2-2(P_{PCC}R+Q_{PCC}X)\right]+\frac{1}{2}\left\{\left[\left(\frac{U_1}{n}\right)^2-2(P_{PCC}R+Q_{PCC}X)\right]^2\right.$$

$$-4(P_{PCC}R+Q_{PCC}X)^2-4(P_{PCC}X-Q_{PCC}R)^2\Big\}^{1/2} \tag{5-108}$$

$$U_{PCC,2}^2=\frac{1}{2}\left[\left(\frac{U_1}{n}\right)^2-2(P_{PCC}R+Q_{PCC}X)\right]-\frac{1}{2}\Big\{\left[\left(\frac{U_1}{n}\right)^2-2(P_{PCC}R+Q_{PCC}X)\right]^2$$

$$-4(P_{PCC}R+Q_{PCC}X)^2-4(P_{PCC}X-Q_{PCC}R)^2\Big\}^{1/2} \tag{5-109}$$

将图 5-29 中所示的各电气量进行标幺化，使得 $U_1=1.0$p.u.，$|P_{PCC}|<1.0$p.u.，$|Q_{PCC}|<1.0$p.u.。

由于配电线路参数 R 和 X 都远小于 1.0p.u.，所以式（5-108）、式（5-109）中除了 $(U_1/n)^2$这项外，其余项的值远小于 1.0p.u.。显然，$U_{PCC,1}$接近 1.0p.u.，而 $U_{PCC,2}$远偏离 1.0p.u.。而在实际的配电系统中，U_{PCC}应该接近 1.0p.u.，所以 $U_{PCC,2}$不是式（5-107）的合理解，只有 $U_{PCC,1}$是式（5-108）的合理解。

当图 5-29 中配电系统的负荷发生变化以及分布式电源的输出功率波动时，PCC 点的注入功率 P_{PCC}和 Q_{PCC}将发生变化。根据式（5-108）可知，调节馈线调压器的分接头，可以改变 n 的值，从而缓解 P_{PCC}和 Q_{PCC}的变化所引起的 U_{PCC}的变化。所以通过合理配置和调整调压器，能够有效地减缓高渗透率分布式电源所引起的馈线电压幅值越限问题，从而便于智能配电网接入更高渗透率的分布式电源。

（3）三相调压器的控制方法。

1）基于线路压降补偿的调压器控制方法。调压器由自耦变压器和有载分接头改变装置组合而成。分接头的位置是通过线路电压下降补偿器决定的，图 5-30 为其电路简图。电压下降补偿（Line Drop Compensator，LDC）电路的目的是模拟调压器出口到 PCC 点之间配电线路上的电压降落。要实现用 LDC 电路模拟调压器出口到负荷中心的电压降落的关键是对图 5-30 中的 R 和 X 值进行整定计算，其计算公式如下

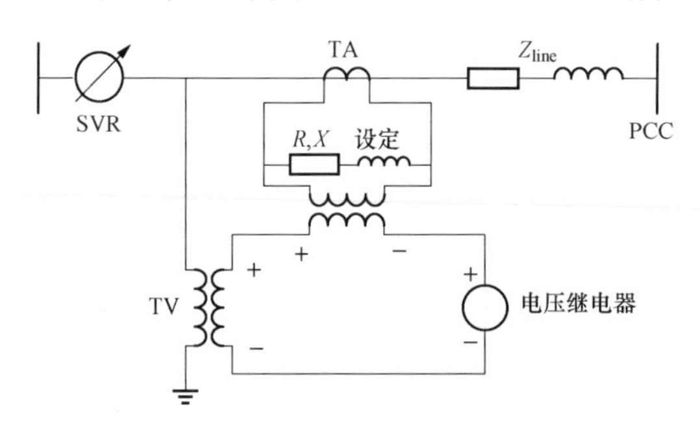

图 5-30　线路电压下降补偿电路

$$R+jX=Z_{eq}\frac{K_{TA}}{K_{TV}} \tag{5-110}$$

式中：Z_{eq}是调压器到负荷中心的等效阻抗；K_{TA}是图 5-30 中电流互感器 TA 的变比；K_{TV}是图 5-30 中的电压互感器 TV 的变比。

现阶段计算该等效阻抗值时比较常用的方法是：在不使用电压调整设备的情况下，进行一次最大负荷状态下的潮流计算，从而计算出调压器出口到 PCC 点之间的等效阻抗，其计算公式为

$$Z_{eq}=\frac{\dot{U}_{re}-\dot{U}_{LD}}{\dot{I}_L} \tag{5-111}$$

式中：$\dot{U}_{re}$表示调压器出口电压相量；$\dot{U}_{LD}$表示负荷中心处的电压相量；$\dot{I}_L$表示调压器出口

处的电流相量。

以图 5-31 所示的配电系统为例，假设母线 3 是负荷中心，$\dot{U}_1$ 是调压器出口电压，$\dot{U}_3$ 是负荷中心的电压，$\dot{I}_1$是调压器出口流出的电流，则根据式（5-111），可得从调压器出口到母线 3 之间的等效阻抗为

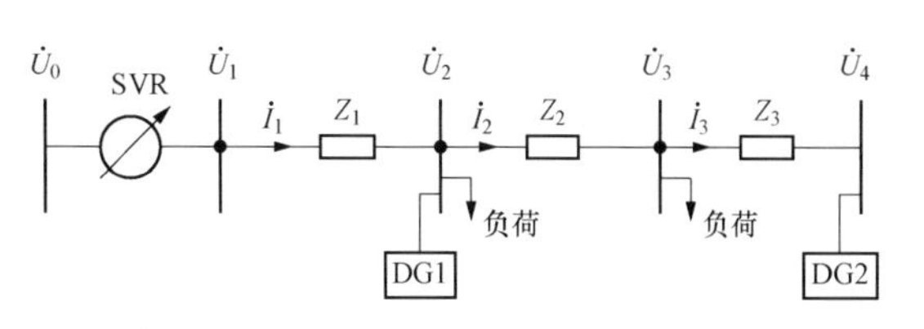

图 5-31　接入分布式电源的配电系统

$$Z_{eq}=\frac{\dot{U}_1-\dot{U}_3}{\dot{I}_1}=\frac{\dot{I}_1Z_1+\dot{I}_2Z_2}{\dot{I}_1}=Z_1+\frac{\dot{I}_2Z_2}{\dot{I}_1} \tag{5-112}$$

下面分三种情况进行分析：

a）如果图 5-31 所示配电系统没有接入分布式电源，则潮流的方向是从调压器到负荷。根据式（5-112）可知，负荷变化导致 $\dot{I}_2/\dot{I}_1$的值变化，所以负荷变化时等效阻抗 Z_{13}是变化的，因此用系统最大负荷状态时计算出的等效阻抗来对补偿电路进行设定是不够准确的，应该采用配电系统的实时负荷来计算等效阻抗。

b）如果只在图 5-31 中的母线 2 处接入分布式电源，当分布式电源的渗透率比较大时，可能发生母线 2 处的分布式电源在满足下游负荷需求的同时向上游电网送电，这时 $\dot{I}_1$和 $\dot{I}_2$近似是反向的，使实际的等效阻抗明显小于最大负荷时的等效阻抗，这将导致补偿电路的控制作用失效。

c）如果只在图 5-31 中的母线 4 处接入分布式电源，当分布式电源的渗透率比较大时，母线 2 处可能成为馈线上的功率分点，这时 $\dot{I}_1$和 $\dot{I}_2$是近似反向的。如同 b）中所分析的那样，这时补偿电路的控制作用失效。

综上所述，高渗透率分布式电源接入配电网导致反向潮流时，传统的调压器控制方式不能正确地控制负荷中心的电压。针对这个问题，提出一种以通信为基础的三相调压器模糊控制方法，以便准确地控制含分布式电源的配电网中 PCC 点的电压幅值。

2）基于通信的模糊控制方法。基于通信的调压器模糊控制方法的结构如图 5-32 所示。

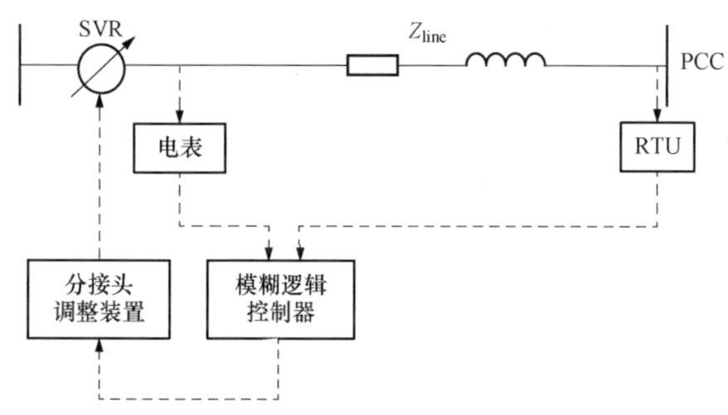

图 5-32　基于通信的调压器模糊控制方法结构图

馈线调压器作为一种电压调整设备，改变其分接头将对配电网中其他母线的电压起到调整作用，而这种电压调整作用可以用简化的线性调整模型表示，即

$$\varepsilon_j=\frac{U_{SET}}{U_{LC}} \tag{5-113}$$

$$U_i^{r}=\varepsilon_j U_i^{ur} \tag{5-114}$$

式中：U_{LC}是没有调整前负荷中心的母线电压幅值；U_{SET}是 PCC 点母线电压幅

值的设定值；U_i^{ur}、U_i^r 分别表示调压设备调整前、后母线 i 的电压幅值；ε_j 是 PCC 点等效的第 j 个调压设备的调整系数。

根据以上模型，所提出的以通信为基础的调压器模糊控制方法的计算步骤如下：

a）如图 5 - 32 所示，通过远程测量装置（RTU）采集 PCC 点的电压幅值 U_{PCC}，然后将 U_{PCC} 通过通信装置输入到模糊控制器。

b）模糊控制器通过分析，给出新的 PCC 点的电压设定值 U_{SET}。

c）设 SVR 的分接头动作前、后的调压器出口电压幅值分别为 U^{ur}、U^r，通过式（5 - 113）计算出 ε_j，然后通过式（5 - 114）计算出新的 SVR 的目标调整值 U_i^r。

d）设 SVR 的分接头向高挡位改变 1 挡所引起调压器出口电压幅值变化为 ΔU，则 SVR 动作后的挡位值计算式为

$$\text{Tap}^r = \text{Tap}^{ur} + \text{round}\left(\frac{U^r - U^{ur}}{\Delta U}\right) \tag{5 - 115}$$

式中：Tap^{ur} 为 SVR 的分接头动作前的挡位值；round( ) 表示对括号内的式子进行取整运算。

e）最后对预定的 SVR 分接头动作后的挡位值进行校验，并决定最终的 SVR 动作后的挡位值 Tap，其计算公式为

$$\text{Tap} = \begin{cases} \text{Tap}^r，（\text{Tap}^{min} \leqslant \text{Tap}^r \leqslant \text{Tap}^{max}） \\ \text{Tap}^{min}，（\text{Tap}^r < \text{Tap}^{min}） \\ \text{Tap}^{min}，（\text{Tap}^r > \text{Tap}^{max}） \end{cases} \tag{5 - 116}$$

式中：Tap^{min}、Tap^{max} 分别是 SVR 分接头的最低、最高挡位。

（4）模糊控制器的设计。

以光伏、风力发电等新能源为代表的分布式电源的输出功率直接受天气条件的影响，具有很强的波动性和不确定性。而当分布式电源渗透率很高时，其波动性将使得馈线电压同样频繁波动，这将引起调压器的频繁动作。为了使调压器的动作次数更加合理，所提出的控制方法是根据历史的负荷数据、分布式电源输出功率数据以及操作人员的控制经验对模糊控制器进行建模。通过模糊控制器实现对 PCC 点母线电压幅值变化趋势的判断，进而采取更加有预判性的调整措施，在保证 PCC 点母线电压幅值符合标准的同时，减小调压器的工作频率。

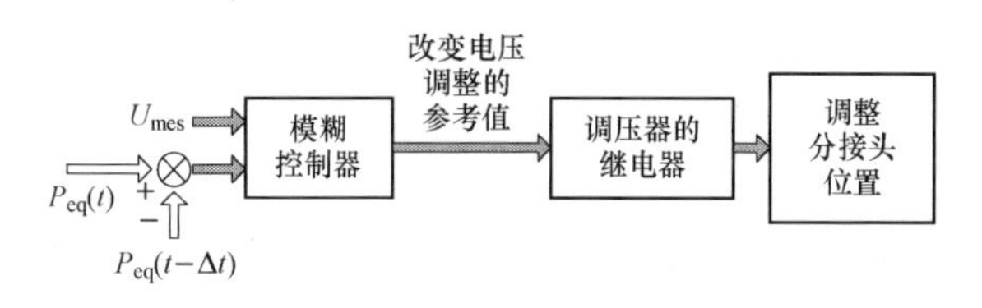

图 5 - 33　模糊控制系统的结构简图

1）模糊控制器的结构设计。如图 5 - 33 所示，将 PCC 点的母线幅值和调压器出口侧的功率增量作为模糊控制器的输入量，通过模糊控制规则，选择不同的电压参考值作为模糊控制器的输出量。然后模糊控制器将新设定的电压参考值信号传递给继电器控制电路，从而改变调压器的分接头位置。

模糊控制器的一个输入量来源于 RTU 量测的 PCC 点母线电压幅值 U_{mes}，如图 5 - 34 所示，用 3 个隶属度函数来表示 U_{mes} 的实测值与模糊值的映射关系。

模糊控制器的另一个输入量 $\Delta P_{eq}(t)$ 与调压器出口侧的有功功率和无功功率有关。根据图 5 - 34 所示可知，母线 2 和 PCC 点的电压差为

$$\dot{U}_2-\dot{U}_{PCC}=(R+jX)\left(\frac{P_2+jQ_2}{\dot{U}_2}\right)^* \tag{5 - 117}$$

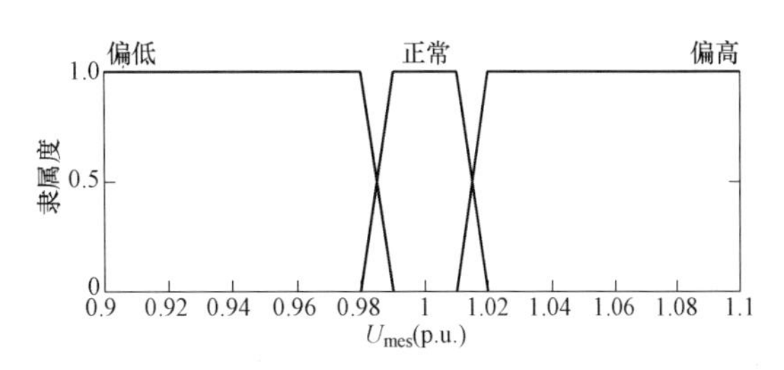

图 5 - 34　PCC 母线电压幅值作为模糊输入量的隶属度函数

设 $\dot{U}_2=U_2\angle 0°$，则 PCC 点的母线电压幅值为

$$U_{PCC}=\left[U_2^2-2(P_2R+Q_2X)+\frac{P_2^2R^2+Q_2^2X^2+P_2^2X^2+Q_2^2R^2}{U_2^2}\right]^{1/2} \tag{5 - 118}$$

根据前面的分析，将式（5 - 118）中各物理量化成标幺值后，可知影响 U_{PCC} 大小的主要因素是 P_2R+Q_2X，所以本节定义一个等效的功率 P_{eq}，用以衡量调压器出口处的功率变化对 PCC 点母线电压的影响，P_{eq} 的表达式为

$$P_{eq}=P_2+\frac{Q_2X}{R} \tag{5 - 119}$$

在实际中，从调压器出口到 PCC 点之间可能有很多分支，为了计算简便，式（5 - 119）中的 R 和 X 近似取调压器出口处所连接的第一条馈线的电阻和电抗值。

本节提出的等效功率这一概念，是将线路所传输的有功功率和无功功率对电压降落的影响表示成一个物理量。相比于同时将有功功率增量和无功功率增量都作为模糊控制器的输入量，等效功率这一概念的提出，减少了模糊控制器输入变量的数量，有利于控制结构的简化。用 t 时刻的等效功率减去 $t-\Delta t$ 时刻的等效功率就是 Δt 时间间隔的等效功率增量，即

$$\Delta P_{eq}(t)=P_{eq}(t)-P_{eq}(t-\Delta t) \tag{5 - 120}$$

等效功率的增量间接地反映了 PCC 点母线电压幅值的变化趋势，这有助于调压器更加主动地选择合适的分接头位置。

所提出的模糊控制策略以过去 7 天所记录的等效功率增量绝对值的最大值作为基准，进而将调压器出口处的等效功率增量标准化。等效功率增量作为模糊控制器的一个输入量，其模糊隶属度函数如图 5 - 35 所示。

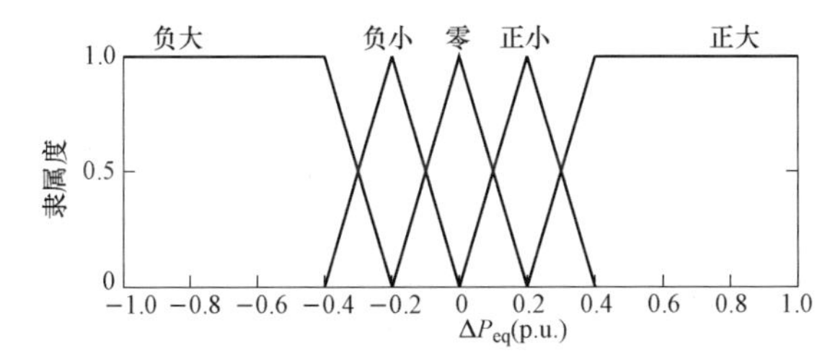

图 5 - 35　调压器出口等效功率增量作为模糊输入量的隶属度函数

对于 Δt 时间间隔的等效功率增量，模糊控制系统被要求区分以下五种基本情况：

a）“负大”表示模糊控制系统认为调压器出口的等效功率呈明显的下降趋势。

b）“负小”表示模糊系统认为调压器出口的等效功率呈一定的下降趋势。

c）“零”表示调压器出口的等效功率呈持平的趋势。

d）“正小”表示调压器出口的等效功率呈一定上升趋势。

e）“正大”表示调压器出口的等效功率呈明显的上升趋势。

所提出的模糊控制器的作用是对系统 PCC 点电压的目标参考值进行合理的调整，PCC 点电压的目标参考值的计算公式为

$$U_{\mathrm{ref}} = 1.0 + \Delta U_{\mathrm{ref}} \tag{5-121}$$

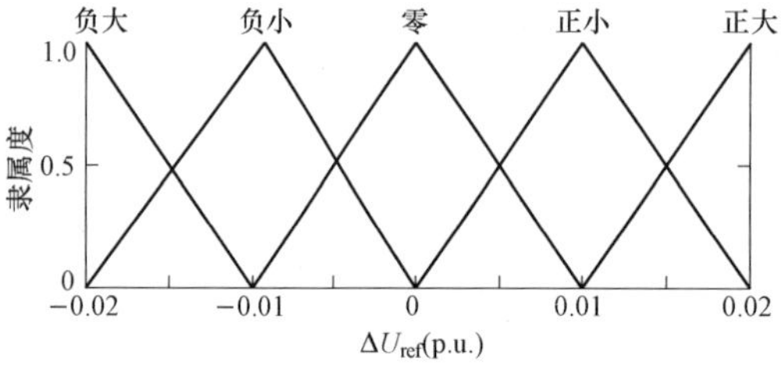

式中：ΔU_{ref}是模糊控制器的输出，它的映射关系由 5 个隶属度函数（见图 5-36）来表示，这 5 个隶属度函数依次表示 PCC 点母线电压幅值的调整量是“负大”“负小”“零”“正小”“正大”。

图 5-36 PCC 点母线电压调整参考值作为模糊输出量的隶属度函数

2）模糊控制器推理规则的选取。所提出的模糊控制器的推理规则见表 5-7。

规则 1 表示当 PCC 点母线电压幅值偏低时，调压器出口处等效功率有明显的变小趋势，这将有助于 PCC 点母线电压幅值的回升，所以这时可以减小电压调整的参考值，从而减小分接头位置改变的幅度。

表 5-7　　模糊控制器的推理规则库

规则号	U_{mes}	ΔP_{eq}	ΔU_{ref}	规则号	U_{mes}	ΔP_{eq}	ΔU_{ref}
1	偏低	负大	负小	9	正常	正小	零
2	偏低	负小	零	10	正常	正大	零
3	偏低	零	零	11	偏高	负大	负大
4	偏低	正小	正小	12	偏高	负小	负小
5	偏低	正大	正大	13	偏高	零	零
6	正常	负大	零	14	偏高	正小	零
7	正常	负小	零	15	偏高	正大	正小
8	正常	零	零				

规则 4 和规则 5 是当 PCC 点母线电压幅值偏低，且调压器出口等效功率增大时，有可能进一步降低 PCC 点母线电压幅值。因此，模糊控制器采取预防性的调整措施，将电压调整的参考值升高，这样将可以避免分接头的多次调整。

规则 6 至规则 10 表示，当 PCC 点的母线电压幅值处于正常范围内时，无论等效功率的变化趋势如何，都不改变电压参考值。这样保证了模糊控制器不会引起调压器分接头不必要的位置改变。

规则 11 和规则 12 的控制思想与规则 4 和规则 5 类似，不同的是规则 11 和规则 12 对应

的是 PCC 点母线电压幅值偏高的情况。

规则 15 表示当高渗透分布式电源引起反向潮流，导致 PCC 点母线电压幅值偏高，如果调压器出口等效功率有明显的变小趋势，则可适当升高电压幅值调整的参考值，从而减小调压器分接头位置改变的幅度。

3）模糊控制器的模糊化和解模糊化方法。在所提出的模糊控制策略中，使用“取大/取小”合成法作为模糊推理方法。根据前面提出的模糊控制器推理规则 1 至规则 15 产生的输入/输出模糊关系面如图 5 - 37 所示。通过模糊关系面可以更加直观地理解 PCC 点母线电压幅值和调压器出口等效功率增量作为所提出的模糊控制器的输入量与调压器电压参考值增量的关系。在所提出的模糊控制策略中，使用面积中心法作为解模糊化的方法。设 U 表示 ΔU_{ref}的论域，$u \in U$，则本节所使用的模糊控制器的输出量计算式为

$$u_{cen} = \frac{\int_U \mu_v(u) u \mathrm{d}u}{\int_U \mu_v(u) \mathrm{d}u} \tag{5-122}$$

式中：u_{cen}表示通过解模糊得到的控制输出；u 表示变量；μ_v表示综合的隶属度函数。

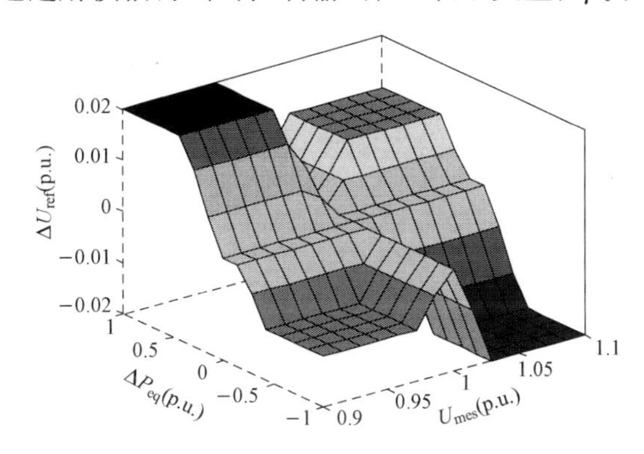

彩色插图

图 5 - 37　反映模糊控制器输入量与输出量关系的模糊关系面

4）仿真分析。为了验证所提出的基于通信的二相调压器模糊控制方法的有效性，使用 C++语言编写程序对以下三种控制方法进行仿真研究：

方法 1：传统的以 LDC 为基础的调压器控制方法；

方法 2：本节所提出的基于通信的调压器模糊控制方法；

方法 3：与方法 2 不同的是，方法 3 不嵌入模糊控制器，即不改变 PCC 点母线电压调整的参考值，只是使用线性调整模型来计算调压器出口的目标调整值。

如图 5 - 38 所示，在对方法 2 的仿真过程中，首先对配电系统三相潮流计算加以改进来计算含分布式电源的配电网三相潮流，然后将所得到的 PCC 点母线电压幅值以及调压器出口功率经过必要的计算处理及标准化后输入到模糊控制模块，通过所提出的模糊控制策略的分析，调整调压器分接头的位置，并以新的调压器分接头的位置作为系统的状态量，重新进行配电系统三相潮流计算。方法 1 和方法 3 的仿真流程与方法 2 类似。

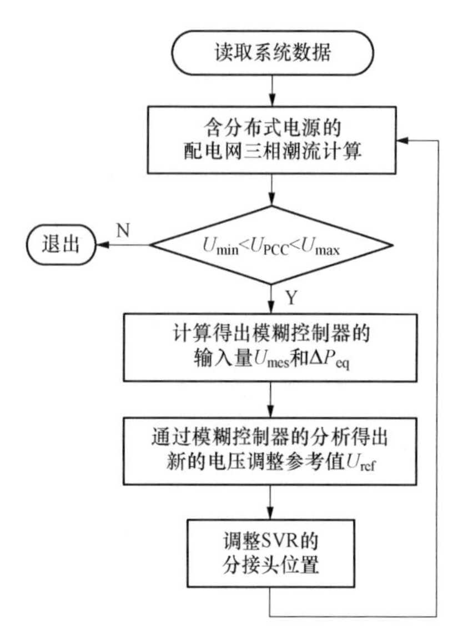

图 5-38　所提出的模糊控制系统的仿真流程图

为了验证所提出的调压器模糊控制方法的有效性，对 IEEE 13 节点算例进行适当的修改。如图 5-39 所示，去掉了节点 632 和节点 671 之间的分布式负荷和原来算例中的无功补偿电容器，并在节点 680 和节点 675 处安装了分布式电源。考虑中低压配电系统中光伏电源是主要的分布式电源，所以选取光伏电源作为并网分布式电源；节点 680 和节点 675 接入光伏电源的形式是三相并网，这两个光伏电源的装机容量相等，并假设每个光伏经逆变器发出的三相功率相等。

在仿真时使用美国国家可再生能源实验室（NREL）的 Homer 软件，模拟产生 2001 年 8 月 9 日我国西北部某市一天的光照强度曲线和负荷曲线，其采样间隔是 1h。考虑现阶段电力公司的远程测量装置是 15min 采集一个数据点，使用线性插值的方法，将采样间隔为 1h 的数据插值成采样间隔为 15min 的数据。仿真所用的一天的光照强度曲线和负荷曲线如图 5-40 所示。

为便于仿真，算例中的所有 PV 点都采用图 5-40 中所示的光照强度曲线和负荷曲线，将光伏电源的最大发电功率对应为光照强度曲线的最强光照点，就可以得到每个时刻的负荷功率和光伏发电功率。

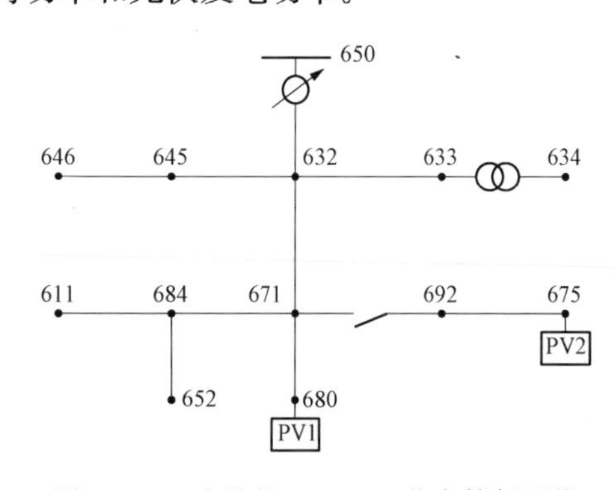

图 5-39　改进的 IEEE 13 节点算例系统

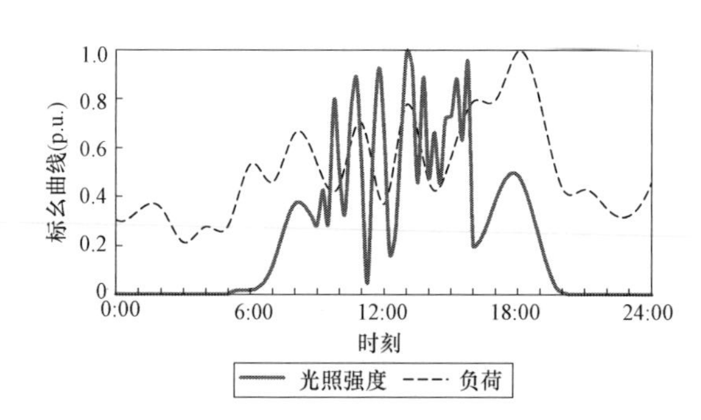

图 5-40　光照强度曲线和负荷曲线

为了保证智能配电网中各母线的电压幅值的标幺值在［0.95，1.05］这个范围内，需要通过控制调压器使 PCC 点的电压幅值保持在一个限定范围内。在仿真的过程中，通过控制三相调压器，计划将 PCC 点的电压幅值的标幺值保持在［0.99，1.01］这个区间内。

a）电压水平分析。运用上文所述的三种电压控制方法，分别对改进的 IEEE 13 节点系统进行模拟仿真。选取 671 节点为 PCC 点，同时作为电压调整点。671 节点三相电压水平随时间的变化如图 5-41 所示。

由图5-41可知，方法2和方法3都能较好地使671节点的电压幅值的标幺值维持在［0.99，1.01］区间内；但是使用方法1作为控制方法，导致671节点的A相电压幅值在一些时间段内低于0.99，B相电压幅值基本上高于1.01，C相电压幅值基本上低于0.99，特别是在18：00时，C相的电压幅值接近0.95，已经接近正常电压水平的下限。仿真计算的结果表明，方法2和方法3实现了控制目标，而方法1却没有实现。

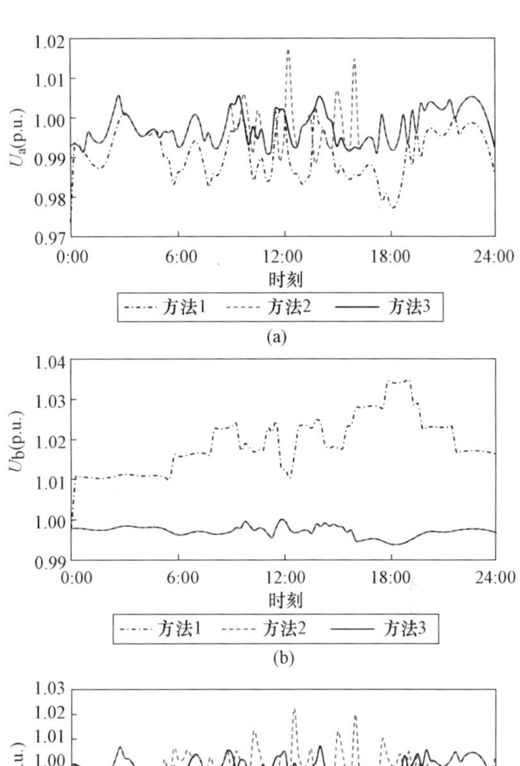

图5-41　671节点三相电压水平

方法1没有实现调整目标的原因如下：方法1是基于LDC的电压调整方法，计算得到的等效阻抗为定值。通过前面章节中所分析的，调压器出口到PCC点的等效阻抗是随负荷的变化而变化的。

通过计算，选取3个时刻的负荷数据进行潮流分析，所得的等效阻抗值见表5-8。根据表5-8可知，不同时刻下，随着负荷功率的变化，从调压器出口到PCC点的等效阻抗值也在变化，使用最大负荷时的等效阻抗作为LDC设定值的方法不能够准确地计算出调压器出口到PCC点的电压降落。

表5-8　　不同时间的等效阻抗值

时刻	A相阻抗（Ω）	B相阻抗（Ω）	C相阻抗（Ω）	平均阻抗（Ω）
6：00	0.09+j0.50	0.07+j0.19	0.25+j0.43	0.14+j0.37
12：00	0.02+j0.49	0.07+j0.04	0.30+j0.45	0.13+j0.33
18：00	0.08+j0.50	0.07+j0.15	0.26+j0.43	0.14+j0.36

另外，观察表5-8可知，由于配电系统的线路参数三相不平衡，三相线路的等效阻抗相差较大，使用平均阻抗来对三相调压器的LDC进行设定不能真实地表示各相调压器出口到PCC点的等效阻抗。所以在考虑电压水平和调整的准确性时，所提出的方法2和方法3比方法1好。

如图5-42所示，方法2和方法3都能将PCC点的电压幅值维持在1.0p.u.附近，所以其下游各母线的电压幅值也都在1.0p.u.附近。而方法1由于没有达到预定调整目标，

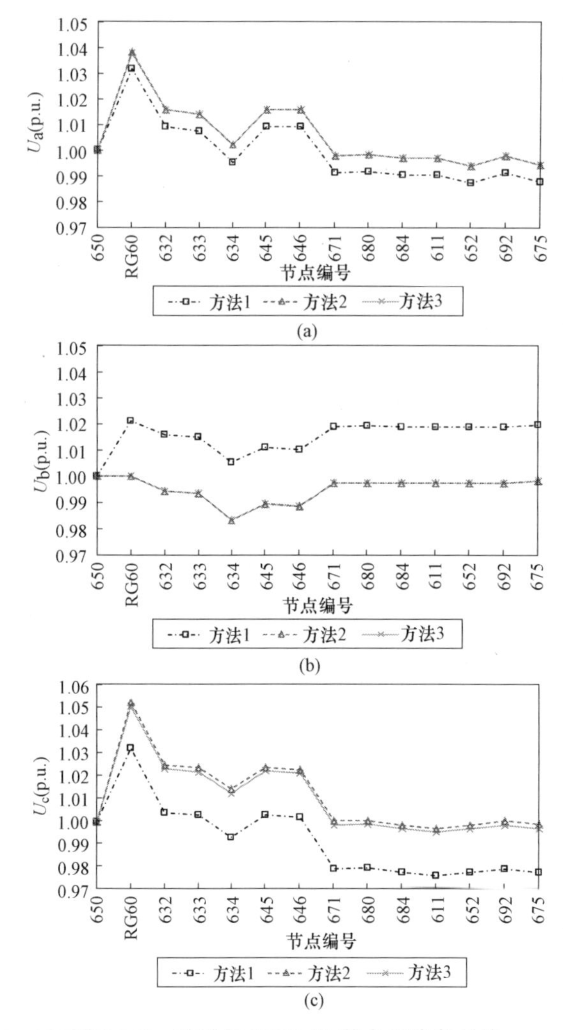

图 5 - 42　改进的 IEEE 13 节点系统各母线平均电压水平

导致其下游各母线的 A 相和 C 相的电压水平偏低，而 B 相的电压水平偏高。所以，综合考虑各母线的电压质量，方法 2 和方法 3 的电压调整效果比方法 1 好。

b）调压器调整次数分析。通常，一个调压器分接头的改变次数上限大约是 100 000 次，所以在保证调整效果的同时，减少调压器的分接头动作次数，相当于延长调压器的使用寿命。

由于方法 1 不能够准确地调节 PCC 点的三相电压水平，所以在比较调压器动作次数时，只比较方法 2 和方法 3。如图 5 - 43 所示，随着负荷功率和光伏输出功率的变化，方法 2 和方法 3 对调压器 C 相的分接头挡位随时间变化的过程不同的。

观察图 5 - 43 中方框 1 中的折线图，可以看出使用方法 3 作为控制方法时，调压器 C 相分接头位置在 10：00 到 11：00 之间发生了 2 次改变，其挡位先由 6 变到 8，再变到 10；而使用嵌入模糊控制器的方法 2 作为控制方法，调压器 C 相分接头位置在 10：00 到 11：00 之间发生了 1 次改变，其挡位由 6 直接变成 10。这是因为，10：15 时，控制方法 2 中的模糊控制器检测到 PCC 点母线电压偏低并且调压器出口的等效功率的增量较大，通过所建立的模糊控制规则进行分析，提高了电压调整点的参考值，在保持 PCC 点正常电压幅值的情况，根据模糊控制器分析出的参考值，直接将调压器 C 相的分接头的挡位调整到 10，与方法 3 相比，减少了一次分接头的挡位调整。

再观察图 5 - 43 中的方法 2，在 18：00 到 21：00，随着负荷的减少，方法 3 经过 5 次挡位调整；而方法 2 根据负荷降低后所造成的 PCC 点电压值偏高及等效功率减小的程度，通过模糊逻辑控制器的判断，对 PCC 点电压幅值的目标调整值适当降低，使分接头在这个时间

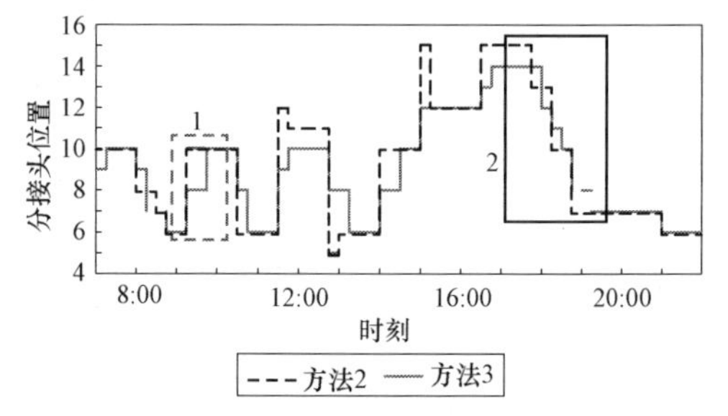

图 5 - 43　调压器 C 相分接头的位置变化

段内改变了 3 次，相比于方法 3 减少了 2 次分接头动作。

在一天的时间内，在分别使用方法 2 和方法 3 进行控制时，对应的三相调压器分接头总的动作次数依次是 46 次和 55 次，方法 2 相比于方法 3，分接头动作次数减少了 16.4%。需要注意的是，方法 2 在合理地减少调压器分接头动作次数的同时，对 PCC 点的电压幅值的控制效果并不比方法 3 差。

通过以上算例分析可知，所提出的以通信为基础的调压器模糊控制方法，在负荷变化以及分布式电源输出功率波动的情况下，能够准确地将 PCC 点的电压幅值控制在要求的范围内，同时通过模糊逻辑控制器的作用能够在一定程度上减少调压器分接头的动作次数，从而降低了三相调压器的维护成本，提高了使用寿命。

5.4　配电网灵活性资源优化调度

由于可再生能源的波动性和间歇性加剧了高渗透率分布式电源接入下配电网净负荷的波动，造成配电设备运行效率低、配网调度灵活性不足等问题。一般将配电网灵活性定义为：为应对分布式电源等接入引起的不确定性和波动性，配电网快速调度灵活性资源，快速响应净负荷功率变化的能力。这里的净负荷是指负荷、可控分布式电源、不可控分布式电源以及其他灵活性资源的聚合体。开展配电网灵活性优化调度，有利于充分利用各种灵活性资源，有效降低高渗透率分布式电源接入的不利影响，提升可再生能源的消纳能力，充分挖掘灵活性资源的潜力，对配电网的安全稳定运行具有重要的研究价值和实际意义。

5.4.1　配电网灵活性资源

配电网灵活性资源，也称灵活性调度资源，包括能够应对随机性和不确定性的可控电源、负荷以及各种调节技术手段，它们应具备及时性、宽幅性、快速性、平移性等物理特性及满足供需平衡调控时的经济性[13]。配电网灵活性资源包括可控分布式电源、需求响应、储能以及网络互联。网络互联主要有配电网与微网的互联、配电网与热网和气网的互联、交流配网和直流配网的互联等，这些资源均具有应对不确定性的灵活性，分别对应电源类、负荷类、网络调度类。配电网的灵活性资源为消纳可再生能源提供了有效手段。

(1) 电源类灵活性资源。

配电网的运行灵活性需求的主体是间歇性和随机性强的可再生能源，能够应对这些不确定性的电源类资源包括配电网的上级电网、各种可控分布式电源、各类型储能系统等。风光电源等分布式电源既是产生灵活性需求的根源，也可作为灵活性资源参与调度，通过调控风光电源等分布式电源的输出功率，参与配电系统的供需平衡，提升配电网的灵活性。储能具有响应速度快、技术成熟等特点，可以实现配电网的削峰填谷、短时能量供应、系统运行备用，是高渗透率分布式电源接入下保证配电网电能质量、平抑波动的有效方式。储能系统能够在时间和空间两方面快速平移达到提升配电网灵活性的目的。随着电动汽车

V2G 技术的发展，通过对电动汽车有序的管理，储能系统可以实现一定时间和空间上的储能功能，参与改善配电网净负荷的波动，提升配电网的灵活性。

（2）负荷类灵活性资源。

负荷类灵活性资源主要体现为负荷侧需求响应，其类型多样、分布广，能够满足灵活性的平移性和宽幅性的要求。随着配电网需求侧管理技术的不断发展，可以充分挖掘需求响应在灵活性提升中的潜能，激励和引导需求响应参与灵活性提升优化，实现配电网的供需平衡。根据需求响应应对灵活性的需求，需求响应可分为双向需求响应（BDR）和单向向下需求响应（DDR）。双向需求响应具有双向调节特性，当配电网的灵活性不足时，可以双向调节平移负荷满足系统灵活性需求。单向向下需求响应只有配电网的向上灵活性不足，特别是负荷高峰时，通过负荷调节满足系统的向上灵活性需求。

（3）网络类灵活性资源。

虽然配电网网架结构本身不能提供灵活性资源，但灵活性具有空间性，容易受到配电网中灵活性资源的分布和配电网的容量的限制。因此，配电网结构能为各种灵活性资源的优化调度提供可靠的传输通道，通过配电网的网络重构和其他优化调度手段可提升配电网灵活性。另外，可以采用网络互联，包括配电网与微网的互联、配电网与热网和气网的互联、交流配网和直流配网的互联，扩展灵活性资源的空间，实现灵活性资源的互补，提升配电网的灵活性。

5.4.2 配电网灵活性评价指标

灵活性作为衡量配电网规划和运行的一个重要性能指标，对其进行有效量化是非常必要的。为此需要建立多层次、多维度的灵活性评价指标，为配电网的灵活性评估、灵活性资源的协调调度、灵活性需求的匹配和源网荷的协调优化提供依据。本节从配电网容量的灵活充裕度和分布式电源接纳的灵活适应性两个方面定义含高渗透率分布式电源配电网灵活性评价指标。

1. 配电网容量的灵活充裕度

配电网大量新型负荷以及分布式电源的接入，加大了净负荷的波动性和随机性，容易引起配电变压器和线路的局部阻塞。本节提出线路容量裕度、变压器向上容量裕度和变压器向下容量裕度三个指标，反映配电线路和变压器容量的灵活充裕度。

（1）线路容量裕度。

线路容量裕度（Line Capacity Margin，LCM）是指某一时刻线路允许传输容量的最大值与线路传输容量实际值的差值与所允许传输容量的最大值之比，体现了线路对负荷波动的向上灵活性。线路容量裕度计算式为

$$F_{\mathrm{LCM},i}^{t}=\frac{P_{\max,\mathrm{L}i}-P_{\mathrm{L}i}^{t}}{P_{\max,\mathrm{L}i}}\times 100\% \tag{5-123}$$

式中：$F_{\mathrm{LCM},i}^{t}$为 t 时刻第 i 条线路容量裕度；$P_{\max,\mathrm{L}i}$为线路 i 的最大传输电流；$P_{\mathrm{L}i}^{t}$为线路 i 在 t 时刻电流。

$F^{t}_{\mathrm{LCM},i}$一般是指负荷峰值对应时刻的线路裕度，$F^{t}_{\mathrm{LCM},i} \geqslant 0$说明线路裕度充分，能够适应负荷功率波动，$F^{t}_{\mathrm{LCM},i}<0$说明线路裕度不足，会出现线路阻塞。

（2）变压器容量灵活充裕度指标。

变压器容量灵活充裕度（Transformer Capacity Margin，TCM）是指与配电网连接某一台主变压器传输容量的裕度，包括变压器向上容量裕度和变压器向下容量裕度，分别反映变压器对功率波动的向上和向下灵活性。变压器向上容量裕度和向下容量裕度计算式分别为

$$F^{\mathrm{UP},t}_{\mathrm{TCM},i}=\frac{P_{\max,\mathrm{T}i}-P^{t}_{\mathrm{T}i}}{P_{\max,\mathrm{T}i}}\times 100\% \tag{5-124}$$

$$F^{\mathrm{DOWN},t}_{\mathrm{TCM},i}=\frac{P^{i}_{\mathrm{T}i}-P_{\min,\mathrm{T}i}}{P_{\min,\mathrm{T}i}}\times 100\% \tag{5-125}$$

式中：$F^{\mathrm{UP},t}_{\mathrm{TCM},i}$和$F^{\mathrm{DOWN},t}_{\mathrm{TCM},i}$分别为$t$时刻上级变电站第$i$台变压器向上、向下容量裕度；$P_{\max,\mathrm{T}i}$和$P_{\min,\mathrm{T}i}$分别为变压器$i$的最大允许传输容量和最小允许传输容量；$P^{t}_{\mathrm{T}i}$为变压器$i$在$t$时刻传输容量。

$F^{\mathrm{UP},t}_{\mathrm{TCM},i}$一般是指净负荷峰值所对应时刻的容量裕度，体现向上的灵活性，$F^{\mathrm{UP},t}_{\mathrm{TCM},i} \geqslant 0$说明变压器容量能够响应净负荷功率向上波动；$F^{\mathrm{DOWN},t}_{\mathrm{TCM},i}$一般是指净负荷谷值所对应时刻的容量裕度，体现向下的灵活性，$F^{\mathrm{DOWN},t}_{\mathrm{TCM},i} \geqslant 0$说明变压器具有向下容量裕度。

上述三个配电网容量灵活充裕度是指单条线路或单台变压器的容量灵活充裕度指标。为了能够定量刻画不同运行方式下配电网的灵活性，若某条线路或某台变压器容量的灵活充裕度不足，则说明配电网的灵活充裕度不足；若全部线路和变压器容量灵活充裕度均满足要求，则用线路和变压器容量的灵活充裕度平均值分别刻画线路和变压器容量的灵活充裕度。

2. 配电网分布式电源接纳的灵活适应性

配电网分布式电源接纳的灵活适应性是指配电网承受分布式电源不确定性波动的适应能力。本节定义了净负荷最大允许波动率、净负荷波动率两个灵活适应性指标，以表征配电网承受不确定性波动在时间尺度和方向性上的灵活性。

（1）净负荷最大允许波动率。

净负荷最大允许波动率（Maximum Allowable Net Load Fluctuation Rate，MANLFR）反映了配电网自身调节能力，即爬坡/滑坡能力，计算式为

$$F^{t}_{\mathrm{MANLFR}}=\frac{\sum\limits_{i=1}^{N_{\mathrm{GC}}}R^{t}_{\mathrm{GC},i}+\sum\limits_{i=1}^{N_{\mathrm{ESS}}}R^{t}_{\mathrm{ESS},i}+R^{t}_{\mathrm{S}}}{P^{t}_{\mathrm{NL}}}\times 100\% \tag{5-126}$$

式中：F^{t}_{MANLFR}为净负荷t时段最大允许波动率；P^{t}_{NL}为当前时刻净负荷；$R^{t}_{\mathrm{GC},i}$为可控分布式电源i在t时段允许爬坡率；$R^{t}_{\mathrm{ESS},i}$为储能在t时段允许爬坡率；R^{t}_{S}为配电网在t时刻的允许爬坡率；N_{GC}为可控分布式电源数量；N_{ESS}为储能数量。

本章假设灵活性资源的允许爬坡率和滑坡率相等，则净负荷最大允许波动率越大，越

能适应分布式电源及负荷的波动，配电网的灵活适应性越高。

（2）净负荷波动率。

净负荷波动率（Net Load Fluctuation Rate，NLFR）是指配电网净负荷的单位时间的变化率，体现了净负荷单位时间内波动的剧烈程度，包括净负荷向上波动率和净负荷向下波动率，计算式分别为

$$\begin{cases} F_{\mathrm{NLFR}}^{\mathrm{up},t}=\delta_{\mathrm{NLFR}}^{\mathrm{up},t}\dfrac{P_{\mathrm{NL}}^{t}-P_{\mathrm{NL}}^{t-1}}{P_{\mathrm{NL}}^{t}}\times 100\% \\ \delta_{\mathrm{NLFR}}^{\mathrm{up},t}=1,\ (P_{\mathrm{NL}}^{t}-P_{\mathrm{NL}}^{t-1}\geqslant 0) \\ \delta_{\mathrm{NLFR}}^{\mathrm{up},t}=0,\ (P_{\mathrm{NL}}^{t}-P_{\mathrm{NL}}^{t-1}<0) \end{cases} \tag{5-127}$$

$$\begin{cases} F_{\mathrm{NLFR}}^{\mathrm{down},t}=\delta_{\mathrm{NLFR}}^{\mathrm{down},t}\dfrac{P_{\mathrm{NL}}^{t}-P_{\mathrm{NL}}^{t-1}}{P_{\mathrm{NL}}^{t}}\times 100\% \\ \delta_{\mathrm{NLFR}}^{\mathrm{down},t}=-1,\ (P_{\mathrm{NL}}^{t}-P_{\mathrm{NL}}^{t-1}<0) \\ \delta_{\mathrm{NLFR}}^{\mathrm{down},t}=0,\ (P_{\mathrm{NL}}^{t}-P_{\mathrm{NL}}^{t-1}\geqslant 0) \end{cases} \tag{5-128}$$

式中：$F_{\mathrm{NLFR}}^{\mathrm{up},t}$、$F_{\mathrm{NLFR}}^{\mathrm{down},t}$分别为净负荷向上波动率和向下波动率；$\delta_{\mathrm{NLFR}}^{\mathrm{up},t}$、$\delta_{\mathrm{NLFR}}^{\mathrm{down},t}$分别为净负荷向上波动率系数和向下波动率系数；$P_{\mathrm{NL}}^{t-1}$为前一时刻净负荷。

当 $F_{\mathrm{NLFR}}^{\mathrm{up},t}\leqslant F_{\mathrm{NLFR,M}}^{t}$时，说明系统满足净负荷向上波动率灵活性需求；当 $F_{\mathrm{NLFR}}^{\mathrm{down},t}\leqslant F_{\mathrm{NLFR,M}}^{t}$时，说明系统满足净负荷向下波动率灵活性需求，反之则系统的灵活性不足。

5.4.3 含高渗透率分布式电源配电网灵活性资源优化调度模型

风力发电、光伏发电等分布式电源具有清洁、无污染、零排放等优点，但它们多数情况下不可控。高渗透率不可控分布式电源的接入使配电网的净负荷波动大，灵活性不足，极大影响了配电网的运行安全性、经济性和对可再生能源的接纳能力。而配电网可调度的灵活性资源包括储能、需求响应、网络重构、可控分布式电源［如冷热电联供（CCHP）、电转气（P2G）］等。下面针对风电、光伏不可控分布式电源高渗透率接入情况，构建考虑储能、需求响应、CCHP 等灵活性资源的配电网灵活性资源优化调度方法，合理优化调度现有的灵活性资源，满足高渗透率分布式电源接入下配电网的灵活性需求，实现配电网的安全可靠经济运行。

本节在考虑 CCHP 和 P2G 与配电网的互动的情况下，构建含高渗透率分布式电源配电网的灵活性资源优化调度模型。

1. 目标函数

考虑 CCHP、P2G、需求响应和储能等多种灵活性调度资源，构建以全系统运行总费用和净负荷波动率均最小为目标的配电网灵活性资源优化调度模型，并依据线性加权求和法，采用权重系数将多目标转换为单目标优化模型，即

$$\min f=\sum_{i=1}^{2}\lambda_i J_i(X) \tag{5-129}$$

式中：$J_i(X)$ 为第 i 个目标函数；λ_i 为权重系数，可由专家经验综合考虑运行费用和净负

荷波动率的实际情况进行适当调整，本节取 $\lambda_1=0.75$，$\lambda_2=0.25$。

假定不可控分布式电源全部消纳不参与调度，选择配电网中的需求响应功率、储能充放电功率及状态，燃气轮机输出功率，P2G 的输入电功率，制冷机输入电功率，燃气锅炉的输出热功率，储热、储气的状态变量及充放功率为优化变量。

（1）目标函数 1：运行总费用最小。

运行总费用主要包括配电网运行成本、P2G 运行成本和 CCHP 运行成本，目标函数 1 表示为

$$\min J_1(X)=F_{\mathrm{D}}+F_{\mathrm{G}}+F_{\mathrm{H}} \tag{5-130}$$

式中：F_{D} 为配电网运行成本；F_{G} 为 P2G 运行成本；F_{H} 为 CCHP 运行成本。

配电网的运行成本包括配电网的购电费用、网损费用、单向向下需求响应和双向需求响应的合同费用、储能装置的运行费用，即

$$\begin{aligned}F_{\mathrm{D}}=&\sum_{t=1}^{T}C_t^{\mathrm{G}}P_t^{\mathrm{G}}+\sum_{t=1}^{T}C_t^{\mathrm{G}}P_t^{\mathrm{loss}}+\sum_{t=1}^{T}\sum_{i=1}^{N_{\mathrm{L}}}C_{i,t}^{\mathrm{BDR}}P_{\mathrm{BDR}}^{t,i}+\sum_{t=1}^{T}\sum_{i=1}^{N_{\mathrm{L}}}C_{i,t}^{\mathrm{DDR}}P_{\mathrm{DDR}}^{t,i}\\&+\sum_{t=1}^{T}\sum_{i=1}^{N_{\mathrm{ESS}}}\left[\frac{C_i^{\mathrm{ESS}}}{M_i^{\mathrm{ESS}}}(\alpha_{i,t}P_{i,t}^{\mathrm{ESSD}}-\beta_{i,t}P_{i,t}^{\mathrm{ESSC}})\Delta t\right]\end{aligned} \tag{5-131}$$

式中：T 为调度总时段数，这里 $T=24\mathrm{h}$；C_t^{G} 为每时段购电分时单价；P_t^{G} 为从系统的购电量；P_t^{loss} 为网损；N_{L} 为可中断负荷数；$C_{i,t}^{\mathrm{BDR}}$为双向需求响应合同分时电价；$C_{i,t}^{\mathrm{DDR}}$为单向向下需求响应合同分时电价；$C_{i,t}^{\mathrm{ESS}}$为第 i 个储能购买成本；M_i^{ESS} 为第 i 个储能充放电循环寿命次数；$P_{i,t}^{\mathrm{ESSD}}$和 $P_{i,t}^{\mathrm{ESSC}}$分别为储能放电功率和充电功率；$\alpha_{i,t}$和 $\beta_{i,t}$分别为储能充、放电状态标志参数，为 0～1 变量，满足 $\alpha_{i,t}+\beta_{i,t}\leqslant 1$。

P2G 的运行成本主要为购电费用及运行费用为

$$F_{\mathrm{G}}=\sum_{i=1}^{T}(C_t^{\mathrm{G}}P_t^{\mathrm{P2G}}+C_t^{\mathrm{P2G}}P_t^{\mathrm{P2G}}) \tag{5-132}$$

式中：C_t^{P2G} 为 P2G 运行成本系数，本节取 0.136 元/kW。

CCHP 的运行成本主要包含燃气轮机和燃气锅炉购气费用、电制冷机购电费用，暂不考虑各机组的启停费用。CCHP 的运行成本表示为

$$F_{\mathrm{H}}=\sum_{t=1}^{T}\left[C_t^{\mathrm{gas}}(G_t^{\mathrm{MT}}+G_t^{\mathrm{GB}}-G_{\mathrm{P2G}}^{t})+C_t^{\mathrm{G}}P_t^{\mathrm{RE}}\right] \tag{5-133}$$

（2）目标函数 2：净负荷波动率最小。

为提升配电系统的灵活性，以净负荷波动率最小为目标函数 2，即

$$\min J_2(X)=\sum_{t=1}^{T}(F_{\mathrm{NLFR}}^{\mathrm{up},t}+F_{\mathrm{NLFR}}^{\mathrm{down},t}) \tag{5-134}$$

2. 约束条件

约束条件包含配电网约束条件、热网约束条件和燃气约束条件。

（1）配电网约束条件。

有功功率平衡约束

$$P_t^{\mathrm{G}}+\sum_{i=1}^{N_{\mathrm{DG}}}P_{i,t}^{\mathrm{DG}}+\sum_{i=1}^{N_{\mathrm{ESS}}}(\alpha P_{i,t}^{\mathrm{ESSD}}-\beta P_{i,t}^{\mathrm{ESSC}})=\sum_{i=1}^{N}P_{i,t}+\sum_{i=1}^{N}P_{i,t}^{\mathrm{loss}}-\sum_{i=1}^{N_{\mathrm{L}}}P_{i,t}^{\mathrm{L}} \tag{5-135}$$

无功功率平衡约束 $$Q_t^{\mathrm{G}}+\sum_{i=1}^{N_{\mathrm{DG}}}Q_{i,t}^{\mathrm{DG}}+\sum_{i=1}^{N_{\mathrm{L}}}Q_{i,t}^{\mathrm{L}}=\sum_{i=1}^{N}Q_{i,t} \tag{5-136}$$

双向需求响应功率约束 $$P_{i,\min,t}^{\mathrm{BDR}}\leqslant P_{\mathrm{BDR},i}^{t}\leqslant P_{i,\max,t}^{\mathrm{BDR}} \tag{5-137}$$

双向向下允许时间约束 $$T_{i,\min}^{\mathrm{BDR}}\leqslant\sum_{i=1}^{T_{\mathrm{BDR}}}T_i^{\mathrm{BDR}}\leqslant T_{i,\max}^{\mathrm{BDR}} \tag{5-138}$$

单向向下需求响应功率约束 $$P_{i,\min,t}^{\mathrm{DDR}}\leqslant P_{\mathrm{DDR},i}^{t}\leqslant P_{i,\max,t}^{\mathrm{DDR}} \tag{5-139}$$

单向允许时间约束 $$T_{i,\min}^{\mathrm{DDR}}\leqslant\sum_{i=1}^{T_{\mathrm{DDR}}}T_i^{\mathrm{DDR}}\leqslant T_{i,\max}^{\mathrm{DDR}} \tag{5-140}$$

储能荷电状态约束 $$S_{\mathrm{OC,min}}\leqslant S_{\mathrm{OC},i}\leqslant S_{\mathrm{OC,max}} \tag{5-141}$$

线路容量裕度约束 $$F_{\mathrm{LCM},t}^{t}\geqslant 0 \tag{5-142}$$

变压器向上裕度约束 $$F_{\mathrm{TCM},i}^{\mathrm{UP},t}\geqslant 0 \tag{5-143}$$

变压器向下裕度约束 $$F_{\mathrm{TCM},i}^{\mathrm{DOWN},t}\geqslant 0 \tag{5-144}$$

净负荷向上波动率约束 $$F_{\mathrm{FRNL}}^{\mathrm{up},t}\leqslant F_{\mathrm{FRNL,M}}^{t} \tag{5-145}$$

净负荷向下波动率约束 $$F_{\mathrm{FRNL}}^{\mathrm{down},t}\leqslant F_{\mathrm{FRNL,M}}^{t} \tag{5-146}$$

潮流约束 $$\begin{cases}P_{i,t}-U_{i,t}\sum_{i=1}^{N}U_{j,t}(G_{ij}\cos\theta_{ij}+B_{ij}\sin\theta_{ij})=0\\Q_{i,t}-U_{i,t}\sum_{i=1}^{N}U_{j,t}(G_{ij}\sin\theta_{ij}-B_{ij}\cos\theta_{ij})=0\end{cases} \tag{5-147}$$

节点电压约束 $$U_{i,\min}\leqslant U_{i,t}\leqslant U_{i,\max} \tag{5-148}$$

上述约束方程中：Q_t^{G} 为上级电网输入无功功率；$Q_{i,t}^{\mathrm{DG}}$为分布式电源发出无功功率；$Q_{i,t}^{\mathrm{L}}$为可中断负荷无功功率；$Q_{i,t}$为节点负荷无功功率；$P_{i,\min,t}^{\mathrm{L}}$和 $P_{i,\max,t}^{\mathrm{L}}$分别为可中断负荷的最小和最大值；$T_{i,\min}^{\mathrm{L}}$和 $T_{i,\max}^{\mathrm{L}}$为可中断负荷中断时间的最小和最大值；$U_{i,t}$和 $U_{j,t}$分别为节点 i、j 的节点电压；G_{ij}和 B_{ij}分别为节点 i 与 j 之间的电导和电纳；θ_{ij}为节点 i 与 j 之间的相角差；$U_{i,\min}$和 $U_{i,\max}$分别是节点电压最小值与最大值。

（2）燃气、热网约束条件。

热平衡约束 $$H_{\mathrm{MT}}^{t}+H_{\mathrm{GB}}^{t}+H_{\mathrm{NET}}^{t}-\sum_{h=1}^{H}H_{\mathrm{L},h}^{\mathrm{h},t}-(\alpha_{\mathrm{TS}}^{t}-\beta_{\mathrm{TS}}^{t})H_{\mathrm{TS}}^{t}=0 \tag{5-149}$$

燃气平衡约束 $$H_{\mathrm{MT}}^{\mathrm{C},t}+H_{\mathrm{RE}}^{t}-H_{\mathrm{L}}^{\mathrm{c},t}=0 \tag{5-150}$$

冷平衡约束 $$G_{\mathrm{NET}}^{t}+G_{\mathrm{P2G}}^{t}-G_t^{\mathrm{MT}}-G_t^{\mathrm{GB}}-G_{\mathrm{L}}^{t}-(\alpha_{\mathrm{GS}}^{t}-\beta_{\mathrm{GS}}^{t})G_{\mathrm{GS}}^{t}=0 \tag{5-151}$$

燃气轮机输出电功率约束 $$P_{\mathrm{MT}}^{\min}\leqslant P_{\mathrm{MT}}^{t}\leqslant P_{\mathrm{MT}}^{\max} \tag{5-152}$$

制冷机功率约束 $$0\leqslant P_t^{\mathrm{RE}}\leqslant P_{\max}^{\mathrm{RE}} \tag{5-153}$$

燃气锅炉输出热功率约束 $$0\leqslant H_{\mathrm{GB}}^{t}\leqslant H_{\mathrm{GB}}^{\max} \tag{5-154}$$

储热罐充放功率约束 $$0\leqslant H_{\mathrm{TS}}^{t}\leqslant(\alpha_{\mathrm{TS}}^{t}+\beta_{\mathrm{TS}}^{t})H_{\mathrm{TS}}^{\max} \tag{5-155}$$

储气罐充放燃气约束　$$0 \leqslant G_{GS}^{t} \leqslant (\alpha_{GS}^{t} + \beta_{GS}^{t}) G_{GS}^{max} \tag{5-156}$$

储热罐充放状态约束　$$\alpha_{TS}^{t} + \beta_{TS}^{t} \leqslant 1 \tag{5-157}$$

储气罐充放状态约束　$$\alpha_{GS}^{t} + \beta_{GS}^{t} \leqslant 1 \tag{5-158}$$

储气罐充放容量约束　$$S_{GS}^{t} = S_{GS}^{t-1} + (\alpha_{GS}^{t} - \beta_{GS}^{t}) H_{GS}^{t} \tag{5-159}$$

储热罐充放容量约束　$$S_{TS}^{t} = S_{TS}^{t-1} + (\alpha_{TS}^{t} - \beta_{TS}^{t}) H_{TS}^{t} \tag{5-160}$$

储气罐容量约束　$$0 \leqslant S_{GS}^{t} \leqslant S_{GS}^{max} \tag{5-161}$$

储热罐容量约束　$$0 \leqslant S_{TS}^{t} \leqslant S_{TS}^{max} \tag{5-162}$$

燃气轮机爬坡功率约束　$$| P_{MT}^{t} - P_{MT}^{t-1} | \leqslant R_{MT}^{t} \tag{5-163}$$

上述约束方程中：H_{NET}^{t}为上级热源输入热功率；$H_{L,h}^{h,t}$为热负荷功率；H_{TS}^{t}为储热罐储热功率；$H_{L}^{c,t}$ 为冷负荷；G_{NET}^{t}为上级气网输入功率；G_{L}^{t} 为气负荷；G_{GS}^{t}为储气罐储气量；α_{TS}^{t}、β_{TS}^{t}、α_{GS}^{t}、β_{GS}^{t}分别为储热罐和储气罐的状态参数，为 0 或 1 变量；P_{MT}^{max}、H_{GB}^{max}、P_{max}^{RE}、H_{TS}^{max}、G_{GS}^{max}、S_{TS}^{max}、S_{GS}^{max}分别为燃气轮机输出电功率、燃气锅炉输出热功率、电制冷机输出冷功率、储热罐充放热功率、储气罐充放储气量、储热罐容量、储气罐容量的最大值；R_{MT}^{t}为燃气轮机的允许爬坡率。

5.4.4　模型求解步骤

配电网灵活性资源优化调度模型，以 CCHP 设备的输出功率，P2G 的购电量，储能、储热、储气的状态变量及充放功率等作为决策变量，调用优化算法［如遗传算法、粒子群算法、灰狼算法（GWO）和粒子群算法（PSO）等］进行求解，这里选用了 GWO - PSO 算法。

灵活性资源优化调度模型求解流程如图 5 - 44 所示。

具体求解步骤如下：

1）输入网络参数、光伏输出功率、风机输出功率、负荷波动系数等原始数据。

2）对 GWO、PSO 算法相关参数进行初始化，随机生成 M 个控制量个体，构成初始种群。

3）进行潮流计算、灵活性计算，并判断灵活性是否满足要求；计算各粒子的适应值，根据目标函数式（5 - 152）进行全局搜索，获得个体最优和群体最优值初始值。

4）更新粒子的速度及位置。

5）重新进行潮流计算，获得全局最优解。

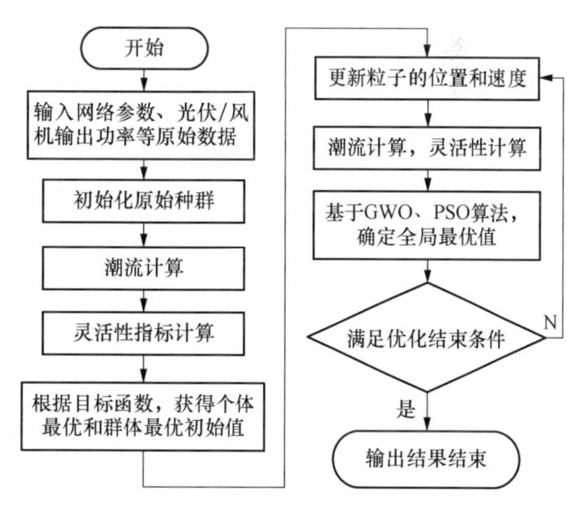

图 5 - 44　灵活性资源优化调度模型求解流程图

6）判断是否满足优化结束条件，若满足转向步骤（7）；若不满足，转向步骤（4）。

7）输出优化调度结果，结束。

5.4.5 算例分析

下面通过算例分析高渗透率分布式电源接入对配电网灵活性的影响。算例采用通过 CCHP 和 P2G 相互耦合的 IEEE 33 节点配电系统[14]和 8 节点供热系统[15]，系统结构如图 5-45 所示。

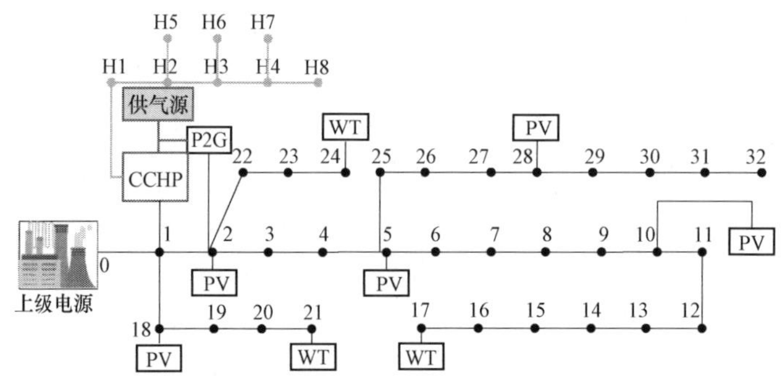

图 5-45 改进 IEEE 33 节点配电网和 8 节点热网接线

算例系统包含 5 个 500kW 的分布式光伏，接在节点 2、5、10、18、28；3 个 500kW 的分布式风力发电，接在节点 17、21、24；分布式光伏分别配置 150kW/800kWh 储能；节点 6 和 23 为需求响应负荷，其中双向需求响应和单向向下需求响应各占负荷的 30%，剩余 40%负荷为不可调度负荷。线路 1 至线路 5 最大允许负荷电流为 450A，其他线路最大允许负荷电流为 300A。优化调度周期 T 为 24h，电网购电单价采用分时电价，8：00～15：00 为波谷电价 0.387 元，16：00～21：00 为波峰电价 1.435 元，其他时段为平段单价 0.861 元，单向向下需求响应合同电价参照电网分时购电单价，双向需求响应合同电价为分时购电的 30%，储能每千瓦单位运行成本 3000 元，循环寿命 4500 次。储能的最大爬坡率为 150kW/h，系统的最大爬坡率为 1000kW/h。为保证可再生能源的最大消纳，分布式电源以实际输出功率运行。

燃气轮机的额定功率为 1500kW，最大输出功率为 1450kW，最小输出功率为 20kW。燃气锅炉 600kW，P2G 额定功率 800kW，电制冷设备 300kW，储热罐额定容量 1500kWh，储气罐额定容量 1500kWh。

设定两种情景分析灵活性资源优化调度对配电网灵活性提升的作用。

情景 1：存在储能和单向向下需求响应两种灵活性资源可参与配电网灵活性优化调度。

情景 2：存在 CCHP、P2G、储能和双向需求响应四种灵活性资源可参与配电网灵活性优化调度。

将情景 1 和情景 2 与没有灵活性资源参与配电网灵活性优化调度的情景进行对比分析。

1. 情景 1 仿真结果分析

(1) 灵活性资源优化调度结果。

为了对比分析灵活性资源优化调度对灵活性提升的作用与影响，在情景 1 中设置两种优化调度方案，分别为方案 1 和方案 2。方案 1 为没有灵活性资源参与调度，分析计算配电网的灵活性指标，方案 2 是储能和单向向下需求响应两种灵活性资源参与灵活性提升优化调度。图 5-46 为配电网两种方案下网损随时间的变化对比曲线，方案 2 与方案 1 相比，网损平均降幅达到 35%，降损效果明显。

情景 1 中的灵活性资源包括储能及单向向下需求响应的优化调度结果如图 5 - 47 和图 5 - 48 所示。结合图 5 - 47 和图 5 - 48 可以看出，在风光分布式电源输出功率较大的 10：00～14：00，储能进行充电活动，抬升净负荷曲线，提升了配电网的单向向下需求响应的灵活性。在风光处理较小而负荷高峰期的 16：00～21：00，储能进行放电活动，同时单向向下需求响应进行负荷消减，降低净负荷曲线，两者共同作用，提升了配电网的向上需求响应的灵活性。通过优化调度，单向向下需求响应起到了负荷高峰期的削峰作用，提升配电网的向上需求响应的灵活性，储能起到了净负荷曲线的填谷和削峰的作用，对配电网的向上和向下需求响应的灵活性均有提升。在储能和单向向下需求响应灵活性资源的共同参与优化调度下，净负荷曲线的峰谷差缩小，提升了配电网的整体灵活性，使之能够适应分布式电源的随机波动。

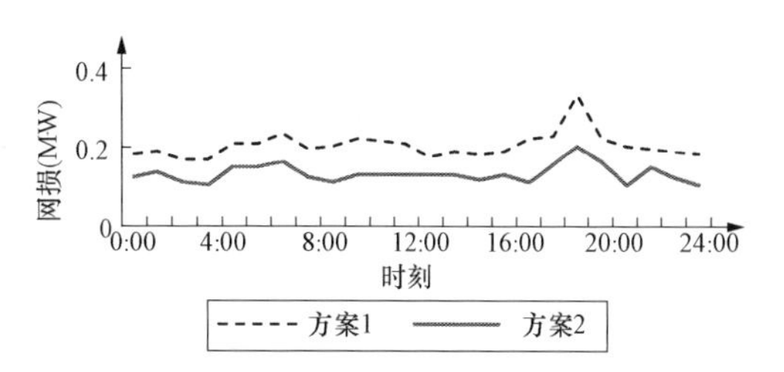

图 5 - 46　方案 1 和方案 2 的网损对比结果

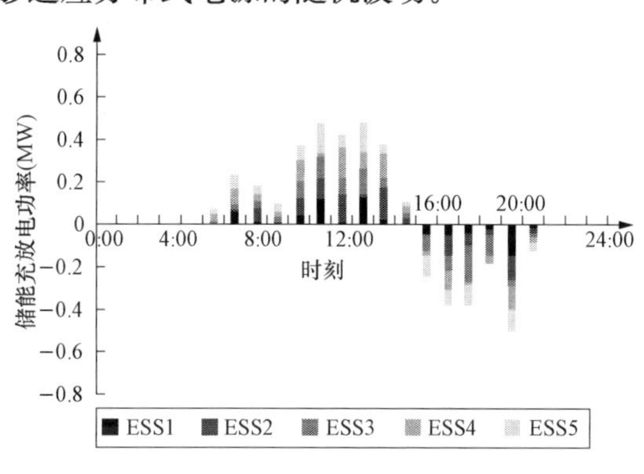

图 5 - 47　方案 2 储能优化调度结果

彩色插图

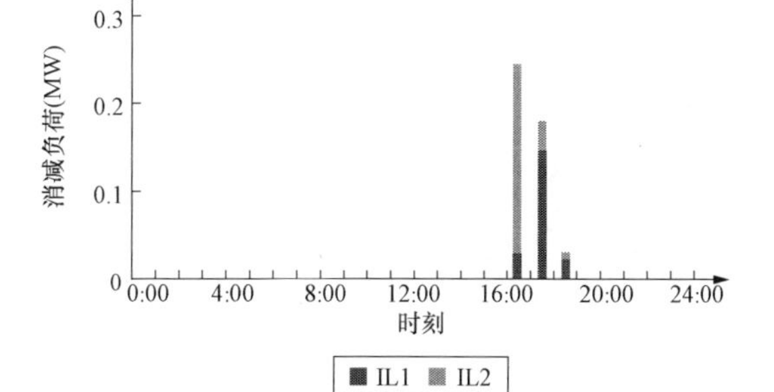

图 5 - 48　方案 2 单向向下需求响应优化调度结果

彩色插图

(2) 灵活性提升结果。

图 5 - 49 为两种方案的高渗透率分布式电源接入下配电网净负荷变化对比曲线。通过储

能和单向向下需求响应两种灵活性资源的优化调度，含高渗透率分布式电源配电网灵活性得到了显著提升。结合图5-49可以看出，通过灵活性资源的优化调度，其净负荷的变化趋缓，波峰和波谷差减少，特别是下午14：00～19：00，净负荷的波动率明显降低，配电网的灵活性得到提升。

图5-50为两种方案下调度24h周期内净负荷最大允许波动率曲线和净负荷波动率曲线。结合图5-50可以看出，在方案1的两个时间阶段，7：00和17：00～21：00，净负荷波动率超出了最大允许波动率的范围，配电网的净负荷波动率灵活性不足，为保证系统的稳定，定会发生弃风、弃光和甩负荷的情况。而在有灵活性资源参与优化调度的方案2，净负荷波动率灵活性指标显著提升，每一时刻均满足净负荷最大允许波动率指标。净负荷波动率指标由方案1的35%降低至方案2的23.1%，并且在其他绝大多数时刻方案2的净负荷波动率明显低于方案1。

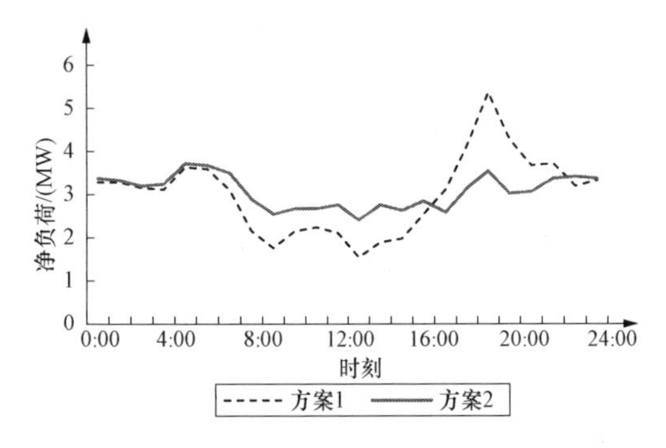

图5-49　方案1和方案2配电网净负荷变化曲线

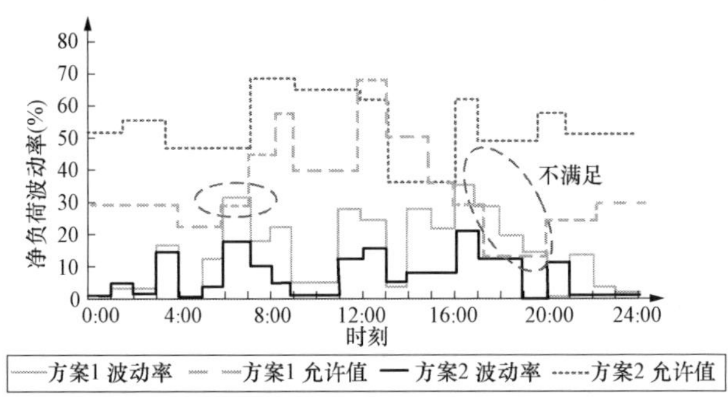

图5-50　方案1和方案2净负荷波动率曲线

图5-51为配电网净负荷高峰19：00时线路容量裕度灵活性指标对比。可以看出，方案1中的线路1、线路2的线路容量裕度灵活性指标 $F_{\mathrm{LCM},1}^{19}$、$F_{\mathrm{LCM},2}^{19}$ 分别为−20.5%和−6.9%，线路过载阻塞，线路容量裕度灵活性不足，而方案2将其提升到18.2%和29.3%，消除了过载，满足灵活性需求，其他线路容量裕度灵活性也有一定提升。

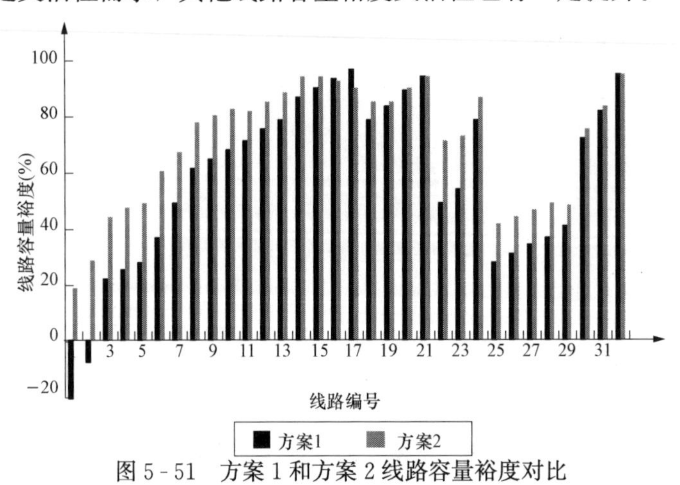

图5-51　方案1和方案2线路容量裕度对比

彩色插图

表5-9为方案1和方案2配电网变压器容量灵活充裕度指标在净负荷高峰19：00时和低谷13：00时对比结果。通过表5-10可以发现，灵活性资源的优化调度使高渗透率分布式电源接入下配电网的变压器19：00时向上容量裕度提升了35.31%，变压器13：00时向下容量裕度提升了59.99%，均有较大的提升。

表5-9　方案1和方案2变压器容量灵活充裕性指标

指标	$F_{\mathrm{TCM}}^{\mathrm{up},19}$	$F_{\mathrm{TCM}}^{\mathrm{down},13}$
方案1	−5.51%	−0.69%
方案2	29.8%	59.3%

方案1配电网在19：00与13：00时（分别对应净负荷的波峰点与波谷点）的变压器容量裕度$F_{\mathrm{TCM}}^{\mathrm{up},19}$和$F_{\mathrm{TCM}}^{\mathrm{down},13}$灵活性指标明显不足，分别达到了−5.51%和−0.69%，已经超出了变压器允许容量裕度。方案2变压器的$F_{\mathrm{TCM}}^{\mathrm{up},19}$和$F_{\mathrm{TCM}}^{\mathrm{down},13}$分别达到了29.8%和59.3%，变压器容量灵活充裕度充分。

通过情景1两种方案的对比分析，利用灵活性资源储能和单向向下需求响应参与灵活性提升优化调度，配电网容量的灵活充裕度指标中的线路容量裕度、变压器向上容量裕度、变压器向下容量裕度和配电网分布式电源接纳的灵活适应性指标中的净负荷波动率均能提升约30%以上，灵活性提升效果显著，满足配电网的灵活性需求。若只考虑满足配电网安全稳定的技术条件，配电网灵活性提升后，对于提高配电网的分布式电源渗透率有着积极的作用。

2. 情景2仿真结果分析

随着能源互联网的发展，配电网在综合能源的核心地位逐步确立，可充分发掘和充分利用配电网中的综合能源资源如CCHP和P2G等灵活性资源，实现配电网的经济性和灵活性综合提升。情景2在情景1的基础上，利用提出的考虑净负荷波动率的CCHP、P2G和配电网联合协调优化调度方法提升配电网灵活性。设置两种方案，分别是方案3和方案4。方案3的目标函数不含灵活性，只考虑灵活性约束，方案4的目标函数含有灵活性指标。

(1) CCHP和P2G的灵活性特点。

CCHP和P2G利用自身的可控特性，为配电网提供充分的灵活性支撑。CCHP为电源属性，P2G为负荷属性，两者都可以提升配电网的向上和向下的需求灵活性。

表5-10给出了配电网在不同的灵活性需求下，CCHP和P2G的调度策略。在经济性方面，CCHP和P2G的成本方式不同，CCHP的成本为购气成本，P2G的成本为购电成本。因此电价和燃气价格对灵活性的提升及灵活性资源的调度会产生不同的影响，本节设置两种优化调度方案，见表5-11，分析研究在CCHP和P2G参与下，本章的优化调度方法在含高渗透率DG配电网的灵活性提升效果。

表 5-10　　CCHP 和 P2G 参与灵活性提升优化调度策略

灵活性需求	灵活性资源	调度策略
$F_{\mathrm{TCM},i}^{\mathrm{up},t}$不足	CCHP	配电网电源侧输出功率不足，增加 CCHP 输出功率，提供向上需求响应的灵活性
	P2G	配电网负荷侧需求大，减少 P2G 输出功率，增加向上需求响应的灵活性
$F_{\mathrm{TCM},i}^{\mathrm{down},t}$不足	CCHP	配电网电源侧输出功率超额，减少 CCHP 输出功率，提供向下需求响应的灵活性
	P2G	配电网负荷侧需求降低，增加 P2G 输出功率提供向下需求响应的灵活性
$F_{\mathrm{FRNL}}^{\mathrm{up},t}$不足	CCHP	配电网爬坡能力不足，CCHP 提供爬坡功率，增加输出功率，提供向上需求响应的灵活性
	P2G	配电网爬坡能力不足，P2G 减少输出功率，提供向上需求响应的灵活性
$F_{\mathrm{FRNL}}^{\mathrm{down},t}$不足	CCHP	滑坡能力不足，CCHP 提供滑坡功率，减少输出功率，提供向下需求响应的灵活性
	P2G	配电网滑坡能力不足，P2G 增加输出功率提供向下需求响应的灵活性

表 5-11　　优化调度方案

方案	目标 1 权重	目标 2 权重	灵活性资源	电价
方案 3	1	0	CCHP、P2G、储能	分时电价
方案 4	0.75	0.25	CCHP、P2G、储能、DR	分时电价

（2）两种调度方案下的优化调度结果。

CCHP 和 P2G 可发挥配电网可控灵活性资源跟随净负荷变化的能力，有效缓解净负荷的剧烈波动引起的弃风弃光和切负荷的问题，下面具体分析。

1）方案 3 优化调度结果分析。情景 1 在单向向下需求响应和储能的参与下，满足了配电网的灵活性需求，但是需要承担需求响应的补偿费用；方案 3 在情景 1 的基础上没有需求响应资源，只有储能、CCHP 和 P2G 灵活性资源，并且优化调度模型不包含净负荷最小的优化目标，只有灵活性的约束。配电网各支路 24h 的支路功率分布情况如图 5-52 所示。由图可见，各支路功率在 24h 的任一时刻均低于 5.2MW，满足线路容量裕度灵活性 $F_{\mathrm{LCM},i}$指标。

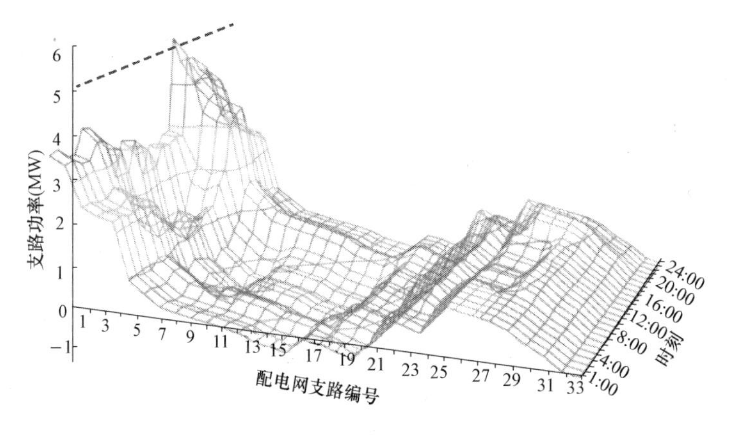

彩色插图

图 5-52　方案 3 各支路功率分布图

方案3的优化调度结果如图5-53所示，CCHP和P2G在优化调度中，充分发挥了灵活性资源的作用。在负荷较低但风光输出功率较大的8：00～15：00，燃气轮机保持较小输出功率运行，同时电制冷设备及P2G投入运行，在风光输出功率较小，特别是负荷高峰16：00～22：00，燃气轮机保持较大输出功率，并且电制冷设备和P2G退出运行，降低了净负荷曲线的波动率，提升了系统的灵活性。

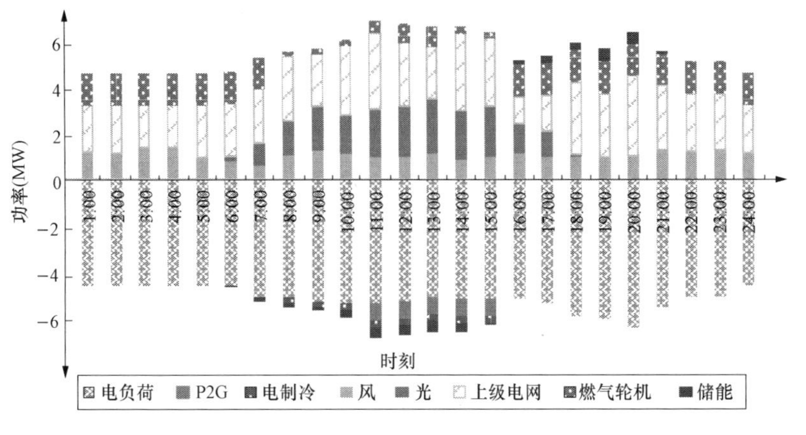

彩色插图

图5-53　方案3优化调度结果

2）方案4的优化调度结果分析。方案3没有考虑净负荷波动率最小的目标函数，负荷需求响应也没有参与灵活性调度，方案2、3、4的净负荷曲线优化调度对比结果如图5-54所示。

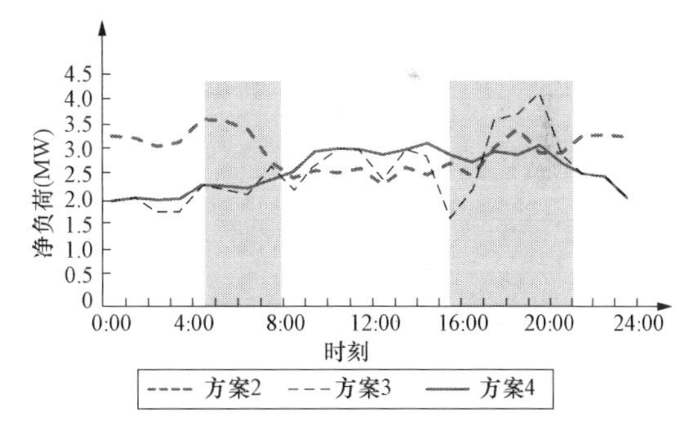

图5-54　方案2、3、4的净负荷曲线对比

通过图5-54可以看出，在两个时间段内，三条净负荷曲线波动有着较大的差别，分别是5：00～8：00和16：00～21：00。5：00～8：00恰好是风光输出功率较小而负荷较大的时刻，方案3和方案4的净负荷波动率明显小于方案2，因为情景2中的CCHP提供了灵活性，降低了净负荷的向下的波动率。16：00～21：00，是负荷由低到高，光伏输出功率由大到小的这段时间，极易引起净负荷的剧烈波动，这段时间中方案2和方案4的净负荷波动率明显小于方案3，而且方案3的净负荷波动仍然比较剧烈。在其余时间，方案3的净负荷波动也大于方案2和方案4，其主要原因是方案3的优化目标为运行费用最小，不进行净负荷波动率的优化。

方案3和方案4的净负荷波动率优化对比结果如图5-55所示。结合图5-54和图5-55可以看出，方案3的16：00和21：00的向下波动率分别达到了69.6%和38.8%，18：00的向上波动率达到了38.2%，虽然满足灵活性要求，但是对配电网及上级电网的灵活性造成了很大的压力，此时如果上级电网的爬坡/滑坡率降低至500kW/h，净负荷波动率将不满足灵活性需求。而方案4的净负荷曲线的波动率显著降低，16：00、18：00、21：00三个时刻的波动率分别降低到了7.3%、6.9%和12%，净负荷分别提升了62.3%、31.3%和26.8%，显著提升了配电网的灵活性。

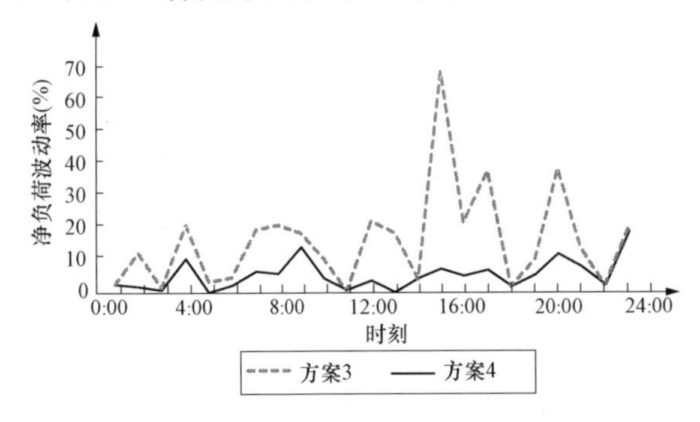

图5-55　方案3和方案4净负荷波动率优化对比结果

图5-56为方案4的灵活性资源优化调度结果，与方案3相比，负荷需求响应参与灵活性的提升，在方案3净负荷波动率较大的16：00～21：00，优化双向灵活性资源，起到了降低波动的作用。双向需求响应灵活性资源的调度结果见表5-12，将负荷高峰18：00～21：00的694kW的双向需求响应转移到负荷低谷期的16：00～17：00，降低了净负荷的波动，提升了配电网的灵活性。

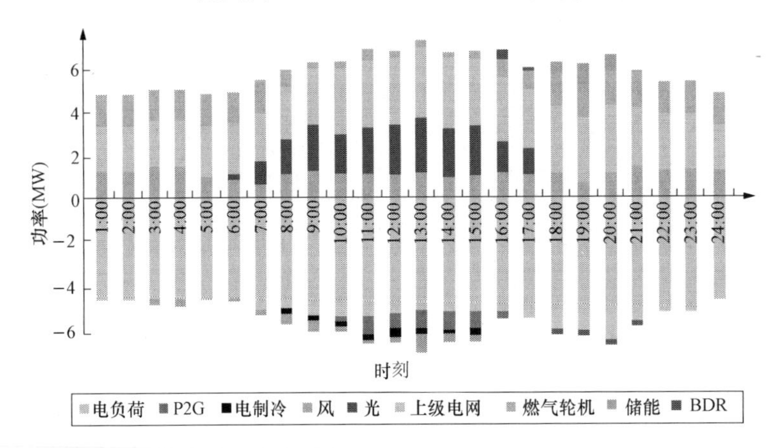

彩色插图

图5-56　方案4灵活性资源优化调度结果

表5-12　DR优化调度结果

时刻	16：00	17：00	18：00	19：00	20：00	21：00
DR响应功率（MW）	0.508	0.186	−0.172	−0.179	−0.186	−0.161

算例表明，通过包括储能、需求响应、CCHP和P2G在内的灵活性资源的优化调度，可以提升含高渗透率分布式电源配电网的灵活适应性，使配电网运行于理想的灵活适应态。

参考文献

[1] Shouxiang Wang, Kai Wang, et al. An affine arithmetic-based multi-objective optimization method for

energy storage systems operating in active distribution networks with uncertainties [J]. Applied Energy, 223 (2018): 215 - 228.

[2] DEB K, PRATAP A, AGARWAL S, et al. A fast and elitist multiobjective genetic algorithm: NSGA - Ⅱ [J]. IEEE Transactions on Evolutionary Computation, 2002, 6 (2): 182 - 197.

[3] Srinivas N, Deb K. Multiobjective function optimization using nondominated sorting geneticalgorithms [J]. IEEE Transactions on Evolutionary Computation, 1995, 2 (3): 221 - 248.

[4] DEB K, PRATAP A, AGARWAL S, et al. A fast and elitist multiobjective genetic algorithm: NSGA - Ⅱ [J]. IEEE Transactions on Evolutionary Computation, 2002, 6 (2): 182 - 197.

[5] 王守相，徐群，张高磊，等. 风电场风速不确定性建模及区间潮流分析 [J]. 电力系统自动化，2009，33 (21)：82 - 86.

[6] Gong D, Qin N, SunX. Evolutionary algorithms for multi - objective optimization problems with interval parameters [C]. Proceedings of the IEEE 5th International Conference on Bio - inspired Computing: Theories and Applications. Changsha, 2010: 411 - 420.

[7] 王守相，吴志佳，庄剑. 考虑微网间功率交互和微源出力协调的冷热电联供型区域多微网优化调度模型 [J]. 中国电机工程学报，2017，37 (24)：7185 - 7194.

[8] Sun Y, Verschuur D J. A self - adjustable input genetic algorithm for the near - surface problem in geophysics [J]. IEEE Transcations on Evolutionary Computation, 2014, 18 (3): 309 - 325.

[9] 廖名洋. 含CCHP的微网经济运行优化研究 [D]. 广东：华南理工大学电力学院，2014.

[10] 李正茂，张峰，梁军，等. 计及附加机会收益的冷热电联供型微电网动态调度 [J]. 电力系统自动化，2015，39 (14)：8 - 15.

[11] 吴雄，王秀丽，别朝红，等. 含热电联供系统的微网经济运行 [J]. 电力自动化设备，2013，33 (08)：1 - 6.

[12] 杨胡萍，彭云焰，熊宁. 配网动态重构的静态解法 [J]. 电力系统保护与控制，2009，37 (8)：53 - 57.

[13] 肖定垚，王承民，曾平良，等. 电力系统灵活性及其评价综述 [J]. 电网技术，2014，38 (6)：1569 - 1576.

[14] 王守相，王成山. 现代配电系统分析 [M]. 北京：高等教育出版社，2014.

[15] Pirouti Marouf, Bagdanavicius Audrius, Ekanayake Janaka, et al. Energy consumption and economic analyses of a district heating network [J]. Enegy, 2013, 57 (8): 149 - 159.